AUTOMATIZACIÓN FUNDAMENTADA III

PROYECTOS

AUTOMATIZACIÓN FUNDAMENTADA III

PROYECTOS

CARLOS CASTAÑO VIDRIALES

AUTOMATIZACIÓN FUNDAMENTADA II .- Proyectos

Autor: *CARLOS CASTAÑO VIDRIALES*

Primera edición: 2018

Nº Registro Propiedad Intelectual: M - 001842 / 2018

ISBN : 978 - 84 - 09 - 00735 - 6

Nº de depósito legal: M - 9737 - 2018

Correo electrónico (email): automatizacionfundamentada@gmail.com

Edición, portada y maquetación: Carlos Castaño Vidriales

INDICE

PROLOGO

Se completa con esta publicación (AFIII) la trilogía Automatización Fundamentada que basándose en los conceptos y contenidos desarrollados en AFI y AF II, aborda la resolución de *pequeños proyectos de automatización* poniendo tambien el acento en un enfoque a la *emulación del control de los mismos mediante escada.*

En los libros Automatización Fundamentada I.- Introducción y II.- Estrategias complementarias, que preceden a este, se contemplaron contenidos básicos de automatización para la resolución de sistemas automáticos no complejos basándose en el álgebra de Boole mediante el establecimiento de funciones/ecuaciones lógicas elaborando sus esquemas eléctricos, neumáticos y diagramas de contacto mediante esa base fundamentada y coherente, *evitando su diseño* y realización *de manera "intuitiva"*, estrategia que se mantiene y utiliza también en esta nueva obra.

Se afronta ahora el *análisis de automatismos de una forma mas global*, partiendo de una necesidad genérica de automatización (Enunciado del proyecto), que se precisa en forma de anteproyecto. Son pequeños proyectos de automatización, algunos de ellos muy sencillos, de complejidad mas o menos creciente a lo largo del desarollo del libro. El primero de los proyectos que se aborda (Ejemplo Introductorio. Troqueladora AFIII) se desarrolla con pleno detalle explicativo para introducirse en la representación y análisis de los gráficos de estado. Esta aproximación, "casi a cámara lenta" hacia la resolución del sistema automático planteado, como se venía haciendo en las publicaciones anteriores para obtener las oportunas ecuaciones de mando, esquemas neumáticos/electroneumáticos/diagramas de contacto para PLC y posteriormente abordar (Pag. 21 en adelante) el concepto de gráfico de estados y su representación grafico-funcional,

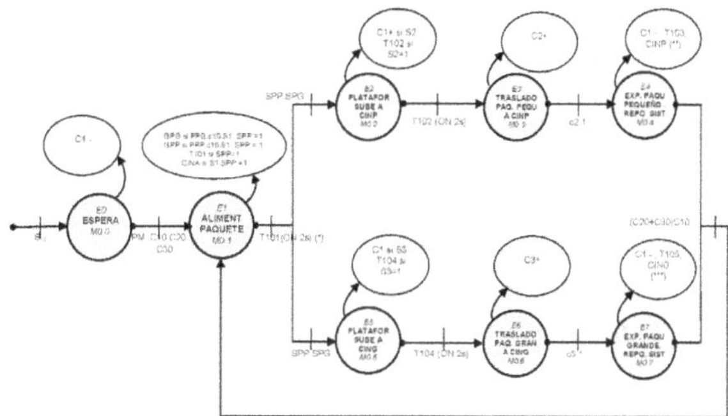

consiguiendo de nuevo la *resolución* del sistema a automatizar *mediante esta estratégia gráfica*, obteniendo otra vez las oportunas ecuaciones de mando, esquemas electroneumáticos y diagramas de contacto para PLC, enfocando este último a su implementción y control en un simulador escada

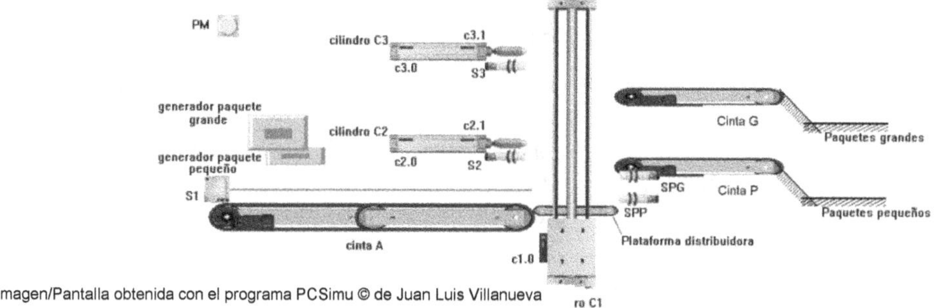

Imagen/Pantalla obtenida con el programa PCSimu © de Juan Luis Villanueva

En los proyectos siguientes (Pag. 84 en adelante), se abordará ya únicamente su resolución a través del método gráfico de estados, con menor detalle explicativo, limitándose únicamente al análisis, ecuaciones de mando, elaboración del diagrama de contactos y su implementación en un escada para su simulación funcional, teniendo estructurado su estudio de la siguiente forma:

Enunciado. Formulado de forma genérica y en forma de anteproyecto fijando requisitos funcionales/estructurales del mismo

Desarrollo. Encauzando el mismo mediante el análisis de su funcionamiento / gráfico de estados / establecimiento de las ecuaciones de mando / diagrama de contactos / Implementación en simulador escada

Al final de alguno de los proyectos analizados, se incorporan ciertos contenidos conceptuales , por ser muy oportuno su conocimiento para el desarrollo de los mismos

De cara a la implementación/simulación de los sistemas automáticos analizados mediante escada se incorporan en la publicación los siguientes apartados:

III.3 y III.4.- Indicaciones para el manejo de PCsimu V1.0 y V2.0 (Pag. 41 y 59)
III.5.- Indicaciones para el manejo del Emulador S7 200 (Pag. 69)
III.6.- Protocolo para la simulación (Pag. 76)

Para abordar la lectura de los contenidos tratados, pueden existir dos líneas de motivación:

1) Lectura referida únicamente a la resolución de los sistemas automáticos planteados, en cuyo caso pueden ser obviados los contenidos de los apartados III.3 a III.7 (Pag. 41 a 84)
2) Lectura que pretenda abordar la resolución de los sistemas automáticos planteados y su simulación, en cuyo caso también es oportuno la lectura de de los apartados III.3 a III.7, referidos al manejo de PCsimu / Emulador S7 200 / Protocolo de simulación y Virtualización .

En este caso, es también oportuno visulizar el video de Youtube (https://youtu.be/OHZqcRrDPow)

En ambas situaciones, es conveniente disponer de conocimientos de lógica como los desarrollados en los libros ya editados Atomatización Fundamentada I. Introducción y Automatización Fundamentada II. Estrategias complementarias, en las que se basa el desarrollo de conceptos, estudio, análisis y resolución de los proyectos de automatización aquí planteados. En concreto se señalan como contenidos nucleares de inicial y obligada lectura el apartado II.1.- Lógica secuencial de AF II (Pag. 13), donde se desarrolla el *concepto de biestable (Memoria)*, constantemente utilizado y simular importancia y necesidad de estudio se señala para el *Concepto de Estado*, reflejado en el apartado III.2.3. (Pag. 38) de la presente obra.

Al objeto de seguir constatando que la fundamentación lógica del análisis de automatismos facilita la trasversalidad tecnológica, se retoma como proyecto el supuesto de automatización de la cizalladora (Pag. 118, alimentacizallaAFIII) , ejercicio transversal reiteradamente tratado en AF II (Pag. 155), que será resuelto ahora mediante análisis de estados y su simulación en un escada, para apreciar que la citada fundamentación basada en el álgebra de Boole, facilita enormemente esa labor, dándole además un sentido de estructuración y coherencia

El objetivo de la implementación y control de los sistemas planteados se consigue mediante la suit de programas indicados en la pag. 32, procede en este punto trasmitir el *agradecimiento* tanto al autor de los Programas PCsimu y Emulador S7 200, *Juan Luis Villanueva Montoto*, así como a la firma *Siemens* autora del programa MicroWin V4.0, puesto que sin el recurso de estos tres programas no hubiera sido posible la concepción de la presente obra en el ámbito de la simulación/escada de los proyectos que se desarrollan.

Se incluyen en el apéndice II (Pag. 299) las soluciones de los ejercicios propuestos en AF II

Madrid, Marzo 2018

Carlos Castaño Vidriales

III.1.- INDICACIONES GENÉRICAS A TODOS LOS PROYECTOS

Como en las anteriores publicaciones Automatización Fundamentada I y II, tampoco en esta se hace descriptiva alguna de elementos funcionales, limitándonos de nuevo únicamente al aspecto operativo y la lógica funcional de los mismos. Al respecto existen diversidad de publicaciones, manuales e información diversa que consideran ese aspecto

En los diferentes proyectos tratados, la solución funcional considerada puede ser suceptible de simplificación de estados funcionales (Ver concepto de estado en la pag. 38), pero en aras de una mejor comprensión se ha obviado su posible reducción

Para el análisis de los estados que rigen el funcionamiento de los sistemas considerados es aconsejable tener presente, como estrategia para su estudio, la metodología de división de un problema global en partes mas sencillas (Metodología de proyectos)

El grafismo para la representación funcional de los sistemas tratados (Gráfico de estados) es una abstracción de representaciones similares tales como grafcet, redes petri....., en este sentido también se indica que no se tratará en esta publicación el tema grafcet por existir al respecto múltiples publicaciones y manuales.

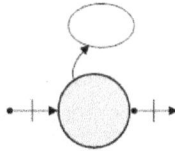

Los nuevos contenidos teóricos (Conceptuales) que surgen en esta publicación se desarrollaran al final del proyecto donde aparezcan, haciendo una llamada en el punto oportuno. Se colocan en ese lugar para no interferir visualmente en la continuidad del desarrollo del mismo.

Los archivos (.sim, .cfg, .avi) de los diferentes proyectos se pueden encontrar tanto individual como conjuntamente en el link (www.lulu.com/spotlight/automatizacion_fundamentada) de la pagina de autor destacado editorial Lulu, donde se publican los libros I, II y III de Automatización Fundamentada, tras cuya descarga (archivo .rar) y oportuna descompresión son utilizables por los programas PCsimu y Emulador S7

Para evitar modificaciones no deseadas en los archivos (.sim) de las plantas de los diferentes proyectos, los elementos cuyos parámetros son suceptibles de modificación (Salvo elementos que deben ser activados como por ejemplo pulsadores) están protegidos por rectángulos que a modo de pantalla trasparente los protegen. No bostante, es posible la modificación de las características de los elementos que configuran las plantas, eliminando los citados rectángulos protectores que se evidencian haciendo clic con el cursor en algún punto de la pantalla y seguidamente mediante la tecla suprimir eliminarlos.

III.2.- EJEMPLO INTRODUCTORIO troqueladoraAFIII

Al final de este apartado se desarrollan dos nuevos contenidos conceptuales uno de ellos referido al "concepto de estado" y el otro a temporización con PLC , en concreto al retardo a la activación (Conexión) con contacto NC (Ver pag. 38)

III.2.1.- Enunciado

Una troqueladora recibe una señal breve "PM" que hará que un cilindro de simple efecto "A" salga realizando la sujeción de una pieza, de manera que cuando haya alcanzado su posición de extendido (pieza sujetada) un cilindro de doble efecto "B" sale efectuando la bajada del troquel y trascurridos 5 segundos desde la llegada de este a su posición de extendido, esto es troquel abajo, el cilindro A se meterá liberando la pieza y una vez dentro el troquel ascenderá impulsado por la entrada del cilindro B.

Debe asegurarse que la salida del cilindro A (Cierre de la mordaza de sujeción de la pieza) se efectúa solo si el cilindro B está dentro, troquel arriba, y por supuesto siempre que se reciba la señal de activación del pulsador PM.

Las posiciones extremas (retraído/extendido) de los recorridos de los cilindros se controlan mediante los respectivos finales de carrera eléctricos (a0/a1 para el cilindro A y b0/b1 para el cilindro B)

El cilindro A está gobernado por una electroválvula monoestable 3/2 NC (Normalmente Cerrada en reposo) y el cilindro B lo está por medio de una electroválvula 4/2 biestable.

La señal PM se implementa mediante un pulsador sin enclavamiento

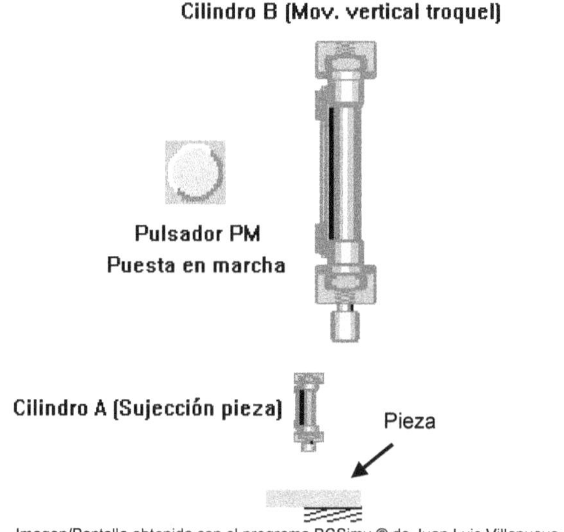

Imagen/Pantalla obtenida con el programa PCSimu © de Juan Luis Villanueva

La posición de partida del sistema es por tanto que ambos cilindros estén retraídos.

Para el sistema descrito vamos a determinar:

a) La posible existencia de señales permanentes (s.p.)

b) Grafo de secuencia con las señales de mando

c) Evidenciar/concretar tanto si hubiera s.p. como si no, cuales serían/no existen mediante un diagrama coordinado de movimientos/señales

d) Ecuaciones de mando

e) Esquema de mando para el control del sistema mediante tecnología neumática, electroneumática y diagrama de contactos para PLC a partir de la ecuaciones establecidas

f) Análisis de funcionamiento del sistema relación / identificación sus estados y su representación gráfica con las señales de transición entre los mismos (Gráfico de estados)

g) Tabla de estados con sus correspondientes señales activadoras (S) / anuladoras (R) y elementos a gobernar en cada uno de ellos

h) Ecuaciones de mando para el control tanto de los estados como de los receptores oportunos

i) Esquema eléctrico para el control del sistema mediante mando electroneumático a partir de las ecuaciones obtenidas en el apartado anterior

j) Esquema de contactos para el control del sistema mediante autómata programable a partir de las ecuaciones de mando obtenidas en el apartado h), según el direccionamiento establecido en la tabla de correspondencias que se indica en la hoja siguiente

k) Implementación del sistema y su control en un simulador escada

TABLA DE CORRESPONDENCIAS			
DENOMINACIÓN	*IDENTIFI*	*Dir. S7 200*	*OBSERVACIONES*
Pulsador de puesta en marcha	PM	I0.0	
F.C. posición mordaza abierta	a0	I0.1	*Cilindro A retraido*
F.C. posición mordaza cerrada	a1	I0.2	*Cilindro A extendido*
F.C. troquel arriba	b0	I0.3	*Cilindro B retraido*
F.C. troquel abajo	b1	I0.4	*Cilindro B extendido*
A+ , Cierre mordaza	Y1	Q0.1	*C.s.e. , salida*
B+, Bajada troquel	Y2	Q0.2	*C.d.e. , salida*
B -, Subida troquel	Y3	Q0.3	*C.d.e, entrada*
Temporización troquel abajo	TON	T101	*Temporización 5 s.*

III.2.2.- Desarrollo

a) Tras la lectura del funcionamiento de la troqueladora, la secuencia sería:

A+ , B+ , A- , B-

Como ya se vió en Automatización Fundamentada II , apartado II.3.- Eliminación de señales permanentes (Pag 117), no existen señales permanentes puesto que la secuencia es de inversión exacta dado que en la 2ª parte de la misma ninguna fase se anticipa al orden en que se efectuó en la primera

A+ , B+ / A- , B–   A , B = A , B

También por el criterio sencillo se observa que no existen movimientos antagónicos seguidos, esto es, no hay letras seguidas iguales, lo que puede evidenciar la inexistencia de s.p.

III.2.2.1.- Grafo de secuencia con señales de mando

b) El grafo de secuencia con las señales de mando sería

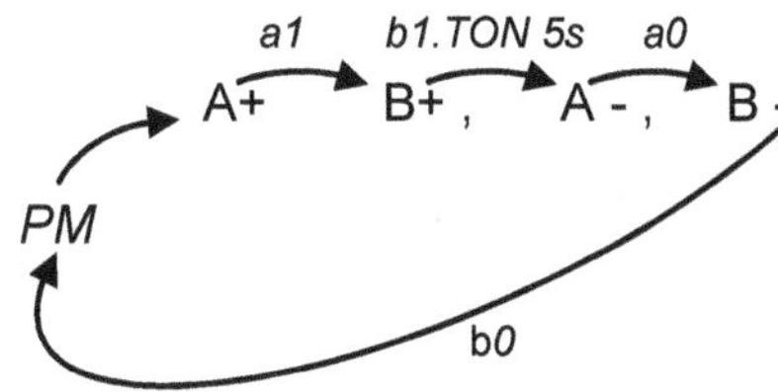

III.2.2.2.- Diagrama coordinado de movimientos/señales

c) Diagrama coordinado de movimientos/señales

Si bien no sería preciso elaborarlo puesto que al no existir señales permanentes no es necesaria su eliminación, ni por tanto es preciso saber cuales son las señales que las generarían, se efectúa dicho diagrama a modo ilustrativo

Al objeto de simplificar el gráfico no se incluye la señal de temporización TON 5s que conjuntamente con la señal b1 establecen la 3ª fase, esto es A -. Idem señal PM que con la señal b0 establecen el arranque de la secuencia

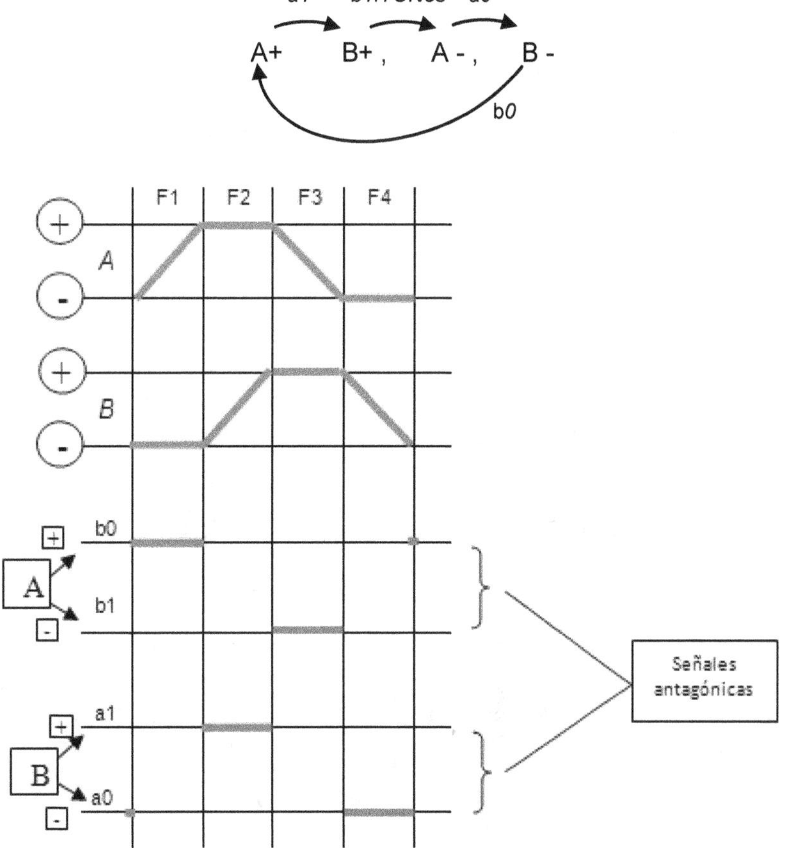

Y como puede apreciarse en la figura de la página anterior, al no existir coincidencia temporal alguna entre las parejas de señales antagónicas (b0/b1 para el cilindro A y a0/a1 para el cilindro B) se evidencia así la no existencia de señales permanentes

III.2.2.3.- Ecuaciones de mando

d) Ecuaciones de mando

A la vista del grafo de secuencia representado en b), las ecuaciones de mando serían:

A + = Y1 = (A+ + PM.b0) (TON 5s)` TON 5s = b1 (*)

B + = Y2 = a1

A - = Señal (TON5s) y muelle /\/\ (* *)

B - = Y3 = a0

(*) Véase AF II Biestable RS / retención señal, pag 14 a 25

(**) Véase AF II pag . 60 Apartado II.2.1.1.1 Temporizador con retardo a la activación (Conexión) con v. monoestable 3/2 NC

III.2.2.4.- Esquema de mando neumático, electroneumático y diagrama de contactos

e) Esquema de mando neumático, electroneumático y diagrama de contactos

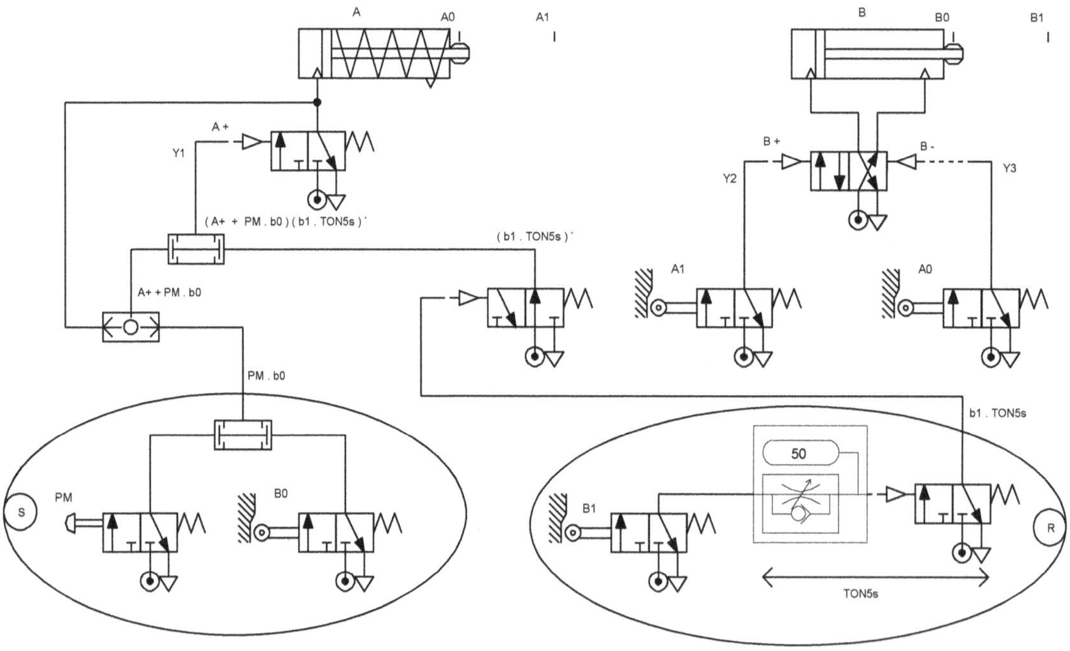

Esquema electroneumático

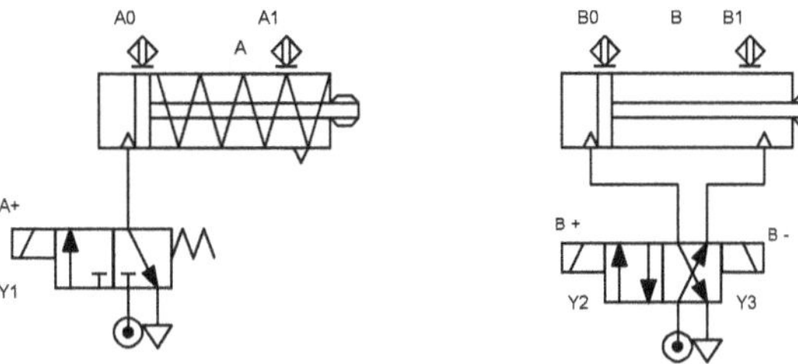

Tras la adaptación terminológica a esta tecnología , las ecuaciones de mando, que en síntesis son las ya obtenidas, quedarían de la siguiente forma:

A + = Y1 = K1 A- = ⋀⋀ B + = Y2 B - = Y3

A + = Y1 = K1 = (K1 + PM . b0) (KTON5s) ` KTON5s = b1

B + = Y2 = a1

A - = Señal KTON5s y ⋀⋀ (*)

B - = Y3 = a0

(*) Vease AF II, pag. 87,88, apartado II.2.2.1.1, Temporización con retardo a la activación (Conexión) con contacto NA

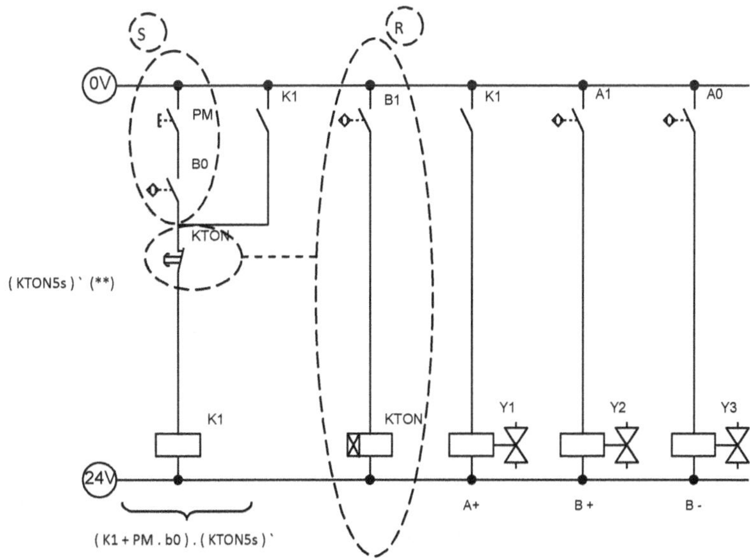

(**) Aparece como contacto cerrado debido a la negación de esta señal implícita en la ecuación de mando con retención de A+

Diagrama de contactos

Estableciendo para el direccionamiento de las señales la tabla de correspondencias indicada en el enunciado, tendremos

Símbolo	Dirección	Comentario
PM	I0.0	Pulsador puesta en marcha
a0	I0.1	F.c. (A retraido) mordaza abierta
a1	I0.2	F.c. (A expandido) mordaza cerrada
b0	I0.3	F.c. (B retraido) troquel arriba
b1	I0.4	F.c. (B expandido) troquel abajo
Y1	Q0.1	A+ , Cerrar mordaza
Y2	Q0.2	B+, Bajar troquel
Y3	Q0.3	B-, Subir troquel
TON5s	T101	Temporizador espera troquel abajo

Imagen/Pantalla obtenida con el programa Step 7. MicroWin V4. Siemens ©

Las ecuaciones de mando siguen siendo las mismas, con la adaptación terminológica al direccionamiento asignado en la tabla

Ver pag. 38 apartado III.2.4.1.- Temporización a la activación (Conexión) con contacto NA

$$A+ = Y1 = Q0.1 = (A+ + \underbrace{PM\,.\,b0}_{S})\,(\underbrace{TON5s}_{R})' = (Q0.1 + \underbrace{I0.0\,.\,I0.3}_{S})\,(\underbrace{T101}_{R})'$$

B+ = Y2 = Q0.2 = a1 = I0.2

A - = Señal T101 y /\/\ (*)

B - = Y3 = Q0.3 = a0 = I0.1

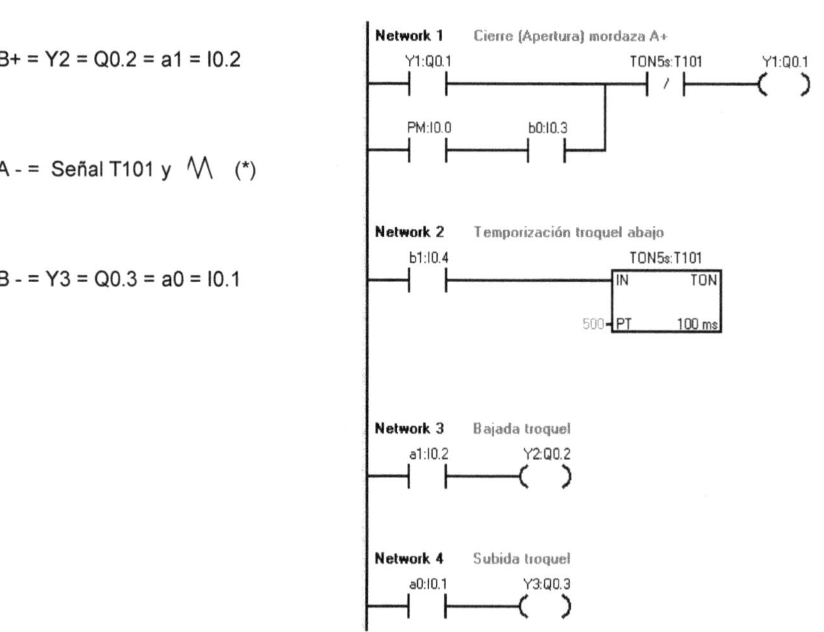

Imagen/Pantalla obtenida con el programa Step 7. MicroWin V4. Siemens ©

La implementación con retención de la señal de mando del elemento monoestable (Cilindro A de simple efecto Y1 (válvula 3/2 NC) mediante bloque biestable RS, siendo las señales S = PM . b0 = I0.0 . I0.3 y R = TON5s = T101,así como T101 = b1 = I 0.4, configurarían el diagrama de contactos de la siguiente forma

A + = Y1 = M0.1 B + = Y2 a1 = I0.2 B - = Y3 = a0 = I0.1

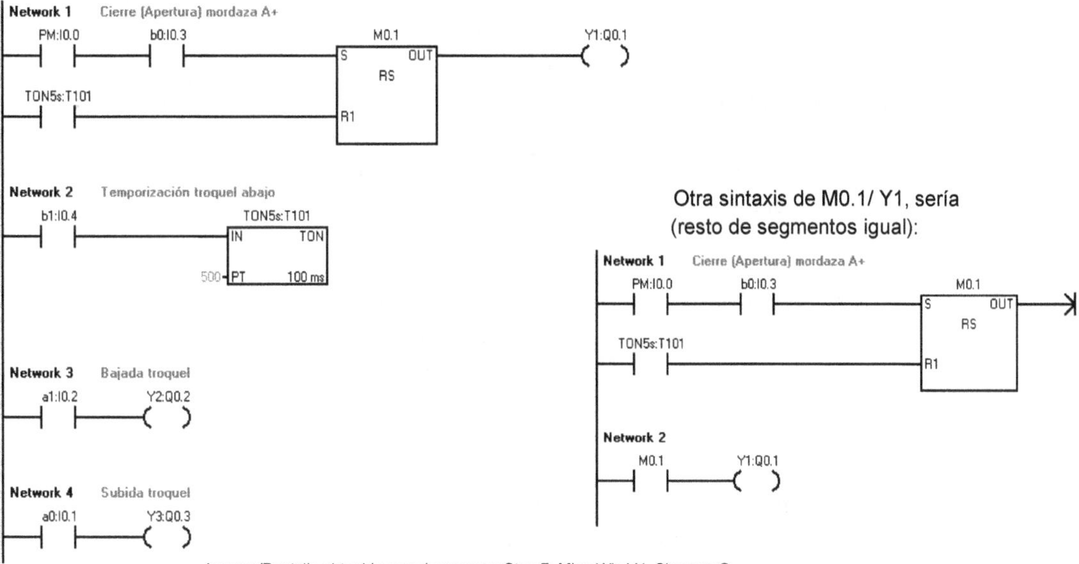

Imagen/Pantalla obtenida con el programa Step 7. MicroWin V4. Siemens ©

III.2.2.5.- Análisis de funcionamiento. Gráfico de estados

f) La representación gráfica de los sistemas secuenciales como generalmente se ha venido realizando hasta ahora en las publicaciones AF I y AF II, por medio de lo que se ha venido denominando "grafo de secuencia" , realizado de esa forma en el apartado b, tiene una operatividad limitada a lo que podríamos denominar "sistemas no complejos" como los hasta ahora resueltos.

A la hora de diseñar el control de mando para un sistema automático se debe establecer con claridad el proceso físico que se desarrolla y las condiciones de funcionamiento que deben darse para que se vaya produciendo independientemente de la tecnología donde se vaya a implementar, que denominaremos *"estado"* . (Ver pág 38 donde se explica este concepto)

Las señales de cambio o transición que son las condiciones que deben cumplirse / darse para pasar de un estado a otro, impulsan el cambio evolutivo del sistema de control y en consecuencia la dinámica funcional del dispositivo

Para realizar la representación gráfica o "método visual" para el diseño de un sistema automático consideraremos las entradas / salidas del mismo, así como temporizadores y contadores

Cuando el dispositivo/máquina a automatizar es complejo, se requiere de una representación gráfica funcional, basada en el concepto de "estado" del sistema, representable de muy diversas formas, en nuestro caso mediante un círculo que identificaremos/asociaremos con la función representativa/acción del mismo y que iremos disponiendo de forma secuencial y entrelazados con un segmento (●┼►) que representará la señal de cambio entre estados, según una dirección /dinámica funcional de modo que tendremos una visión gráfica de su funcionamiento según el discurrir natural de su operatividad y que nos facilitará el establecimiento de las ecuaciones de mando, elaborándose para ello el "diagrama de estados" correspondiente

Esta representación grafico-funcional se puede asemejar a la utilizada por ejemplo en las redes Petri y muy particularmente a los denominados Grafcet (Gráfico de etapa/transición) sin mas que disponerla en sentido vertical y modificando la representación de los estados = círculos por recuadros = etapas, puesto que las señales de cambio ●┼► o señales de transición las representaremos de forma similar.

Al objeto de introducirnos en este modo de representación gráfica tomemos el grafo de secuencia de la troqueladora anteriormente elaborado y transformémoslo en un gráfico de estados.

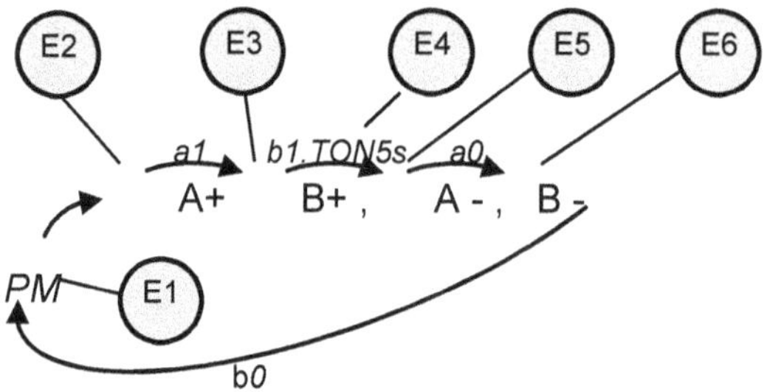

En principio, para el supuesto analizado debemos considerar que:

1) En tanto en cuanto no sea activado el pulsador de puesta en marcha PM el sistema estará en una situación o *estado* de "espera"

E1 = Espera General

2) Cuando se haya activado PM se generará la situación o estado "Salida cilindro A" (A+) efectuando el amarre de la pieza

E2 = Sujeción pieza

3) Al alcanzar el cilindro A su posición de extendido, se genera la situación o estado "Salida del cilindro B " (B+)

E3 = Bajada troquel

4) Cuando el cilindro B alcanza su posición de extendido , esto es troquel abajo, deben " transcurrir 5 segundos " para la siguiente situación, estaremos por tanto en el estado "espera temporal"

E4 = Espera temporal 5s.

5) Transcurridos 5 segundos desde la llegada del cilindro B a su posición de extendido, se produce la situación o estado "Entrada cilindro A" (A -)

E5 = Liberación pieza

6) Al quedar liberada la pieza, esto es cilindro A dentro, se genera la situación o estado de "Entrada del cilindro B (B-)

E6 = Subida troquel

1 Bis) Tras la subida del troquel estaremos en una situación de espera a que sea activado el pulsador de puesta en marcha PM, esto es, estaremos de nuevo en el estado E1 de Espera General

Representando esas situaciones con el grafismo indicado tendríamos

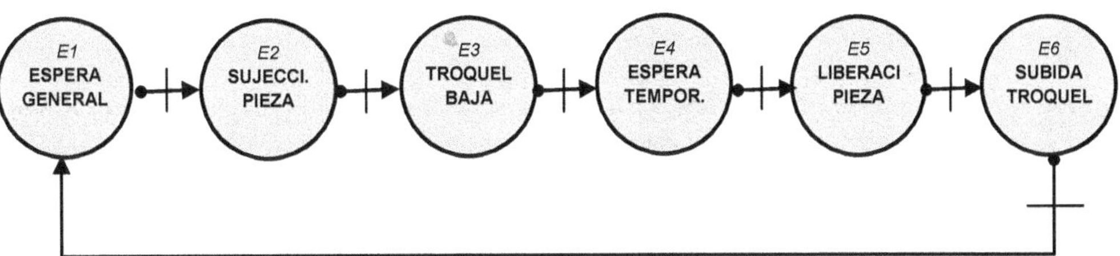

Si completamos el análisis efectuado para la determinación de estados con las señales de cambio (transición) ●—|—▶ , esto es, las condiciones que establecen el paso de uno a otro estado, tendríamos

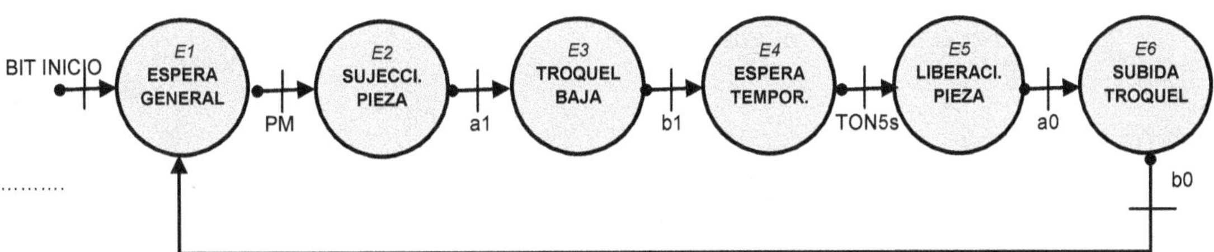

Para que el sistema se introduzca en el estado E1 de "Espera General" debemos dotarle de una señal de inicialización S_{INI} que podemos instrumentalizar mediante un pulsador de excitación Pex o mediante la abstracción lógica de que el estado E1 se active cuando no lo este ninguno de los demás

E1 = E2`.E3´.E4`.E5`

Ver AF II, pag 204, apartado II.3.2.4.2. Inicialización. Para seguirlo adecuadamente considérense los estados como grupos, donde también se establece un circulo cerrado que impide su funcionamiento

Por ultimo, si para cada uno de los estados, representamos mediante una elipse las acciones a efectuarse en cada uno de ellos, el gráfico de estado quedaría de la siguiente forma

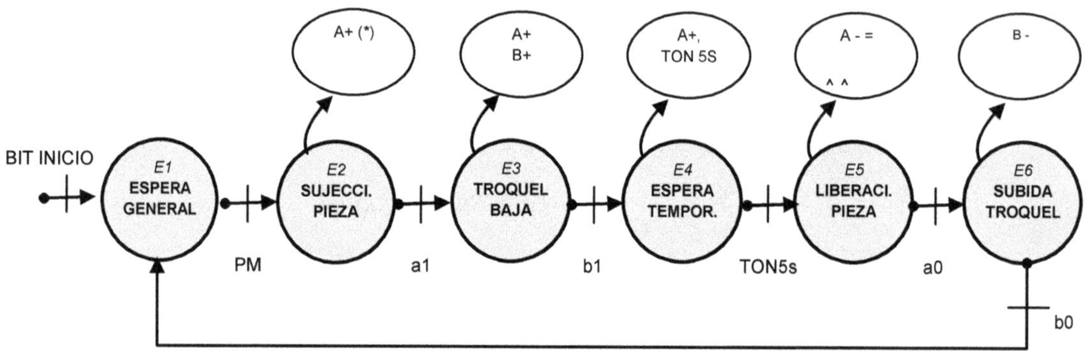

(*) Al ser el cilindro A y la válvula que lo gobierna, elementos monoestables, la activación A + = Y1, debe realizarse en todos aquellos estados en los que el cilindro A debe estar extendió, esto es, debe retenerse la señal desde el E2 al E4

(**) En realidad, no se efectúa ninguna acción, puesto que la ausencia de la señal A+= A – conjuntamente con ⋀⋀ dada la naturaleza monoestable de los elementos (cilindro A y válvula 3/2) hará que dicho cilindro se meta

Este tipo de representación, así como en general el establecimiento de la solución de un sistema automático, no es única; pudiendo presentarse algunas mas simples, asi en el caso que nos ocupa podríamos considerar los estado E3 y E4 como uno solo en el que se efectúa la bajada del troquel y el transcurrir (espera) de 5s desde su llegada a la posición de extendido y que generara el siguiente estado "liberación de la pieza" , con lo que el gráfico quedaría así:

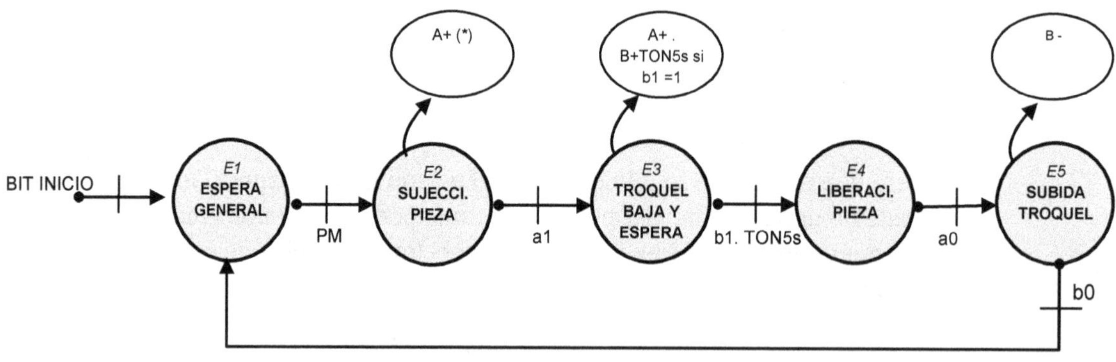

Asimilación al grafo de secuencia inicial

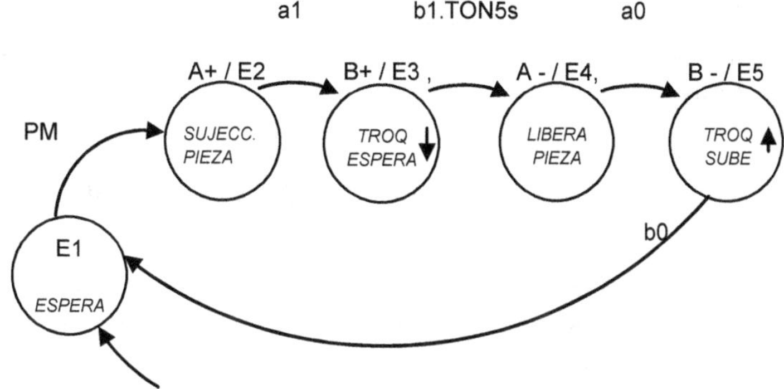

INICIALIZACIÓN = S_{INI} (Dotación de presión al sistema, Tecnología neumática Pex
Bit de inicio en PLC tecnología programada, Ningún estado activo)

III.2.2.6.- Tabla de estados con señales activadoras, anuladoras y elementos a gobernar

g) Para la confección de la tabla de estados con las correspondientes señales activadoras (S) y anuladoras (R) , así como los receptores/acciones a activar/ejecutar en cada uno de ellos, primeramente recordaremos lo indicado al respecto en el libro AF II, pag. 118 (Apartado II.3.1.2), donde se dice que para cualquier sistema secuencial (*) acontece que:

a) *" A un estado (E_N) se llega desde el estado anterior (E_{N-1}) cuando se cumple la condición de cambio (Transición) entre ambos ($CT_{EN-EN-1}$)"*

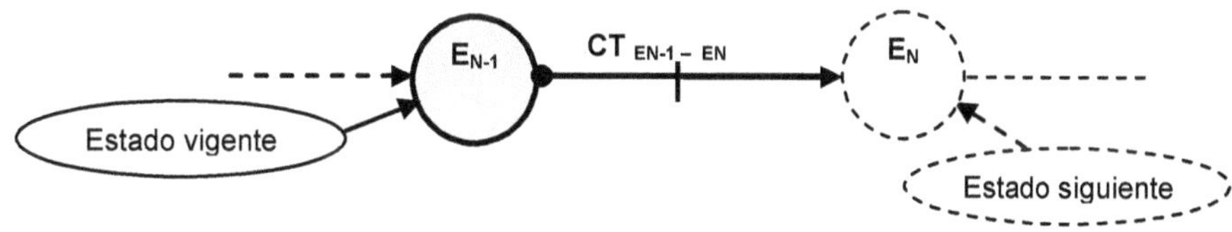

O dicho de otra forma:

Un estado es igual al estado anterior por (Y) la señal de cambio: $E_N = E_{N-1} \cdot CT_{EN-1-EN}$

b) *La entrada en vigencia de un estado (E_N) , anula la vigencia del anterior (E_{N-1})*

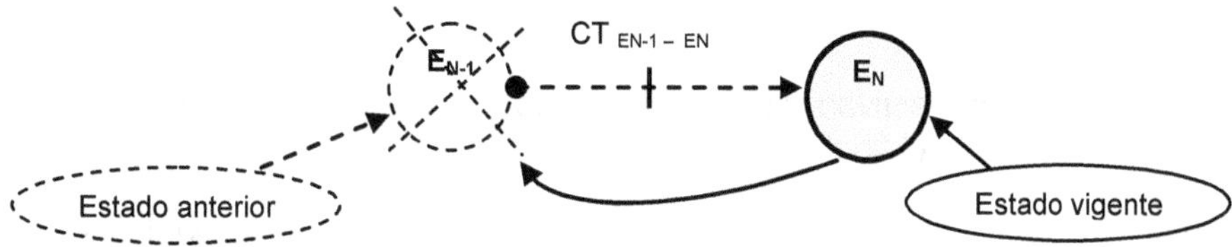

O dicho de otra forma:

A un estado le anula el siguiente $(E_{N-1})' = E_N$

(*) Sistema secuencial es aquel en el que para un instante determinado, su salida no solo depende de las entradas que inciden sobre él, si no que también depende del valor de su salida en el instante anterior al que se considera (Véase AF II , apartado II.1 Lógica Secuencial, pag. 14)

y a la vista del grafico de estados obtenido en la página anterior, tendremos que:

a) Señal activadora (S) : Al estado 1 (E1) se llega porque es activada la señal de inicialización S_{INI} o bien porque estando en el estado E5 se produce la señal de cambio b0, (S_{INI} + E5.b0)

Señal anuladora (R) : Al estado E1 le anula el siguiente, esto es, E2

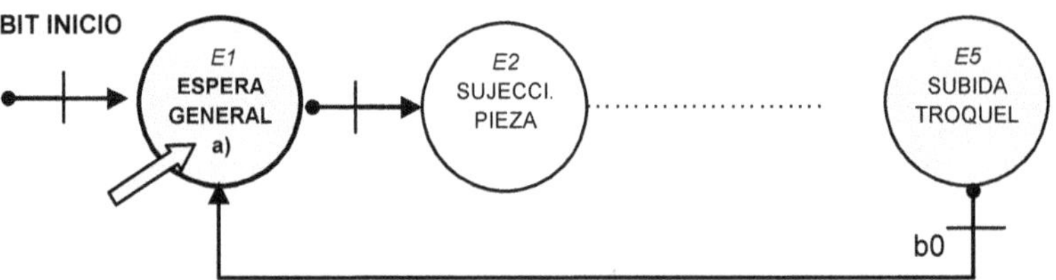

b) Señal activadora (S) : Al estado 2 (E2), se llega si estando en el estado E1, se activa PM , (E1.PM)

Señal anuladora (R) : Al estado E2 le anula el siguiente, esto es, E3

Receptores a activar: A +

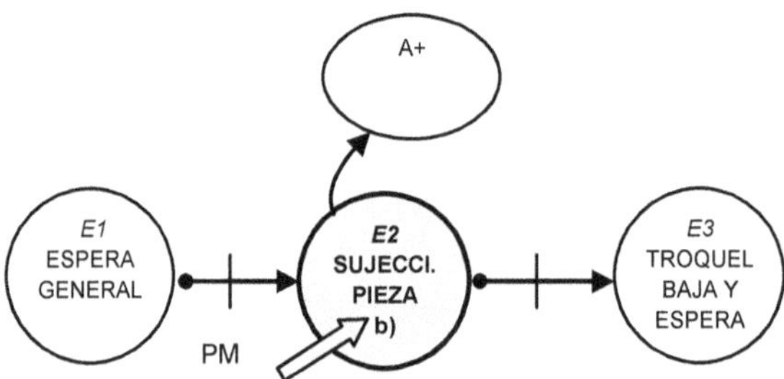

c) Señal activadora (S) : Al estado 3 (E3) se llega porque estando en el estado E2 se activa el final de carrera a1, (E2.a1)

Señal anuladora (R) : Al estado E3 le anula el siguiente, esto es, E4

Receptores a activar: A + , B+, TON 5s (TON5s = b1)

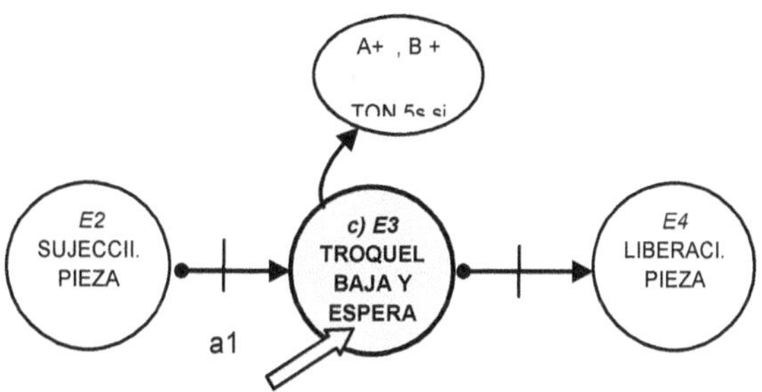

d) Señal activadora (S) : Al estado 4 (E4) se llega porque estando en el estado E3 se activa el final de carrera b1 y hayan trascurrido 5s desde el cilindro B esta extendido, esto es, TON activo (E3.b1.TON5s)

Señal anuladora (R) : Al estado E4 le anula el siguiente, esto es, E5

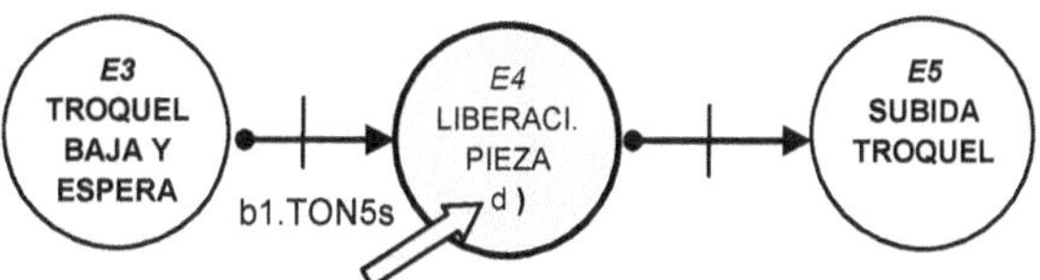

e) Señal activadora (S) : Al estado 5 (E5) se llega porque estando en el estado E4 se activa el final de carrera a0 (E4.a0)

Señal anuladora (R) : Al estado E5 le anula el siguiente, esto es, E1

Receptores a activar:, B -

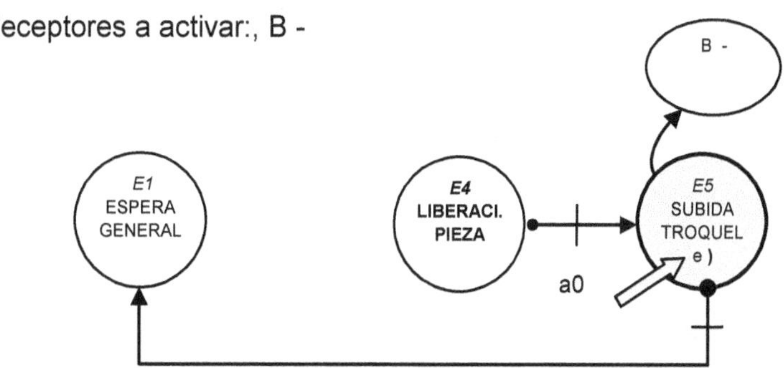

....A modo de resumen y ordenando estas consideraciones en una tabla, tendríamos (Ver pag. siguiente)

Estado	Descripción	→ Señal activadora (S)	•— Señal anuladora (R)	Receptor a activar
E1	Espera general	SINI + E5.bo.	E2	
E2	Sujección pieza	E1.PM	E3	A + = Y1
E3	Bajada troquel y espera	E2.a1	E4	A + = Y1 B + = Y2 TON 5 s b1 = 1
E4	Liberación pieza	E3.b1.TON5s	E5	
E5	Subida troquel	E4.a0	E1	B - = Y3

II.2.2.8.- Ecuaciones de mando para el control de estados

h) Ecuaciones de mando para el control de estados y de los receptores a controlar.

A la vista de la tabla anterior establecemos :

Control de estados

E1 = (E1 + SINI + E5 . b0) . E2`

E2 = (E2 + E1.PM) E3`

E3 = (E3 + E2.a1).E4

E4 = (E4 + E3.b1.TON5s) . E5`

E5 = (E5 + E4.b0).E1`

Control de receptores a activar

A + = Y1 = E2 + E3

B + = Y2 = E3

B - = Y3 = E5

TON5s = E3

III.2.2.7.- Esquema eléctrico para mando electroneumático

i) Esquema eléctrico para el control del sistema mediante mando electroneumático, a partir de las ecuaciones de mando obtenidas en el apartado anterior

Asociando a cada uno de los estados, el oportuno relé, E1 = KE1 ......E5 = KE5 , y estableciendo como señal de inicialización la generada por la activación de un pulsador de excitación SINI = Pex

Estado	Descripción	Relé asociado	→ Señal activadora (S)	•— Señal anuladora (R)	Receptor a activar
E1	Espera general	KE1	Pex + KE5.bo.	KE2	
E2	Sujeción pieza	E2	KE1.PM	KE3	A + = Y1
E3	Bajada. troquel y espera	KE3	KE2.a1	KE4	A + = Y1 B + = Y2 KTON 5 s=b1 b1 = 1
E4	Liberación pieza	KE4	KE3.b1.TON5s	KE5	
E5	Subida troquel -	KE5	KE4.a0	KE1	B - = Y3

S_{INI} = Pex

Control de estados

KE1 = (KE1 + Pex + E5 . b0) .KE2`

KE2 = (KE2 + KE1.PM) KE3`

KE3 = (KE3 + KE2.a1).KE4`

KE4 = (KE4 + KE3.b1.KTON5s) . KE5`

KE5 = (KE5 + KE4.Ka0).KE1`

Control de receptores a activar

A + = Y1 = KE2 + KE3

B + = Y2 = KE3

B - = Y3 = KE5

KTON5s = KE3?

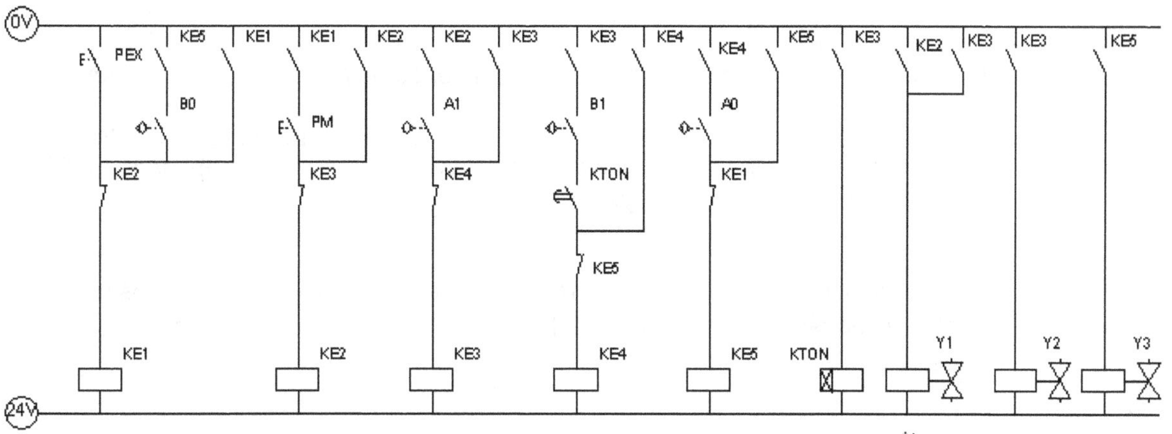

Se podría haber incorporado como señal inicializadora la condición lógica de que se active E1 si no lo está ninguno de los otros estados

S_{INI} = KE2`.KE3´.KE4`.KE5` que incorporada a la ecuación de mando de KE1 resultaría:

KE1 = (KE1 + SINI + KE5.bo).KE2` = ( KE1 + KE2`.KE3´.KE4`.KE5` + KE5.bo).KE2`=

KE1. KE2` + KE2`.KE3´.KE4`.KE5`. KE2` + KE5.bo KE2`=

KE2`

KE1. KE2` + KE2`.KE3´.KE4`.KE5`. + KE5.bo KE2`

S_{INI} = (E1 + KE3´.KE4`.KE5` + KE5.bo) KE2`

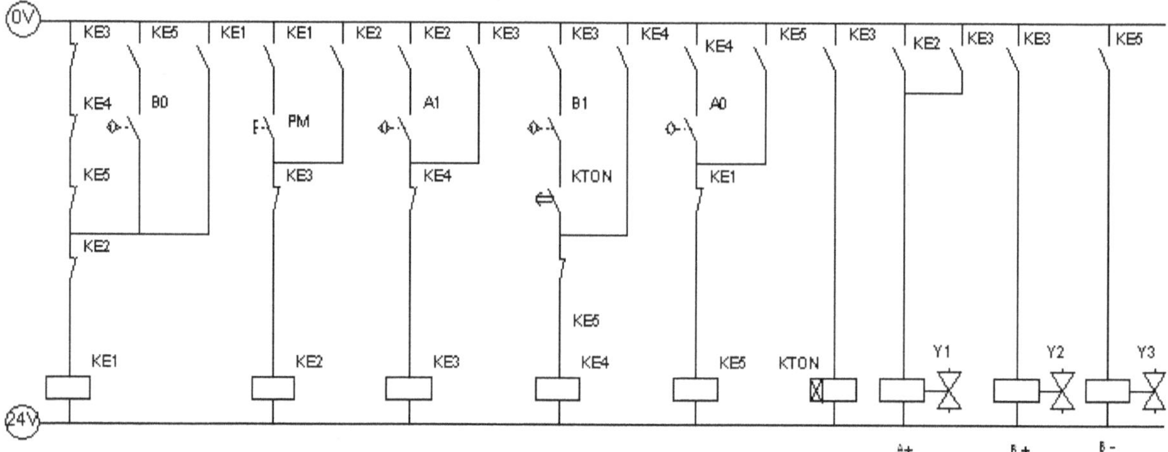

III.2.2.9.- Esquema-diagrama de contactos partiendo de las ecuaciones de mando

j) Esquema de contactos para el control de la troqueladora mediante autómata programable a partir de las ecuaciones de mando obtenidas en el apartado h) (Ver tabla de correspondencias en pag. 20)

Asociando a cada estado el correspondiente biestable (RS), tendremos la siguiente tabla que en realidad es la misma del apartado anterior cambiando los relé KEX por biestables M0.X:

Estado	Descripción	Biestable RS asociado	→ Señal activadora (S)	•— Señal anuladora (R)	Receptor a activar
E1	Espera general	M0.1	SINI + M0.5.bo *SM0.1 + M0.5. I0.3*	M0.2	
E2	Sujeción pieza	M0.2	M0.1.PM *M0.1.I0.0*	M0.3	A + = Y1 = *Q0.1*
E3	Bajada troquel y espera	M0.3	M0.2.a1*M0.2.I0.2*	M0.4	A + = Y1 = *Q0.1* B + = Y2 = *Q0.2* TON 5 s = 1 *T101(ON 5s) =.I0.4*
E4	Liberación pieza	M0.4	M0.3.b1.TON5s *M0.3 . I0.4. T101 ¿??*	M0.5	
E5	Subida troquel	M0.5	M0.4.a0 *M0.4 . I0.1*	M0.1	B - = Y3 = *Q0.3*

Como señal inicializadora se implementa el bit de inicio de los autómatas programables incorporan como bit de estados (Siemens – SM0.1 , Omron – Firts Cicle….), cuyo bit se activa solo en el primer ciclo de escan del autómata

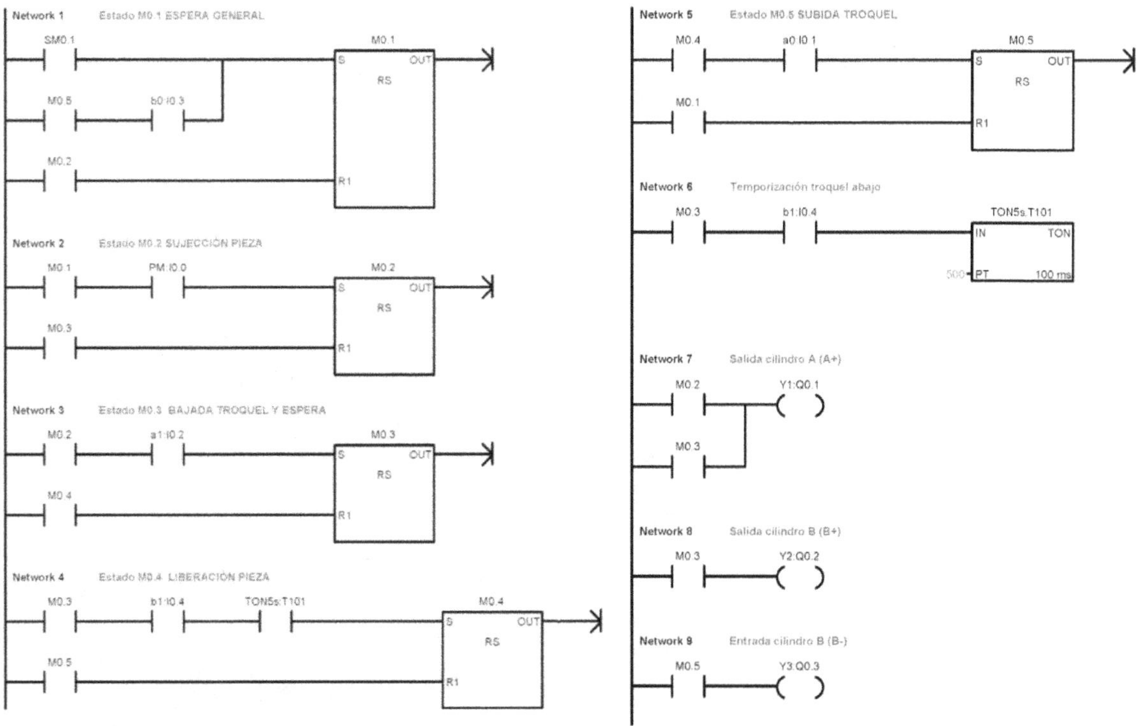

Imagen/Pantalla obtenida con el programa Step 7. MicroWin V4. Siemens ©

III.2.2.10.- Implementación del sistema y su control en un simulador escada

k) Implementación del sistema y su control en un simulador escada

Se utilizará a lo largo de esta publicación la suit de programas que se indica seguidamente, que si bien tienen cierta antigüedad, por su sencillez, accesibilidad y conjunción operativa son muy adecuados para la recreación de proyectos no muy complejos

.*Step 7. MicroWIN, V4.0.6.35 Siemens*, para la edición de diagramas/esquemas de contacto (Programa PLC)

. *Emulador S7 200 © 2000 de Juan Luis Villanueva Montoto,* para la recreación virtual de dicho autómata (En el apartado III.5 pag 69 se desarrolla un pequeño manual para su manejo . "Indicaciones para el manejo del Emulador S7 200)

. *Simulador/Escada PC-Simu, Versión 1.0 y 2.0 (*) © 2000 de Juan Luis Villanueva Montoto,* para la recreación virtual de los sistemas (En el apartado III.3, pag 41 se desarrolla un pequeño manual para su uso . "Indicaciones para el manejo de PCsimu V1.0 y en el apartado III.4, pag. 59 para PCsimu V2.0)

(*) Los últimos proyectos de esta publicación son recreados mediante la última versión de PCsimu (V 2.0).

Estos dos últimos programas son descargables desde la página del autor http://canalplc.blogspot.com.es que facilita mediante email (canalplc@movistar.es) sus claves de activación

En Youtube (https://youtu.be/OHZqcRrDPow) se encuentra el video "Suit MicroWin Emulador S/ PCsimu ytb" que recoge el manejo de los programas indicados anteriormente y que intervienen en la recreación del funcionamiento del sistema escada

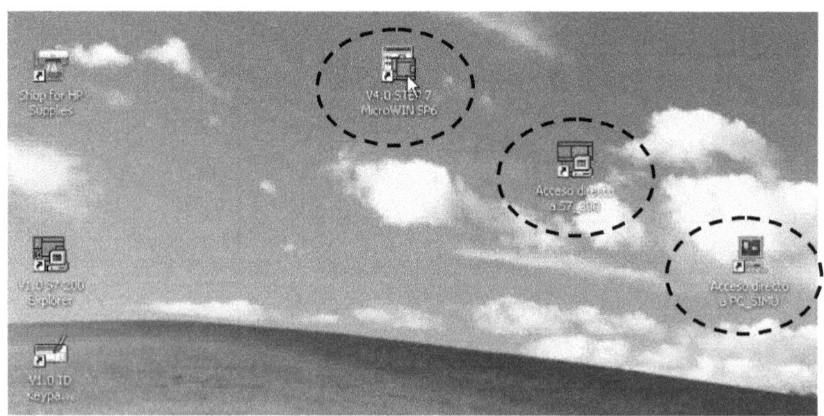

Iconos en escritorio PC

El apartado III.6, pag 76, incluye un protocolo para el manejo de estos tres programas

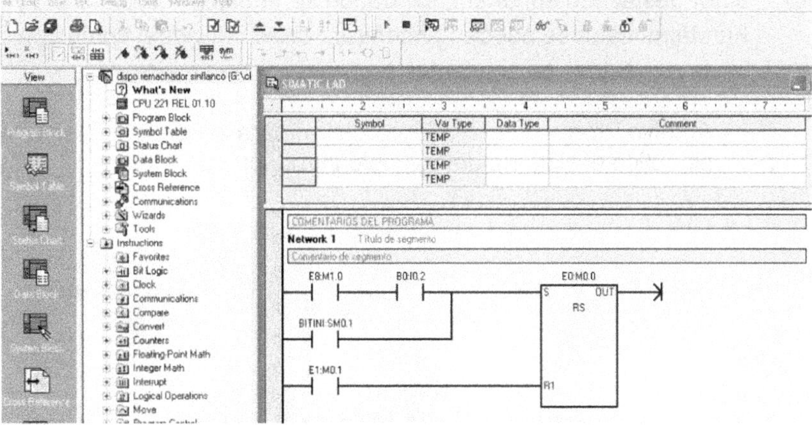

Pantalla Step 7. MicroWIN V4. Siemens ©

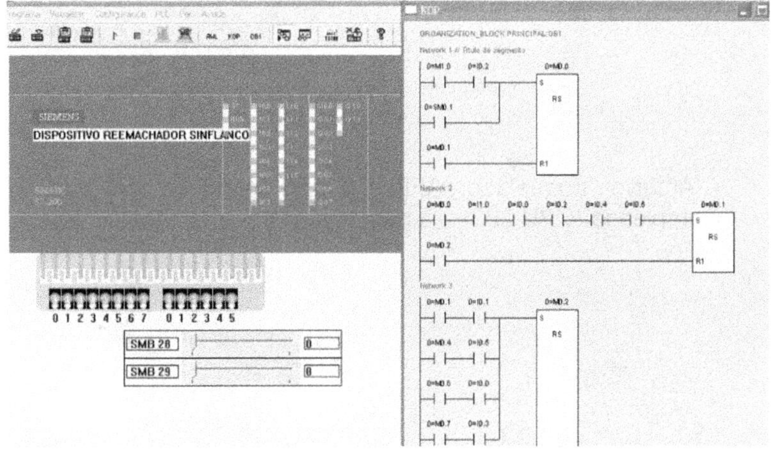

Pantalla Emulador S7 200

Imagen/Pantalla obtenida con el programa Emulador S7 200 © de Juan Luis Villanueva

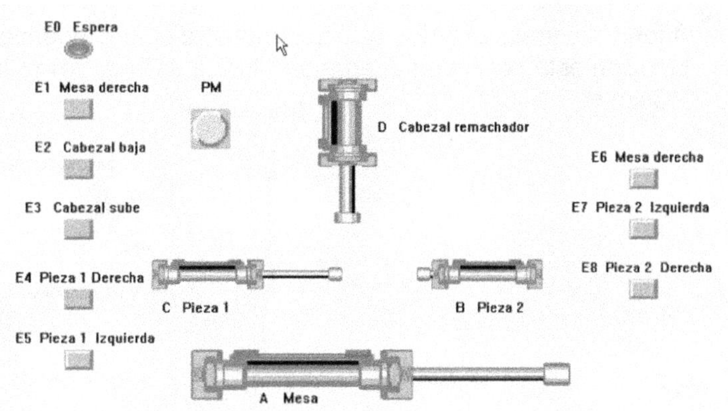

Pantalla simulador/escada PCSimu

Imagen/Pantalla obtenida con el programa PCSimu © de Juan Luis Villanueva Montoto

En el link (www.lulu.com/spotlight/automatizacion_fundamentada) de la pagina de autor destacado editorial Lulu, donde se publican los libros I, II y III de Automatización Fundamentada se pueden encontrar, tanto individual como conjuntamente con los de otros proyectos, los siguientes archivos

- Archivo "troqueladoraAFIIIprotg.sim" para el escada PCsimu que recrea mediante sinoptico el sistema del ejemplo introductorio

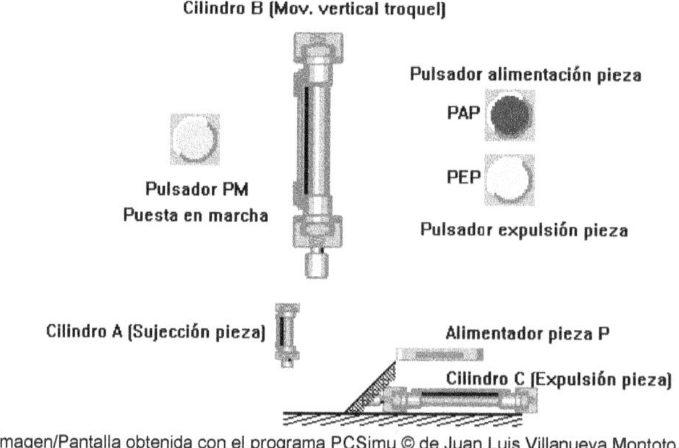

Imagen/Pantalla obtenida con el programa PCSimu © de Juan Luis Villanueva Montoto

- Archivo "troqueladoraAFIII.cfg" que establece configuración del autómata virtual empleado (CPU 222)

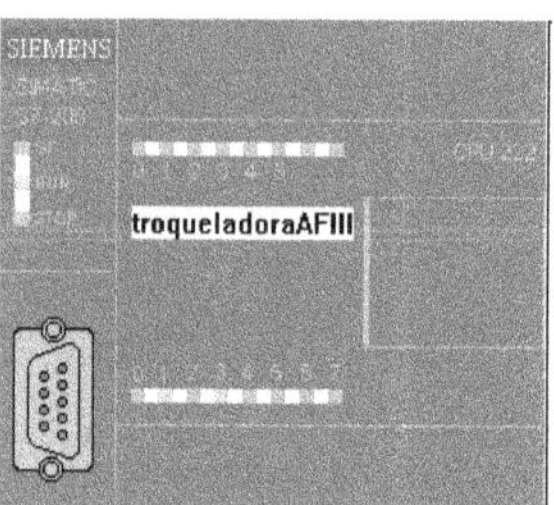

Imagen/Pantalla obtenida con el programa Emulador S7 200 © de Juan Luis Villanueva Montoto

- Video "troqueladoraAFIII.avi" que muestra el funcionamiento del sistema mediante la solución establecida en el apartado III.2.2.9 (Pag. 30) utilizando el simulador/escada PCsimu

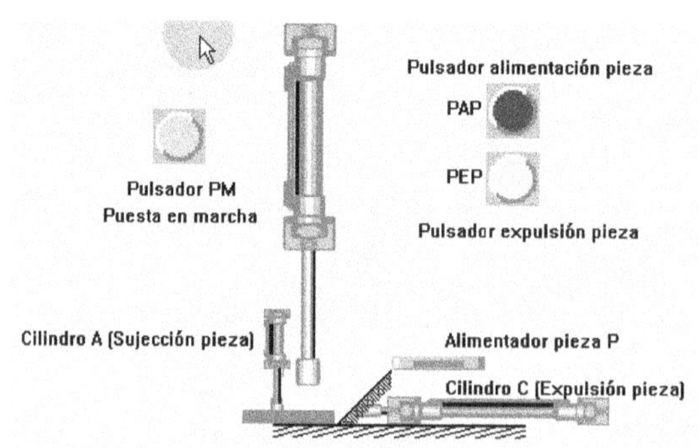

Pantalla simulación TroqueladoraAFIII

Imagen/Pantalla obtenida con el programa PCSimu © de Juan Luis Villanueva Montoto

- Archivos "troqueladoraAFIII.mwp" y "troqueladoraAFIII.awl" del diagrama (Programa) de contactos de la solución conseguida mediante MicroWin

Para dar a la simulación un carácter mas funcional y de aproximación a la realidad, se dota al sistema de alimentación/expulsión de piezas, mediante:

. Pieza (P), objeto (acción) escada, señal generadora Q0.5, que será activada en el estado E1 (M0.1) de "Espera General" cuando sea presionado el pulsador alimentación pieza PAP = I1.5

P = Q0.5 = M0.1 (Hágase una breve pulsación para que no se quede enclavado)

. Cilindro expulsor pieza C (C + = Y4 = Q0.4), gobernado por electroválvula monoestable que se hace intervenir al concluir la subida del troquel, esto es, en el estado E5 (M0.5) cuando b0 esté activado y se active el pulsador expulsión pieza PEP = I0.6

C + = Y4 = Q0.4 = M0.5 . b0 . PEP

De modo que para conseguir una pieza, se debe activar el pulsador PAP (Sin enclavarlo) y posteriormente proceder a la activación del pulsador de puesta en marcha PM para que comience la secuencia de funcionamiento (La alimentación/activación de pieza solo será posible en el estado de "Espera General")

Pieza (P) = PAP . M0.1

La expulsión de la pieza se efectuará activando el pulsador PEP

Estas dos operaciones no se automatizan por no estar implícitas en el planteamiento inicial, si bien son oportunas para darle una mejor dinámica funcional a la simulación del sistema

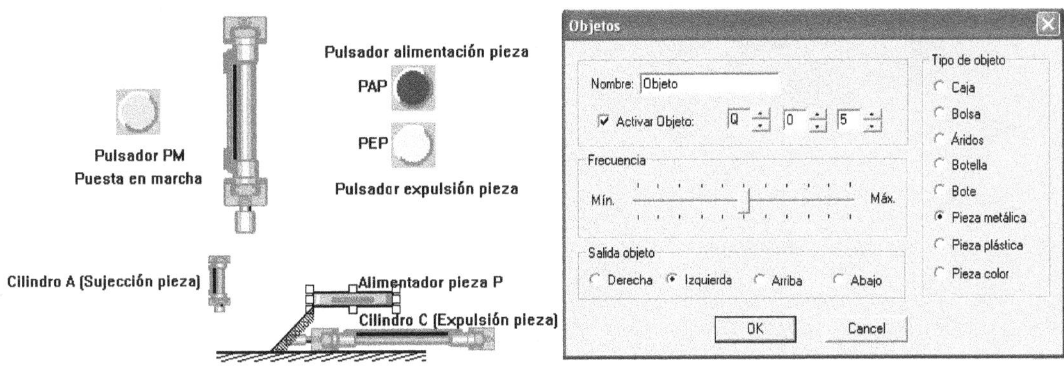

Pantalla configuración del objeto escada Pieza P

Imagen/Pantalla obtenida con el programa PCSimu © de Juan Luis Villanueva Montoto

Quedando la tabla de direccionamiento (correspondencias) así

Símbolo	Dirección	Comentario
PM	I0.0	Pulsador puesta en marcha
a0	I0.1	F.c. (A retraido, A-) , mordaza abierta
a1	I0.2	F.c. (A expandido, A+) , mordaza cerrada
b0	I0.3	F.c. (B retraido, B-) , troquel arriba
b1	I0.4	F.c. (B expandido, B+) , troquel abajo
Y1	Q0.1	A+ cierre mordaza
Y2	Q0.2	B+ bajar troquel
Y3	Q0.3	B-, subir troquel
TON5s	T101	Temporizador espera troquel abajo
PAP	I0.5	Pulsador alimentación pieza (Acción escada)
PEP	I0.6	Pulsador expulsión pieza (Acción escada)
Y4	Q0.4	C+, expulsión pieza (Acción escada)
P	Q0.5	Pieza (Objeto escada)

Imagen/Pantalla obtenida con el programa Step 7. MicroWin V4. Siemens ©

El diagrama de contactos es el reflejado en el apartado III.2.2.9 (Pag. 31), sin mas que incluir el control de los cuatro elementos citados anteriormente, esto es; PAP (I0.5) PEP (I0.6) Y4 (Q0.4) P (Q0.5)

Se omiten los segmentos anteriores por ser exactamente iguales (Ver pag. siguiente)

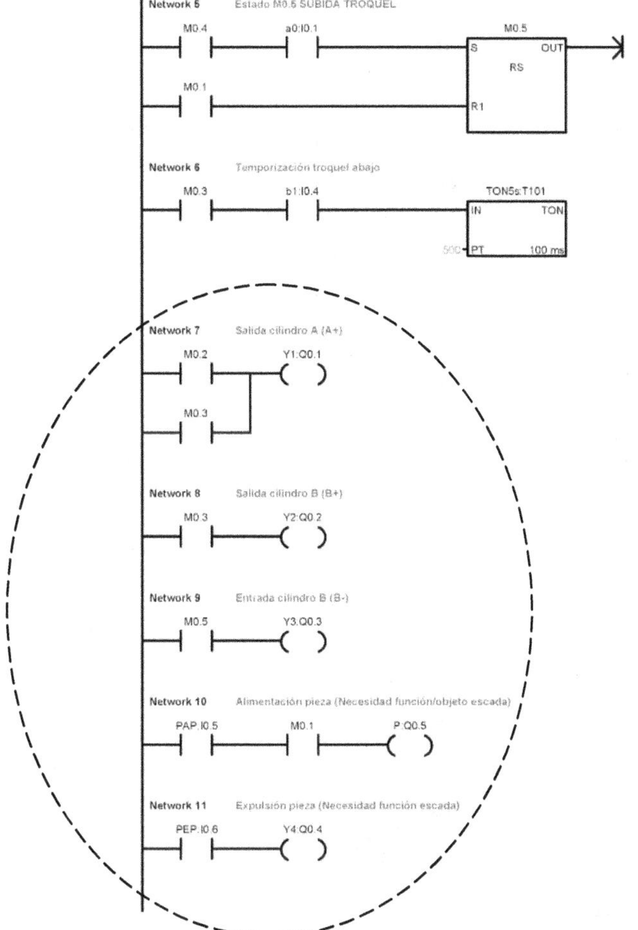

Imagen/Pantalla obtenida con el programa Step 7. MicroWin V4. Siemens ©

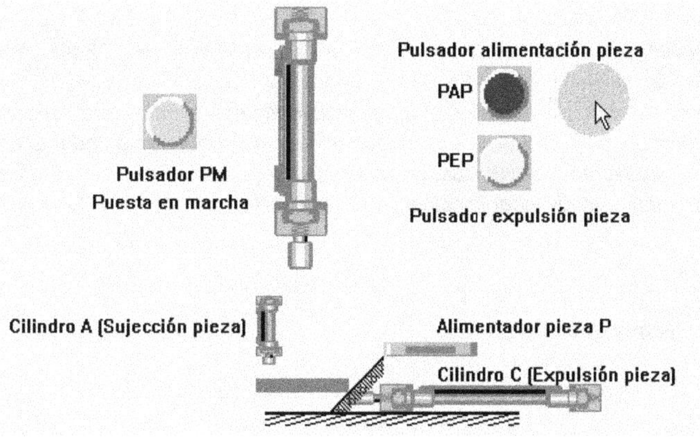

Imagen/Pantalla obtenida con el programa PCSimu © de Juan Luis Villanueva Montoto

1

III.2.3.- Concepto de Estado

" Es aquella situación de un sistema automático en la que el comportamiento del control del mismo, referido a sus señales de entrada y salida, no varía "

También podemos decir que es el momento en el que se establece/n ciertas salidas

Este concepto genérico de estado es equivalente al concepto de fase que se ha utilizado hasta ahora (Vease AF II pag. 118, II.3.1.2. Fase). Cuya adaptación sería:

Un estado está constituido por aquellas actuaciones que se deben realizar conjuntamente al establecerse una cierta orden, de modo que al quedar completada su ejecución, también queda establecida la orden para el lanzamiento del estado siguiente. En consecuencia, podemos decir que en general un sistema automático con carácter secuencial puro, está compuesto por varios estados, de manera que cada uno de ellos no comenzará hasta que finalice el anterior

En el desarrollo funcional de un sistema, los captadores de señal que certifican la conclusión del último de los estados, conjuntamente con las condiciones iniciales de funcionamiento (Puesta en marcha y/o otras) establecen el inicio de funcionamiento del sistema y por tanto de su primer estado, de modo que los captadores de señal que certifican la conclusión del primer estado, establecen el inicio de vigencia del segundo estado y así sucesivamente hasta concluir el ciclo de funcionamiento del sistema (Sistema secuencial puro)

No obstante, no todos los sistemas automáticos son secuencialmente puros y lineales, puesto que en ocasiones encontraremos sistemas que tendrán activos simultáneamente varios estados, se bifurcarán o concentrarán en varios o en uno, e incluso estando en un determinado estado y bajo cierta/s señal/es podrá el sistema retroceder, repetir e incluso saltar a otro estado no consecutivo

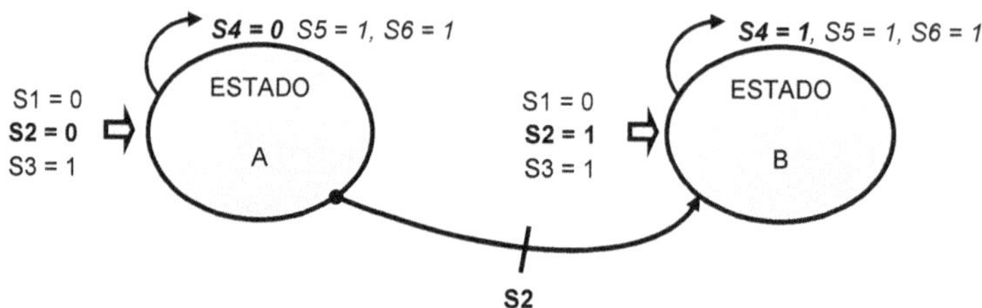

La variación del mapa de señales de entradas (S2 = 0 → S2 = 1) implica variación del mapa de las señales de salida (S4 = 0 → S4 = 1) o lo que es lo mismo la señal S2 genera un cambio de estado del sistema, pasando del estado A al B, constituyendo esa señal lo que denominaremos como "señal de cambio" (Transición), o condición que establece el paso de uno a otro estado. El estado B tiene en este caso la acción representativa/identificativa generada por la señal S4=1 que lo identifica frente al otro estado, A, cuya acción representativa/identificativa sería la generada por la señal S4=0 que lo diferencia del anterior

III.2.4.- Temporización con PLC

III.2.4.1.- Temporización a la activación (Conexión) con contacto NA

(*) Obsérvese la tabla de equivalentes de temporización del libro AF II, pag. 116, en concreto su cuadro superior derecho:

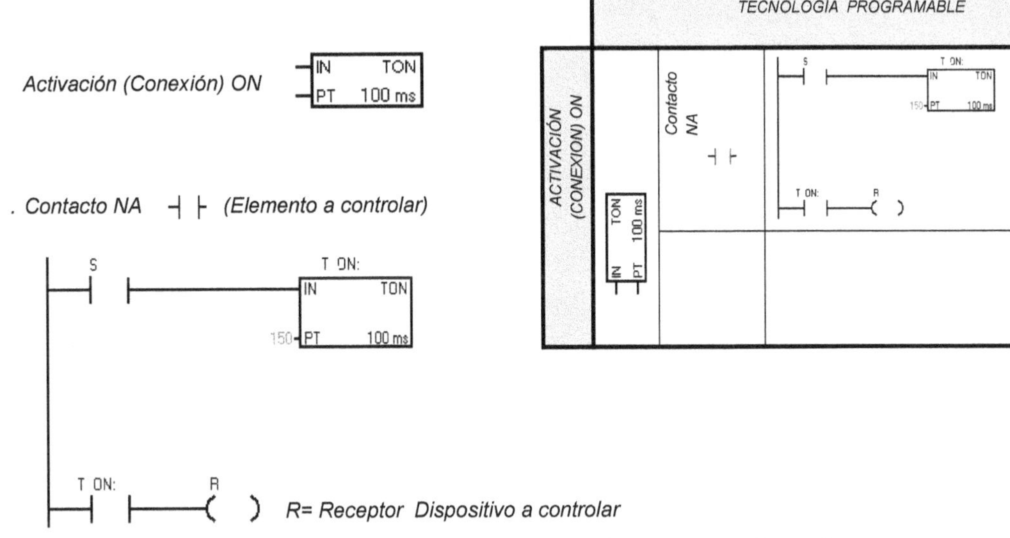

Imágenes/Pantallas obtenidas con el programa Step 7. MicroWin V4. Siemens ©

Si consideramos el bloque/ función temporizador a la conexión (ON) gobernado por un contacto abierto / bit (NA) como elemento a controlar, tanto este como el dispositivo a gobernar (Receptor), tardarán un cierto tiempo Δt en recibir la señal de mando, por eso decimos que es un retardo a la activación (ON), por el contrario, al desaparecer la señal de mando su efecto se producirá al instante, siendo su diagrama de señales el de la figura, que es el mismo que el del temporizador neumático y eléctrico equivalentes (Ver pag 87 AF II)

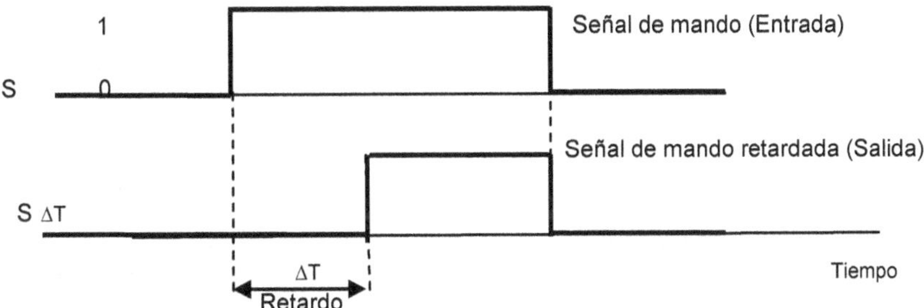

Continuando con la estrategia de evidenciar el paralelismo entre los temporizadores de las tecnologías neumática, eléctrica y mediante PLC indicada en la pag 87 del libro AF II, realizaremos ahora algún ejercicio de los resueltos en aquel momento

(Idem supuesto electroneumáticoneumático pag 87 AF II) Así para un sistema electroneumático en el que un cilindro C hace su salida un cierto tiempo después de efectuarse la activación de un pulsador PS y que debe retornar automáticamente al llegar a su posición de extendido, que es detectada por un final de carrera c1, tendríamos las siguientes ecuaciones de mando, esquema y grafo de secuencia

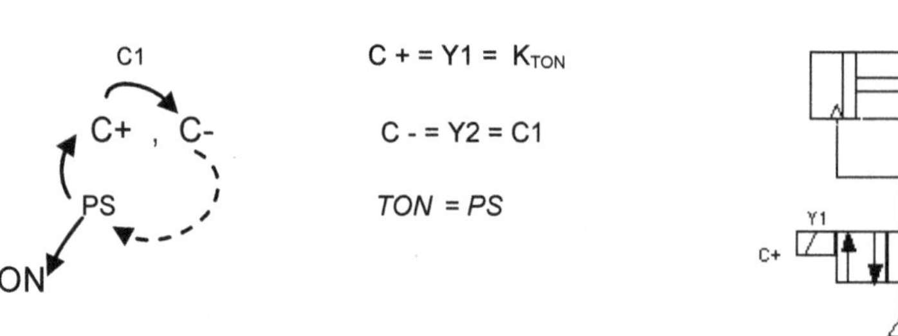

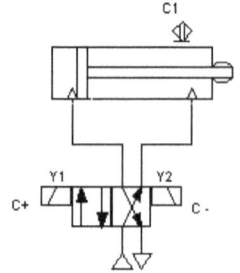

La tabla de correspondencias y el diagrama de contactos para control por PLC serían:

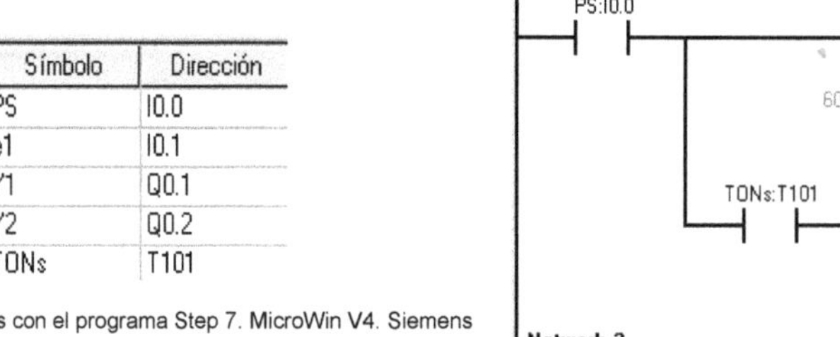

Símbolo	Dirección
PS	I0.0
e1	I0.1
Y1	Q0.1
Y2	Q0.2
TONs	T101

Imagenes/Pantallas obtenidas con el programa Step 7. MicroWin V4. Siemens

C + = Y1 = Q0.1 = PS . TON = I0.0 . T101

C - = Y2 = Q0.2 = c1 = I0.1

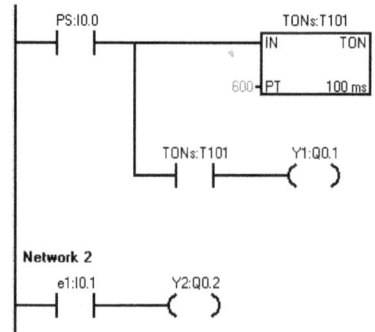

Cuyo diagrama de señales es el mismo que el obtenido para tecnología Electroneumática

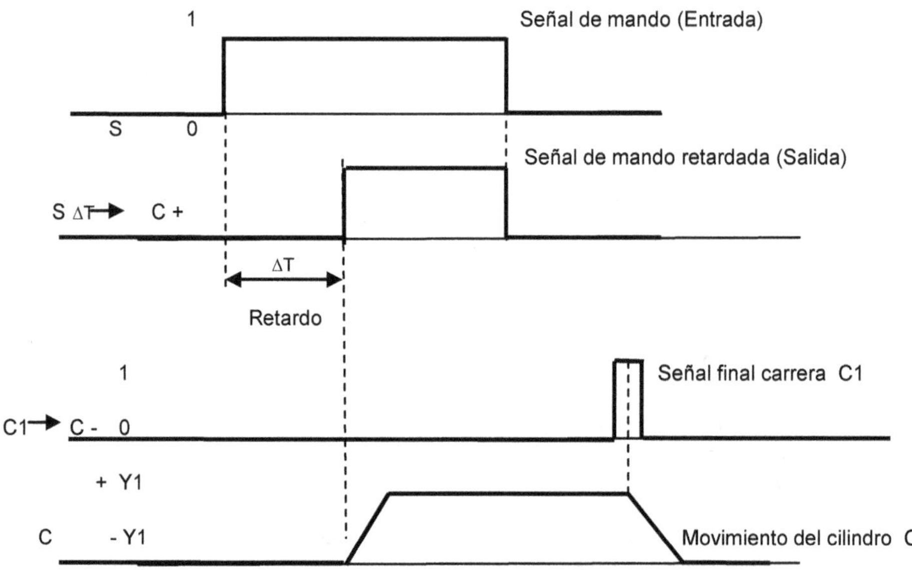

Así al activar el pulsador S, esta señal de mando no será efectiva hasta trascurrido un cierto tiempo ΔT (Retardo), que corresponde con el tiempo que tarda en ponerse a uno (1) el bloque temporizador ON, obteniéndose así una señal ┤ ├ T_{ON} retardada para la activación de los elementos que gobierne, en este caso la electroválvula Y1 del cilindro C, retardando su salida

III.3.- INDICACIONES PARA EL MANEJO DE PCsimu (Versión 1.0)

Mediante el programa PCsimu, conjuntamente con el emulador del PLC S7-200 disponemos de un escada sencillo, mediante los cuales podemos recrear por medio de un sinóptico de una forma gráfica y animada, el funcionamiento de una instalación/máquina/dispositivo automatizada, efectuándose entre ambos un intercambio de señales entrada /salida , utilizando para ello el protocolo del programa MicroWin 4.0 Step 7 (Siemens)

(Entradas digitales: I0.0 a I7.7 / Salidas digitales Q.0 a Q7.7) (El número máximo de objetos a simular en PCsimu es de 100)

Para una mayor operatividad en el manejo de estos programas, es posible integrar PCsimu y el Emulador S7 200 en el programa Microwin haciendo en este lo siguiente:

<Herramientas> <Personalizar> <Agregar aplicaciones>

Aplicándolo a los dos programas citados se podrá acceder directamente a los mismos

El objetivo de estas indicaciones es facilitar el uso de PCsimu y dar a conocer algunas de las características de este programa con la única intención de circunscribirse a la simulación de los supuestos de automatización analizados en la presente publicación, de los cuales se facilitan sus correspondientes archivos (.sim) en la siguiente web: www.lulu.com/spotlight/automatizacion_fundamentada

Para mas detalles del manejo del mismo, así como para la edición /generación de archivos .sim que recreen dispositivos/máquinas es oportuno la lectura de manualescomo el que puede encontrarse en los siguientes links:

http://es.slideshare.net/whdezchamps/manual-pc-simu

Manual PCsimu de Rafael Villela, Ana Gabriela Zúñiga y Edgar Hernández)

también en la web de canal PLC, donde se puede disponer gratuitamente de ambos programas,

http://canalplc.blogspot.com.es

y mediante email dirigido a su autor (canalplc@movistar.es) se pueden obtener las claves el acceso a los mismos

Accediendo al menú <archivo> <"configuración"> podemos modificar características tales como color de fondo del programa, velocidad de simulación, entradas/salidas. Pulsar el botón de <Guardar><OK>

En cualquier otro momento podemos acceder a esta opción y modificar la configuración del programa

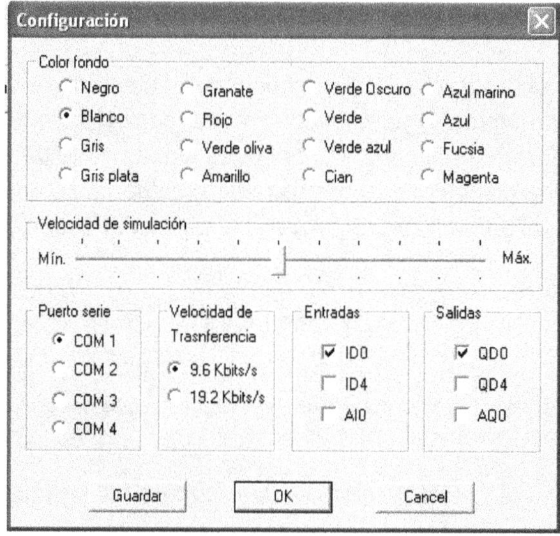

Tras la instalación del programa aparecerá en pantalla el siguiente mensaje:

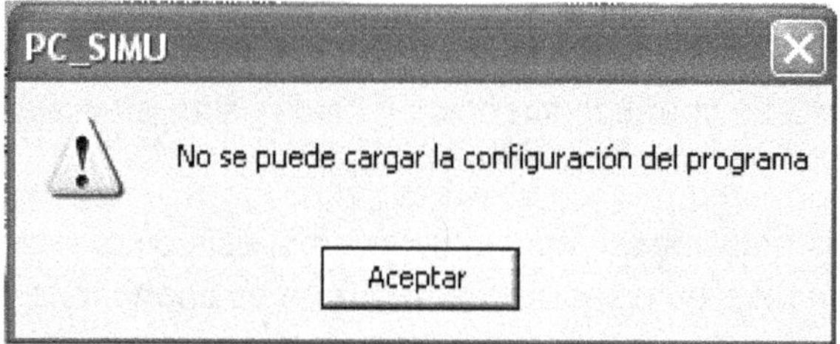

Imagenes/Pantallas obtenidas con el programa PCSimu © de Juan Luis Villanueva Montoto

Esta pantalla aparece porque el programa no encuentra el archivo (config.cfg) de configuración, de modo que al activar el botón "aceptar" se cargan los parámetros de configuración que el programa tiene establecidos por defecto

En sucesivos accesos al programa esta fase se puede obviar si una vez que se haya entrado al mismo, tras haber introducido la oportuna clave de acceso, accedemos al menú "Configuración" y realizamos la operatoria indicada

Pulsando el botón aceptar en la pantalla anterior obtendremos la siguiente ventana

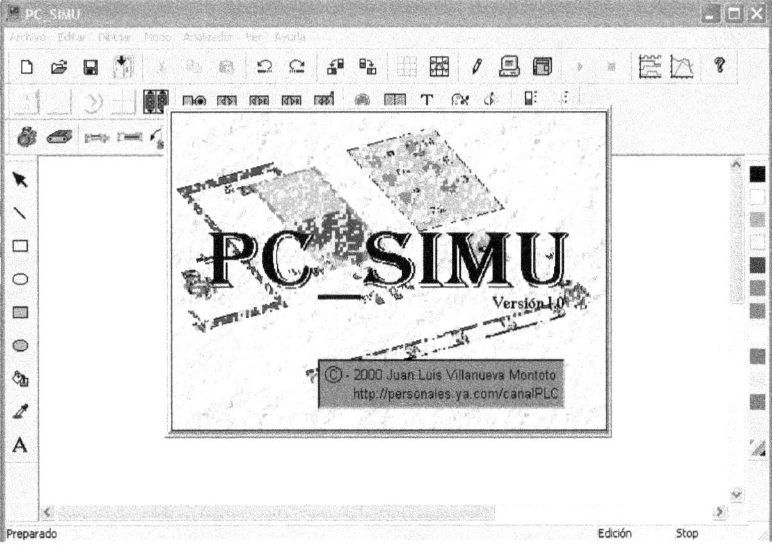

Haciendo clic sobre el recuadro que contiene la denominación PC SIMU llegaremos a la siguiente pantalla:

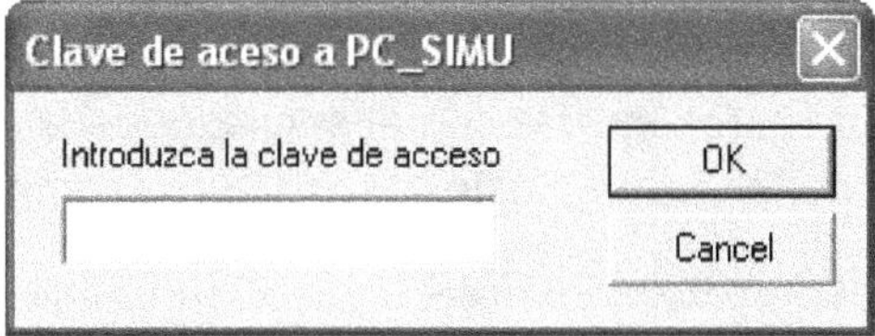

donde introduciremos el código solicitado que nos conducirá a la pantalla de inicio (trabajo) del programa

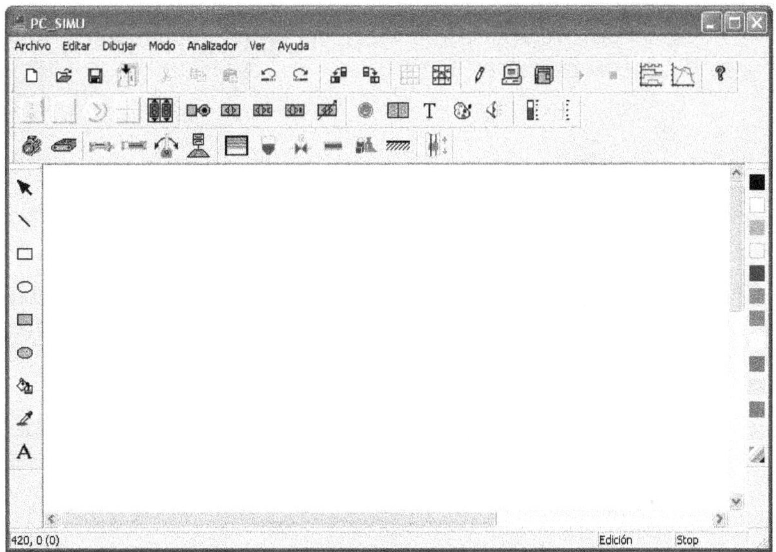

Imagenes/Pantallas obtenidas con el programa PCSimu © de Juan Luis Villanueva

III.3.2.- Barra superior de la pantalla de trabajo.

En ella encontramos, entre otros, los iconos cuya función se describe seguidamente

Abrir documento . Que nos permitirá acceder a la unidad donde se encuentra el archivo de extensión .sim que recrea la instalación a simular.

Edición. Mediante el mismo se pueden diseñar (dibujar) diversos objetos para su simulación funcional. Mientras se esté en él no es posible realizar ninguna simulación.

Al pasar del modo “simulación” al modo “edición” se realiza un desforzado de las E/S del autómata

Simulación.- Permite efectuar la recreación de un dispositivo /instalación/máquina previamente editado (archivo .sim), conectando virtualmente sus entradas/salidas con el emulador del autómata S7 200 (PLC virtual) comportándose en este caso PCSimu como un simulador

Ese intercambio de datos E/S se realiza a través del portapapeles de Windows (Por esa razón durante ese tiempo no se puede utilizar dicha función de Windows)

Conexión.- Con la activación de este icono, se consigue que PCsimu se comporte como un auténtico escada pudiendo intercambiar entradas/salidas con las de un PLC S7 200 real conectándolo al puerto serie del ordenador por medio de cable PC-PPI

Intercambio de información E/S.-

Inicia intercambio información E/S, de manera que estando en el modo “simulación”, pone a RUN la CPU del autómata virtual S7 200

Finaliza intercambio información E/S, de manera que estando en el modo “simulación”, pone a STOP la CPU del autómata virtual S7 200

Imagenes/Pantallas obtenidas con el programa PCSimu © de Juan Luis Villanueva Montoto

III.3.2.- Barra herramientas de elementos 1 (Objetos escada)

Interruptor.- Puede estar configurado como NA o NC., siendo activado/desactivado al hacer clic sobre el mismo con el botón izquierdo del ratón. Tendrá asignada una entrada (Comportamiento estable)

Pulsador.- También puede estar configurado como NA o NC y ser activado/desactivado haciendo clic con el ratón (Comportamiento monoestable/estable) .Tiene asignada una entrada Se puede enclavar (Comportamiento estable) arrastrando el puntero del ratón fuera del pulsador manteniendo pulsado el botón izquierdo . Su desenclavamiento se efectúa con un clic de ratón

El color del pulsador se puede de variar (Colores posibles 8) y su forma puede ser cuadrada o redonda

Selector.- Recrea el funcionamiento de un conmutador rotativo de varias posiciones (Desde 1 entrada/2 posiciones hasta 4 entradas/4 posiciones) Comportamiento estable

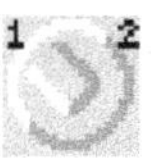

Selector 1/2 entradas - 2 posiciones

Selectores 3/4 entradas –con 3/4 posiciones

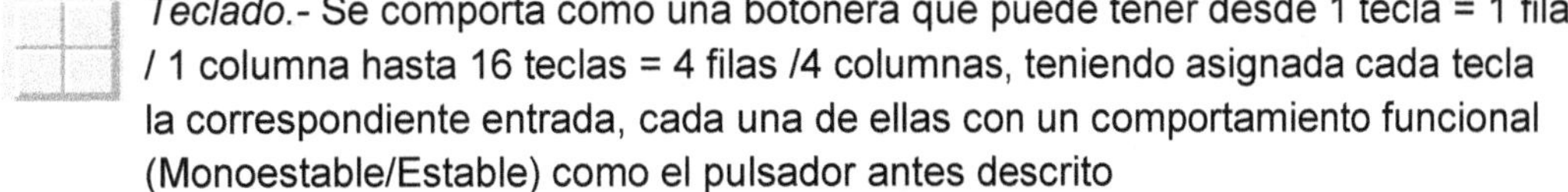

Teclado.- Se comporta como una botonera que puede tener desde 1 tecla = 1 fila / 1 columna hasta 16 teclas = 4 filas /4 columnas, teniendo asignada cada tecla la correspondiente entrada, cada una de ellas con un comportamiento funcional (Monoestable/Estable) como el pulsador antes descrito

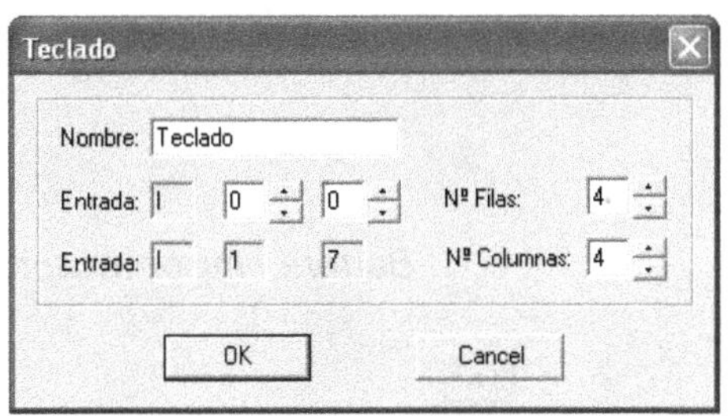

Imagenes/Pantallas obtenidas con el programa PCSimu © de Juan Luis Villanueva Montoto

Final de carrera.. Recrea el funcionamiento de un f.c., pudiendo ser accionado por objetos tales como caja, bote, botella, pieza

Se puede configurar como normalmente abierto o cerrado (NA/NC), Comportamiento monoestable

Es posible enclavarlo/desenclavarlo como el pulsador. Comportamiento estable

Detector de proximidad.- Simula el funcionamiento de un detector sin contacto y puede ser de tipo inductivo (Detección de materiales metálicos) o capacitivo (Detección de cualquier material)

Tendrá asignada una entrada y puede estar configurado como NC o como NA

Puede ser activado/desactivado, enclavado/desenclavado con el ratón como el pulsador

Su alcance de detección es configurable (Nº de pixel en pantalla) apareciendo esa distancia de activación representada por una barra gris durante la simulación

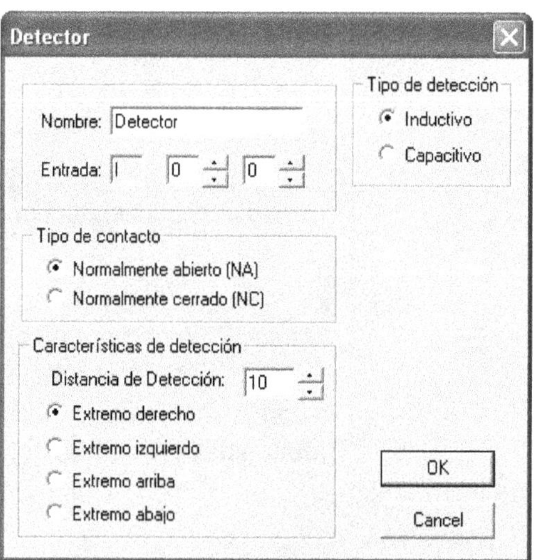

Barrera emisor-receptor.- Reproduce una barrera fotoeléctrica tipo entrada-receptor, de manera que la barrera creada entre E-R se activa al interponerse entre ambos un objeto

La distancia de detección establece la separación entre emisor y receptor

El resto de configuraciones son similares a las indicadas para el detector de proximidad

Barrera réflex (*Réflex cromático*) Simula una barrera tipo réflex en la que el emisor E y el receptor R se encuentran integrados en el mismo cuerpo, de modo que si la barrera detectora generada por el emisor es interceptada por un objeto por reflexión incidirá en el receptor

Sus características de configuración y funcionalidad son también las descritas para el detector de proximidad, pudiéndosele añadir además el carácter de detector cromático mediante la configuración de hasta 8 colores

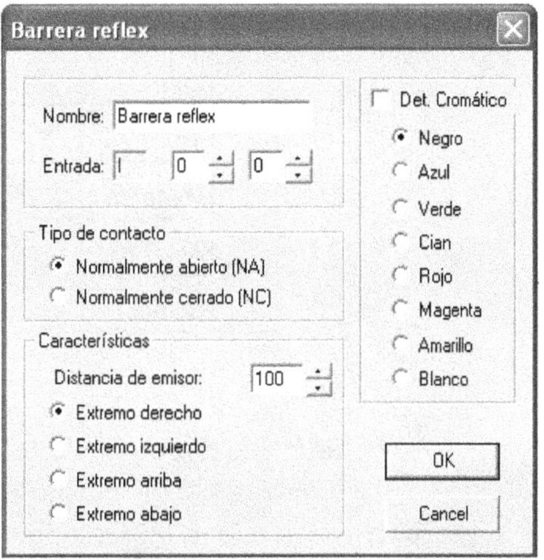

Imagenes/Pantallas obtenidas con el programa PCSimu © de Juan Luis Villanueva

Respuesta de los diferentes tipos de detectores con los objetos simulables en PCsimu (Ver pag. siguiente)

		Final de carrera	Detector de proximidad		Barrera Emisor-Receptor	Barrera reflex	Barrera reflex cromático
			Inductivo	Capacitivo			
Caja		X		X	X	X	
Bolsa		X		X	X	X	
Áridos		X		X	X	X	
Botella		X		X	X	X	
Bote		X		X	X	X	
Pieza	***Metálica***	X	X	X	X	X	
	Plástica	X		X	X	X	
	Negra	X		X	X	X	Negro
	Azul	X		X	X	X	Azul
	Verde	X		X	X	X	Verde
	Cian	X		X	X	X	Cian
	Roja	X		X	X	X	Rojo
	Magenta	X		X	X	X	Magenta
	Amarilla	X		X	X	x	Amarillo
	Blanca	X		X	X	X	Blanco

Led.. Recrea un diodo emisor de luz. Por ser un receptor tendrá asignada una salida.Su color y forma es configurable (8 Colores / Redondo-cuadrado)

Display.. Reproduce el funcionamiento de un display mostrando el código BCD activado en las cuatro salidas conectadas que tiene cada celda. (Ver explicación mas detallada sobre su uso básico en apartado III 11.6, pag.167), siendo el número de dígitos representables de 1 a 4 (4 Celdas máximo)

Su pantalla de configuración mostrará las salidas asignadas automáticamente según el número de displays seleccionado, indicando las direcciones incial y final

No activo

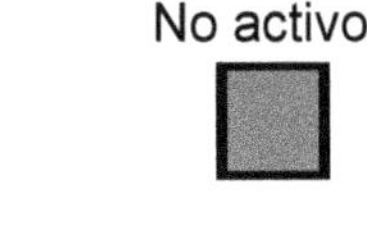

Activo mostrando valor 0 y 2

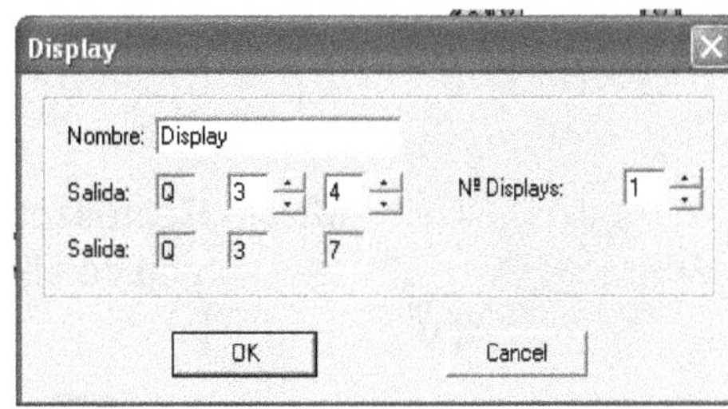

No activo

Activo mostrando valor 0 y 19

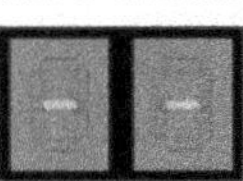
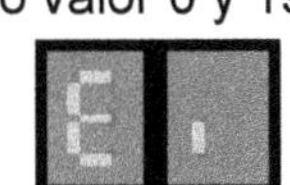

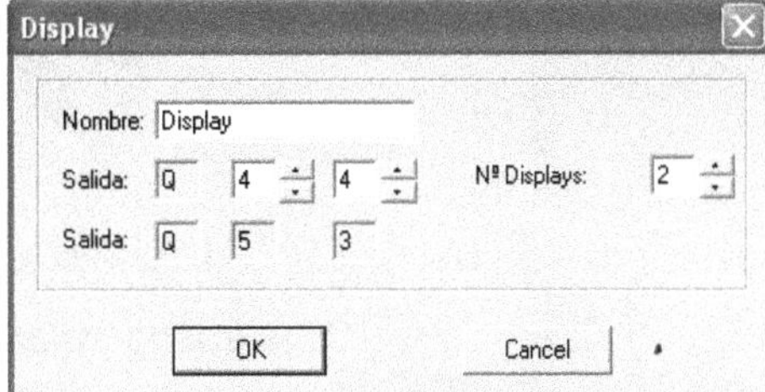

Dibujo.. Mediante el mismo podemos insertar a una entrada o salida del autómata un dibujo (Formato .bmp) mediante un bitmap activo y su correspondiente bitmap inactivo

Bitmap activo

Bitmap inactivo

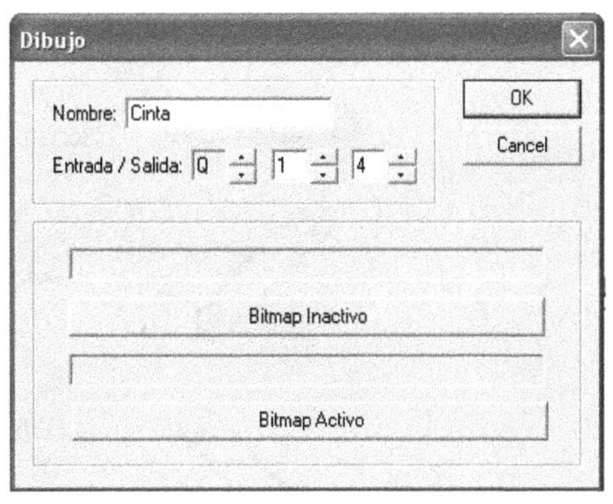

Sonido..Reproduce un sonido al ser activada la salida que tenga asignada

Imagenes/Pantallas obtenidas con el programa PCSimu © de Juan Luis Villanueva

III.3..- Barra herramientas de elementos 2 (Objetos escada)

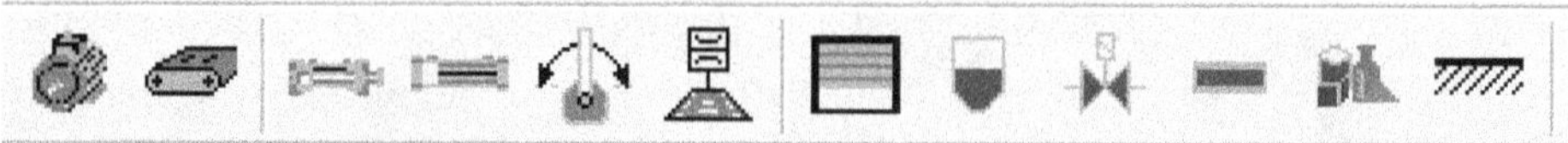

Motor.- Representa un motor. Puede tener dos sentidos de giro y por tanto cada uno de ellos tendrá asignada una salida en el autómata

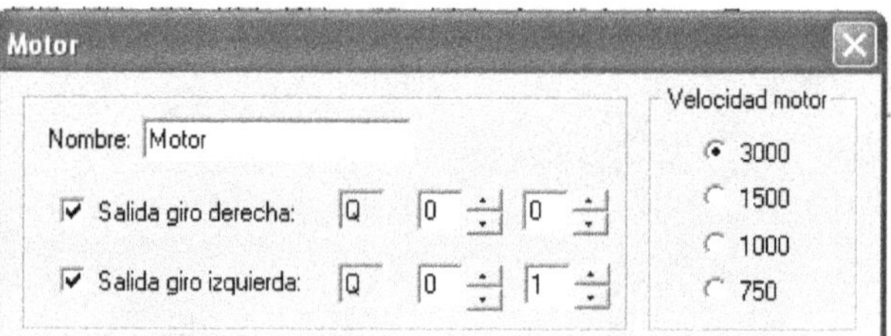

Cinta trasportadora.- Simula el funcionamiento de una cinta, está accionada por un motor que puede tener dos sentidos de giro (Dos salidas del autómata) y por tanto con la posibilidad de desplazar hacia la izquierda/derecha o ambos sentidos los objetos situados sobre ella. Además puede ser dispuesta en sentido inclinado u horizontal (Orientación) y es posible además configurar su velocidad de desplazamiento

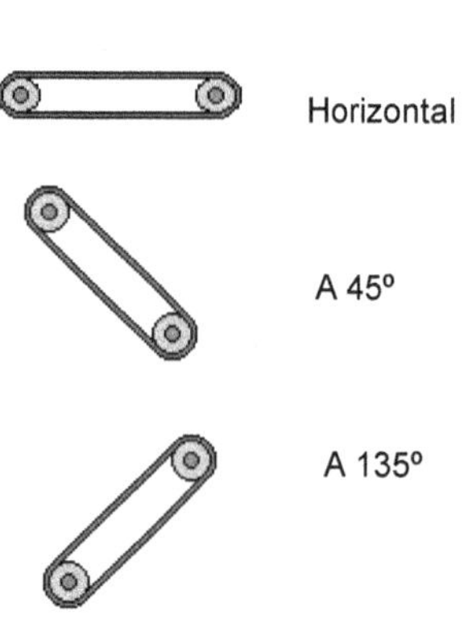

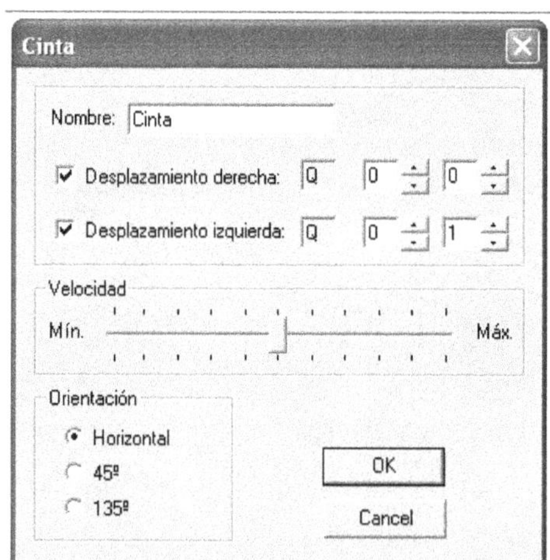

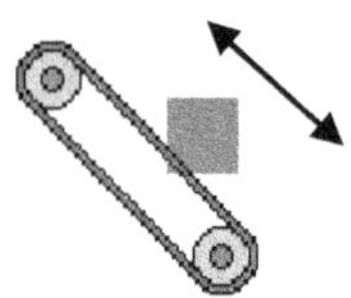

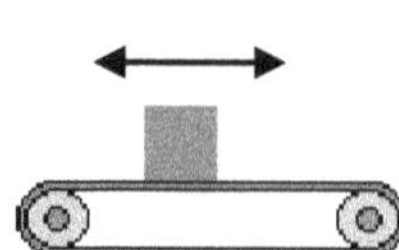

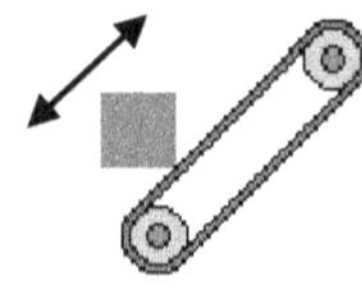

Imagenes/Pantallas obtenidas con el programa PCSimu © de Juan Luis Villanueva Montoto

Cilindro (Actuador neumático).- Recrea el funcionamiento de un cilindro neumático de doble efecto (*) que puede estar gobernado por electroválvula monoestable o biestable . Siendo precisas por tanto una o dos salidas del autómata según el tipo de electroválvula establecido

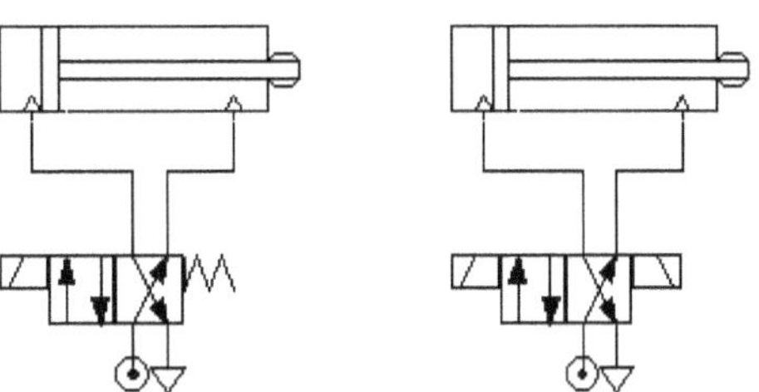

Las posiciones finales de recorrido pueden ser detectadas por los oportunos captadores magnéticos y sus correspondientes entradas en el PLC

Su configuración inicial puede ser establecida como extendido (+) o retraído (-) . También es posible configurar la orientación de su extremo (leva) como izquierda/derecha/arriba/abajo y su velocidad de desplazamiento

(*) En el caso de que la electroválvula de mando se configure como monoestable, tendrá un comportamiento similar al de un cilindro de simple efecto, teniendo asignada solo una salida de PLC?

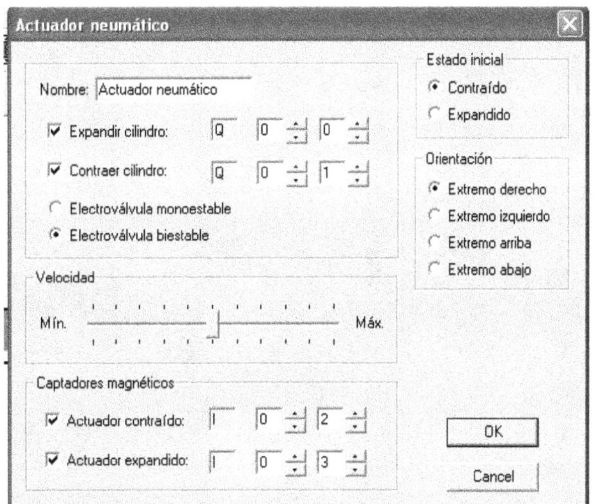

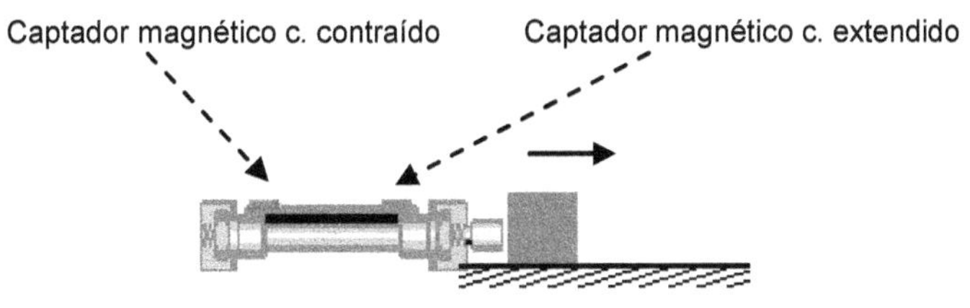

Imagenes/Pantallas obtenidas con el programa PCSimu © de Juan Luis Villanueva Montoto

Cilindro sin vástago.- Simula el funcionamiento de un actuador lineal . Se configura como el cilindro de doble efecto, con la particularidad de poder ser también gobernado por dos electroválvulas monoestables para aplicaciones de posicionado

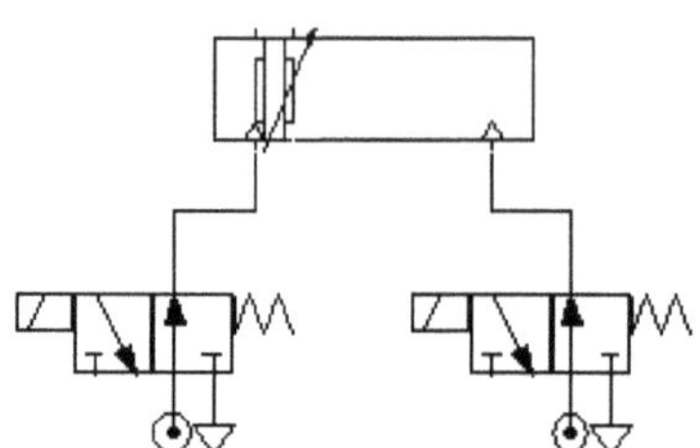

Su configuración puede ser establecida como contraído (Derecha) o expandido (izquierda). También es configurable su orientación como "Extremo izquierdo / Extremo derecho/ Arriba/Abajo" y su velocidad de desplazamiento

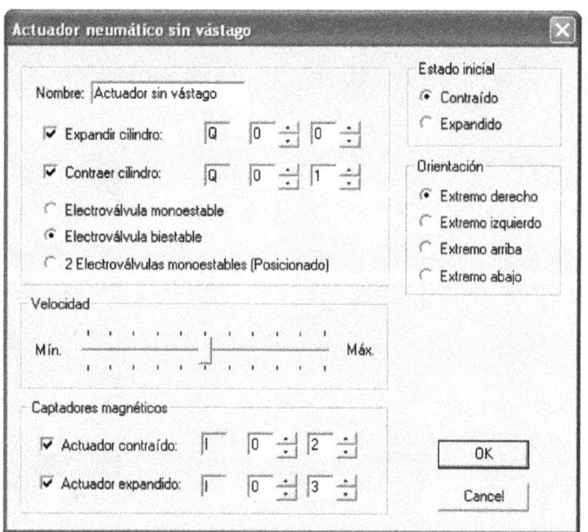

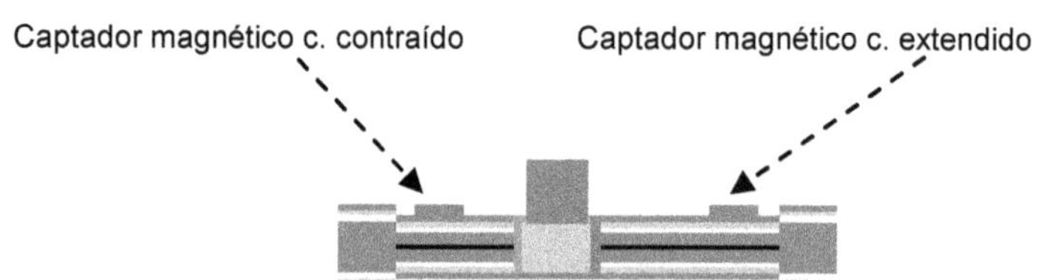

Imagenes/Pantallas obtenidas con el programa PCSimu © de Juan Luis Villanueva Montoto

Actuador rotativo.- Reproduce el funcionamiento de un cilindro neumático rotativo. Su estado inicial al comienzo de la simulación puede ser:

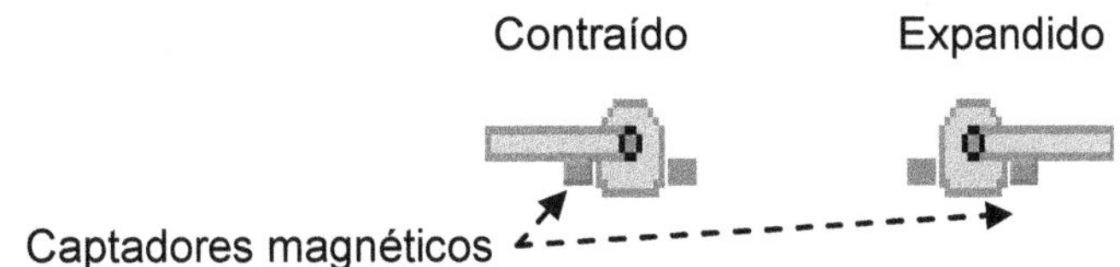

Su configuración es similar al cilindro sin vástago admitiendo también posicionado (Control mediante dos electroválvulas mono estables), con posibilidad de orientación, igualmente dispone de captadores magnéticos en los finales de su recorrido. También es configurable su velocidad de desplazamiento

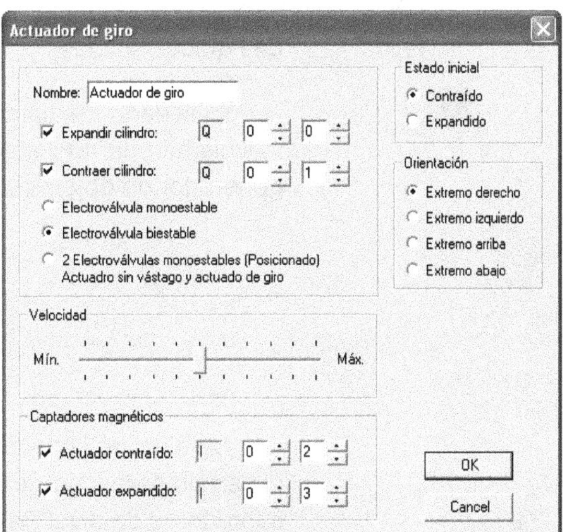

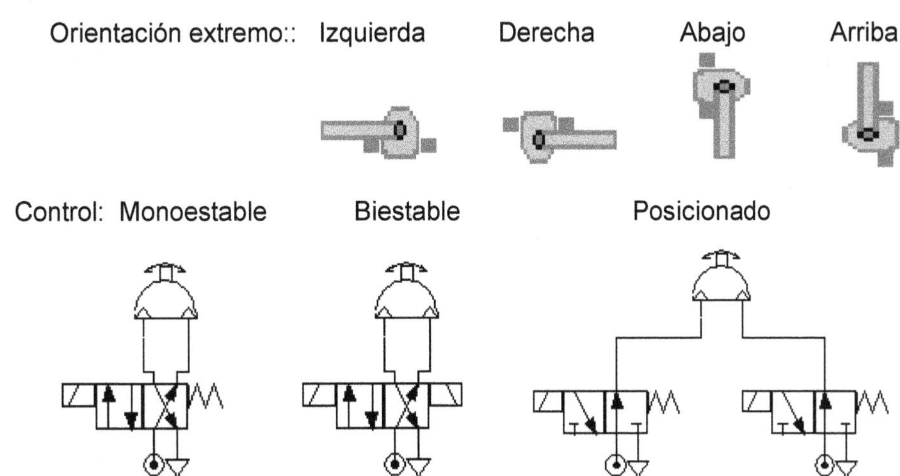

Imagenes/Pantallas obtenidas con el programa PCSimu © de Juan Luis Villanueva Montoto

Ventosa.- Representa y gestiona una ventosa de aspiración/succión de objetos siendo su gobierno posible por configuración monoestable o biestable disponiendo para ello de una o dos entradas al autómata. Contiene también una señal de control para la activación de su vacuostato :

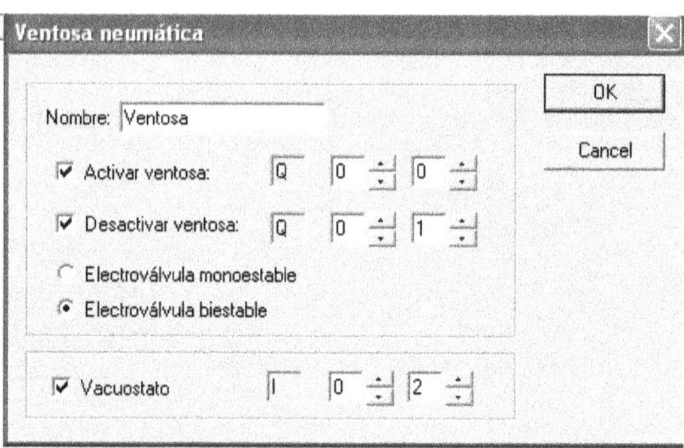

Depósito.- Representa el funcionamiento de un depósito para almacenamiento de líquidos/sólidos.

Su llenado mediante líquido se efectúa por medio de la oportuna válvula/tubería. El llenado de sólidos puede efectuarse desde un generador de objetos o de áridos por medio de cinta trasportadora

Su nivel de llenado es configurable (Max. 10.000 l), dependiendo el tiempo para lograrlo del caudal de entrada. Puede disponer de 3 captadores de nivel (Máximo , medio y mínimo) a los que corresponderán las oportunas entradas del autómata

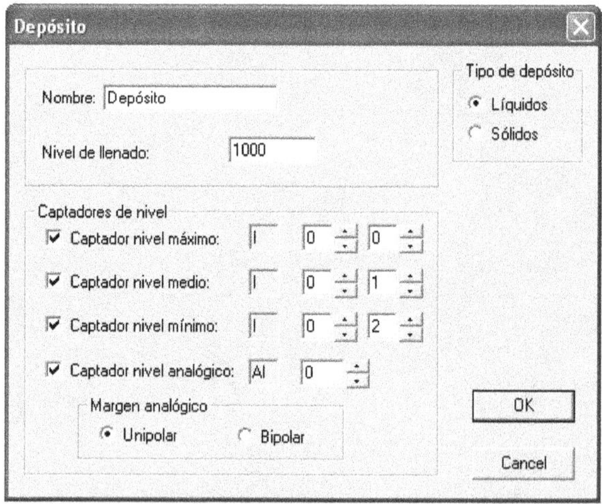

Imagenes/Pantallas obtenidas con el programa PCSimu © de Juan Luis Villanueva Montoto

Válvula.- Simula la funcionalidad de una válvula permitiendo el paso de líquido si está activada. Tendrá asignada una salida del PLC.

Su caudal de salida es configurable y puede tener orientación horizontal o vertical. Si se marca la casilla "Líquido en la entrada de la válvula", al activarse responderá como generador de liquido

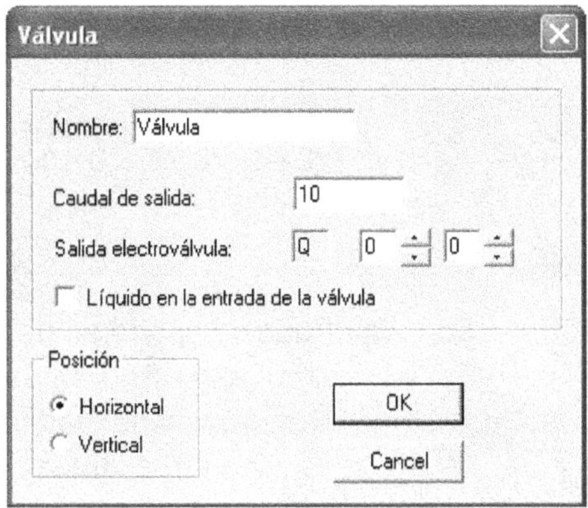

Válvula desactivada V. activada sin líquido V. activada con líquido

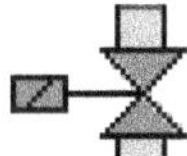

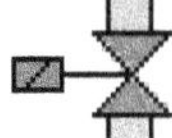

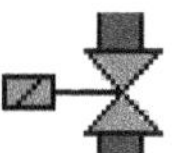

Tubería.- Conecta válvulas y depósitos. Su colocación establece el sentido de circulación del líquido

Pueden ser configurables como horizontal / vertical / codo

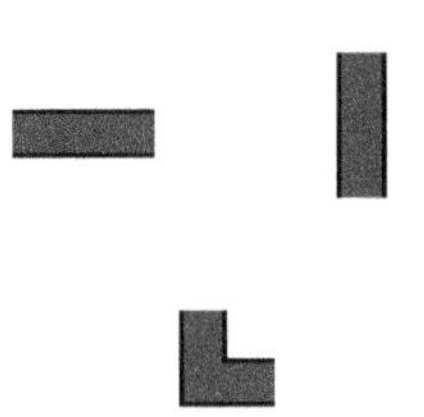

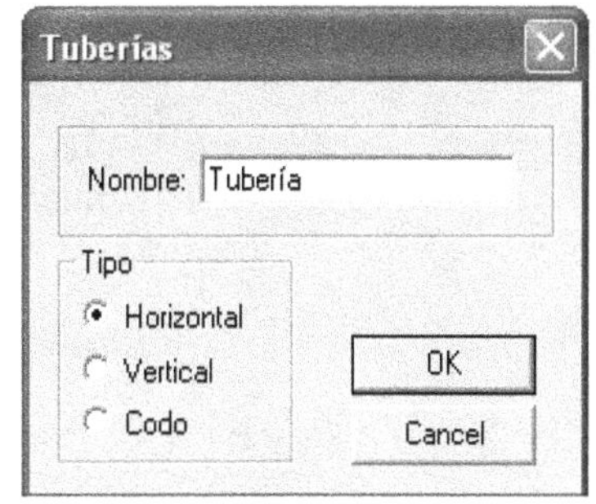

El codo es orientable mediante el icono giro izquierda/derecha

Imagenes/Pantallas obtenidas con el programa PCSimu © de Juan Luis Villanueva

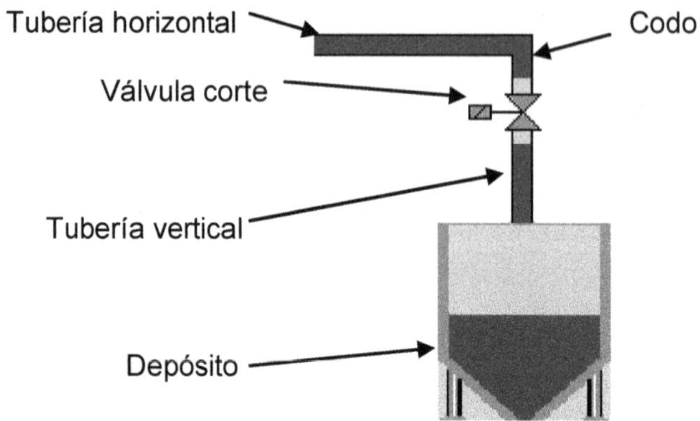

Objetos.- Puede disponerse de varios objetos manipulables o detectables en la simulación. Surgen desde un generador de objetos y tienen desplazamiento vertical de caída por gravedad, que puede ser impedida mediante la utilización de topes u otros objetos (Cinta trasportadora /Cilindros)

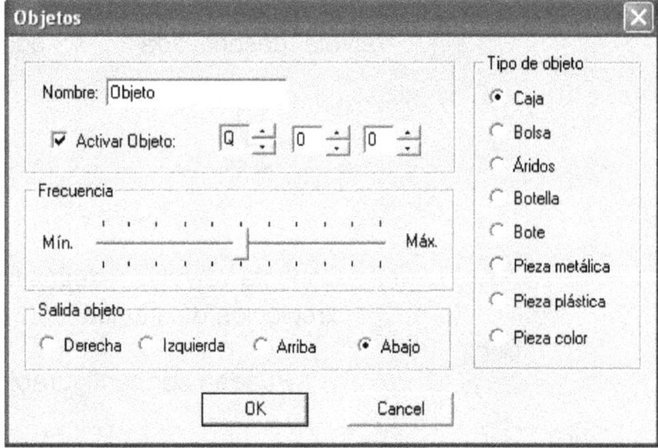

El generador de objetos puede ser activado asociándole una salida del PLC o en su defecto mediante el ratón haciendo clic sobre el mismo..

En la siguiente tabla se recogen los grafismos de los diferentes generadores de objetos

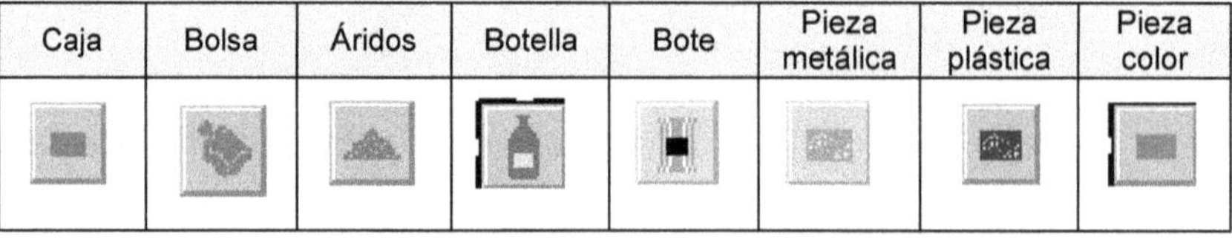

Caja	Bolsa	Áridos	Botella	Bote	Pieza metálica	Pieza plástica	Pieza color

Imagenes/Pantallas obtenidas con el programa PCSimu © de Juan Luis Villanueva Montoto

Pantalla para la configuración de las características de llenado de los objetos botella y bote

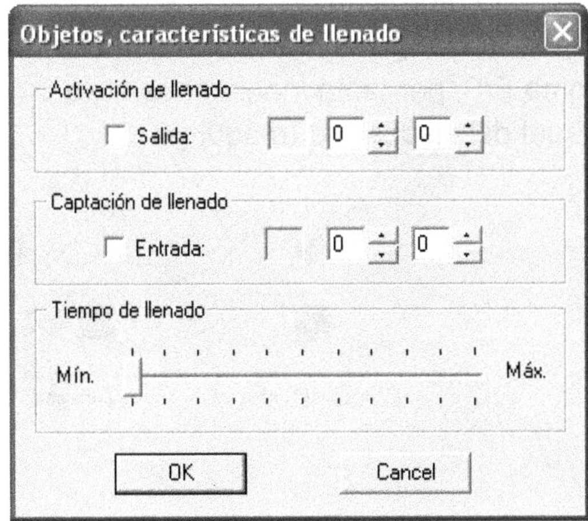

Pantalla para establecer la característica cromatismo en el objeto Pieza Color

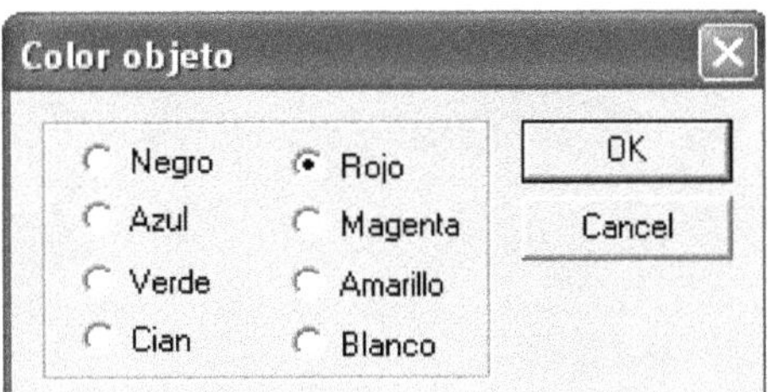

Tope.- Objeto inanimado que impide que los objetos caigan. Tiene posibilidad de orientación, no direcionable como E/S

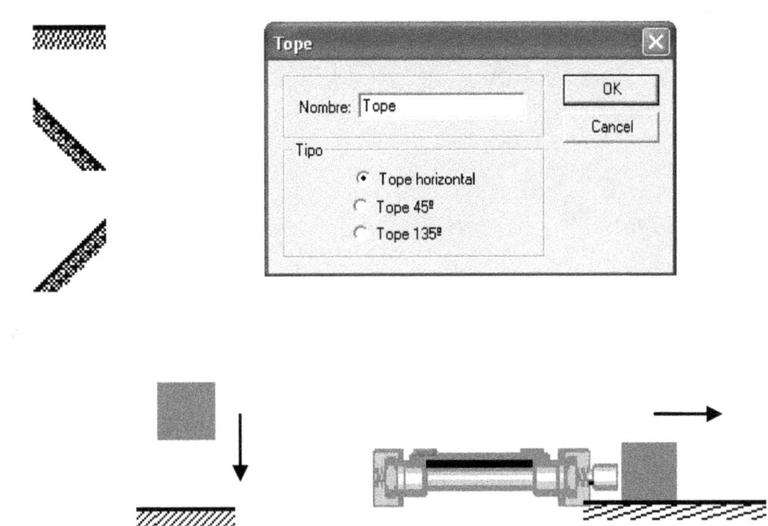

Imagenes/Pantallas obtenidas con el programa PCSimu © de Juan Luis Villanueva Montoto

III.- 3.4.- Barras de herramientas complementarias

El programa dispone de diversas opciones de edición gráfica para dibujar líneas, rectángulos, selección de color, edición de texto, ... no direcionables como E/S, por tanto inanimados cuya única función es completar la apariencia visual del dispositivo (máquina)

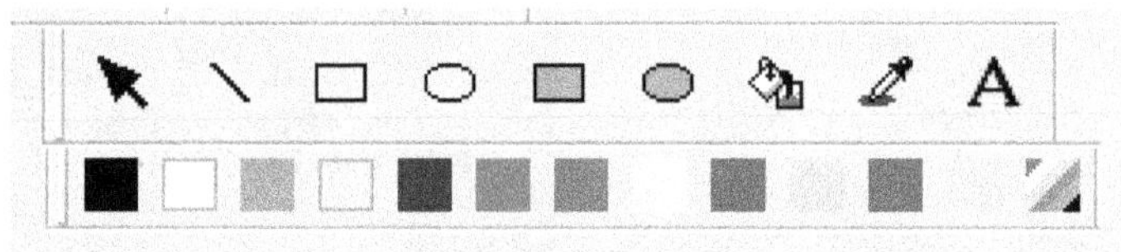

Imagen/Pantalla obtenida con el programa PCSimu © de Juan Luis Villanueva Montoto

III.4.- INDICACIONES PARA EL MANEJO DE PCsimu Version 2.0

Puede establecerse intercambio de señales con los autómatas programables LOGO, S7 1200 y S7 1500 de Siemens, conectandolos en línea a través de IP

Accediendo al menú <archivo> <“configuración”> podemos modificar características tales como color de fondo del programa, velocidad de simulación, entradas/salidas. Pulsar el botón de <Guardar><OK>, que en la versión 2.0 presenta el siguiente aspecto

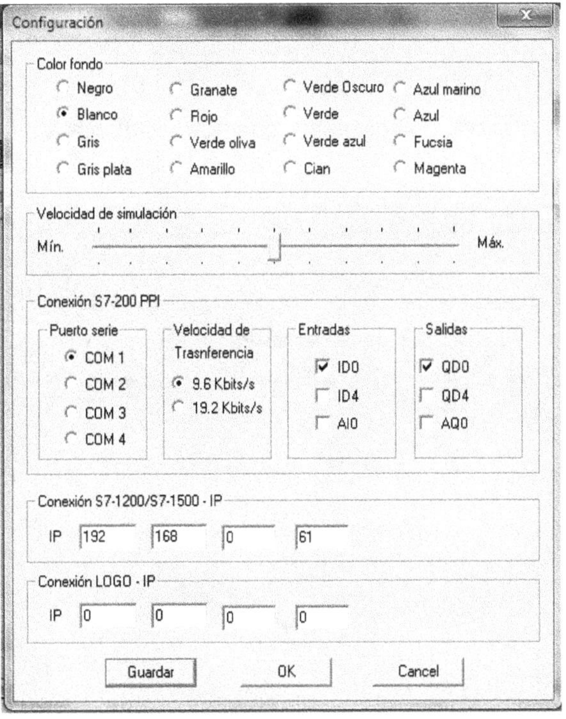

Imagen/Pantalls obtenida con el programa PCSimu © de Juan Luis Villanueva Montoto

La pantalla de acceso inicial en la versión 2.0 presente es la siguiente

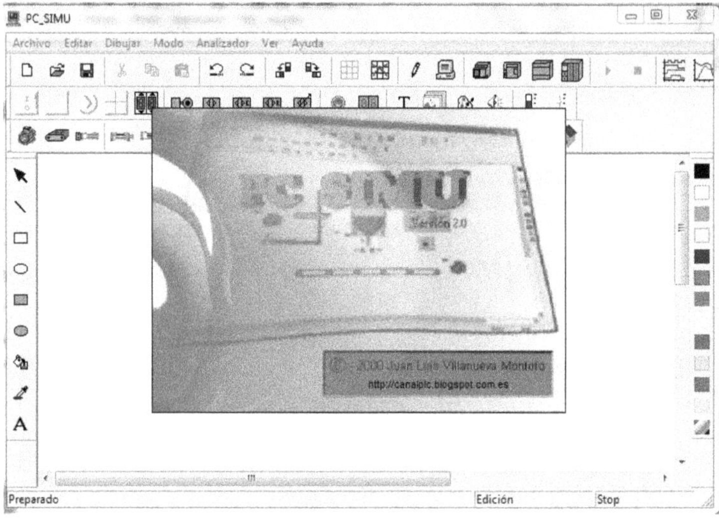

Haciendo clic sobre el recuadro que contiene la denominación PC SIMU llegaremos a la siguiente pantalla:

donde introduciremos el código solicitado que nos conducirá a la pantalla de inicio (trabajo) del programa. Se resaltan median cuadros a trazos los nuevos iconos-funciones que incorpora la versión 2.0

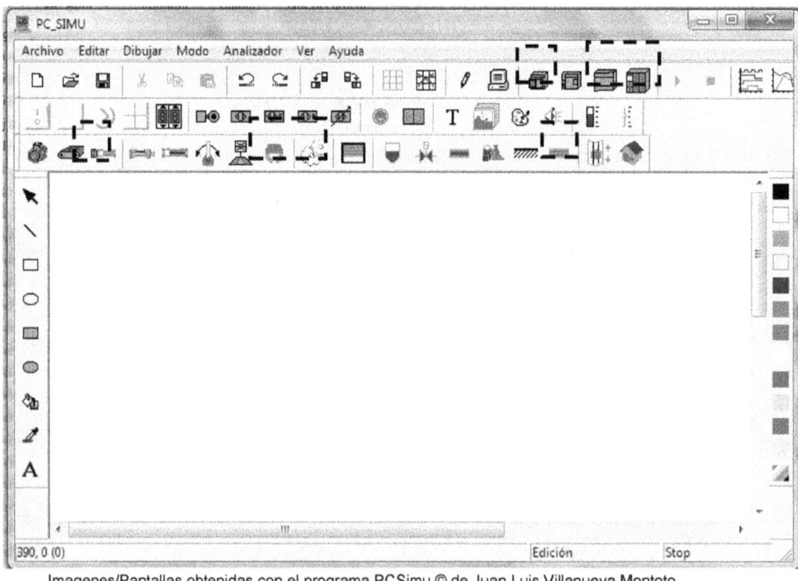

Imagenes/Pantallas obtenidas con el programa PCSimu © de Juan Luis Villanueva Montoto

A continuación, únicamente se realiza la descripción de algunos elementos novedosos de esta versión

III.4.1.- Barra superior de la pantalla de trabajo.

En ella encontramos, entre otros, los iconos cuya función se describe seguidamente

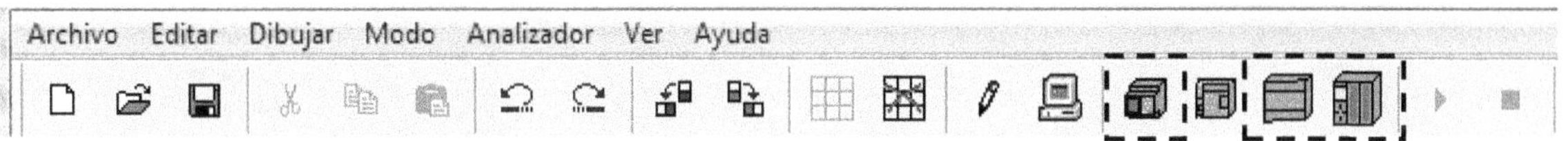

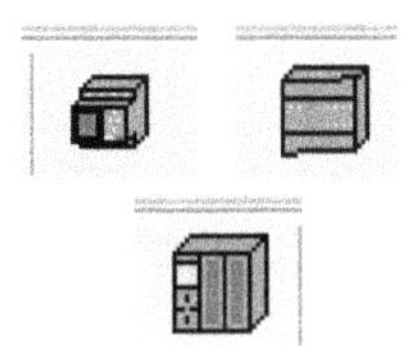

Conexión.- Con la activación de estos icono, se consigue que PCsimu se comporte como un auténtico escada pudiendo intercambiar entradas/salidas con las de un PLC LOGO ó un PLC S7 1200 ó un PLC S7 1500 (Siemens) real conectándolos en línea a través de IP

III.4.2.- Barra herramientas de elementos 2 (Objetos escada)

Actuador lineal eléctrico.- Elemento equivalente al actuador neumático sin vástago, pero en este caso, impulsado mediante motor eléctrico. Su configuración es similar pero añadiendo nuevas características/parámetros de configuración

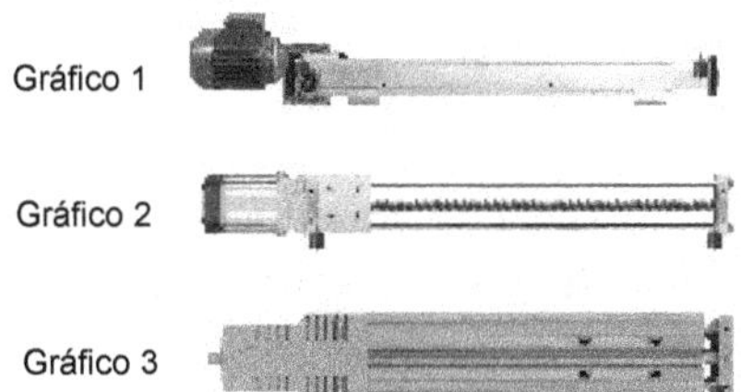

El accionamiento del motor y por tanto el sentido de desplazamineto lineal (Izquierda derecha) se gobierna mediante dos salidas del autómata, pudiéndose desplazar objetos situados sobre el mismo.

Además de las posiciones finales de recorrido dispone de un tercer captador de posición intermedia, por tanto con tres entradas en el PLC. Estos captadores de posición pueden ser configurables como final de carrera, detector inductivo, d. capacitivo, d. magnético, fotoeléctrico réflex o fotoeléctrico barrera.

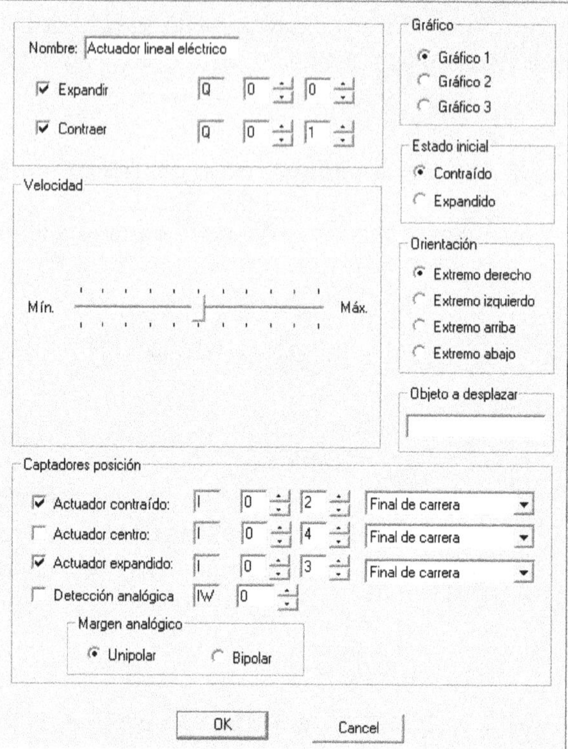

Su configuración puede ser establecida como contraído (Derecha) o expandido (Izquierda), siendo también configurable su orientación como "Extremo izquierdo"/"E. derecho"/"E. arriba" / "E. abajo"

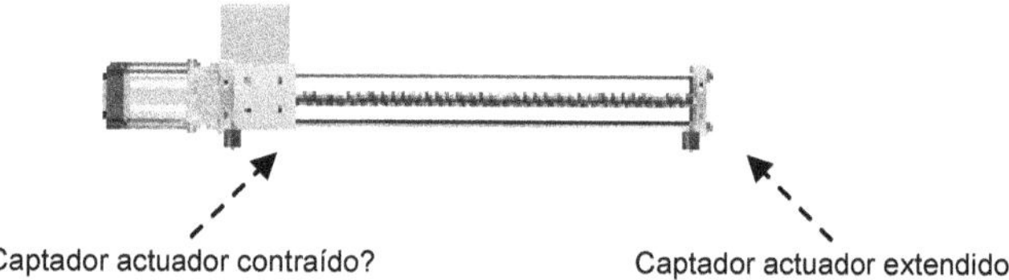

Dispone además de una ventana para asignación/identificación del objeto a desplazar, siendo además configurable su velocidad de desplazamiento

Pinza.- Recrea el funcionamiento de una pinza (*) que puede estar gobernada por electroválvula monoestable o biestable . siendo precisas por tanto una o dos salidas del autómata según el tipo de electroválvula establecido. También dispone de sendos captadores magnéticos para detectar su posición abierta o cerrada

(*) La pinza puede ser eléctrica  o neumática 
(Gráfico representativo)

Imagenes/Pantallas obtenidas con el programa PCSimu © de Juan Luis Villanueva

La pantalla de su configuración es la siguiente:

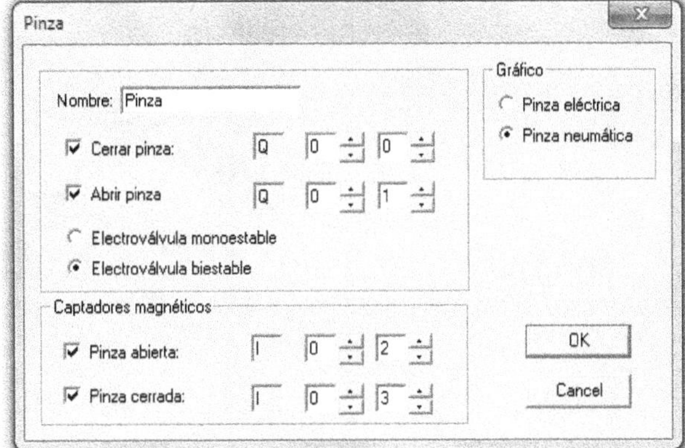

Herramientas.- Pueden representarse y dar funcionalidad a una serie de herramientas tales como:

Taladro *Sierra circular 1* *Sierra circu. 2* *Agitador* *Bomba de agua* *Ventilador* *Compresor*

 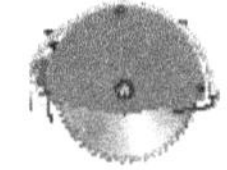     

Con posibilidad de dotarlas de configuración monoestable o biestable, proporcionado en consecuencia una o dos salidas del autómnata

La pantalla de su configuración es la siguiente

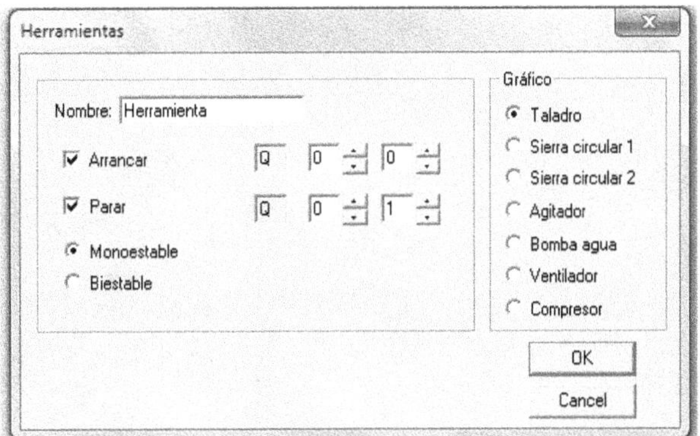

Perfil aluminio.- Permite establecer elementos de soporte mediante perfiles de sección cuadrada, rectangular, redonda tanto en disposición horizontal o vertical así como su color en gris claro u oscuro.

Imagenes/Pantallas obtenidas con el programa PCSimu © de Juan Luis Villanueva Montoto

Además es posible dotarlos de funcionalidad de desplazamiento (En el eje X o en el Y) y configurar su actuación sobre objetos tal como detener o destruir

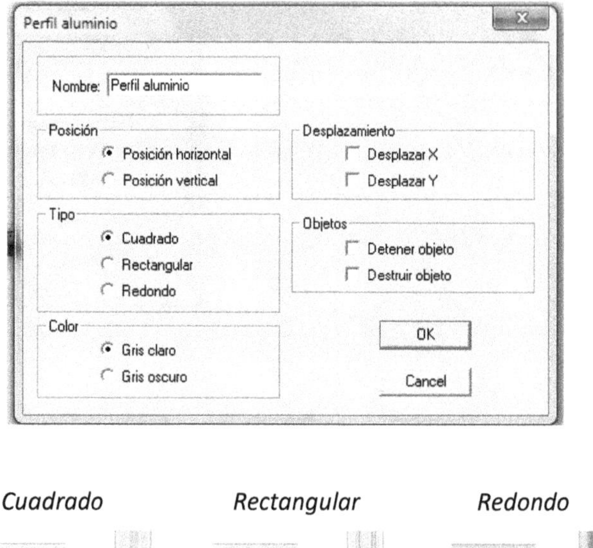

Cuadrado *Rectangular* *Redondo*

III.4.3.- Algunos elementos con características/parámetros añadidos respecto a V1

Dibujo. Este elemento añade dos nuevas funcionalidades tales como la posibilidad de dotar al dibujo con funcionalidad de desplazamiento (En el eje X o en el Y) y la posibilidad de trasparencia

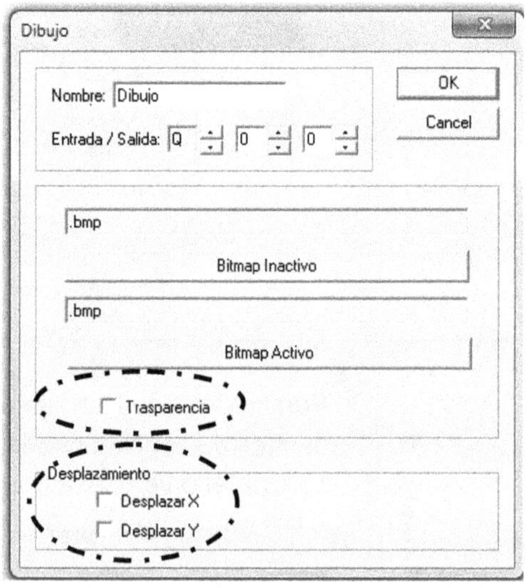

Imagenes/Pantallas obtenidas con el programa PCSimu © de Juan Luis Villanueva Montoto

Cilindro .- Además de dos nuevos gráficos representativos, como se refleja en la tabla de la pag. 68, este elemento añade tres nuevas funcionalidades/parámetros, como son la posibilidad de regulación independiente para el movimiento de salida y entrada, incorporación de un tercer captador intermedio en el recorrido y la asignación/identificación del objeto a desplazar

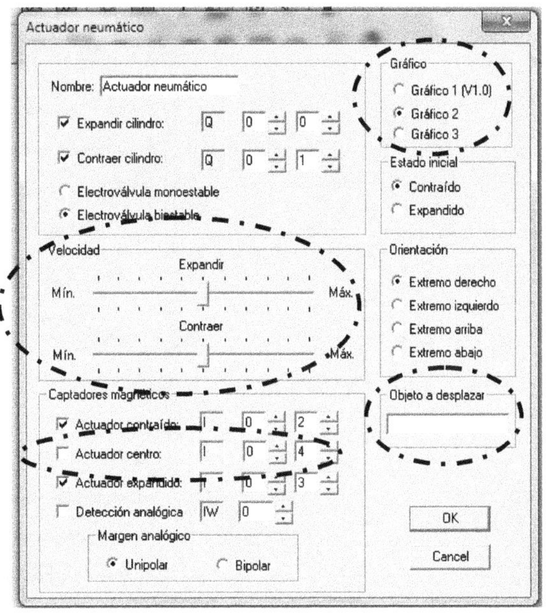

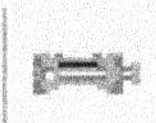

Cilindro sin vástago.- Además de cuatro nuevos gráficos representativos, como se refleja en la tabla de la pag. 68, este elemento añade tres nuevas funcionalidades/parámetros, (Idem cilindro anterior)

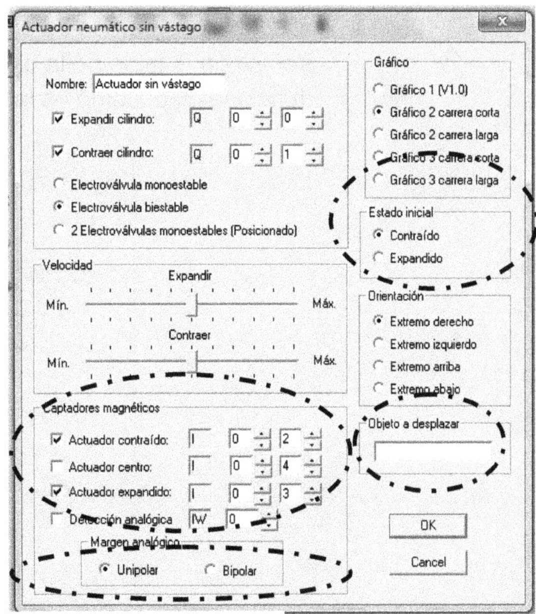

Imagenes/Pantallas obtenidas con el programa PCSimu © de Juan Luis Villanueva Montoto

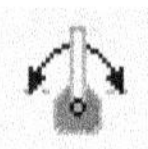

Actuador rotativo .- Además de un nuevo gráfico representativo, como se refleja en la tabla de la pag. 68, este elemento añade tres nuevas funcionalidades/parámetro, como son la posibilidad de regulación independiente para el giro izquierda derecha, radio de giro y la asignación/identificación del objeto a desplazar

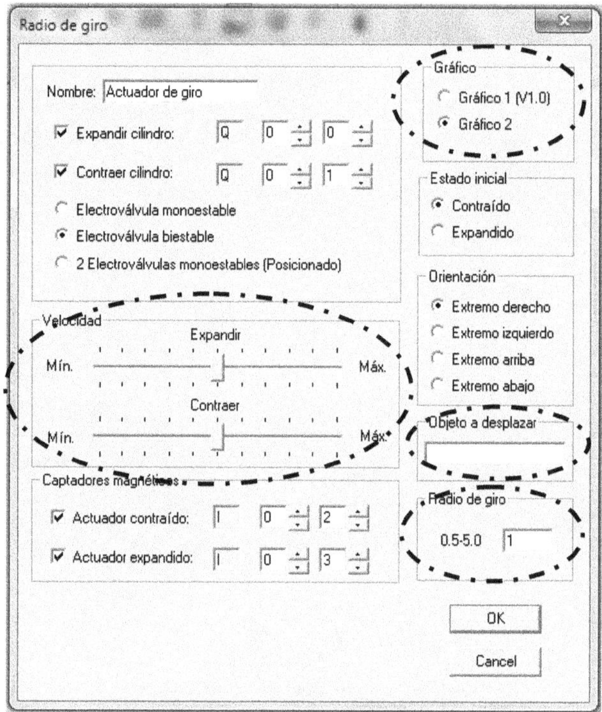

Depósito .- Además de dos nuevos gráficos representativos, como se refleja en la tabla de la pag. 68, este elemento añade una nueva funcionalidad, como es la posibilidad de visualización del nivel de llenado

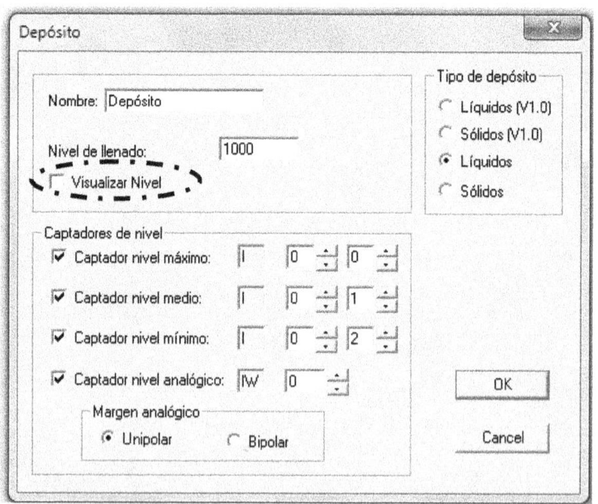

Imagenes/Pantallas obtenidas con el programa PCSimu © de Juan Luis Villanueva Montoto

Objetos .- Añade respecto a la versión anterior la representación de los objetos hombre y vehículo

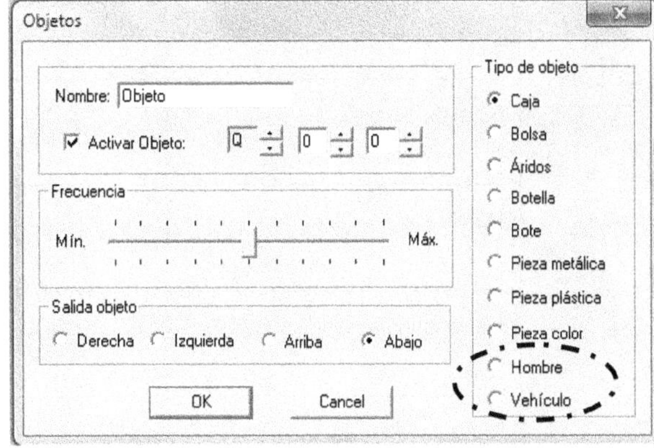

Tope .- Añade respecto a la versión anterior la funcionalidad destruir objeto

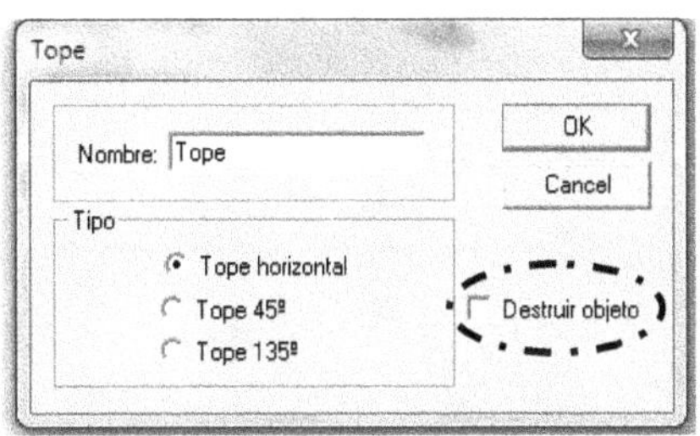

Imagenes/Pantallas obtenidas con el programa PCSimu © de Juan Luis Villanueva Montoto

III.-4.4.- Nuevas representaciones añadidas de algunos elementos

ELEMENTO	REPRESENTACIÓN	
	V 1.0	*V2.0*
Final de carrera	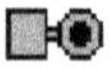	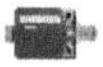
Detector	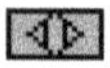	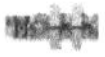
Barrera emisor-receptor	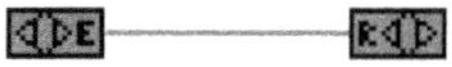	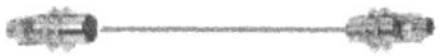
Barrera réflex	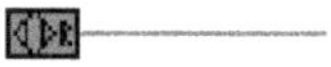	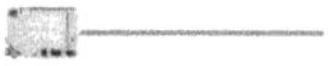 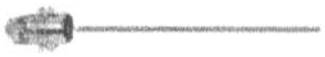
Motor		
Cinta	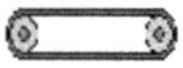	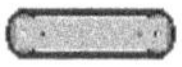 Con motor
Cilindro	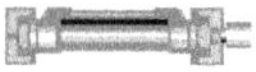	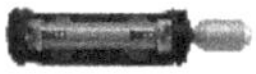 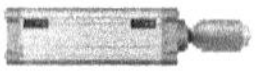
Cilindro sin vástago		Graf. 2. Carrera corta 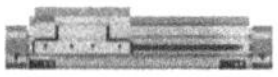 Graf. 2. Carrera larga 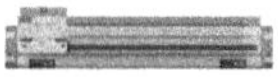 Graf. 3. Carrera corta 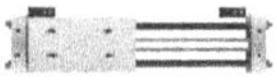 Graf. 3. Carrera larga 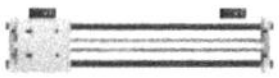
Actuador rotativo	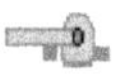	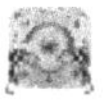
Ventosa	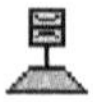	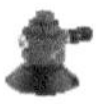
Depósito	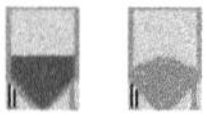	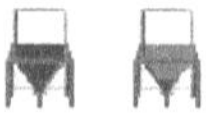

III.5.- INDICACIONES PARA EL MANEJO DEL EMULADOR S7 200

También el objetivo de estas indicaciones se circunscribe a facilitar el uso y conocer algunas características de este programa refiriéndose únicamente a la simulación de los supuestos de automatización analizados en esta publicación.

Para mas detalle de su manejo y utilización véanse manuales/ayudas sobre el mismo como el que puede encontrarse en el siguiente link

http://canalplc.blogspot.com.es

También este programa es descargable gratuitamente como PCSimu, en el link anteriormente indicado

El emulador S7 200 recrea virtualmente las CPUs 212, 214, 215, 216, 221, 222 y 226 de Siemens, visualizándose en pantalla conjuntamente con un simulador digital de entradas (Interruptores). Se puede observar el funcionamiento de un diagrama de contactos, mediante:

- Interruptores asociados a las entradas digitales
- Leds indicadores de la activación de las salidas digitales
- Visualización sobre el diagrama de los contactos activados

Tras la instalación del programa y activarlo aparecerá la siguiente pantalla

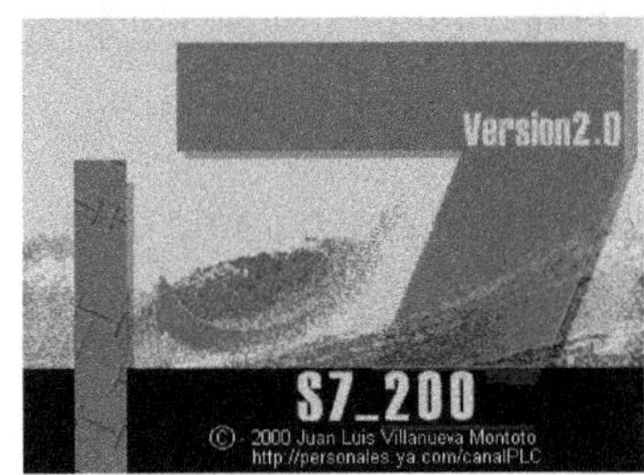

Imagen/Pantalla obtenida con el programa Emulador S7 200 © de Juan Luis Villanueva Montoto

Haciendo clic sobre el recuadro central, llegamos a la siguiente pantalla

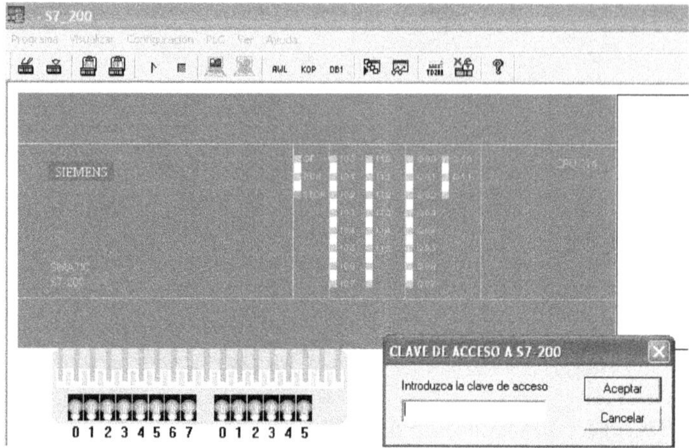

donde introduciremos el código solicitado (*) que nos conducirá a la pantalla inicial del programa

(*) En la web de canalPLC puede disponerse del mismo y mediante email (canalplc@movistar.es) de la clave de acceso

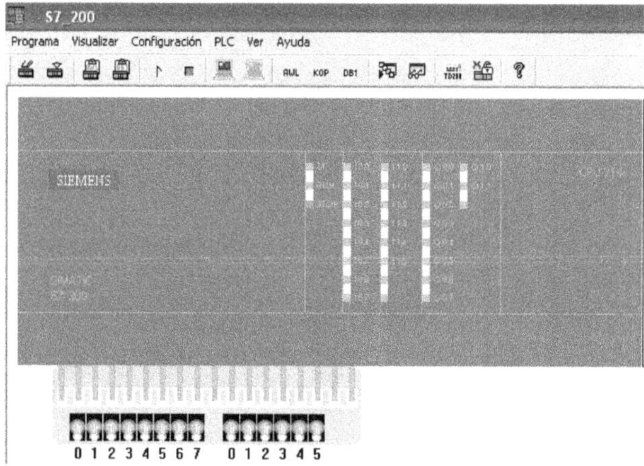

En esta pantalla inicial y concretamente en su barra de herramientas encontramos, entre otros, los iconos cuya función se describe seguidamente

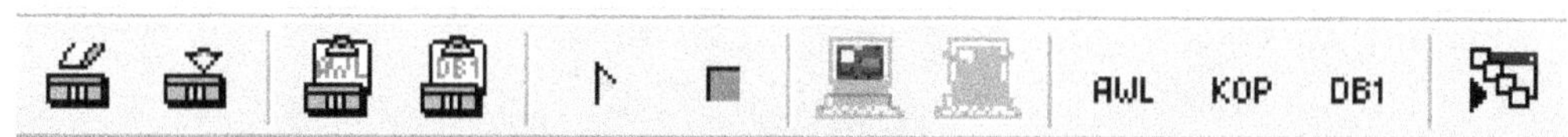

Borra PLC . Elimina el programa existente en la memoria del PLC vitual.

Esta acción también la podemos establecer mediante el menú:

<Programa><Borrar programa>

Imagenes/Pantallas obtenidas con el programa Emulador S7 200 © de Juan Luis Villanueva Montoto

Carga PLC. Sirve para cargar en la memoria de PLC el diagrama de contactos (Programa) a simular y que previamente tendremos elaborado en formato .awl con MicroWin, cuyo itinerario en ese programa será:

<Archivo><Exportar> Archivo de texto (*.awl)

Al hacer clic sobre el icono "Carga PLC" aparecerá la siguiente pantalla, donde escogeremos las opciones oportunas:

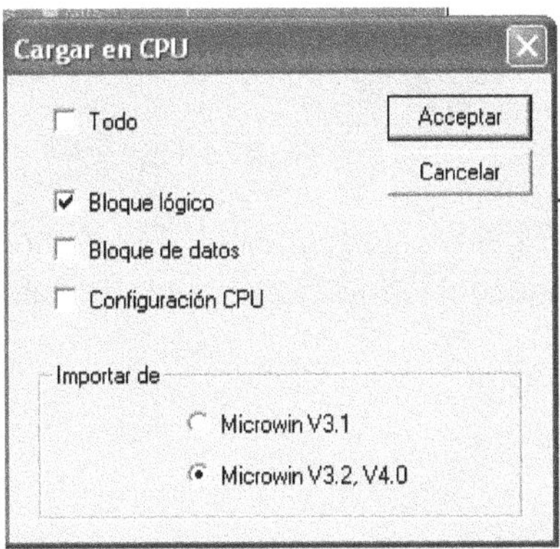

Para los supuestos de esta publicación, las que se indican en la figura superior, esto es: Casilla "Todo" , desactivada y marcada únicamente la casilla "Bloque lógico"

Esta configuración también la podemos establecer mediante el menú:

<Programa><Cargar programa>

Run.- Ejecuta el programa residente en la memoria del autómata virtual

Esta acción también la podemos establecer mediante el menú:

<PLC><RUN>

Conexión.- Detiene la ejecución del programa

Esta acción también la podemos establecer mediante el menú:

<PLC><STOP>

Intercambia E/S del autómata virtual con el programa PCsimu.

Esta acción también la podemos establecer mediante el menú:

<PLC><Intercambiar E/S>

Imagenes/Pantallas obtenidas con el programa Emulador S7 200 © de Juan Luis Villanueva Montoto

Fin intercambio E/S del autómata virtual con el programa PCsimu.

Visualiza KOP.- Proporciona una pantalla con el diagrama de contactos

Esta acción también la podemos establecer mediante el menú:

<Visualizar><Programa KOP>

Estado del programa.- Mediante este icono pueden verse resaltados aquellos contactos/receptores/bits que estén activados

En el *menú <Programa>,* disponemos además de las siguientes opciones:

Guardar configuración. Sirve para almacenar la configuración con el tipo de CPU y módulos de expansión añadidos. Se guarda en la unidad que se escoja en archivo de extensión (*.cfg)

Cargar configuración. Para cargar archivos de configuración previamente guardados

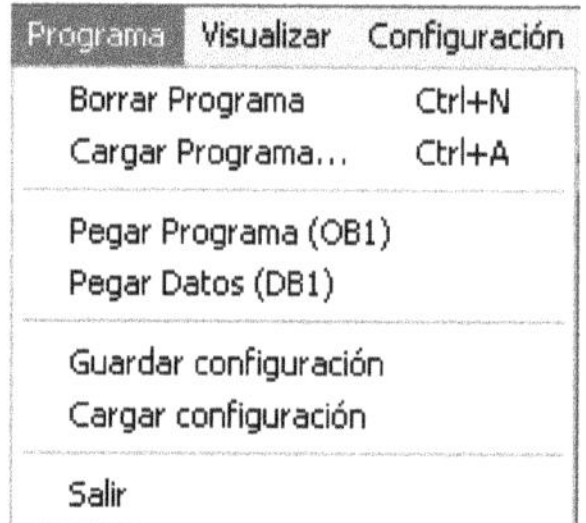

En el *menú <Configuración>,* podemos establecer el tipo de CPU, mediante el submenú *<Tipo de CPU>* *(También accesible haciendo doble clic sobre la figura del autómata)*

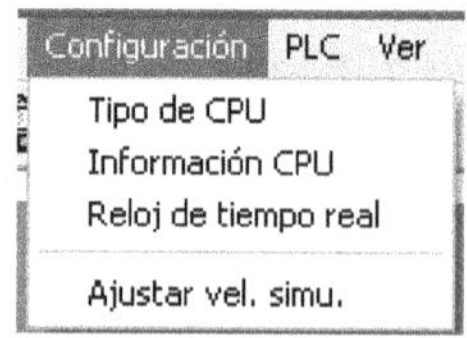

En las CPUs se pueden acoplar hasta 7 módulos de expansión de E/S (Ver tabla mas abajo) sin mas que hacer doble clic en los rectángulos representados a la derecha de la CPU, apareciendo la pantalla siguiente

Imagenes/Pantallas obtenidas con el programa Emulador S7 200 © de Juan Luis Villanueva

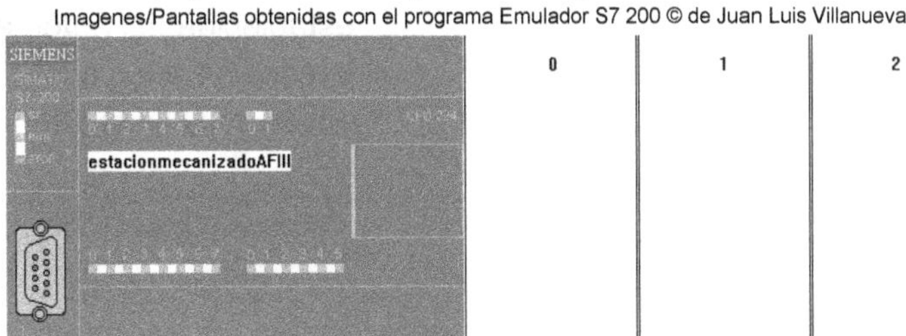

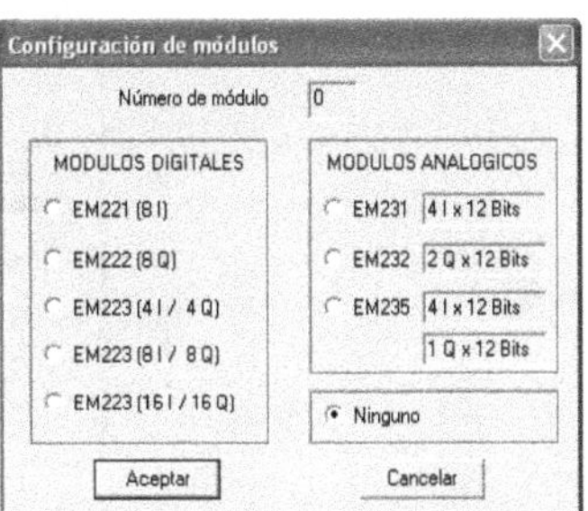

donde podremos escoger el tipo de modulo deseado y añadir así mas entradas/salidas a la CPU base, cuyo direccionamiento se configura de manera automática

Para eliminar un módulo de expansión, después de hacer doble clic sobre el mismo, marcar el campo *<Ninguno>* y después pulsar *<Aceptar>* (Se pueden eliminar siempre y cuando no existan módulos a la derecha del escogido)

ELEMENTO	*TIPO*	*E/S*	*Dir. inicial*	*Dir. final*	*Nº de módulos de expansión añadibles*
CPU	*212*	8E/6S	I0.0/Q0.0	I0.7/Q0.7	Dos
	214	14E/10S	"	I1.5/Q1.1	Siete
	215 Profibus DP	14E/10S	"	I1.5/Q1.1	Siete
	216	24E/16S	"	I2.7/Q1.7	Siete
	221	6E/4S	"	I0.5/Q0.3	Ninguno
	222	8E/6S	"	I0.7/Q0.5	Dos
	224	14E/10S	"	I1.5/Q1.1	Siete
	224xP	14 DI/10DQ 2AI/1AQ		I1.5/Q1.1 AI1 /AQ0	Siete
	226	24E/16S	"	I2.7/Q1.7	Siete
	226M	24E/16S	"	I2.7/Q1.7	Siete
Módulos expansión (Digitales)	*EM221*	8E			
	EM222	8S			
	EM223	4E/4S			
	EM223	8E/8S			
	EM223	16E/16S			

Información CPU.. Submenú disponible en el menú <Configuración>. Nos proporciona una tabla resumen con la configuración establecida del autómata (CPU base y módulos de expansión añadidos) con la indicación del nùmero de entradas salidas que posee

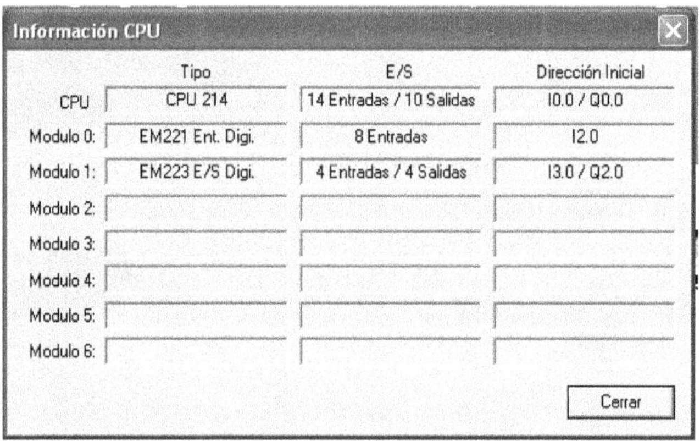

Indicador estado del autómata. Se iluminará el led correspondiente en función del estado del autómata SF, Run, Stop

Simulador digital de entradas. (Interruptores) . Pueden ser activados/desactivados manualmente con el botón izquierdo del ratón y automáticamente cuando se establece el intercambio de señales de entrada/salida con el programa PCsimu en modo simulación

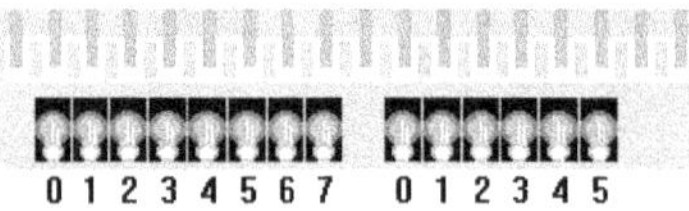

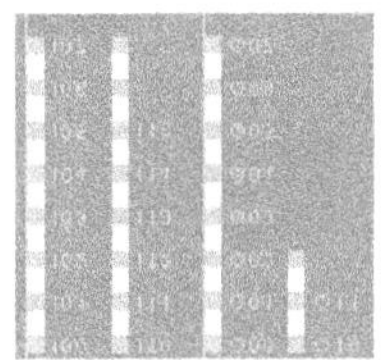

Indicador activación E/S . Se iluminan los led verdes indicando que entrada-s/salida-s están activas

Imagenes/Pantallas obtenidas con el programa Emulador S7 200 © de Juan Luis Villanueva Montoto

En la siguiente tabla (Ver pagina siguiente) se recogen algunas de las operaciones soportadas por las CPUs S7 2XX que se indican y que serán utilizadas en esta publicación:

CPU	*212*	*214*	*215*	*216*	*221*	*222*	*224*	*226*
Operaciones lógicas con bits								
Entradas								
—| |— —| / |—								
—|NOT|—								
—| P |— —| N |—								
Salidas								
—( )								
—(S) —(R)								
S1 OUT SR R								
S OUT RS R1								
Operaciones de contaje3								
CU CTU R PV								
CD CTD LD PV	X	X	X	X				
CU CTUD CD R PV								
Operaciones de temporización								
IN TON PT ??? ms								
IN TOF PT ??? ms	X	X	X	X				
Operaciones de comparación								
—| ==I |—								

Donde aparece aspa = No soportado

II.6.- PROTOCOLO PARA LA SIMULACIÓN

Para realizar una simulación con PCsimu en comunicación con el emulador S7-200, debemos de:

PUESTA EN MARCHA DE LA SIMULACIÓN

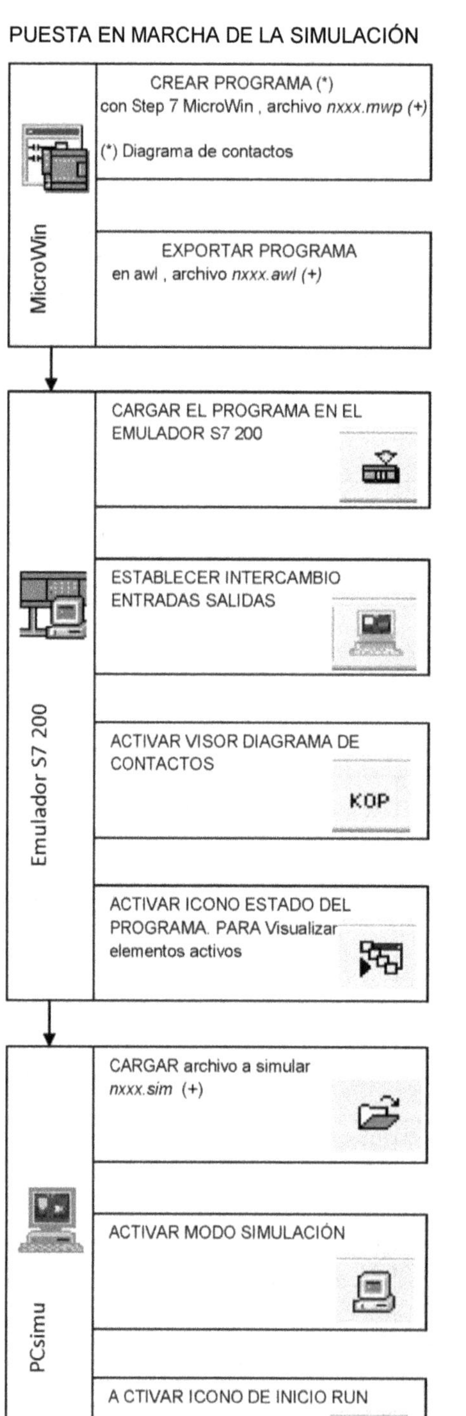
MicroWin
CREAR PROGRAMA (*)
con Step 7 MicroWin , archivo *nxxx.mwp (+)*
(*) Diagrama de contactos
EXPORTAR PROGRAMA
en awl , archivo *nxxx.awl (+)*
Emulador S7 200
CARGAR EL PROGRAMA EN EL EMULADOR S7 200
ESTABLECER INTERCAMBIO ENTRADAS SALIDAS
ACTIVAR VISOR DIAGRAMA DE CONTACTOS
KOP
ACTIVAR ICONO ESTADO DEL PROGRAMA. PARA Visualizar elementos activos
PCsimu
CARGAR archivo a simular
nxxx.sim (+)
ACTIVAR MODO SIMULACIÓN
A CTIVAR ICONO DE INICIO RUN

DETENER LA SIIMULACIÓN

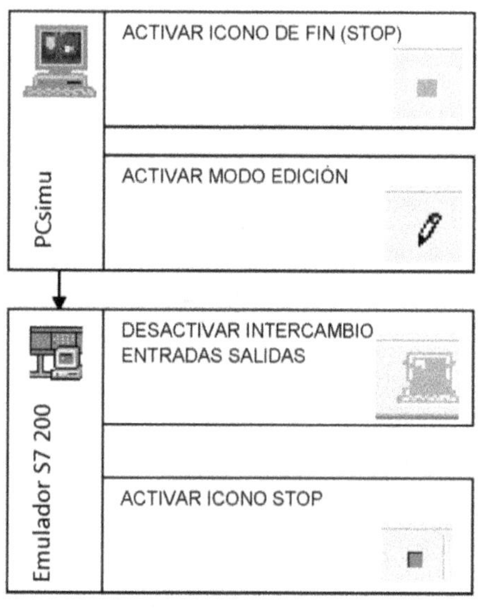
PCsimu
ACTIVAR ICONO DE FIN (STOP)
ACTIVAR MODO EDICIÓN
Emulador S7 200
DESACTIVAR INTERCAMBIO ENTRADAS SALIDAS
ACTIVAR ICONO STOP

En el video de Youtube "Suit MicroWin Emulador S7 PCsimu" (https://youtu.be/OHZqcRrDPow) se recoge la utilización de los mismos

En tanto en cuanto no sea activado el modo edición en PCsimu y desactivado el intercambio E/S del emulador S7 200 , no se podrá utilizar el portapapeles de Windows

(+) Se aconseja poner el mismo nombre

III.7.- VIRTUALIZACIÓN. MÁQUINA VIRTUAL

Dado que alguno de los programas Microwin / PCsimu V1 / Emulador S7 podrían no ser soportados en las versiones mas modernas de Windows, existe la posibilidad de instalar en el ordenador alguna "máquina virtual" que recreé un sistema operativo en el que si puedan funcionar correctamente los programas indicados (P.e., Windows XP). Una posible opción es la instalación del programa gratuito VMware Player para lo cual se describen seguidamente algunas indicaciones sobre virtualización e instrucciones de su instalación

III.7.1.- Virtualización de software

Un sistema de virtualización de software es un programa (Máquina virtual) capaz de simular un sistema físico de características hardware determinadas de manera que cuando se activa reproduce un entorno de ejecución similar a un ordenador real.

Una máquina virtual permite tener de forma simultánea varios sistemas operativos (Ordenadores) en un mismo equipo de hardware, comportándose como una capa de software intermedia entre el sistema físico y el sistema operativo, recreando un entorno virtual entre el equipo informático que la contiene y el usuario para usar un determinado software.

Seguidamente se describe el programa de virtualización VMware Player

III.7.2.- VMware Player

Este programa es una herramienta para la ejecución de máquinas virtuales que permite instalar cualquier sistema operativo usado en Windows, Linux....

III.7.2.1.- Instalación y ejecución

Descarga del programa accediendo a la web de VMware.inc , www.vmware.com e instalación del mismo, terminado este proceso y una vez reiniciado el equipo tendremos el icono de acceso al mismo

Ejecución del programa. Haciendo doble clic sobre el icono antes reflejado aparecerá la siguiente pantalla:

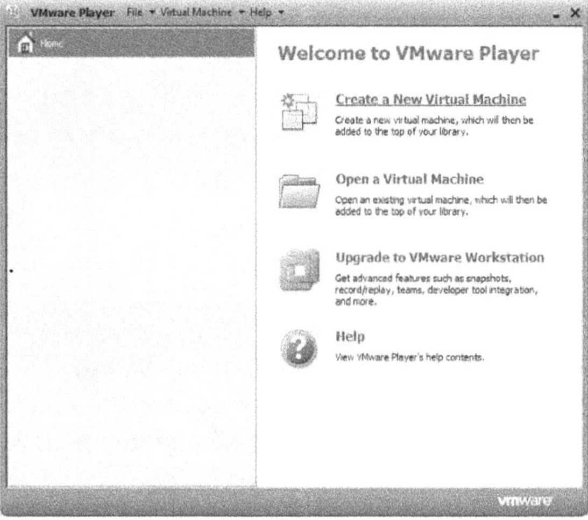

Seleccionamos la opción "*Create a New Virtual Machine*" para crear la máquina virtual, apareciendo la siguiente pantalla

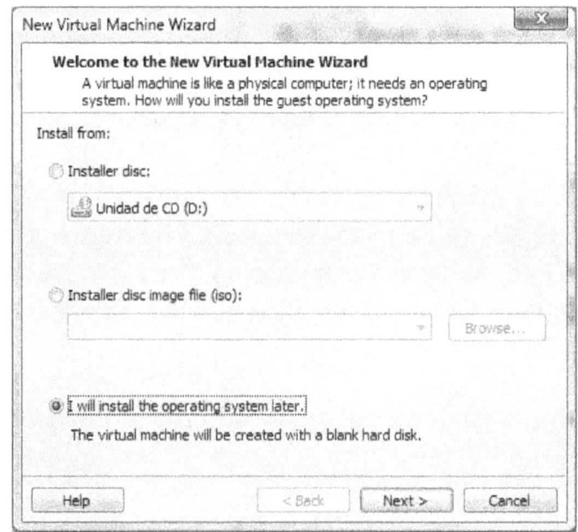

en la misma, elegimos el origen (CD/DVD o archivo imagen ISO) donde se encuentre el sistema operativo a instalar y tras pulsar el botón "*Next*" aparecerá la siguiente pantalla de sistemas operativos y version de los mismos

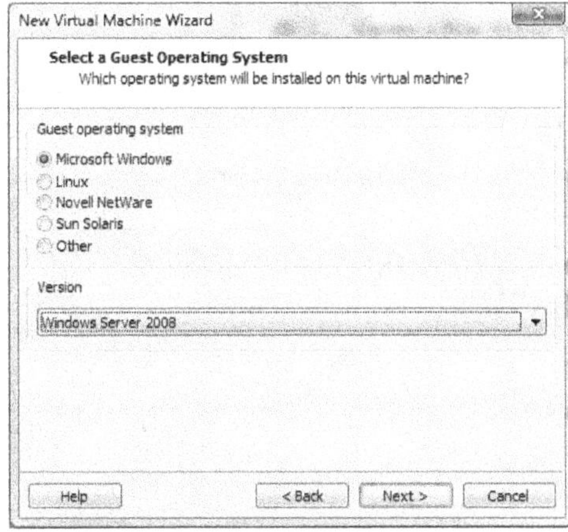

activando de nuevo el botón "*Next*" " surge la pantalla para la identificación y ubicación de la máquina virtual a establecer

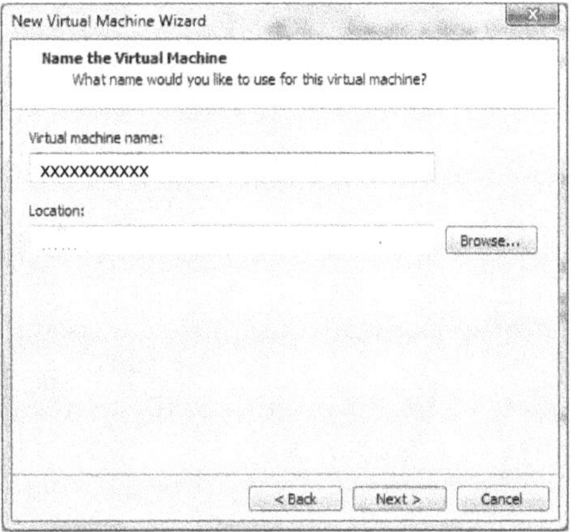

Al presionar nuevamente el botón "*Next*" " aparecerá la pantalla para la creación del disco duro virtual (El recomendado por defecto suele ser suficiente). Deberá seleccionarse si se desea que la unidad esté repartida en uno o varios archivos

"Store virtual disk as single file" ó "Split virtual disk into multiple files"

es aconsejable la opción de un solo archivo

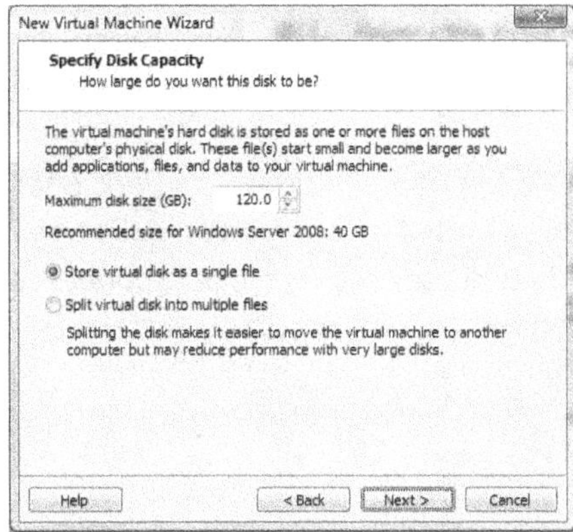

Tras la activación de "*Next*" aparece una pantalla con el resumen de la configuración establecida

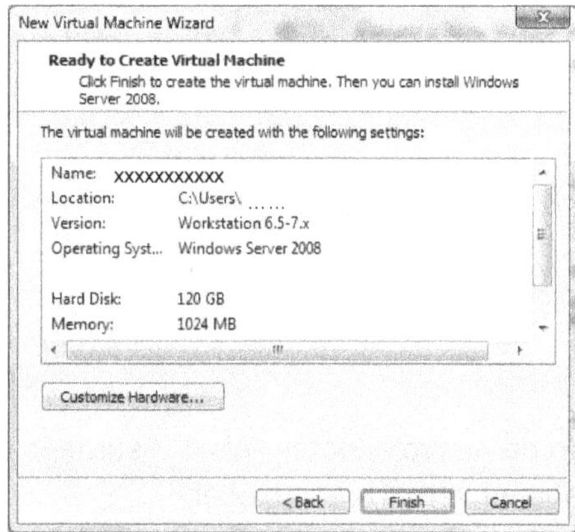

Activando el botón "*Finish*" quedará creada la máquina virtual

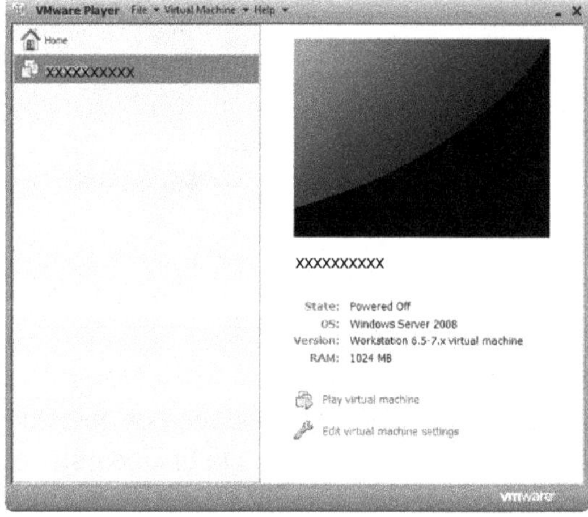

III.7.2.2.- Opciones complementarias de configuración

Solapa "Hardware"

Si en la pantalla anterior seleccionamos la máquina virtual creada y activamos la opción "*Edit virtual machine settings*" podemos completar su configuración, apareciendo una pantalla con los componentes, como si fueran reales, establecidos para la misma

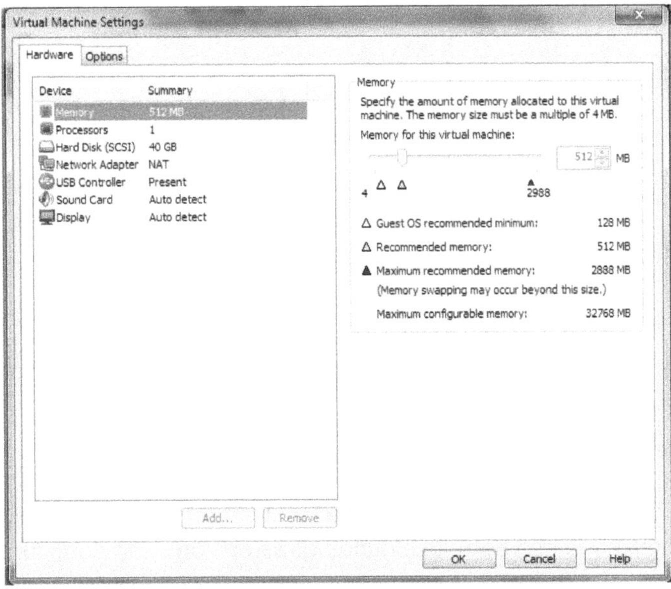

esta pantalla dispone, entre otras, de las siguientes opciones modificables:

Memory (RAM del sistema creado), pantalla anterior

Hard Disk

USB Controller. Con diferentes opciones de acción

Display. Asegurarse que está activada la opción "*acelerate 3d graphics*" y marcada la opción "*Use host setting for monitors*"

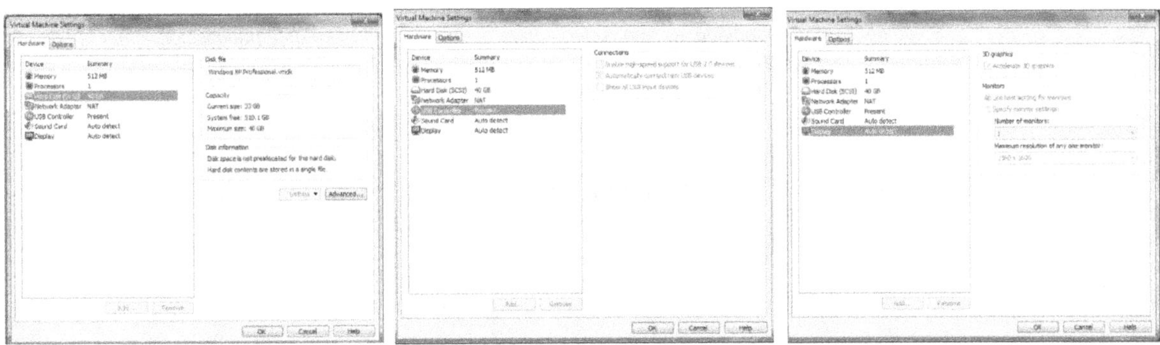

En estas pantallas si se activa el botón *"Add"* aparecerá otra pantalla en la que es posible incorporar otros elementos o eliminarlos mediante el botón "*Remove*"

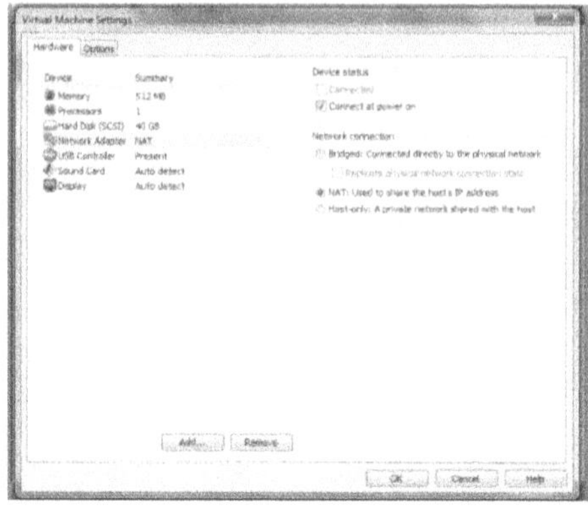

Solapa "Options"

En esta solapa de la ventana "Edit virtual machine settings" tendremos la siguiente pantalla que nos permite algunas otras opciones de configuración

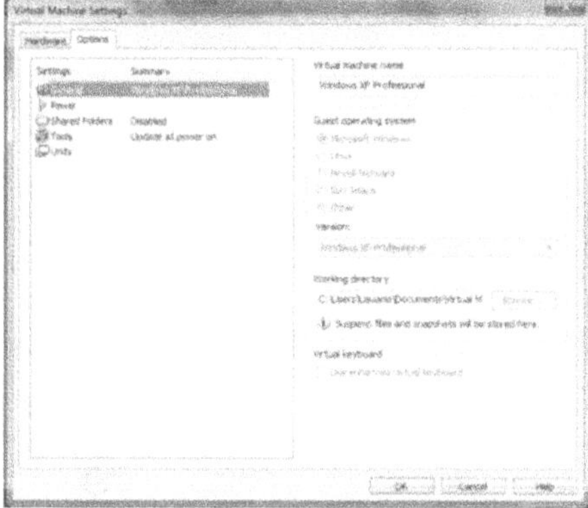

Salvo necesidad específica, es aconsejable para el uso planteado en esta publicación, dejar las diversas configuraciones establecidas. por defecto

Activando el botón *"OK"* iremos de nuevo a la ventana principal, apareciendo ya la identificación de la máquina virtual creada

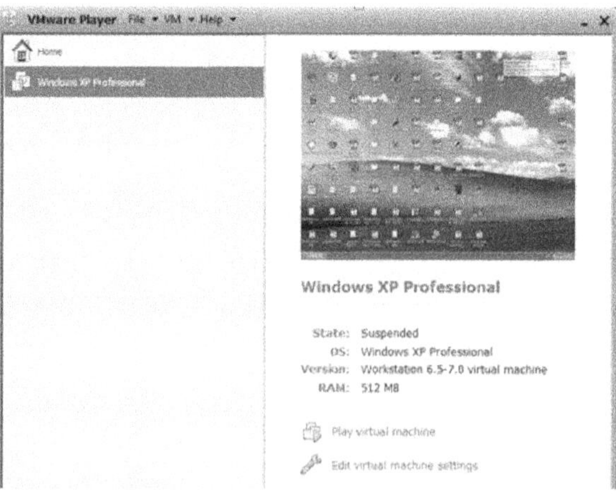

III.6.2.3.- Instalación de VMware Tools

La primera vez que se ponga en marcha la máquina virtual al ser activado *"Play virtual machine"* nos preguntará si deseamos descargar WMware Tools, lo cual haremos porque estas herramientas nos permitirán por ejemplo copiar y pegar archivos/imágenes desde la máquina virtual hacia el equipo real y viceversa, ...

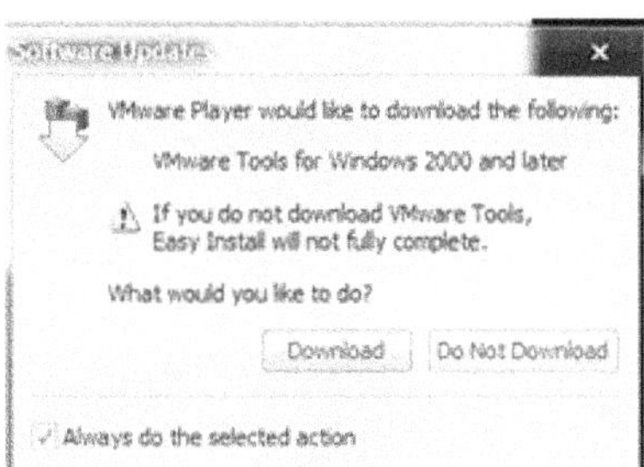

Una vez finalizada la instalación de VMware Tools y accediendo de nuevo a la pantalla principal ya podremos poner en marcha nuestra m.v.con el sistema operativo deseado, activando el botón "Play virtual maquine" arrancará y podremos operar con la misma según nuestras necesidades, instalando programas, usándolos...... como si de un nuevo ordenador se tratara.

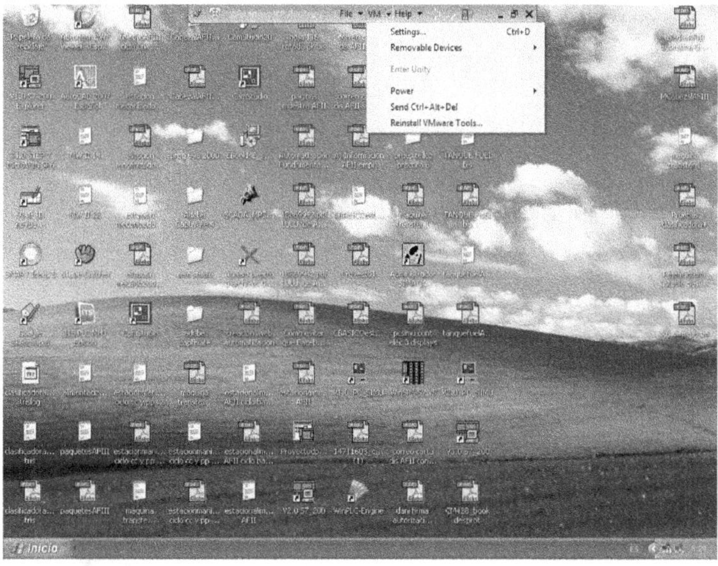

En cualquier momento podemos regresar al sistema operativo principal (El instalado en el equipo físico real) bien porque cerremos la máquina virtual o la minimicemos

III.8.- PROYECTO estacionmecanizadoAFIII

Diseñar para una empresa de mecanizado de piezas un sistema de control para la automatización de una taladradora con una posición de alimentación (manual) para carga de piezas, un punto de mecanizado y expulsión automática de la pieza a la finalización del mecanizado

III.8.1.- Anteproyecto

III.8.1.1.- Descripción física

La estación de mecanizado se identifica con la denominación estacionmecanizadoAFIII, cuyo sinóptico se refleja en la siguiente figura y tiene las siguientes características:

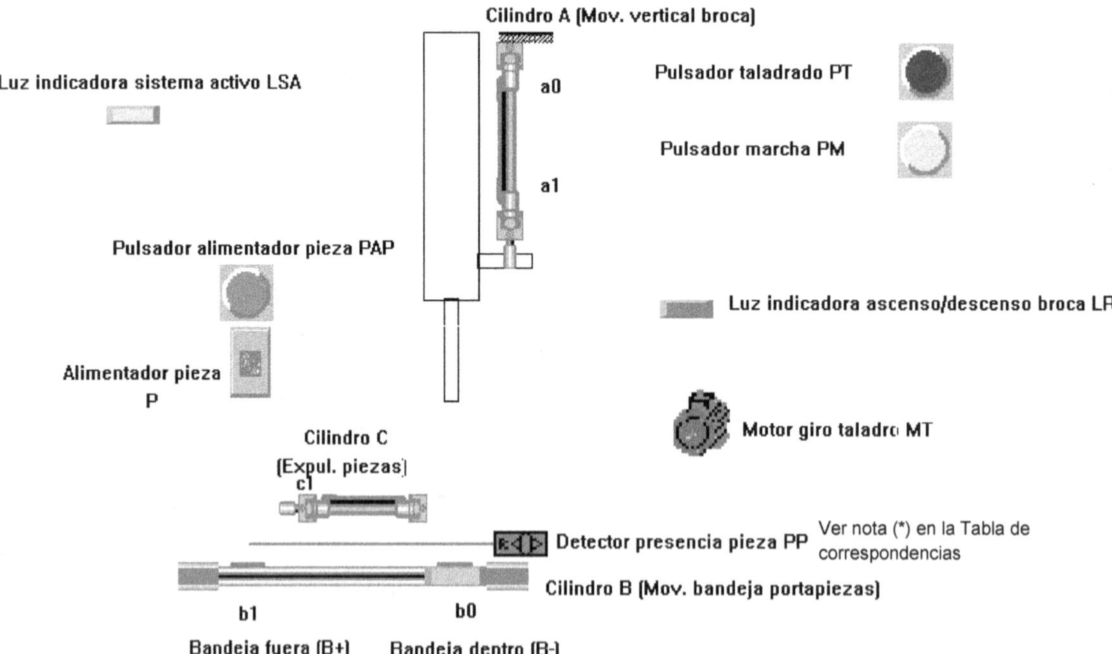

Imagen/Pantalla obtenida con el programa PCSimu © de Juan Luis Villanueva Montoto

III. 8.1.2.- Previo

Efectos escada:

- El objeto pieza P recrea un alimentador de piezas con la operatividad que para el mismo se indica mas adelante

III.8.1.3- .Funcionalidad general

Se debe automatizar una estación de mecanizado que en síntesis es una taladradora cuyo eje principal es movido verticalmente por un cilindro de doble efecto (c.d.e.) "B", de forma tal que una bandeja portapiezas, movida por un c.d.e "A" recogerá la pieza desde un punto de alimentación, situándola posteriormente bajo la broca del centro de mecanizado (Movimiento horizontal, izquierda/derecha).

La pieza una vez taladrada será evacuada automáticamente por un cilindro expulsor de simple efecto (c.s.e) "C" en el punto de alimentación de piezas.

III.8.1.4.- Requisitos de funcionamiento

- La posición de partida del sistema, es que todos los cilindros estén retraídos (Cilindro B en posición derecha), de modo que la bandeja portapiezas este metida, esto es, bajo el taladro, quedando a la espera de que sea activado un pulsador de puesta en marcha PM

- Al ser activado el pulsador de puesta en marcha PM, cuya operatividad está supeditada a la consecución de la aludida posición de partida, la bandeja portapiezas montada sobre el cilindro B debe salir para situarse bajo el alimentador de piezas, posición que es detectada al activarse el final de carrera b1 .

  Previamente a la activación del pulsador PM y como ya se indicó anteriormente, en el momento de la puesta en marcha del sistema debe asegurarse que el taladro está arriba (f.c. a1 activado), bandeja a la derecha (f.c. b0 activado) y expulsor retraido (f.c. c1 no activado), esto es, posición de partida

- Una vez fuera, la bandeja portapiezas se meterá de inmediato si existiendo pieza en la misma (sensor PP activado) es accionado el pulsador de taladrado (PT), o bien, si después de estar 10 segundos fuera, no existiera pieza en ella, también se meterá

- Cuando la bandeja portapiezas esté dentro (Posición que se detecta al activarse el f.c. b0) y si hubiera pieza, se iniciará la bajada del eje principal del taladro movido por la salida del cilindro A, indicándose este movimiento por el encendido en modo intermitente de una luz roja (LR).

  En el supuesto de no existir pieza, el sistema quedará a la espera de la activación del pulsador de puesta en marcha PM, que daría paso a la funcionalidad antes indicada

- Al llegar el taladro al final de su recorrido (F.c. a1 activado), ascenderá impulsado por el retorno del cilindro A, señalizándose también su movimiento con el encendido intermitente una la luz roja (LR), de modo que al alcanzar su posición superior (F.c. a0 activado), la bandeja portapiezas saldrá, situándose de nuevo en el punto de alimentación de piezas y en ese momento el cilindro explusor C (c.s.e), saldrá para evacuar la pieza, regresando automáticamente al final de su recorrido (f.c. c1 activado), quedando el sistema dispuesto para un nuevo ciclo de trabajo

- El motor (MT) que acciona el movimiento de giro del eje principal del taladro se pondrá en marcha al iniciarse el movimiento de descenso de la broca y concluirá al terminar su retorno a la posición superior,

- Se indicará que la estación de mecanizado está en funcionamiento mediante el encendido en modo intermitente de una luz LSA señalando que el sistema está activo

III.8.2.- Descripción genérica del sistema.- Elementos de trabajo

- Cilindro A, de doble efecto, gobernado por electroválvula biestable 5/2, teniendo las posiciones extremas de su recorrido (retraido/extendido) controladas por los finales de carrera a0/a1 respectivamente

- Cilindro B (Por motivos de funcionalidad gráfica del escada se representa como del tipo sin vástago), debe también ser considerado como un cilindro de doble efecto. Posición izquierda, fuera (B+) y derecha, dentro (B-) detectadas por los oportunos finales de carrera b1/b0 y gobernado por electroválvula biestable 5/2

- Cilindro expulsor C, de simple efecto, detectándose su posición de extendido mediante el f.c., c1 que está gobernado por electroválvula monoestable 3/2 NC

III.8.3.- Items a obtener

Se pretende obtener:

a) Análisis de funcionamiento (Gráfico de estados/Señales de cambio*/Elementos a controlar) * transición

b) Tabla de estados de funcionamiento del sistema con sus correspondientes señales activadoras (S) y anuladoras (R) y los elementos a gobernar en cada uno de ellos Ecuaciones de mando

c) Programa (Diagrama de contactos) para autómata programable PLC que controle el sistema, según el direccionamiento indicado en la tabla de correspondencias (Pag. sig.)

d) Implementación del sistema y su control en un simulador escada

e) A modo ilustrativo para enlazar con las estrategias desarrolladas en los libros de Automatización Fundamentada I y II, partiendo del mismo análisis y ecuaciones obtenidos en los puntos a y b, obtener el esquema eléctrico del sistema implementado en tecnología electroneumática, esto es, lógica cableada

TABLA DE CORRESPONDENCIAS				
	DENOMINACIÓN	*IDENTIFI*	*Dir. S7 200*	*OBSERVACIONES*
	Pulsador puesta en marcha	PM	I0.0	
	Pulsador alimentación pieza	PAP	I0.1	
	Pulsador taladrado	PT	I0.2	
	Posición taladro arriba (f.c.)	a0	I0.3	
	Posición taladro abajo (f.c.)	a1	I0.4	
	Pos. derecha bandeja portapiezas (f.c.)	b0	I0.5	
	Pos. izquierda bandeja portapiezas (f.c.)	b1	I0.6	
	Pos. extendido expulsor (f.c.)	c1	I0.7	
	Presencia pieza (barrera réflex *)	PP	I1.1	
	Bajada taladro (A+)	Y1	Q0.1	*Broca baja*
	Subida taladro (A-)	Y2	Q0.2	*Broca sube*
	Movimiento derechas bandeja (B -)	Y3	Q0.3	*Bandeja se mete*
	Movimiento izquierdas bandeja (B +)	Y4	Q0.4	*Bandeja sale*
	Salida cilindro expulsor (C+)	Y5	Q0.5	*Evacuación pieza*
	Señalización mov. bajada/subida broca	LR	Q0.6	*Luz roja*
	Pieza	P	Q0.7	*Necesidad objeto escada*
	Motor taladro	MT	Q1.0	
	Señalización sistema activo	LSA	Q1.1	*Luz verde*
	Temporizador entrada bandeja	T1	T101	*TON (10 s.)*

(*)Se implementa así este sensor por limitaciones gráficas/movimiento del escada, porque en realidad debería ser un f.c.de contacto-presión incorporado sobre la propia bandeja portapiezas

III.8.3.1.- Análisis de funcionamiento

a) Análisis de funcionamiento (Gráfico de estados/Señales de cambio/Elementos a controlar)

La representación gráfica de la dinámica funcional del sistema podría ser:

La solución funcional no es única y la representada podría ser objeto de simplificación/reducción de estados, pero se ha preferido dejar a un lado este criterio reductor para en aras de una mejor compresión considerar una solución "natural" al hilo del enunciado de la propuesta de automatización planteada

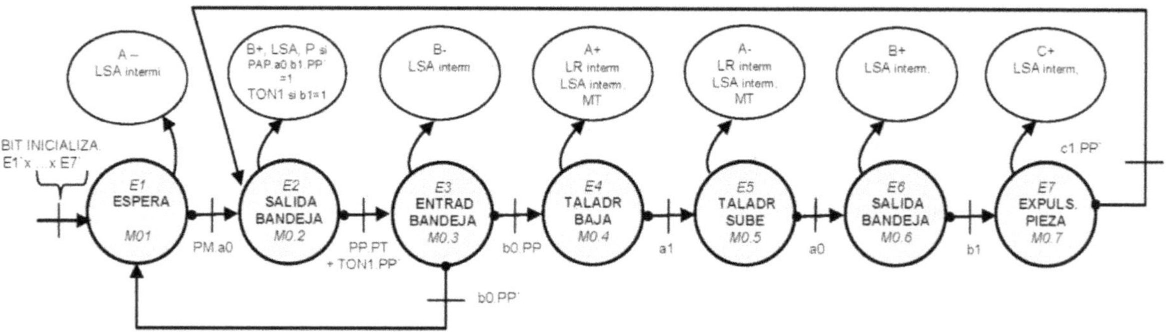

III.8.3.2.- Tabla de estados. Señales activadoras, anuladoras, elementos a gobernar. Ecuaciones de mando

b) Tabla de estados . Señales activadoras (S) y anuladoras (R), elementos a activar y ecuaciones de mando

Estado	Descripción	Biestable asociado	→ Señal activadora (S)	•— Señal anuladora (R)	Receptor a activar
E1	Espera	M0.1	BIT INI + M0.3.bo.PP'	M0.2	A – LSA intermitente
E2	Salida bandeja	M0.2)	M0.1.a0.PM + M0.7.c1.PP'	M0.3	B+ , LSA intermitente P si PAP. a0.b1.PP'=1 T1 (ON, 10 s.) si b1 = 1
E3	Entrada bandeja	M0.3)	M0.2 (PP.PT + TON1.PP')	M0.4 + M0.1	B – LSA intermitente
E4	Taladro baja	M0.4)	M0.3.b0.PP	M0.5	A – LR y LSA intermitentes MT
E5	Taladro sube	M0.5)	M0.4.a1	M0.6	A – LR y LSA intermitentes MT
E6	Salida bandeja	M0.6)	M0.5.a0	M0.7	B+ LSA intermitente
E7	Expulsión pieza	M0.7)	M0.6.b1	M0.2	C+ LSA intermitente

Pudiéndose establecer las siguientes ecuaciones de mando de los estados (*):

(*) Para la operatoria ecuacional se recomienda la lectura del libro AF I.- Introducción , donde se contemplan las propiedades del álgebra de Boole que fundamentan estas acciones

- Bit de inicialización (BIT INI) = M0.1`.M0.2´.M0.3´.M0.4` .M0.5´.M0.6´. M0.7 ´ (Ningún estado activo)
Este bit de inicialización puede ser implementado utilizando un bit especifico que los diferentes software de programación de autómatas suelen incorporar, poniéndolo activo solo en el primer ciclo de escan del PLC (P.e. Siemens 200, SM0.1, Omoron , First Cycle)

M0.1 = (M0.1+BIT.INI + M0.3.b0.PP`).M0.2` = (M0.1 +M0.1`.M0.2´.M0.3´.M0.4` .M0.5´.M0.6´. M0.7 ´ + M0.3.b0.PP` ). M0.2`

= M0.1 . M0.2`+M0.1`.M0.2´.M0.3´.M0.4` .M0.5´.M0.6´. M0.7 ´. M0.2` + M0.3.b0.PP`

M0.2`. M0.2`= M0.2`

= M0.1 . M0.2`+ M0.1`.M0.2´.M0.3´.M0.4` .M0.5´.M0.6´. M0.7 ´ + M0.3.b0.PP`

- M0.1 = (M0.1+ M0.1`.M0.3´.M0.4` .M0.5´.M0.6´. M0.7 ´ + M0.3.b0.PP`) M0.2`
- M0.2 = (M0.2 + M0.1.a0.PM + M0.7.c1.PP`).M0.3`
- M0.3 = (M0.3 + M0.2.(PP.PT + TON1.PP`)). (M0.4+M0.1)`= (M0.3 + M0.2 (PP.PT+TON1 .PP´)).M0.4`.M0.1`(*)
(*) Ver leyes de Morgan, Automatizacion Fundamentada I, pag 102
- M0.4 = (M0.4 + M0.3.b0.PP).M0.5`
- M0.5 = (M0.5 + M0.4.a1).M0.6`
- M0.6 = (M0.6 + M0.5.a0).M0.7`
- M0.7 = (M0.7 + M0.6.b1).M0.2´

Las ecuaciones de mando de los receptores a activar serían:

- A - = Y2 = M0.1 + M0.5
- B + = Y4= M0.2 + M0.6
- P = M0.2 . PAP.a0.b1.PP`
- T1 (ON, 6 s.) = M0.2.b1
- B - = Y3 = M0.3
- A + = Y1= M0.4
- MT = M0.4 + M0.5
- LR = (M0.4 + M0.5) SM0.5, (bit PLC Siemens 200, activo 0,5 s y desactivo 0,5 s.)
- C + = Y5= M0.7
- LSA = (M0.1 + …….. + M0.7).SM0.5

III.8.3.3.- Programa (Diagrama de contactos) para PLC

c) Diagrama de contactos

Mediante el análisis grafico y las ecuaciones de mando obtenidas, podemos elaborar el programa de control (Diagrama de contactos) del sistema para ser gobernado por PLC, para lo cual se establece la siguiente tabla de símbolos

Símbolo	Dirección	Comentario
PM	I0.0	Pulsador puesta en marcha
PAP	I0.1	Pulsador alimentación pieza
PT	I0.2	Pulsador taladrado
a0	I0.3	Pos. taladrado arriba , f.c.
a1	I0.4	Pos. taladro abajo, f.c.
b0	I0.5	Pos. derecha bandeja portapiezas, f.c.
b1	I0.6	Pos. izquierda bandeja portapiezas, f.c.
e1	I0.7	Pos. expulsor extendido, f.c.
PP	I1.0	Presencia pieza
Y1	Q0.1	Bajada taladro A+
Y2	Q0.2	Subida taladro A-
Y3	Q0.3	Mov. derechas bandeja portapiezas B-
Y4	Q0.4	Mov. izquierdas bandeja portapiezas B+
Y5	Q0.5	Salida expulsor C+
LR	Q0.6	Señalización mov. bajada/subida de la broca
P	Q0.7	Pieza (Necesidad objeto escada)
MT	Q1.0	Motor giro taladro
LSA	Q1.1	Luz indicadora sistema activo
TON1	T101	Temporizador entrada bandeja

Imagen/Pantalla obtenida con el programa Step 7. MicroWin V4. Siemens ©

Se realiza dicho programa en dos variantes, la primera elaborándolo siguiendo la sintaxis especifica de las ecuaciones de mando y la segunda efectuando el control de estados/sintaxis de las ecuaciones de mando utilizando bloques biestables RS (Ver páginas siguientes)

Mediante sintaxis desarrollada siguiendo literalmente las ecuaciones de mando

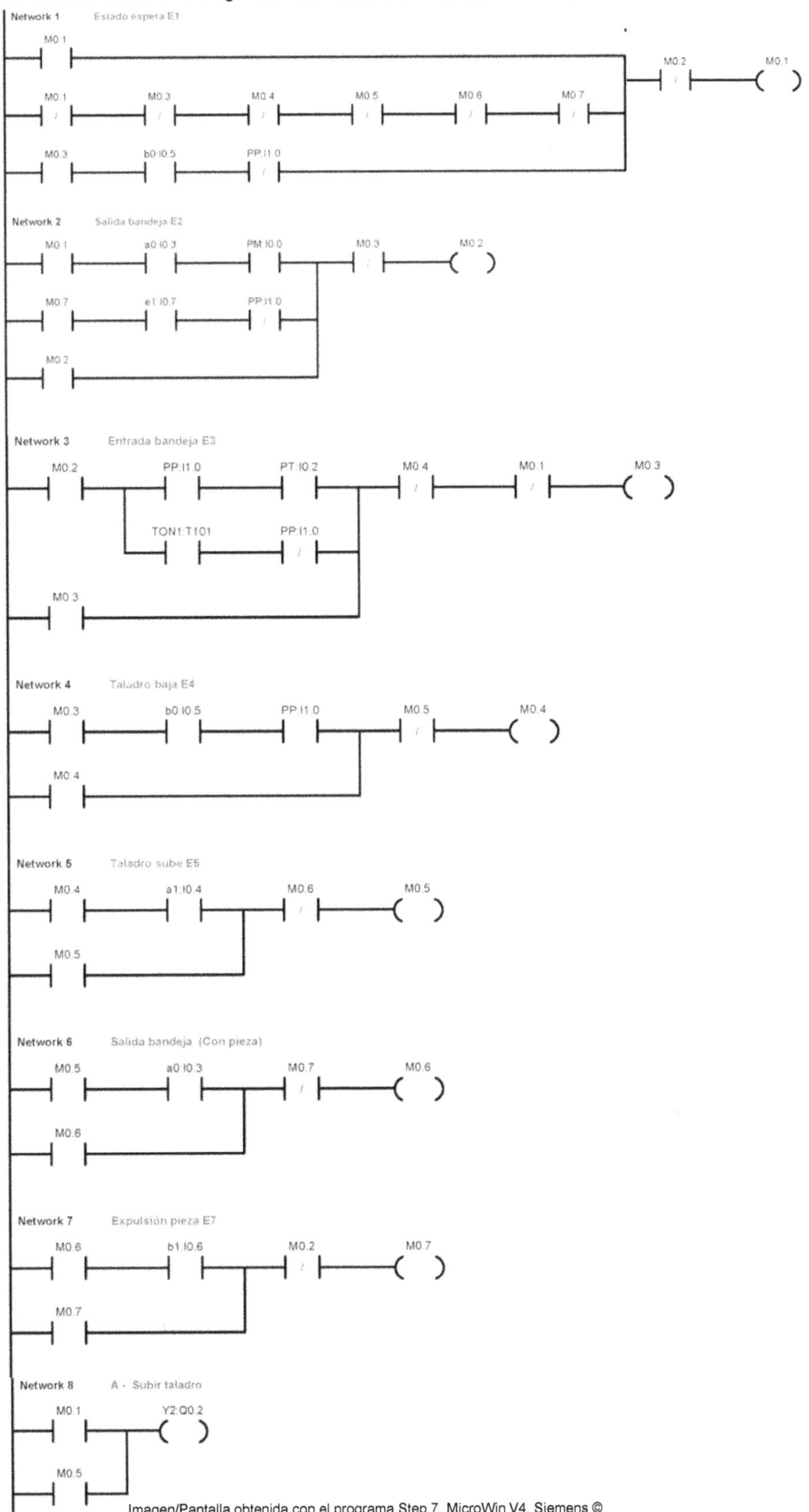

Imagen/Pantalla obtenida con el programa Step 7. MicroWin V4. Siemens ©

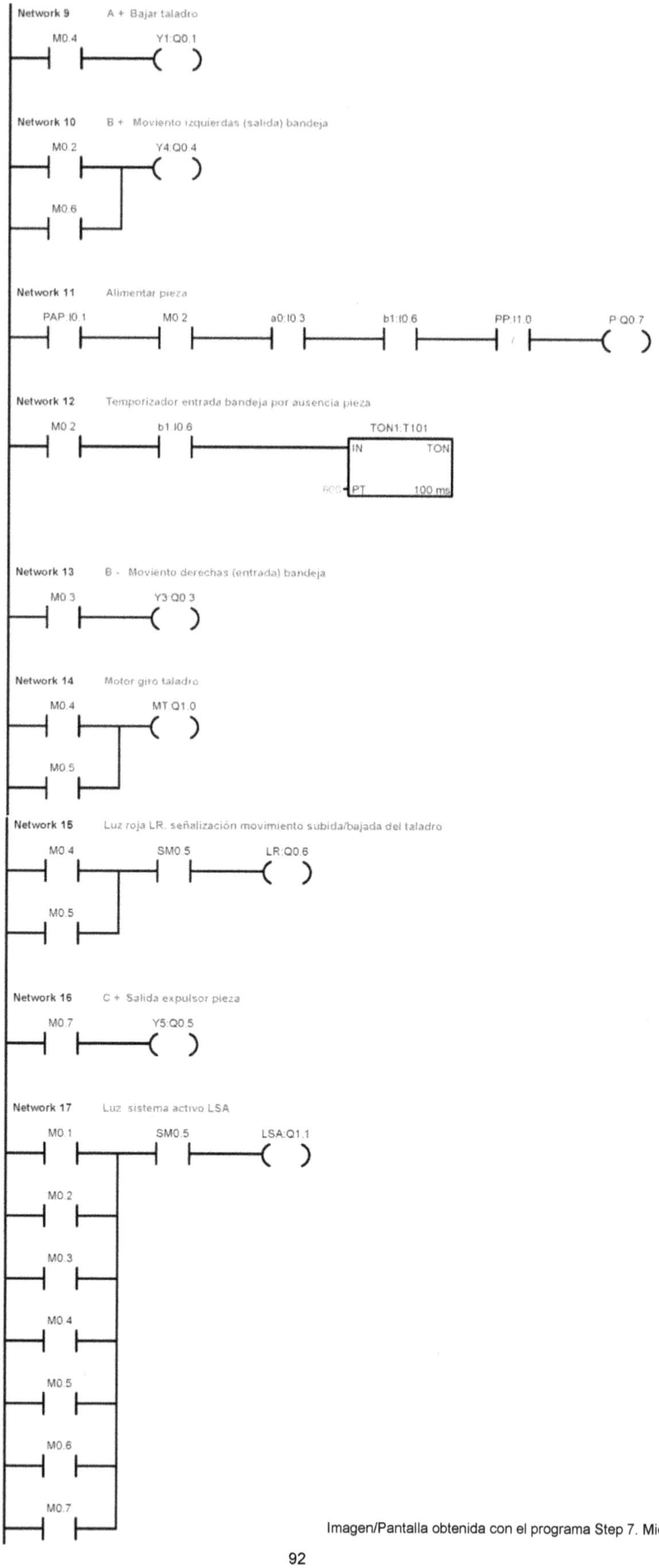

Network 9 A + Bajar taladro

M0.4 — Y1:Q0.1

Network 10 B + Movíento izquierdas (salida) bandeja

M0.2 — Y4:Q0.4

M0.6

Network 11 Alimentar pieza

PAP:I0.1 — M0.2 — a0:I0.3 — b1:I0.6 — PP:I1.0 (/) — P:Q0.7

Network 12 Temporizador entrada bandeja por ausencia pieza

M0.2 — b1:I0.6 — TON1:T101

IN TON

600 PT 100 ms

Network 13 B - Movíento derechas (entrada) bandeja

M0.3 — Y3:Q0.3

Network 14 Motor giro taladro

M0.4 — MT:Q1.0

M0.5

Network 15 Luz roja LR. señalización movimiento subida/bajada del taladro

M0.4 — SM0.5 — LR:Q0.6

M0.5

Network 16 C + Salida expulsor pieza

M0.7 — Y5:Q0.5

Network 17 Luz sistema activo LSA

M0.1 — SM0.5 — LSA:Q1.1

M0.2

M0.3

M0.4

M0.5

M0.6

M0.7

Imagen/Pantalla obtenida con el programa Step 7. MicroWin V4. Siemens ©

Implementándolo mediante bloques compactos (Biestables) RS, cuyas señales activadoras (S) y anuladoras (R) ya fueron establecidas en la tabla de la página 88 e introduciendo como bit de inicialización el bit de estado SM0.1 (Autómata S7 200 Siemens), tendríamos:

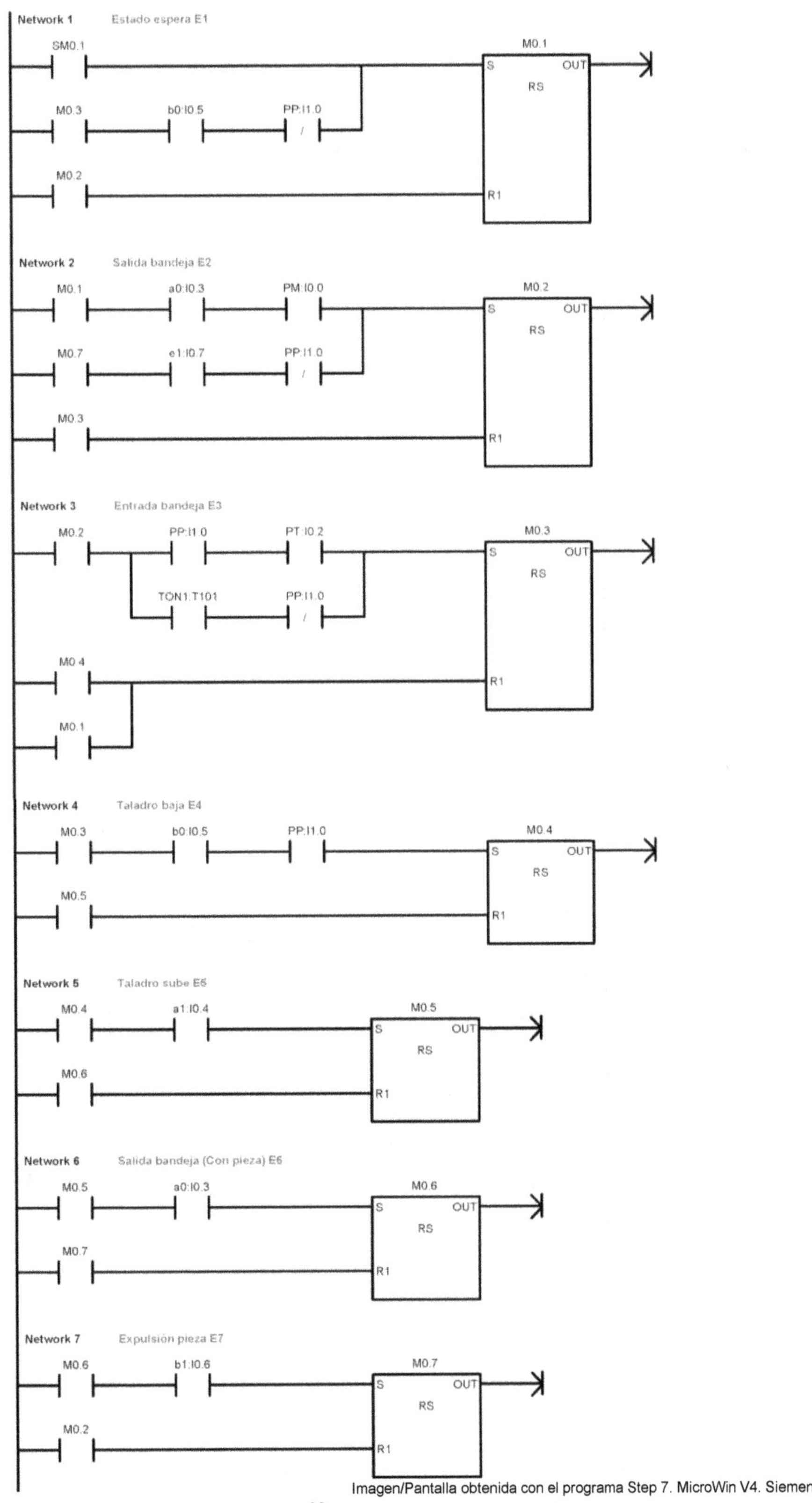

Imagen/Pantalla obtenida con el programa Step 7. MicroWin V4. Siemens ©

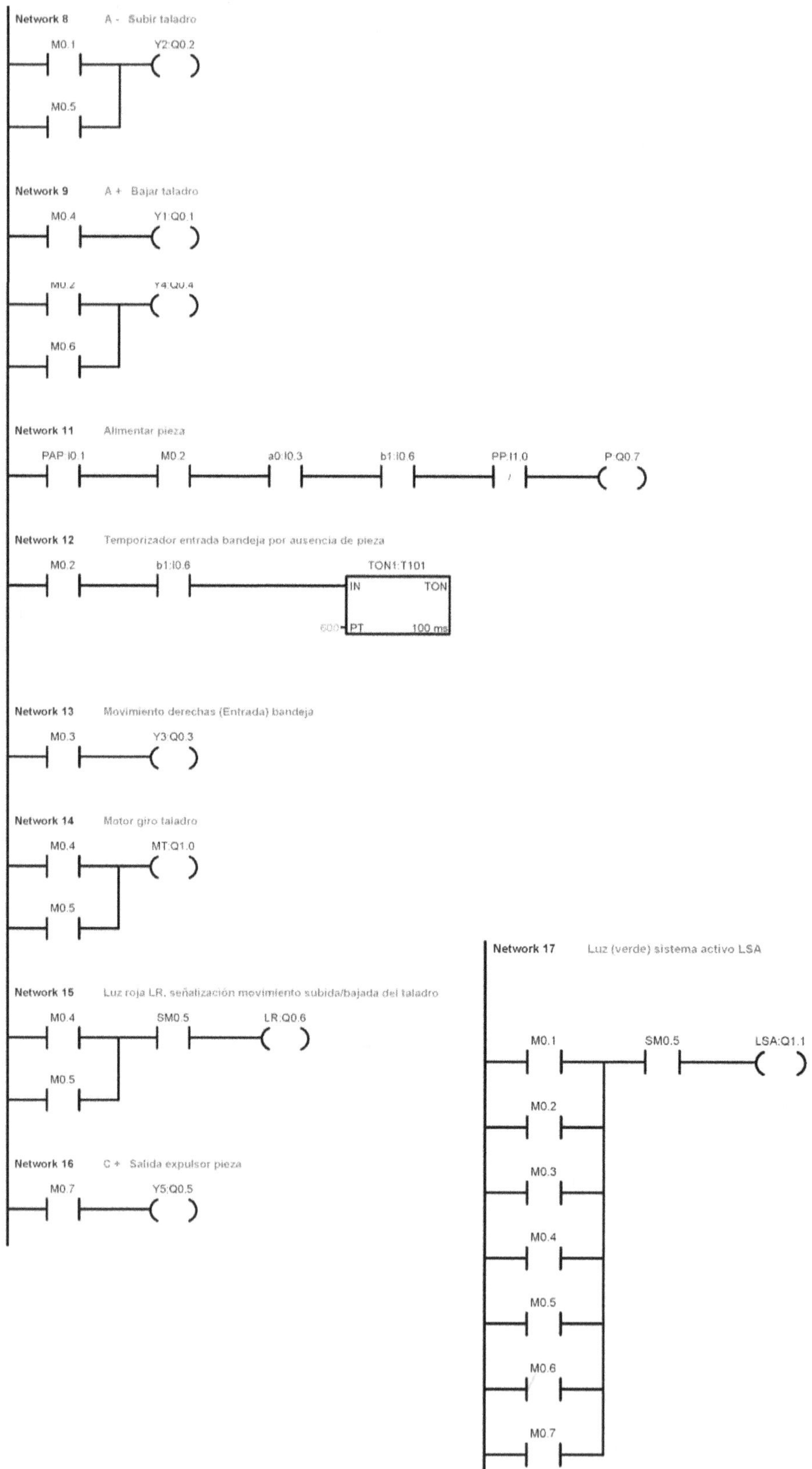

Imagenes/Pantallas obtenidas con el programa Step 7. MicroWin V4. Siemens ©

III.8.3.4.- Implementación del sistema y su control en un simulador escada

d) Implementación del sistema y su control en un simulador escada

Se utiliza en esta publicación la suit de programas que se indica seguidamente y si bien tienen cierta antigüedad, por su sencillez, accesibilidad y conjunción son muy adecuados para la recreación de pequeños proyectos:

- *Step 7-MicroWIN , V4.0.6.35. SIEMENS,* para la edición de diagramas de contacto (Programa PLC)

- *Emulador S7_200 Versión 2.0 © 2000 de Juan Luis Villanueva Montoto,* para la recreación virtual de dicho autómata (+)

- *Escada PC_SIMU Versión 1.0 y 2.0 © 2000 de Juan Luis Villanueva Montoto, para la recreación virtual de los sistemas (++)*

(+) El apartado III.5, pag. 69 contiene un pequeño manual para su manejo

(++) El apartado III.3, pag. 41 contiene un pequeño manual para el manejo de la V1.0 y en el apartado III.4, pag. 59 indicaciones complementarias para la V2.0

En el video de Youtube “Suit MicroWin Emulador S/ PCsimu” (https://youtu.be/OHZqcRrDPow) se recoge el manejo de los programas indicados anteriormente que intervienen en la recreación del funcionamiento del sistema

En el link (www.lulu.com/spotlight/automatizacion_fundamentada) de la pagina de autor destacado editorial Lulu, donde se publican los libros I, II y III de Automatización Fundamentada se pueden encontrar, tanto individual como conjuntamente con los de otros proyectos, los siguientes archivos

. Archivo “estacionmecanizadoAFIIIprotg.sim”, para el escada PCsimu que recrea el sistema del proyecto tratado

. Archivo “estaciondemecanizadoAFIII.cfg”, para el emulador del autómata virtual S7 CPU 214

. Video “estacióndemecanizadoAFIIIv2.avi” que recoge el funcionamiento del sistema mediante la solución elaborada utilizando PCsimu

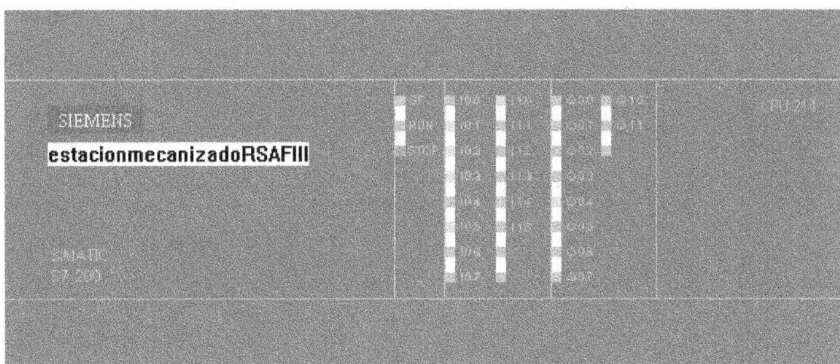

Imagen/Pantalla obtenida con el programa Emulador S7 200 © de Juan Luis Villanueva Montoto

Detalle de la CPU 214.

Pantalla posición de partida previa a la activación de PM (Video "estaciónmecanizadoAFIIIv2".

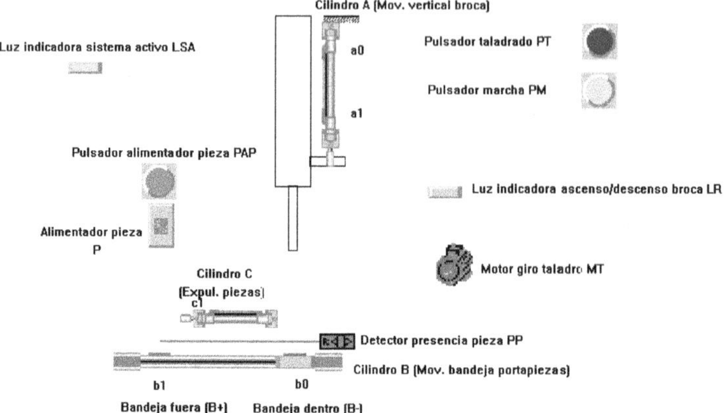

Pantalla alimentación de pieza (Video "estaciónmecanizadoAFIIIv2".

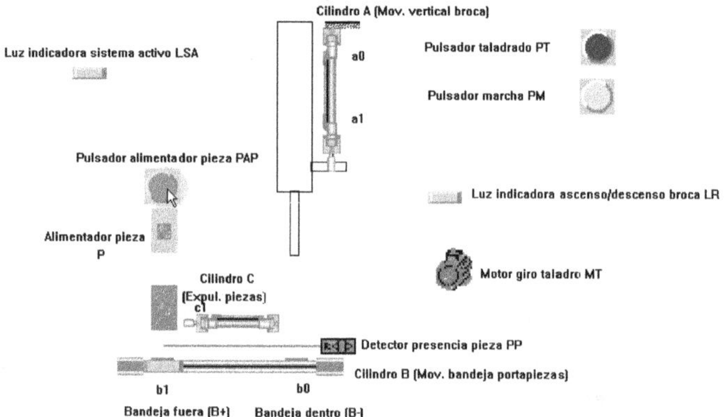

Pantalla taladro bajando (Video "estaciónmecanizadoAFIIIv2".

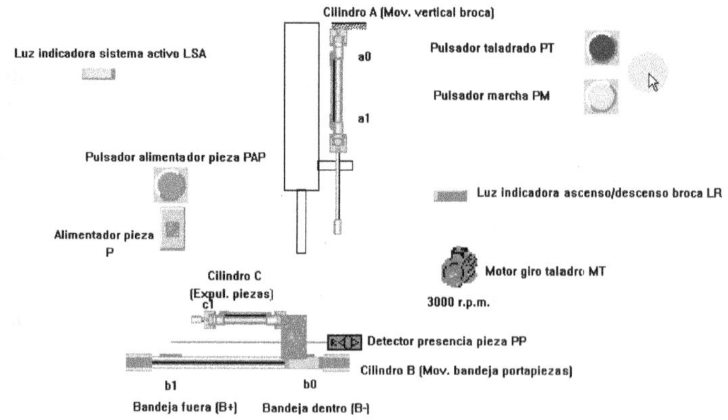

Imagenes/Pantallas obtenidas con el programa PCSimu © de Juan Luis Villanueva Montoto

Pantalla expulsión pieza (Video "estaciónmecanizadoAFIIIv2".

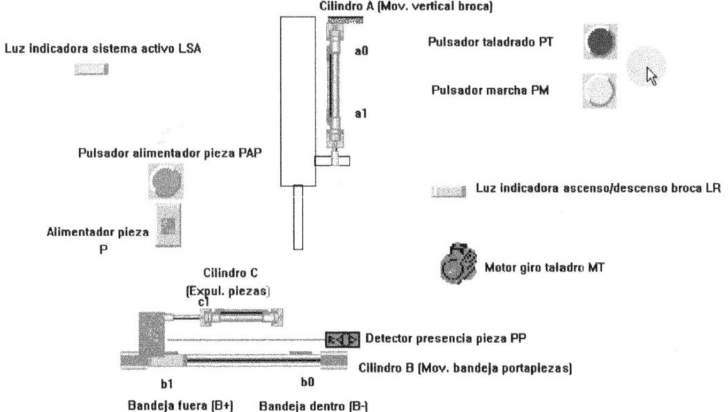

Imagen/Pantalla obtenida con el programa PCSimu © de Juan Luis Villanueva Montoto

III.8.4.- Esquema eléctrico equivalente (Electroneumático) en lógica cableada

e) Esquema eléctrico del sistema implementado en tecnología electroneumática (Lógica cableada), partiendo del análisis y ecuaciones obtenidos en los puntos a) y b)

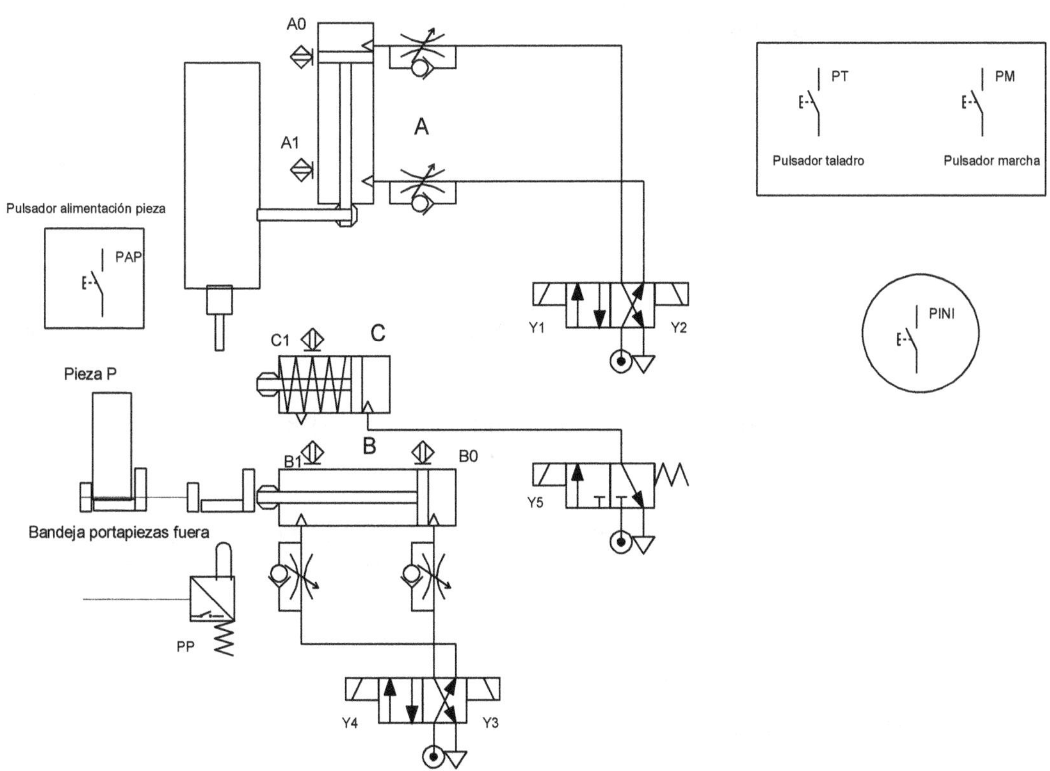

Sin mas que proceder a los cambios de terminología de la tabla elaborada en el apartado a) (Cambios de la denominación de estados KE / M, esto es relés por biestables y en consecuencia bits —| |— —|/|— por contactos abierto / cerrado)

Estado	Descripción	Relé asociado	→ Señal activadora (S)	← Señal anuladora (R)	Receptor a activar
E1	Espera	M0.1	BIT INI + KE3.bo.PP`	KE2	A – LSA intermitente
E2	Salida bandeja	M0.2	KE1.a0.PM + KE7.c1.PP`	KE3	B+ , LSA intermitente P si PAP. a0.b1.PP`=1 TON1 (ON, 10 s.) si b1 = 1
E3	Entrada bandeja	M0.3	KE2 (PP.PT + TON1.PP`)	KE4 + KE1	B – LSA intermitente
E4	Taladro baja	M0.4	KE3.b0.PP	KE5	A – LR y LSA intermitentes MT
E5	Taladro sube	M0.5	KE4.a1	KE6	A – LR y LSA intermitentes MT
E6	Salida bandeja	M0.6)	KE5.a0	KE7	B+ LSA intermitente
E7	Expulsión pieza	M0.7	KE6.b1	KE2	C+ LSA intermitente

Pudiéndose establecer, en principio, las siguientes ecuaciones de mando adaptadas a la terminología eléctrica :

Ecuaciones control de estados

- Bit de inicialización (BIT INI) = KE1`.KE2´.KE3´.KE4` .KE5´.KE6´. KE7 ´ (Ningún estado activo)

KE1 = (KE1+BIT.INI+KE3.b0.P).KE2` = (KE1+KE1`.KE2´.KE3´.KE4` .KE5´.KE6´. KE7 ´). KE2` +KE3.b0.PP´

= KE1. KE.2`+KE1`.KE2´.KE3´.KE4` .KE5´.KE6´. KE7 ´.KE2`+KE3.b0.PP´

KE.2`. KE2`= KE2`

= KE1 . KE2`+ KE1`.KE2´.KE3´.KE4` .KE5´.KE6´.KE.7 ´ + KE3.b0.PP´

- KE1 = (KE1+ KE1`.KE3´.KE4` .KE5´.KE6´. KE7 ´ + KE3.b0.PP´). KE2`

- KE2 = (KE2 + KE1.a0.PM + KE7.c1.PP`).KE3`

- KE3 = (KE3 + KE2.(PP.PT + TON1.PP`)). (KE4+KE1)`= (KE3 + KE2 (PP.PT+KTON1.PP´)).KE4`.KE1`(*)

  (*) Ver leyes de Morgan, Automatizacion Fundamentada I, pag 102

- KE4 = (KE4 + KE3.b0.PP).KE5`

- KE5 = (KE5 + KE4.a1).KE6`

- KE6 = (KE6 + KE5.a0).KE7`

- KE7 = (KE7 + KE6.b1).KE2´

Ecuaciones control de los receptores a activar

- A - = Y2 = KE1 + KE5
- B + = Y4= KE2 + KE6
- P = KE2 . PAP.a0.b1.PP`
- KTON1 (ON, 6 s.) = KE2.b1
- B - = Y3 = KE3
- A + = Y1= KE4
- MT = KE4 + KE5
- LR = (KE4 + KE5) . KINT1 (Relé intermitente)
- C + = Y5= KE7
- LSA = (KE1 + ...+KE7) KINT1

Como las señales PP, b0, a0, a1 y b1, aparecen en las ecuaciones de mando en mas de una ocasión, debemos pasarlas por rele (KPP, Kb0, Ka0, Ka1 y Kb1) para poder hacerlas intervenir a través del contacto (cerrado/abierto) de su relé cuando sea preciso

. En consecuencia las ecuaciones de mando definitivamente serían por tanto:

CONTROL DE ESTADOS (Mando electroneumático)	*CONTROL DE RECEPTORES (Mando electroneumático)*
KE1 = (KE1+ KE1`.KE3´.KE4` .KE5´.KE6`. KE7´ + KE3.Kb0.KPP´). KE2`	A - = Y2 = KE1 + KE5
KE2 = (KE2 + KE1.Ka0.PM + KE7.c1.KPP`).KE3`	B + = Y4= KE2
KE3 = (KE3 + KE2 (KPP.PT+KTON1.KPP´)).KE4`.KE1`	P = KE2 . PAP.Ka1.Kb1.KPP`
KE4 = (KE4 + KE3.Kb0.KPP).KE5`	KTON1 (ON, 6 s.) = KE2.Kb1
KE5 = (KE5 + KE4.Ka1).KE6`	B - = Y3 = KE3
KE6 = (KE6 + KE5.Ka0).KE7`	A + = Y1= KE4
KE7 = (KE7 + KE6.Kb1).KE2´	MT = KE4 + KE5
	LR = (KE4 + KE5) KTIN1
	C + = Y5= KE7
	LSA = (KE1 + ...+ KE7) KTIN1

Elaborándose mediante esas ecuaciones de mando el siguiente esquema (Ver pag. siguiente)

- El bit de inicialización (BIT.INI) = KE1`.KE2´.KE3´.KE4` .KE5´.KE6´. KE7 ´ (Ningún estado activo) , puede ser sustituido por una señal de excitación , generable mediante la activación del pulsador PINI, , quedando establecida la ecuación de mando del estado 1 (E1) de la siguiente forma:
  KE1 = (KE1+ PINI + KE3.Kb0.KPP´). KE2

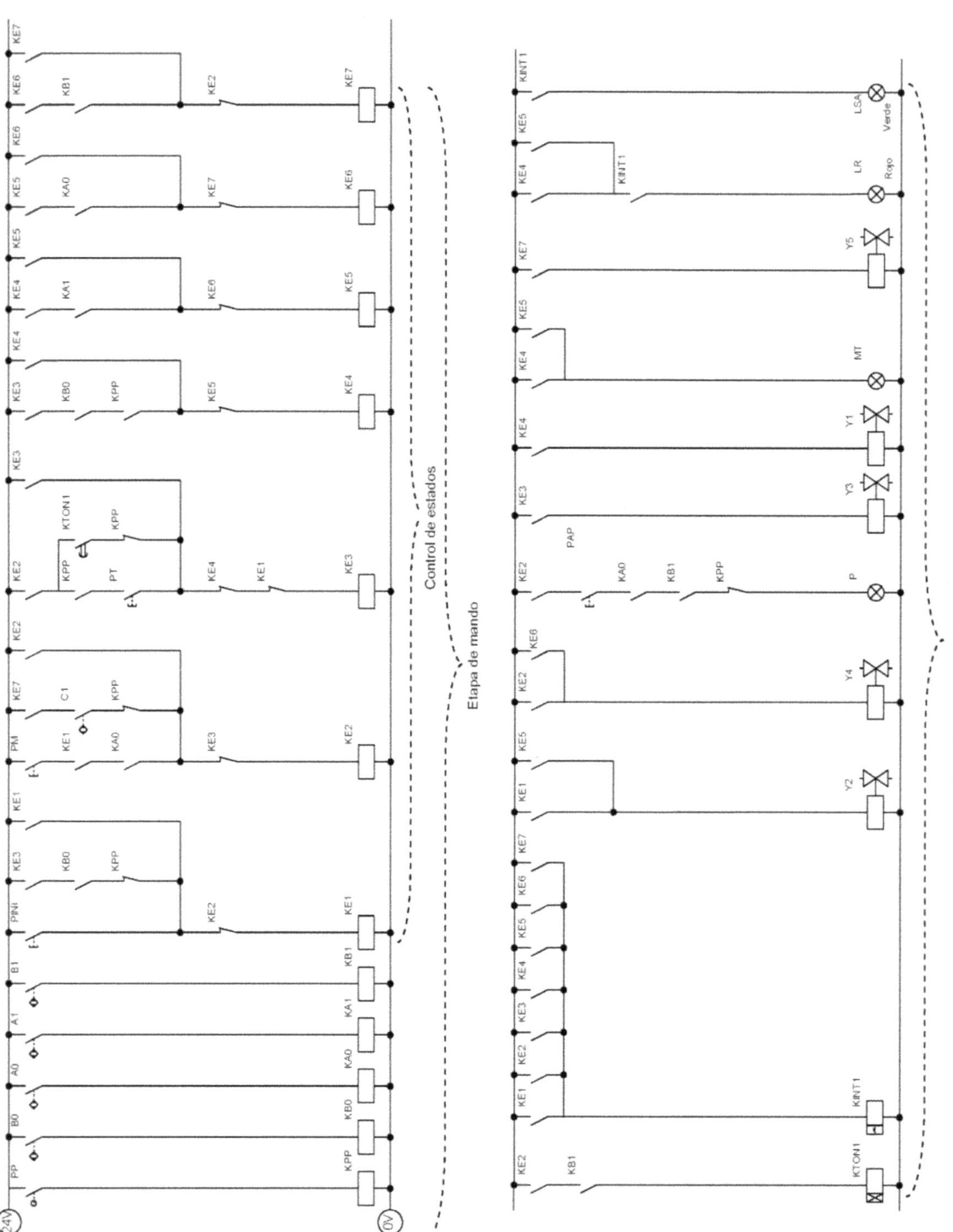

En esta tecnología cableada, la necesidad de tantos contactos asociados derivados de la lógica de mando aconseja la conveniencia de efectuar el control del sistema mediante lógica programada (PLC)

III. 9.- PROYECTO cabezalAFIII

Se desea automatizar el movimiento lineal alternativo del cabezal de una máquina que está accionada por un motor eléctrico con dos sentidos de giro (izquierda/derecha)

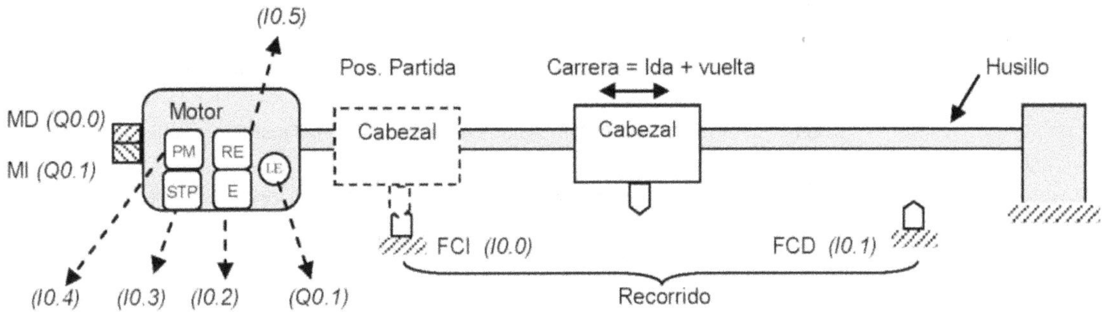

III.9.1.- Anteproyecto

III.9.1.1.- Descripción física:

El cabezal se identifica con la denominación cabezalAFIII, cuyo sinóptico se refleja en la siguiente figura y que tiene las siguientes características

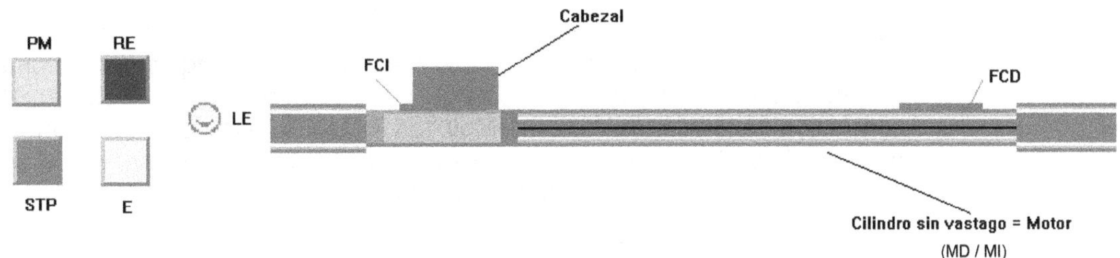

Imagen/Pantalla obtenida con el programa PCSimu © de Juan Luis Villanueva Montoto

III.9.1.2.- Previo

Obje*tos escada:*

- El elemento gráfico "cabezal" ▒, tiene solo una función ilustrativa de representación visual, no tiene por tanto sin ninguna funcionalidad

La representación del conjunto motor/husillo se implementa en el sinóptico (escada) mediante un cilindro sin vástago

III.9.1.3.- Funcionalidad general

El cabezal de la máquina deberá tener un movimiento de traslación alternativo izquierda/derecha proporcionado por medio de un husillo que será accionado por un motor eléctrico gobernado por dos contactores MD y MI que controlaran su giro a derechas e izquierdas respectivamente y por ende el movimiento lineal del propio cabezal, cuyas posiciones extremas de su recorrido se controlaran por los oportunos finales de carrera izquierda/derecha FCI/FCD

La máquina dispone de una botonera en la que se sitúan los siguientes elementos:

PM , Pulsador de puesta en marcha (Inicia el movimiento alternativo del cabezal)

STP, Pulsador de stop (Detiene el movimiento a la finalización de la carrera en curso)

E, Pulsador de emergencia (Parada inmediata tras alcanzar la posición de partida)

RE, Pulsador de rearme (Restablecimiento del sistema tras la parada de emergencia)

LE, Luz indicadora emergencia

Se considera como carrera del cabezal al movimiento de ida mas el de vuelta.

III.9.1.4.- Requisitos de funcionamiento:

- La posición de partida del cabezal de la máquina es el extremo izquierdo de su recorrido, que debe quedar asegurada en el arranque del sistema antes de ser activado el pulsador de puesta en marcha PM
- Estando en la posición de partida y tras ser activado el pulsador de puesta en marcha PM, el cabezal iniciará un movimiento alternativo izquierda/derecha ininterrumpido que cesará cuando se active el pulsador de stop (parada) STP. A la conclusión de la carrera iniciada (Mov. Ida + Mov. Vuelta), el cabezal quedará en la posición de partida a la espera de una nueva activación del pulsador PM que propiciará un nuevo ciclo de funcionamiento.

- Si en cualquier instante durante el movimiento del cabezal fuera activado el pulsador de emergencia E, cesará el movimiento de la carrera iniciada regresando de inmediato a la posición de partida, activándose en modo intermitente una luz amarilla LE indicando la situación de emergencia.

- Tras la activación de emergencia el sistema permanecerá en esa situación hasta que sea presionado el pulsador de rearme RE, situándose en estado de espera a que sea de nuevo activado el pulsador de puesta en marcha PM iniciándose así un nuevo clico de trabajo

III.9.2.- Descripción genérica del sistema.- Elementos de trabajo

Para posibilitar la implementación en el escada gráfico del motor eléctrico, comandado por los oportunos contactores MD y MI que gobernaran respectivamente el sentido de giro a derecha e izquierda y por tanto el movimiento de traslación derecha-izquierda del cabezal es recreado por :

- Cilindro neumático sin vástago, para proporcionar el movimiento alternativo derecha/izquierda del cabezal, gobernado por dos electroválvulas monoestables (posicionado) MD y MI para generar el movimiento lineal alternativo derecha/izquierda.

  Está dotado de los oportunos finales de carrera FCD y FCI que certifican las posiciones extremas respectivas de su recorrido

III.9.3.- Items a obtener

Se pretende obtener:

a) Análisis de funcionamiento (Gráfico de estados/Señales de cambio*/Elementos a controlar)

   * transición

b) Tabla de estados de funcionamiento del sistema, con sus correspondientes señales activadoras (S) y anuladoras (R) y los elementos a gobernar en cada uno de ellos así como sus ecuaciones de mando

c) Programa (Diagrama de contactos) para autómata programable PLC que controle el sistema, según el direccionamiento que se indica en la tabla de correspondencias (Ver pag. siguiente)

d) Implementación del sistema y su control en un simulador escada

e) Esquema eléctrico equivalente para implementar el sistema en tecnología electroneumática (Lógica cableada), partiendo del análisis elaborado en el apartado a) y las ecuaciones obtenidas en el b) con adaptación terminológica a esta tecnología

TABLA DE CORRESPONDENCIAS				
	DENOMINACIÓN	*IDENTIFI*	*Dir. S7 200*	*OBSERVACIONES*
	Final de carrera izquierdo	FCI	I0.0	
	Final carrera derecho	FCD	I0.1	
	Pulsador de emergencia	E	I0.2	
	Pulsador parada al final de la carrera (Stop)	STP	I0.3	
	Puesta en marcha	PM	I0.4	
	Pulsador de rearme	RE	I0.5	
	Contactor motor giro derecha	MD	Q0.0	Electroválvula monoestable 3/2 NC (*)
	Contactor motor giro izquierda	MI	Q0.1	" " "
	Luz indicadora de emergencia	LE	Q0.2	
	Estado "Espera General"	E0	M0.0	
	Estado " Desplazamiento derecha"	E1	M0.1	
	Estado "Desplazamiento izquierda"	E2	M0.2	
	Estado "Desplazamiento izquierda, emergencia	E3	M0.3	
	Estado "Espera emergencia"	E4	M0.4	
	Retención (Memorización) señal PM	MPM	M0.5 (**)	
	Retención (Memorización) señal E	ME	M0.6 (**)	
	Retención (Memorización) señal STP (Stop)	MSTP	M0.7 (**)	

(*) Para poder hacer la representación funcional mediante escada, se sustituye el conjunto motor - contactores por el cilindro sin vástago gobernado por dos electroválvulas monoestables con la misma identificación

(**) Véanse, en la pag. siguiente, indicaciones al respecto en el apartado III.9.3.2.,

III.9.3.1.- Análisis de funcionamiento

a) Análisis de funcionamiento (Gráfico de estados/Señales de cambio/Elementos a controlar)

La representación gráfica de la dinámica funcional del sistema podría ser (Ver pag. siguiente):

La solución funcional no es única y la representada puede ser objeto de simplificación/reducción de estados

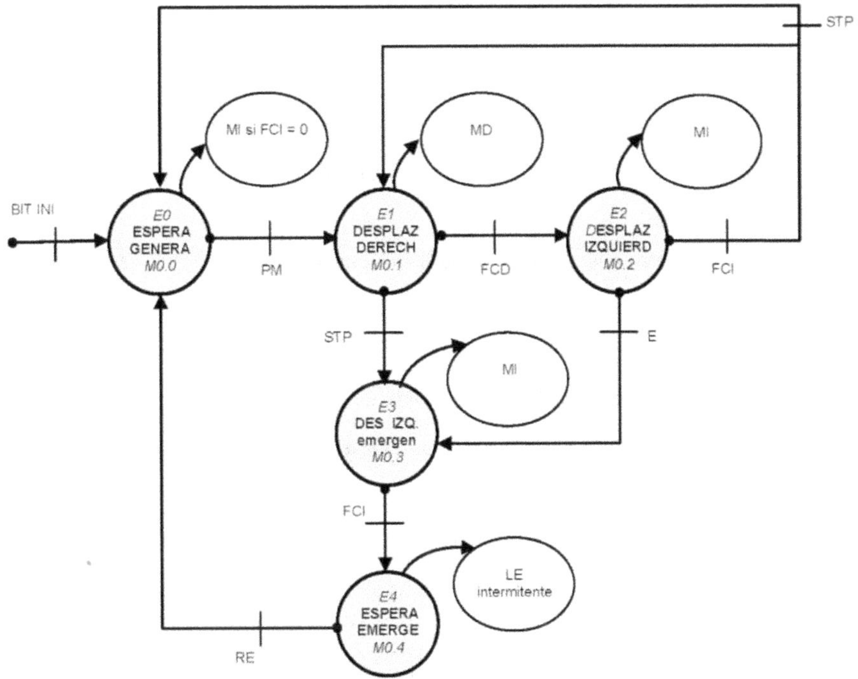

III.9.3.2.- Tabla de estados. Señales activadoras, anuladoras, elementos a gobernar. Ecuaciones de mando

b) Tabla de estados . Señales activadoras (S) y anuladoras (R), elementos a gobernar y ecuaciones de mando

Estado	Descripción	Biestable asociado	Señal activadora (S)	Señal anuladora (R)	Receptor a activar
E0	Espera General	M0.0	BIT INI + E2.FCI.STP + E4.RE *BIT INI + M0.2.I0.0.I0.3 + M0.4.I0.5*	E1 M0.1	MI si FCI = 0 *Q0.1 si I0.0 = 0*
E1	Desplazamiento derecha	M0.1 (*)	E0.PM + E2.FCI.SPT *M0.0.I0.4 + M0.2.I0.0.I0.3*	E2 + E3 M0.2 + M0.3	MD *Q0.0*
E2	Desplazamiento izquierda	M0.2 (*)	E1.FCD *M0.1.I0.1*	E0 + E3 + E1 *M0.0 + M0.3 + M0.1*	MI *Q0.1*
E3	Desplaza. Izquierda emergencia	M0.3	(E1 + E2) .E *(M0.1 + M0.2).I0.2*	E4 *M0.4*	MI *Q0.1*
E4	Espera emergencia	M0.4	*E3.FCI* *M0.3.I0.0*	E0 *M0.0*	LE *Q0.2*

(*) Los biestables asociados a los estados E1 y E2 deberán ser del tipo SR, esto es, con prioridad a la activación (S = marcha) . Véase su justificación en la siguiente página

(**) El impulso de la señal de Puesta en Marcha PM = I0.4 debe ser retenido (MPM = M0.5) hasta que se active el pulsador de stop STP o el pulsador de emergencia E

MPM = (bitPM + PM) (bitSTP + bitE)` = (MPM + PM).(MSTP + ME)` = (MPM + PM).MSTP´. ME`, ley Morgan

Adaptando la terminología a los direccionamientos establecidos y retenciones que se establecen

MPM = M0.5 = (M0.5 + I0.4).M0.7`. M0.6`

(**) El impulso de la señal de emergencia E = I0.2 debe ser retenido (ME = M0.6) hasta que se active el pulsador de rearme RE

ME = (bitE + E) . RE` = (ME + E) . RE`

Adaptando la terminología a los direccionamientos establecidos y retenciones que se establecen

ME = M0.6 = (M0.6 + I0.2) . I0.5`

(**) El impulso de la señal de parada STP = I0.3 debe ser retenido (MSTP = M0.7) hasta ser activado el estado "Espera General" E0

MSTP = (bitSTP +STP) . E0` = (MSTP + STP) . E0`

Adaptando la terminología a los direccionamientos establecidos y retenciones que se establecen

MSTP = M0.7 = (M0.7 + I0.3) . M0.0`

Partiendo de la tabla anterior pueden establecer las siguientes ecuaciones de mando de los estados.

Teniendo como señal de inicio para el arranque del sistema, de cara a poner activo el estado E0 = M0.0= "Espera General ", la no activación de los demás, como bit de inicialización tendremos

Bit de inicialización (BIT INI) = E1`. E2´. E3´. E4` = M0.1`.M0.2´.M0.3´.M0.4` (Ningún estado activo)
El estado E0 = M0.0 "Espera General" se activa si no lo está ninguno de los otros estados del sistema. Este bit de inicialización puede ser implementado utilizando un bit especifico que los diferentes software de programación de autómatas suelen incorporar, poniéndolo activo solo en el primer ciclo de escan del PLC (P.e. Siemens 200, SM0.1 / Omoron , First Cycle .....)

E0 = M0.0 = (E0+BITINI E2.FCI.STP+E4.RE).E1` = ( M0.0+M0.1`.M0.2´.M0.3´.M0.4` M0.2.FCI.STP+M0.4.RE).M0.1`=

= M0.0. M0.1` + M0.1`.M0.2´.M0.3´.M0.4` . M0.1` + M0.2.FCI.STP + M0.4.RE.M0.1` =

M0.1`

= M0.0. M0.1` + M0.1`.M0.2´.M0.3´.M0.4 ` + M0.2.FCI.STP.M0.1` + M 0.4.RE.M0.1` =

= (M0.0 + M0.2´.M0.3´.M0.4` + M0.2 . FCI . STP + M0.4 . RE ) . M0.1` =

y como fue establecida la retención de STP como MSTP = M0.7 y adecuando terminología a los direccionamientos establecidos

E0 = M0.0 = (M0.0. + M0.2´.M0.3´.M0.4` + M0.2. I0.0 . M0.7 + M0.4. I0.5`) M0.1`

S R

Si estableciéramos la ecuación de mando para el estado E1 "Desplazamiento derecha" configurada como biestable RS con prioridad a la anulación R

$$E1 = M0.1 = (M0.1 + \underbrace{E0 \,.\, PM + E2 \,.\, FCI \,.\, SPT'}_{S})\; \underbrace{(E2 + E3)'}_{R}$$

puede observarse que la señal (variable) E2 aparece tanto como parte de la señal activadora (S) asì como de la anuladora (R) y dado la configuración establecida del biestalbe como RS con prioridad al paro R , la señal E1= M0.1, no se produciría por tener prioridad la señal anuladora, en consecuencia el sistema no funcionaría .

Para evitar esta circunstancia podemos configurar el biestable como SR, esto es, con prioridad a la activación o marcha (S) y recordando lo indicado de este biestable en la pag. 18 del libro Automatización Fundamentada II:

Un sistema biestable (SR) con prioridad a la activación (R), tiene la siguiente ecuación de mando

$$E = S + E \,.\, R'$$

El estado de un sistema es igual a la señal de activación del mismo (S) o bien que estando activo no

esté presente (Negación/No activación) la señal (R) I que lo anula

Evitaremos así que la variable E2 de la parte anuladora impida la activación de dicho estado, cuya ecuación de mando quedaría establecida de la siguiente forma

$$\underbrace{E1 = M0.1}_{E} = \underbrace{E0 \,.\, PM + E2 \,.\, FCI \,.\, STP'}_{S} + \underset{E}{\underset{\downarrow}{E1}}\; \underbrace{(E2 + E3)'}_{R}$$

Adaptando la terminología a los direccionamientos y retenciones establecidos , la ecuación de mando de E1 será:

$$E1 = M0.1 = M0.0 \,.\, MPM + M0.2 \,.\, I0.0 \,.\, MSTP' + M0.1\,(M0.2 + M0.3)'$$

$$E1 = M0.1 = \underbrace{M0.0 \,.\, M0.5 + M0.2 \,.\, I0.0 \,.\, M0.7'}_{S} + M0.1\, \underbrace{(M0.2 + M0.3)'}_{R}$$

(Anteriormente quedó establecido que : *MPM = M0.5 = (M0.5 + I0.4).M0.7`. M0.6` y que MSTP = M0.7 = (M0.7 + I0.3) . M0.0`)*

Idéntica situación a la descrita para el control de E1 acontece en el control del estado E2 " Desplazamiento derecha" , cuya ecuación de mando configurada como biestable RS (Prioridad a la anulación R) sería:

$$E2 = M0.2 = (M0.2 + \underbrace{E1 \,.\, FCD}_{S})\; \underbrace{(E0 + E3 + E1)'}_{R}$$

donde es ahora la variable E1 quien aparece como señal activadora S y como señal anuladora R, impidiendo su carácter de prioridad a la anulación que E2 se active por lo que el sistema no funcionaría

Por tanto, si configuramos el biestable para el control de E2 como prioritario a la activación S, tenemos que su ecuación de mando debe ser:

$$\underbrace{E2 = M0.2}_{E} = \underbrace{E1 \,.\, FCD}_{S} + \underset{E}{\underset{\downarrow}{E2}} \,.\, \underbrace{(E0 + E3 + E1)'}_{R}$$

Adaptando la terminología a los direccionamientos establecidos , la ecuación de mando de E2 será:

$$E2 = M0.2 = \underbrace{M0.1 \,.\, I0.1}_{S} + M0.2\,(\underbrace{M0.0 + M0.3 + M0.1}_{R})'$$

La ecuación de mando para el estado E3 " Desplazamiento izquierda, emergencia" será:

E3 = M0.3 = (M0.3 + (E1 + E2) . E). E4`

E3 = M0.3 = (M0.3 + (M0.1 + M0.2) . E) M0.4`

Adaptando la terminología a las retenciones establecidas , la ecuación de E3 será:

$$E3 = M0.3 = (\, M0.3 + \underbrace{(M0.1 + M0.2)\,.M0.6}_{S}\,).\, \underbrace{M0.4'}_{R}$$

(Anteriormente ya quedó establecido que : *ME = M0.6 = (M0.6 + I0.2) . RE`)*

La ecuación de mando para el estado E4 " Espera emergencia" será:

E4 = M0.4 = (M0.4 + E3 . FCI) . E0`

E4 = M0.4 = (M0.4 + M0.3 . FCI) . M0.0`

Adaptando la terminología a los direccionamientos establecidos , la ecuación de E4 será:

$$E4 = M0.4 = (\, M0.4 + \underbrace{M0.3 \,.\, I0.0}_{S}\,) \,.\, \underbrace{M0.0'}_{R}$$

Las ecuaciones de mando de los receptores a activar serían:

- *MD = Q0.0 = M0.1*
- *MI = Q0.1* = M0.0 . FCI`(\*) + M0.2 + M0.3 = *M0.0 . I0.0` + M0.2 + M0.3* (*) Si FCI = 0 implica FCI`
- *LE intermitente = Q0.2 = M0.4. SM0.5* (bit PLC Siemens 200, activo 0,5 s y desactivo 0,5 s.)

III.9.3.3.- Programa (Diagrama de contactos) para PLC

c) Diagrama de contactos

Partiendo del análisis grafico ya realizado y de las ecuaciones de mando establecidas, elaboraremos el programa de control (Diagrama de contactos) del sistema para ser gobernado por PLC, para lo cual se establece la siguiente tabla de símbolos

Símbolo	Dirección	Comentario
FCI	I0.0	Final carrera izquierdo del cabezal
FCD	I0.1	Final carrera derecho del cabezal
E	I0.2	Pulsador para de emergencia
STP	I0.3	Pulsador parada al final de la carrera (I/V)
PM	I0.4	Puesta en marcha
RE	I0.5	Rearme sistema (Tras parada emergencia)
Md	Q0.0	Contactor motor giro derecha (Desplaz. derecha cabezal)
Mi	Q0.1	Contactor motor giro izquierda (Desplaz. izquierda cabezal)
LE	Q0.2	Luz emergencia activada
MPM	M0.5	Retención señal pulsador puesta en marcha PM
ME	M0.6	Retención señal pulsador parada emergencia E
MSTP	M0.7	Retención señal pulsador STOP

Imagen/Pantalla obtenida con el programa Step 7. MicroWin V4. Siemens ©

Se realiza dicho programa en dos variantes, la primera elaborándolo siguiendo la sintaxis especifica de las ecuaciones de mando y la segunda efectuando el control de estados/sintaxis de las ecuaciones de mando utilizando bloques biestables RS y SR

Mediante sintaxis desarrollada siguiendo literalmente las ecuaciones de mando

Adaptación ecuaciones de mando de los estados E1 y E2 (Biestables SR, prioridad a la activación)

$$E1 = M0.1 = M0.0 \,.\, M0.5 + M0.2 \,.\, I0.0 \,.\, M0.7' + M0.1\,(M0.2 + M0.3)'$$

$$\underbrace{E1 = M0.1}_{E} = \underbrace{M0.0 \,.\, M0.5 + M0.2 \,.\, I0.0 \,.\, M0.7'}_{S} + \underset{\downarrow\,E}{M0.1} \,.\, \underbrace{M0.2' \,.\, M0.3'}_{R} \quad \text{(Ley Morgan)}$$

$$E2 = M0.2 = M0.1 \,.\, I0.1 + M0.2\,(M0.0 + M0.3 + M0.1)'$$

$$\underbrace{E2 = M0.2}_{E} = \underbrace{M0.1 \,.\, I0.1}_{S} + \underset{\downarrow\,E}{M0.2}\; \underbrace{M0.0' \,.\, M0.3' \,.\, M0.1'}_{R}$$

Ver diagrama de contactos en pag. siguiente

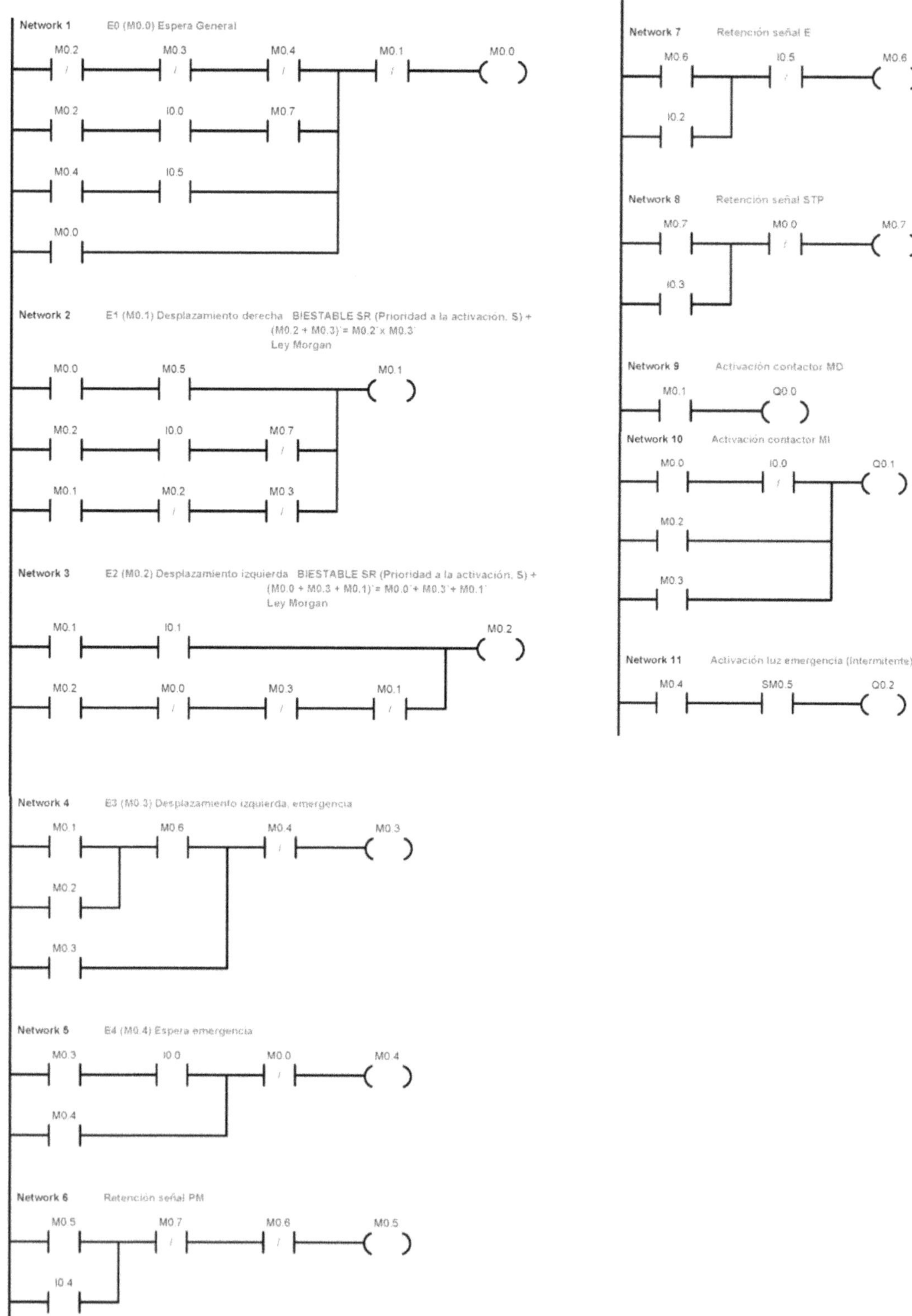

Network 1 E0 (M0.0) Espera General
M0.2 M0.3 M0.4 M0.1 M0.0
M0.2 I0.0 M0.7
M0.4 I0.5
M0.0
Network 2 E1 (M0.1) Desplazamiento derecha BIESTABLE SR (Prioridad a la activación. S) +
(M0.2 + M0.3)' = M0.2' x M0.3'
Ley Morgan
M0.0 M0.5 M0.1
M0.2 I0.0 M0.7
M0.1 M0.2 M0.3
Network 3 E2 (M0.2) Desplazamiento izquierda BIESTABLE SR (Prioridad a la activación. S) +
(M0.0 + M0.3 + M0.1)' = M0.0' + M0.3' + M0.1'
Ley Morgan
M0.1 I0.1 M0.2
M0.2 M0.0 M0.3 M0.1
Network 4 E3 (M0.3) Desplazamiento izquierda, emergencia
M0.1 M0.6 M0.4 M0.3
M0.2
M0.3
Network 5 E4 (M0.4) Espera emergencia
M0.3 I0.0 M0.0 M0.4
M0.4
Network 6 Retención señal PM
M0.5 M0.7 M0.6 M0.5
I0.4
Network 7 Retención señal E
M0.6 I0.5 M0.6
I0.2
Network 8 Retención señal STP
M0.7 M0.0 M0.7
I0.3
Network 9 Activación contactor MD
M0.1 Q0.0
Network 10 Activación contactor MI
M0.0 I0.0 Q0.1
M0.2
M0.3
Network 11 Activación luz emergencia (Intermitente)
M0.4 SM0.5 Q0.2

Imagenes/Pantallas obtenidas con el programa Step 7. MicroWin V4. Siemens ©

Implementándolo mediante bloques compactos (Biestables) RS y SR, cuyas señales activadoras (S) y anuladoras (R) fueron establecidas en la tabla de la página 105 :

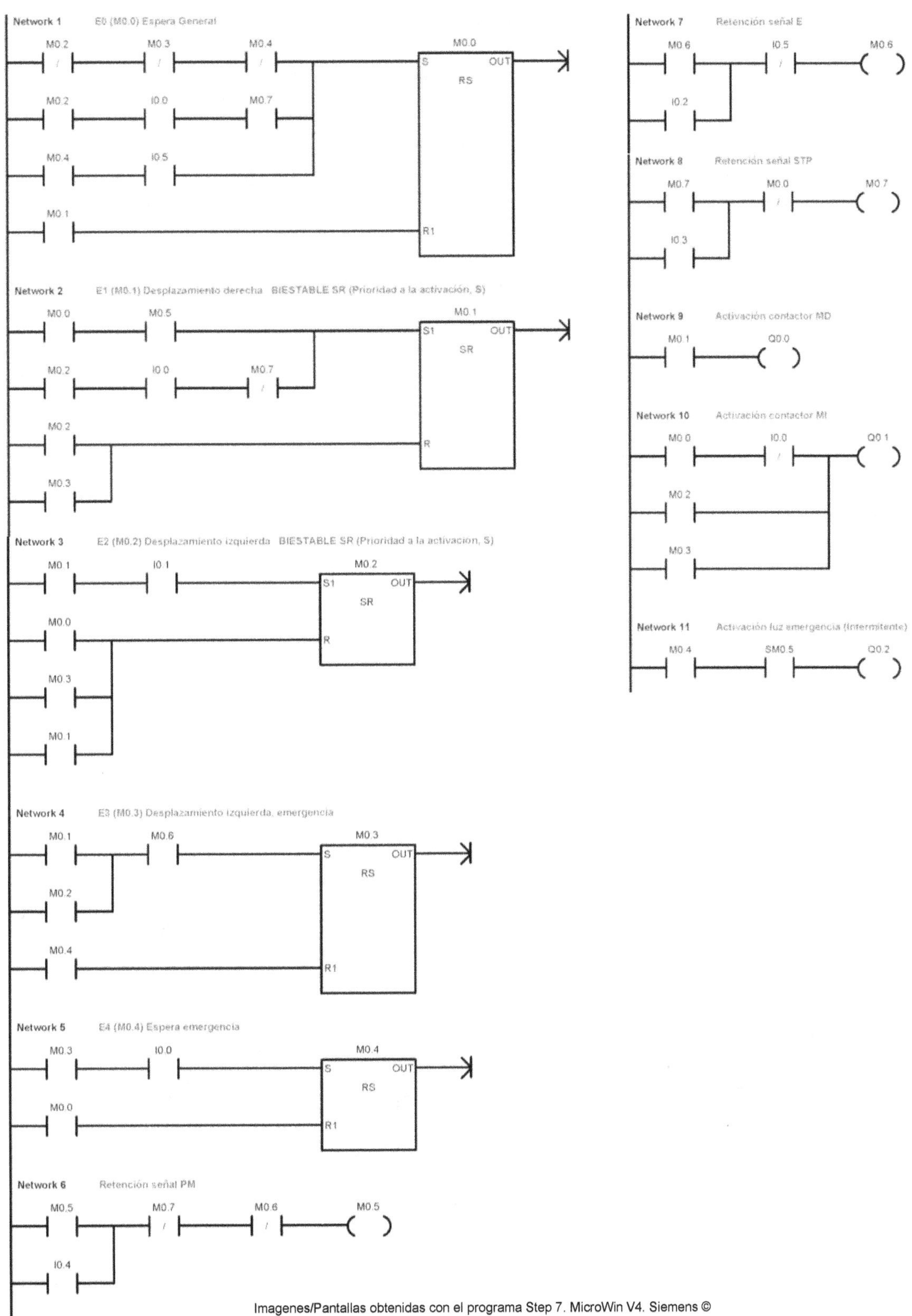

Imagenes/Pantallas obtenidas con el programa Step 7. MicroWin V4. Siemens ©

III.9.3.4.- Implementación del sistema y su control en un simulador escada

d) Implementación del sistema y su control en un simulador escada

Se utilizan los programas ya indicados en el apartado III.8.3.4, pag 95

En el link (www.lulu.com/spotlight/automatizacion_fundamentada) de la pagina de autor destacado editorial Lulu, donde se publican los libros I, II y III de Automatización Fundamentada se pueden encontrar, tanto individual como conjuntamente con los de otros proyectos, los siguientes archivos

. Archivo "cabezalAFIIIprotg.sim" para el escada PCsimu que recrea el sistema del proyecto tratado

. Archivo "cabezalAFIII.cfg" para el emulador del autómata virtual S7 (CPU 212)

. Video "cabezalAFIII.avi" que recoge el funcionamiento del sistema mediante la solución elaborada utilizando PCSimu

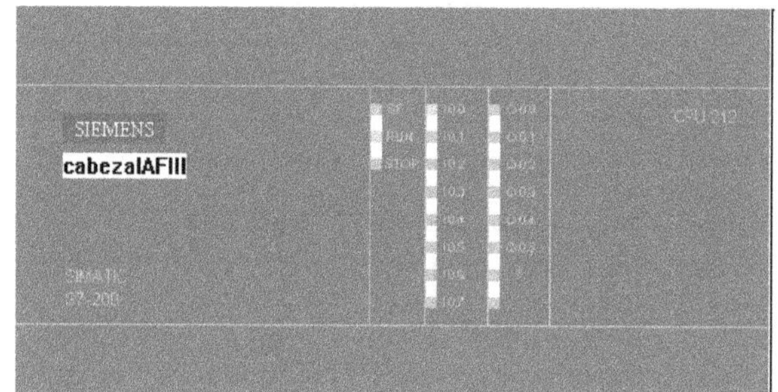

Imagen/Pantalla obtenida con el programa Emulador S7 200 © de Juan Luis Villanueva Montoto

Detalle de la CPU 212 .

Pantalla posición partida (Video "cabezalAFIII.avi)

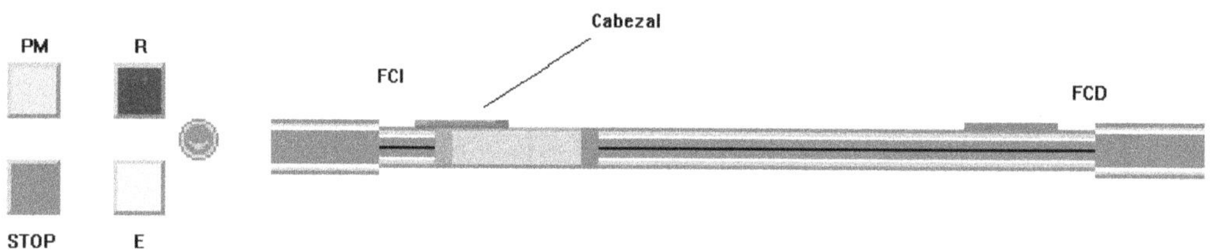

Pantalla cabezal en movimiento (Video "cabezalAFIII.avi)

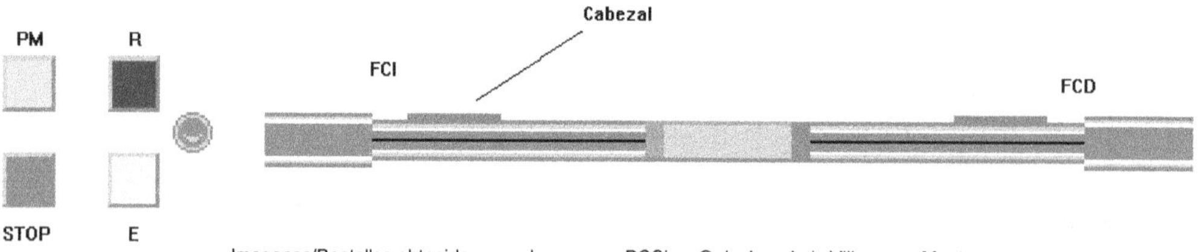

Imagenes/Pantallas obtenidas con el programa PCSimu © de Juan Luis Villanueva Montoto

Pantalla en espera de emergencia (Video "cabezalAFIII.avi)

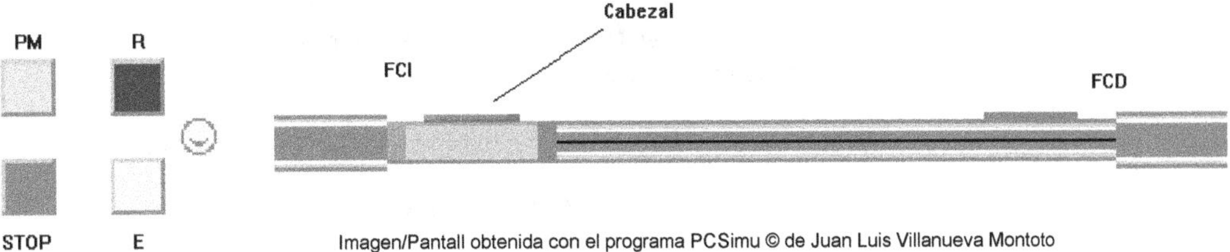

Imagen/Pantall obtenida con el programa PCSimu © de Juan Luis Villanueva Montoto

III.9.4.- Esquema eléctrico equivalente (Electroneumático) en lógica cableada

e) Esquema eléctrico equivalente para implementar el sistema en tecnología electroneumática (Lógica cableada), partiendo del análisis y ecuaciones obtenidos en los puntos a) y b)

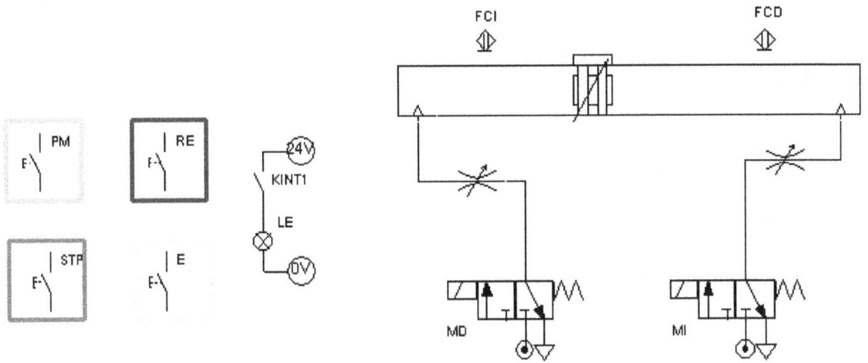

Procediendo a los cambios de terminología de la tabla elaborada en el apartado b) (Cambios de la denominación de estados KE / M, esto es relés por biestables y en consecuencia bits ⊣ ⊢ ⊣ ⊢ por contactos abiertos / cerrados) la tabla quedaría reescrita de la siguiente forma:

Estado	Descripción	Relé asociado	Señal activadora (S)	Señal anuladora (R)	Receptor a activar
E0	Espera General	KE0	BIT INI + KE2.FCI.STP + KE4.RE (***)	KE1	MI si FCI = 0
E1	Desplazamiento derecha	KE1 (*)	KE0.PM + KE2.FCI.SPT (* *)	KE2 + KE3	MD
E2	Desplazamiento izquierda	KE2 (*)	KE1.FCD (***)	KE0 + KE3 + KE1	MI
E3	Desplaza. Izquierda emergencia	KE3	(KE1 + KE2) . E (* *)	KE4	MI
E4	Espera emergencia	KE4	*KE3.FCI* (***)	KE0	LE intermitente (****)

(*), (**), (***), (****) Ver pag. siguiente

(*) La configuración biestable asociada a los estados/reles KE1 y KE2 deberán ser del tipo SR, esto es, con prioridad a la activación (S = marcha) . Véase su justificación en la siguiente página

(**) El impulso de la señal de Puesta en Marcha PM debe ser retenido (KPM) hasta que se active el pulsador de stop STP o el pulsador de emergencia E

$$KPM = (KPM + PM)(STP + E)' = (KPM + PM).(KSTP + KE)' \text{ y por la Ley de Morgan}$$

$$KPM = (KPM + PM).KSTP'.\,KE'$$

(**) El impulso de la señal de emergencia E debe ser retenido (KE) hasta ser activado el pulsador de rearme RE

$$KE = (KE + E).\,RE' = (KE + E).\,KRE'$$

(**) El impulso de la señal de parada STP debe ser retenido (KSTP) hasta ser activado el estado "Espera General" KE0

$$KSTP = (KSTP + STP).\,KE0'$$

(***) Las señales RE / FCI / FCD deben ser pasadas por relé, KRE / FCI /FCD respectivamente porque apareceran en mas de una ecuación

(****) La intermitencia de la luz de emergencia de establece mediante relé intermitente KINT1

Partiendo de la tabla anterior, se establecen las siguientes ecuaciones de mando:

Bit de inicialización (BIT INI) = KE1`. KE2´.K E3´. KE4` (Ningún estado activo)

El estado E0 = M0.0 "Espera General" se activa si no lo está ninguno de los otros estados del sistema

$$E0 = KE0 = (KE0 + \underbrace{KE1'.\,KE.2'.\,KE3'.\,KE4'}_{BITINI} + KE2.\,FCI.\,STP + KE4.\,RE).KE1' =$$

$$= KE0.\,KE1' + \underbrace{KE1'.KE2'.KE3'.KE4.\,KE1'}_{KE1'} + KE2.FCI.STP.KE1' + KE4.RE.\,KE1' =$$

$$= KE0.\,KE.1' + KE1'.\,KE2'.\,KE3'.\,KE4' + KE2.FCI.STP + KE4.RE.\,KE1' =$$

$$= (KE0 + KE2'.\,KE3'.\,KE4' + KE2.\,FCI.STP + KE4.\,RE).\,KE1'$$

y como se estableció la retención de STP como KSTP y el paso de las señales FCI y RE por relé como KFCI y KRE

$$E0 = KE0 = (\underbrace{KE.0 + KE2'.\,KE3'.\,KE4' + KE2.\,KFCI.\,KSTP + KE4.\,KRE}_{S})\,\underbrace{KE1'}_{R}$$

Si estableciéramos la ecuación de mando para el estado E1 "Desplazamiento derecha" configurada como biestable RS con prioridad a la anulación R , tendríamos

$$E1 = KE1 = (KE1 + \underbrace{KE0.\,PM + KE2.\,FCI.\,SPT'}_{S})\,\underbrace{(KE2 + KE3)'}_{R}$$

se observa que la señal (variable) KE2 aparece tanto como parte de la señal activadora (S) así como de la anuladora (R) y dado la configuración establecida del biestalbe como RS con prioridad al paro R , la señal E1 = KE1, no se produciría y en consecuencia el sistema no funcionaría .

Evitamos esta circunstancia configurando el biestable como SR, esto es, con prioridad a la activación o marcha (S) y según lo indicado sobre este biestable en la pag. 18 del libro Automatización Fundamentada II :

Un sistema biestable (SR) con prioridad a la activación (R), tiene la siguiente ecuación de mando

$$E = S + E \,.\, R'$$

El estado de un sistema es igual a la señal de activación del mismo (S) o bien que estando activo no esté presente (Negación/No activación) la señal (R) que lo anula

evitaremos así que la variable KE2 de la parte anuladora impida la activación de dicho estado, cuya ecuación de mando quedaría establecida de la siguiente forma

$$\underbrace{E1 = KE1}_{E} = \underbrace{KE0 \,.\, PM + KE2 \,.\, FCI \,.\, STP'}_{S} + \underset{\downarrow E}{KE1}\,(\underbrace{KE2 + KE3}_{R})'$$

considerando las retenciones establecidas (KPM , KSTP) y el pase por relé de la señal KFCI, la ecuación para E1 será:

$$E1 = KE1 = \underbrace{KE0 \,.\, KPM + KE2 \,.\, KFCI \,.\, KSTP'}_{S} + KE1\,(\underbrace{KE2 + KE3}_{R})'$$

(Anteriormente ya quedó establecido que : $KPM = (KPM + PM).KSTP'.KE'$ y que $KSTP = (KSTP + STP) \,.\, KE.0'$)

La misma circunstancia acontecería en el control del estado E2 " Desplazamiento derecha" , cuya ecuación de mando configurada como biestable RS (Prioridad a la anulación , R) sería:

$$E2 = KE2 = (\, KE2 + \underbrace{KE1 \,.\, FCD}_{S}\,)\,(\underbrace{E0 + E3 + E1}_{R})'$$

donde ahora es la variable KE1 la que aparece como señal activadora S y anuladora R, impidiendo su carácter de prioridad a la anulación que KE2 se active.

Por tanto, si configuramos el biestable para el control de KE2 también como prioritario a la activación S, su ecuación de mando será:

$$\underbrace{E2 = KE2}_{E} = \underbrace{KE1 \,.\, FCD}_{S} + \underset{\downarrow E}{KE2} \,.\, (\underbrace{KE0 + KE3 + KE1}_{R})' = KE1 \,.\, FCD + KE2 \,.\, KE0' \,.\, KE3' \,.\, KE1'$$

Ley Morgan

Teniendo presente el pase por relé de la señal KFCD, la ecuación de mando de E2 será

$$E2 = KE2 = \underbrace{KE1 \,.\, KFCD}_{S} + \underbrace{KE2 \,.\, KE0' \,.\, KE3' \,.\, KE1'}_{R}$$

La ecuación de mando para el estado E3 " Desplazamiento izquierda, emergencia" será:

$$E3 = KE3 = (\, KE3 + (KE1 + KE2) \,.\, E\,)\, KE4'$$

y considerando la retención establecida de KE , la ecuación de KE3 será:

$$E3 = KE3 = (KE3 + \underbrace{(KE1 + KE2) . KE}_{S}) . \underbrace{KE4'}_{R}$$

(Anteriormente ya quedó establecido que : *E = KE = (KE + E) . KRE`)*

La ecuación de mando para el estado E4 " Espera emergencia" será:

$$E4 = KE4 = (KE4 + KE3 . FCI) . KE0'$$

Teniendo presente el pase por relé de la señal KFCI, la ecuación de mando de E4 será

$$E4 = KE4 = (KE4 + \underbrace{KE3 . KFCI}_{S}) . \underbrace{KE0'}_{R}$$

Ecuaciones para el control de los receptores a activar son:

- *MD = KE1*
- *MI = KE0 . KFCI`(\*) + KE2 + KE3* (\*) Si FCI = 0 implica FCI` (KFCI`)
- *LE intermitente = KE4. KINT1* (KINT1 Relé intermitente)

Elaborándose mediante esas ecuaciones de mando el siguiente esquema (Ver pag. siguiente) :

Como se puede apreciar en el esquema de la pag. siguiente, en esta tecnología cableada, la necesidad de tantos contactos asociados, derivados de la lógica de mando aconseja la conveniencia de efectuar el control del sistema mediante lógica programada (PLC)

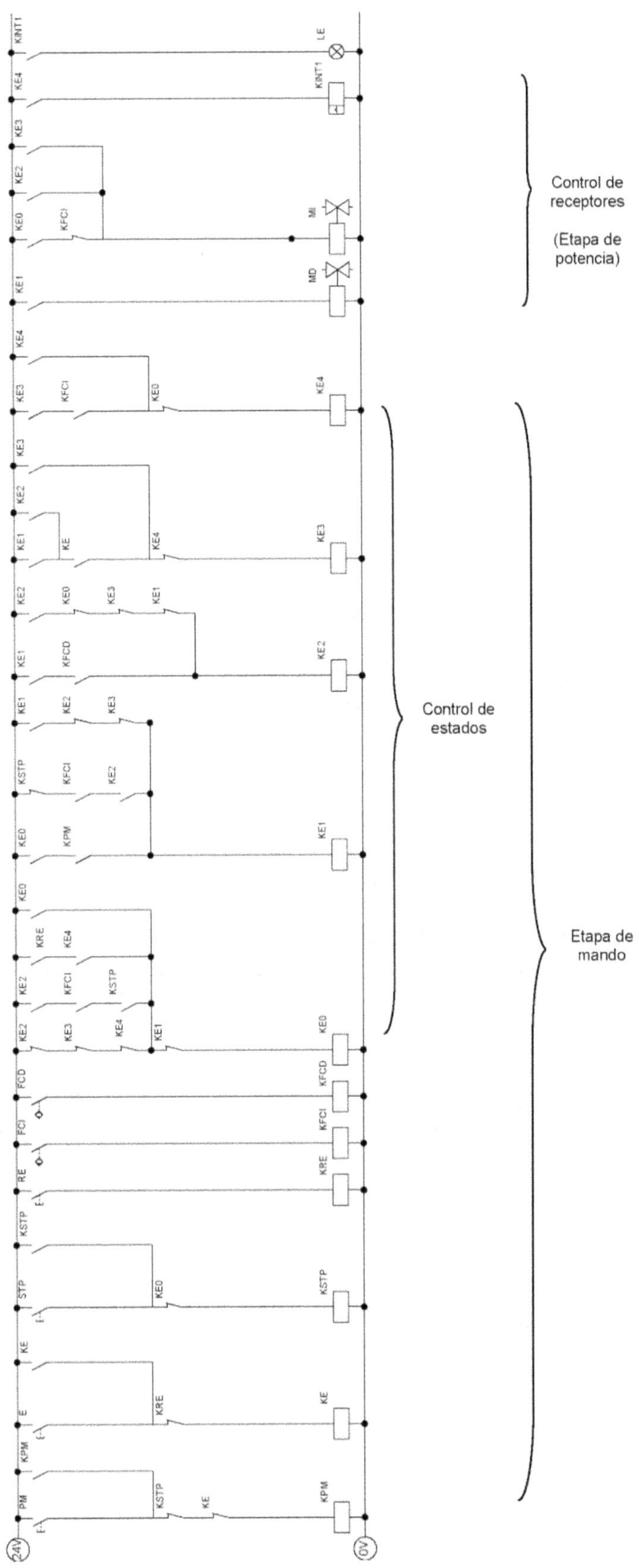
Control de
receptores
(Etapa de
potencia)
Control de
estados
Etapa de
mando

III. 10.- PROYECTO alimentacizallaAFIII

Diseñar para un almacén de perfiles el sistema de control para la automatización de un dispositivo alimentador de chapa en banda integrado en una cizalladora

III. 10.1.- Anteproyecto

III. 10.1.1.- Descripción física:

El alimentador de chapa en banda se identifica con la denominación alimentacizallaAFIII, cuyo sinóptico se refleja en la siguiente figura y tiene las siguientes características

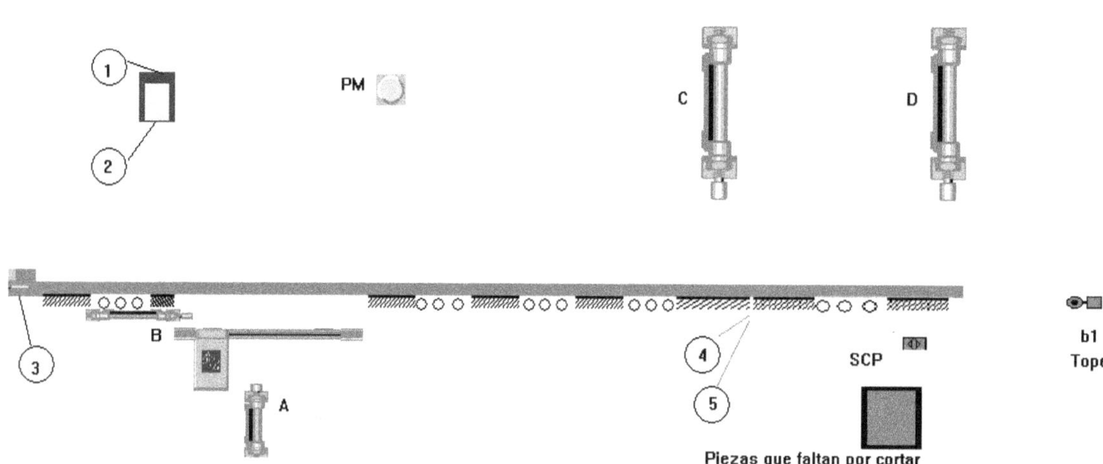

Imagen/Pantalla obtenida con el programa PCSimu © de Juan Luis Villanueva Montoto

III.10.1.2.- Previo

Este supuesto fue reiteradamente tratado trasversalmente en el libro AF II, cuyo enunciado se encuentra en la pag 155 de dicho libro, desarrollándose en las pag. 174, 178, 198, 199, 268, 269, 270, 298, 299, 300, 346 y 347 en el tratamiento para la eliminación de señales permanentes por diferentes métodos mediante PLC, aunque para el caso que nos ocupa tomaremos como referente el tratamiento dado para el método paso a paso mínimo (pag. 298, 299, 300), si bien el agrupamiento de acciones (fases) que se hizo en aquel momento (A+, B+, C+ / A-, D+ / D-, B-, C-) no será exactamente igual al que se realizará ahora

Efectos escada:

- Los objetos componente marrón pinza CMP (1) y componente azul pinza CAP (2), recrean gráficamente la pinza de sujeción, cuya función prensora es realizada por el cilindro A, y su movimiento longitudinal izquierda-derecha debe coordinarse con la salida entrada del cilindro B sobre el que está montada

- El objeto pieza gris salida PGS (4) recrea la pieza cortada que caerá al incidir la cizalla en la chapa

- El objeto pieza gris entrada PGE (3) recrea un trozo de chapa que por mejora grafica se incorpora a la izquierda del alimentador

- El objeto cinta 2 (Cin2) (5) se implementa por necesidad grafica al objeto de generar un pequeño desplazamiento que haga caer la recreación de la pieza cortada (PGS). Se sitúa en el extremo derecho del alimentador

- La operatividad de estos objetos escada se describe mas adelante

III.10.1.3.- Funcionalidad general

Se debe automatizar una cizalladora dotada de un dispositivo alimentador de chapa en banda, compuesto por una pinza de sujeción accionada por un cilindro de simple efecto A, que una vez haya pinzado la chapa será desplazada longitudinalmente mediante un cilindro de doble efecto B (Sobre el que va montada) a cuya conclusión será sujetada firmemente por un cilindro de simple efecto C , tras lo cual la pinza dejara de sujetar la chapa. Seguidamente se efectúa el corte por el accionamiento de la cuchilla de la cizalla mediante el cilindro de doble efecto D

Para la puesta en marcha del sistema se dispone de un pulsador PM

III.10.1.4.- Requisitos de funcionamiento:

Se traslada íntegramente la descripción (Enunciado) contenida en la pag. 155 de libro AFII

- Un dispositivo alimentador de chapa en banda está integrado en una cizalladora que tiene tres fases de funcionamiento:

  I.- Sujeción-avance chapa   II.- Amarre-corte chapa   III.- Reposición alimentador

  Consta de los siguientes elementos y funcionalidad:

- Un cilindro B que denominamos de "avance chapa" en su movimiento de salida alimenta la cizalladora, llevando al efecto montado sobre su vástago una pinza de sujeción, que es accionada por un cilindro A, que en su movimiento de salida pinzará sobre la banda de chapa.

- Tras la activación de un pulsador de puesta en marcha PM se realiza la sujeción de la chapa por el cierre de la pinza (Salida del cilindro A), tras esa situación el cilindro alimentador de chapa B saldrá desplazando la chapa hasta alcanzar un tope regulable implementado como final de carrera b1 de ese cilindro. Seguidamente un tercer cilindro de amarre C saldrá para sujetarla y a continuación la pinza abrirá liberando la chapa al efectuarse la entrada del cilindro A. A partir de ese momento, la cizalla bajará/subirá movida por un cuarto cilindro D, en su movimiento de entrada/salida.

- Al objeto de poder realizar un nuevo corte, el cilindro B entrará regresando a su posición inicial de retraído y cumplido este movimiento, el cilindro de amarre C se meterá, soltando la chapa, quedando así el sistema dispuesto para poder realizar un nuevo ciclo de trabajo

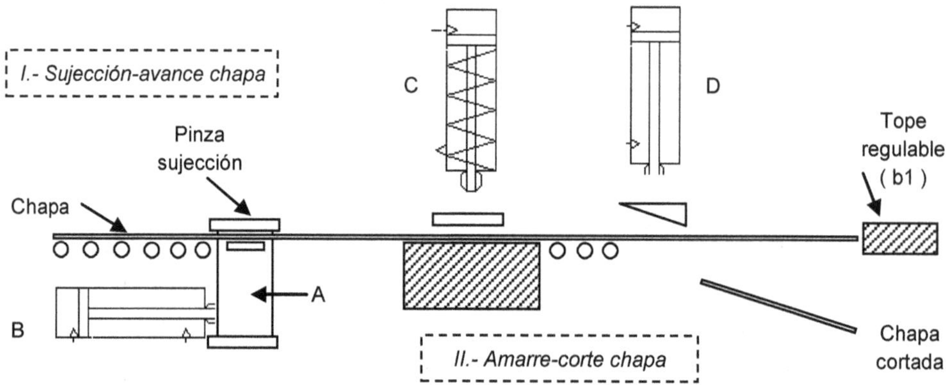

- Para el supuesto que nos ocupa ahora, consideraremos que los cilindro A y C son de simple efecto gobernados por sendas electroválvulas monoestables 3/2 N.C. y de doble efecto el B y el D, gobernados por las respectivas v. distribuidoras biestables 5/2, todos ellos dotados de los correspondientes finales de carrera que controlan las posiciones extremas de su recorrido, implementados mediante v. distribuidoras monoestables 3/2 NC rodillo-muelle.

- La posición de partida del sistema, es que todos los cilindros estén retraídos

- Se completa ahora el sistema con el control del número de piezas a cortar, de modo que una vez activado el pulsador PM inicialmente, el sistema autónomamente continúe procesando el número de piezas establecido, a cuya finalización el sistema se detendrá automáticamente

- También se dotará al sistema de un dispaly (D1) indicador del número de piezas que restan por cortar

- La detección de las piezas cortadas/por cortar se efectúa mediante el sensor de contaje de piezas (SCP) implementado mediante un sensor capacitivo

III.10.2.- Descripción genérica del sistema.- Elementos de trabajo

- Cilindro A, de simple efecto, encargado de pinzar la chapa, gobernado por electroválvula monoestable 3/2,NC, teniendo las posiciones extremas de su recorrido (retraído/extendido) controladas por los finales de carrera a0/a1 respectivamente

  Este cilindro está montado sobre el vástago del cilindro B proporciona el desplazamiento de la chapa

- Cilindro B, de doble efecto, encargado del desplazamiento de la chapa pinzada, gobernado por electroválvula biestable 5/2, teniendo las posiciones extremas de su recorrido (retraído/extendido) controladas por los finales de carrera b0/b1 respectivamente.

  El final de carrera b1 se configura y sitúa como tope regulable controlador de la longitud de chapa, por lo que no estará sobre el cilindro, siendo accionado por el extremo de la chapa en su desplazamiento longitudinal, deteniendo este movimiento

- Cilindro C, encargado de la sujeción firme de la chapa durante el cizallado, gobernado por electroválvula monoestable 3/2,NC, teniendo las posiciones extremas de su recorrido (retraído/extendido) controladas por los finales de carrera c0/c1 respectivamente

- Cilindro D, de doble efecto, encargado de la bajada/subida de la cizalla, gobernado por electroválvula biestable 5/2, teniendo las posiciones extremas de su recorrido (retraído/extendido) controladas por los finales de carrera d0/d1 respectivamente.

- La descripción funcional de los objetos escada es:

  Al iniciarse el sistema (E0), se generaran los objetos CMP(1) / CAP(2) que configuraran la imagen de la pinza. También se generaran los objetos PGE(3) / PGS(4) , pieza gris de entrada y pieza gris de salida.

  El objeto Cin2 (Cinta 2)(5) se activará coordinadamente con el movimiento de salida del cilindro B, recreando el movimiento de salida de la chapa por el lateral derecho hasta alcanzar el tope B1, momento en el cual se detendrá. También se activará durante unos instantes tras la bajada de la cuchilla cizalladora para generar un pequeño movimiento que haga caer la pieza cuando ha sido cortada

III.10.3.- Items a obtener

Se pretende obtener:

a) Análisis de funcionamiento (Gráfico de estados/Señales de cambio/Elementos a controlar)

b) Tabla de estados de funcionamiento del sistema, con sus correspondientes señales activadoras (S) y anuladoras (R) y los elementos a gobernar en cada uno de ellos, así como sus ecuaciones de mando

c) Programa (Diagrama de contactos) para autómata programable PLC que controle el sistema, según el direccionamiento indicado en la tabla de correspondencias de la siguiente hoja

d) Implementación del sistema y su control en un simulador escada

TABLA DE CORRESPONDENCIAS

DENOMINACIÓN	*IDENTIF*	*Dir. S7 200*	*OBSERVACIONES*
Pulsador puesta en marcha	PM	I0.0	
F.c. pos. retraído cilindro A	a0	I0.1	
F.c. pos.extendido cilindro A	a1	I0.2	
F.c. pos. retraído cilindro B	b0	I0.3	
F.c. pos.extendido cilindro B	b1 (*)	I0.4	
F.c. pos. retraído cilindro C	c0	I0.5	
F.c. pos.extendido cilindro C	c1	I0.6	
F.c. pos. retraído cilindro D	d0	I0.7	
F.c. pos.extendido cilindro D	d1	I1.0	Sensor capacitivo
Sensor contaje piezas	SCP	I1.1	
A+ Cilindro (s. e.) pinza cerrado	Y1	Q0.1	*Pinzado chapa*
B+ Cilindro (d.e.) sale	Y2	Q0.2	*Avance pinza-chapa hasta tope b1 (**)*
B - " entra	Y3	Q0.3	*Retroceso pinza*
C + Cilindro (s. e.)sale-baja	Y4	Q0.4	*Sujeción firme de la chapa*
D + Cilindro (d.e.) sale-baja	Y5	Q0.5	*Bajada de la cizalla –corte de la chapa*
D - " entra-sube	Y6	Q0.6	*Subida cuchilla cizalladora*
Display indicador piezas por cortar	D1	Q2.1 / Q2.4	
Contador piezas cortadas	CON1	C1	Incremental
Contador piezas cortadas	CON2	C2	Decremental
ELEMENTOS PARA LA SIMULACIÓN			*OBJETOS ESCADA*
Cilindro sin vástago /Desplazamiento B + / B	Y2 / Y3	Q0.2 / Q0.3	*Oculto. Coordinado con mov. cilindro B*
Componente marrón pinza	CMP	Q1.0	*1*
Componente azul pinza	CAP	Q1.1	*2*
Generador pieza gris entrada (Izquierda)	PGE	Q1.2	*3 Oculto*
Idem salida (Derecha)	PGS	Q1.3	*4 Oculto*
Cinta 2. Desplaza trozo pieza cortada	CIN2	Q1.4	*5 Oculto. Genera caída pieza cortada*
Temporizadores generar obj. escadas pinza	T1/2/3	T101/102/103	*Ton. Temporizaciones generación objetos*
Temporizador activación escada cinta 2	T4	T104	*Tof. Temporización objeto cinta2*

(*) Este final de carrera no se emplaza sobre el cilindro, porque a modo de tope se sitúa a la derecha del sistema en soporte ajustable al objeto de poder regular y modificar la longitud de las piezas a cortar

(**) Por necesidades gráficas se implementa con un cilindro sin vástago

III.10.3.1.- Análisis de funcionamiento

a) Análisis de funcionamiento (Gráfico de estados/Señales de cambio/Elementos a controlar)

La representación gráfica de la dinámica funcional del sistema podría ser:

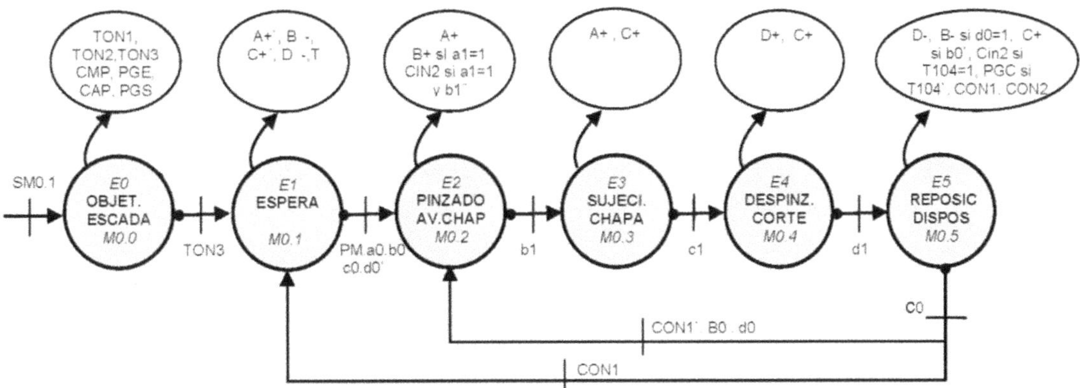

Se establece un estado mas (M0.0) que en el ejercicio de referencia, destinado a la creación de los objetos escada pinza y generación de piezas grises en la entrada y salida del alimentador, todo ello para la recreación gráfica del sistema en el emulador

Al configurar la activación de receptores por la metodología de "estados" no es necesario contemplar la existencia de señales permanentes en la secuencia de funcionamiento, como era preciso hacer en los métodos considerados en AFII

III.10.3.2.- Tabla de estados. Señales activadoras, anuladoras, elementos a gpbernar. Ecuaciones de mando

b) Tabla de estados . Señales activadoras (S) y anuladoras (R), elementos a gobernar y ecuaciones de mando

Estado	Descripción	Biestable asociado	Señal activadora (S)	Señal anuladora (R)	Receptor a activar
E0	Generación objetos escada (Pinza)	M0.0	SINI	M0.1	TON1, TON2, TON3, CMP, PGE, CAP, PGS
E1	Espera	M0.1	M0.0.T103+M0.5.c0. CON1	M0.2	A+`, B -, C +`, D -
E2	Pinzado, avance	M0.2	PM . a0 . b0 . c0 . d0 + M0.5.c0.CON1`.b0.d0	M0.3	A+, B+ si a1 = 1, CIN2 si a1 = 1 y b1`
E3	Sujeción firme	M0.3	M0.2 . b1	M0.4	A+, C+
E4	Despinzado, corte	M0.4	M0.3.c1	M0.5	D+, C+
E5	Reposición dispositivo	M0.5	M0.4.d1	M0.1 + M0.2	D-, B- si d0 = 1, C+ si bo`, CIN2 si T104 = 1, T104 si d1=1, PGS si T104`, CON1, CON2

Pudiéndose establecer las siguientes ecuaciones de mando de los estados y para el control de los receptores a activar:

M0.0 = (M0.0 + SINI) M0.1`

M0.1 = (M0.1 + M0.0.T103 + M0.5.c0.CON1).M0.2´

M0.2 = (M0.2 + M0.1. PM.a0.b0.c0.d0+).M0.3`+
+ M0.5.c0.CON1`.b0.d0

M0.3 = (M0.3 + M0.2.b1).M0.4

M0.4 = (M0.4 + M0.3.c1).M0.5

M0.5 = (M0.5 + M0.4.d1). (M0.1 + M0.2)`

A+ = Q0.1 = M0.2 + M0.3 (A+`= M0.1)

B + = Q0.2 = M0.2.a1 = M0.2.I0.2

B - = Q0.3 = M0.1 + M0.5.d0 = M0.1 + M0.5. I0.7

C+= Q0.4 = M0.3 M0.4 + M0.5.b0` = M0.3 + M0.4 +
+M0.5.I0.3 (C+`=M0.1)

D+ = Q0.5 = M0.4

D- = Q0.6 = M0.5

Control de los objetos escada

CMP y PGE = Q1.0 y Q1.2 = M0.0 . T101`

CAP (Q1.1) M0.0.T101.T102`

PGS (Q1.3) = M0.0.T101`+ M0.5.T104`

CIN2 (Q1.4) = M0.2.a1.b1`+ M0.5.T104

T101, T102, T103 = M0.0

T104 = M0.5. d1

CON1 y CON2 . Señal pulso (M0.5.SCP) /
Reset (M0.1 + M0.0)

Para el control del display que muestra el número de piezas pendientes de cortar se remite a la página. 167, apartado III.11.6.- "Control de displays"

III.10.3.3.- Programa (Diagrama de contactos) para PLC

c) Diagrama de contactos

Mediante el análisis grafico y las ecuaciones de mando obtenidas, podemos elaborar el programa de control (Diagrama de contactos) del sistema para ser gobernado por PLC, para lo cual se establece la siguiente tabla de símbolos (Ver pag. siguiente)

Símbolo	Dirección	Comentario
b1	I0.4	F.c. pos. extendida cilindro B
e0	I0.5	F.c. pos. retraida cilindro C
e1	I0.6	F.c. pos. extendida cilindro C
d0	I0.7	F.c. pos. retraida cilindro D
d1	I1.0	F.c. pos. extendida cilindro D
SCP	I1.1	Sensor contaje piezas
Y1	Q0.1	Pinzado chapa
Y2	Q0.2	Tambien Cinta 1, desplaza cilindro B hacia la derecha. Mov. coordinado B+
Y3	Q0.3	Tambien Cinta 1, desplaza cilindro B hacia la izquierda. Mov. coordinado B-
Y4	Q0.4	Sujección firme de chapa
Y5	Q0.5	Bajada cizalla- corte chapa
Y6	Q0.6	Subida cizalla
D1		Q2.1 / Q2.4 Display piezas que faltan por cortar
CON1	C1	Pulso (M0.5.SCP) / Reset (M0.1+M0.0) Contador incremental
CON2	C2	Pulso (M0.5.SCP) / Reset (M0.1+M0.0) Cpontador decremental
E0	M0.0	Estado creción objetos escada
E1	M0.1	Estado espera
E2	M0.2	Estado pinzado - avance chapa
E3	M0.3	Estado sujección chapa
E4	M0.4	Estado despinzado-corte
E5	M0.5	Estado reposición dispositivo
CMP	Q1.0	Componente marron pinza 1
CAP	Q1.1	Componente azul pinza 2
PGE	Q1.2	Generador pieza gris cortada (Chapa banda), entrada / 3
PGS	Q1.3	Generador pieza gris cortada (Chapa banda), salida / 4
CIN2	Q1.4	Cinta 2, desplaza un poco la pieza cortada para que caiga / 5
TON1	T101	Temp. On (3s.) Generación componete marron pinza y pieza gris entrada
TON2	T102	Temp. On (6s) Generación componente azul pinza
TON3	T103	Temp. On (9s.) Finalización estado E0 generación objetos y activación de E1
TOF4	T104	Temp. Off (9 s.) Mov. cinta2 caida pieza cortada
TON5	T105	Temp. On. Reposición pieza gris salida

Imagen/Pantalla obtenida con el programa Step 7. MicroWin V4. Siemens ©

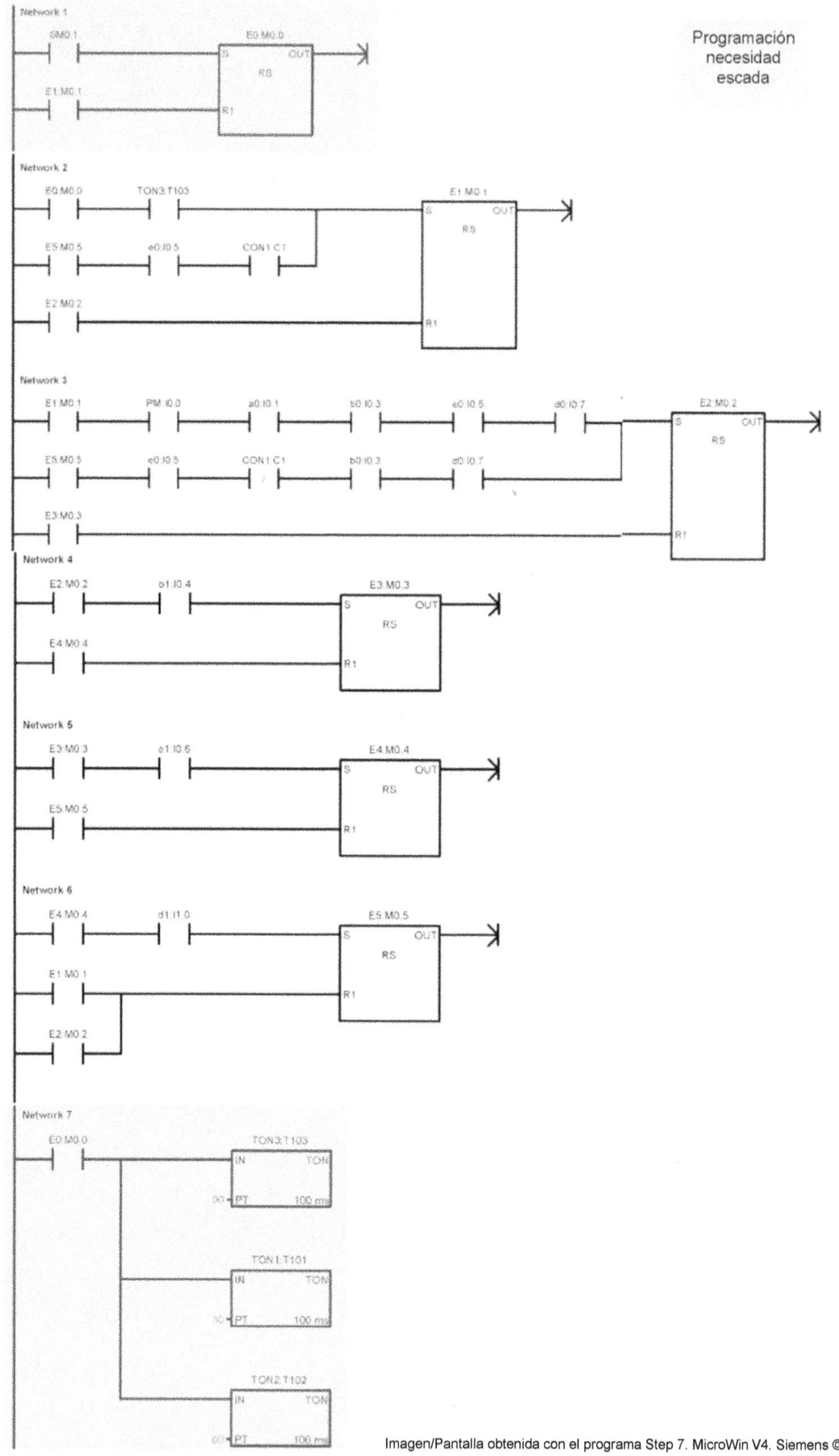

Imagen/Pantalla obtenida con el programa Step 7. MicroWin V4. Siemens ©

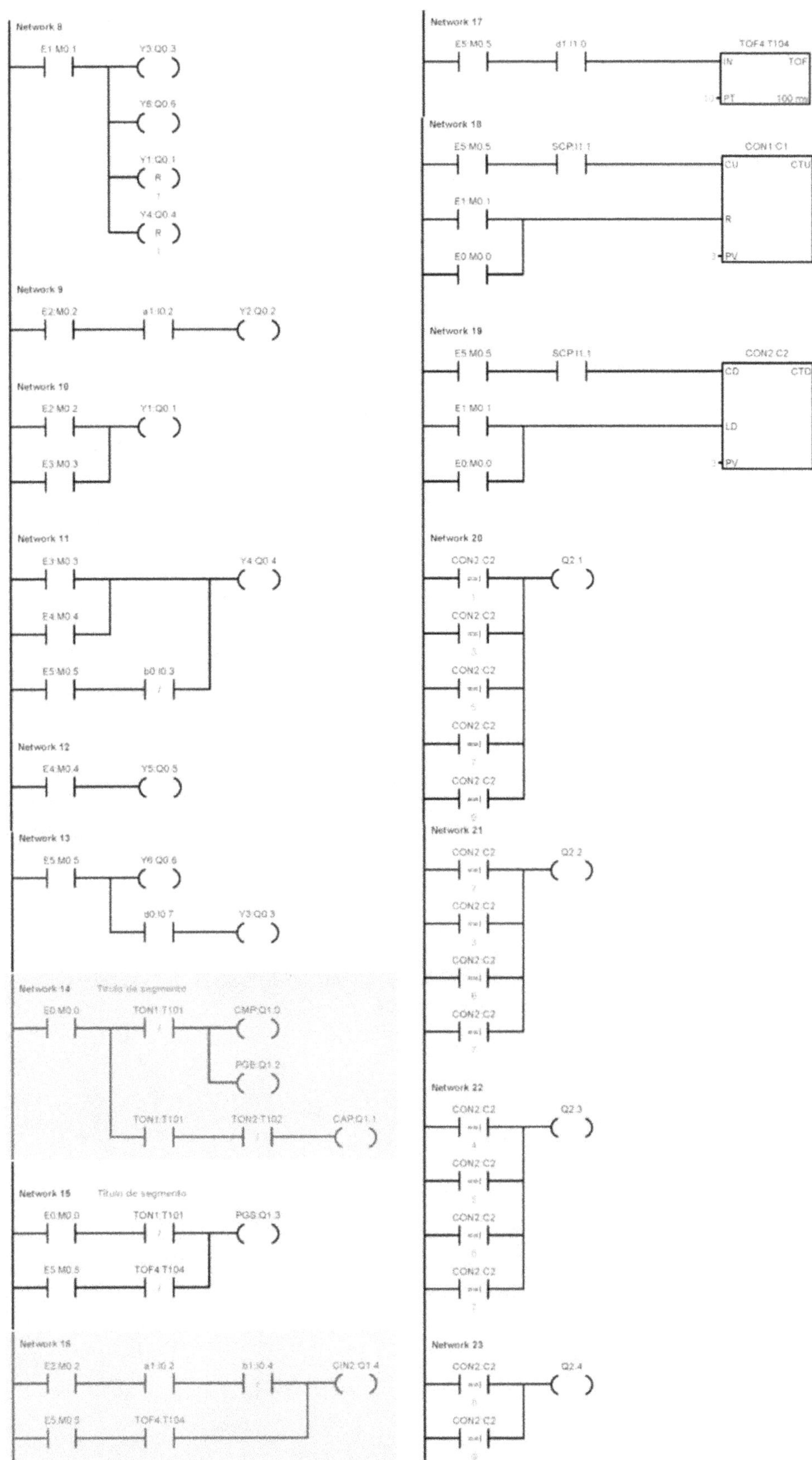

Imagenes/Pantallas obtenidas con el programa Step 7. MicroWin V4. Siemens ©

III.10.3.4.- Implementación del sistema y su control en un simulador escada

d) Implementación del sistema y su control en un simulador escada

Se utilizan los programas ya indicados en el apartado III.8.3.4.- del proyecto "estacióndemecanizadoAFIII", pag 95

En el link (www.lulu.com/spotlight/automatizacion_fundamentada) de la pagina de autor destacado editorial Lulu, donde se publican los libros I, II y III de Automatización Fundamentada se pueden encontrar, tanto individual como conjuntamente con los de otros proyectos, los siguientes archivos

. Archivo "alimentacizallaAFIII.sim" , para el escada PCsimu que recrea el sistema del proyecto tratado

. Archivo "alimentacizallaAFIII.cfg" , para el emulador del autómata virtual S7 (CPU 226 + Módulo de expansión EM223)

. Video "alimentqacizallaAFIII3.avi" que recoge el funcionamiento del sistema mediante la solución elaborada utilizando PCSimu

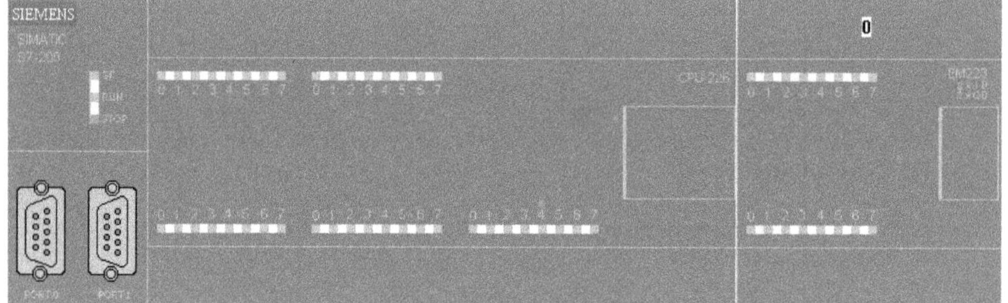

Imagen/Pantalla obtenida con el programa Emulador S7 200 © de Juan Luis Villanueva Montoto

Detalle de la CPU 226 y su módulo de expansión EM 223 8E/8S

Pantalla posición de partida (Video "alimentacizallaAFIII3.avi"). Se programó el corte de tres piezas (Network 18 y 19 ,C1 y C2 PV = 3 del diagrama de contactos)

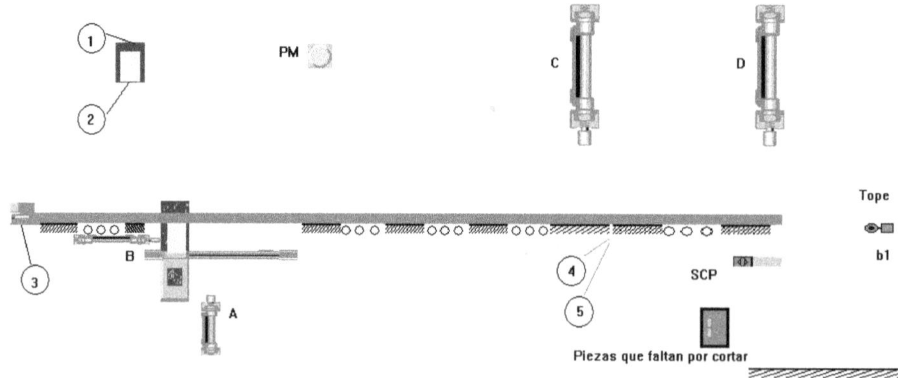

Imagen/Pantalla obtenida con el programa PCSimu © de Juan Luis Villanueva Montoto

Pantalla avance chapa (Video "alimentacizallaAFIII3.avi")

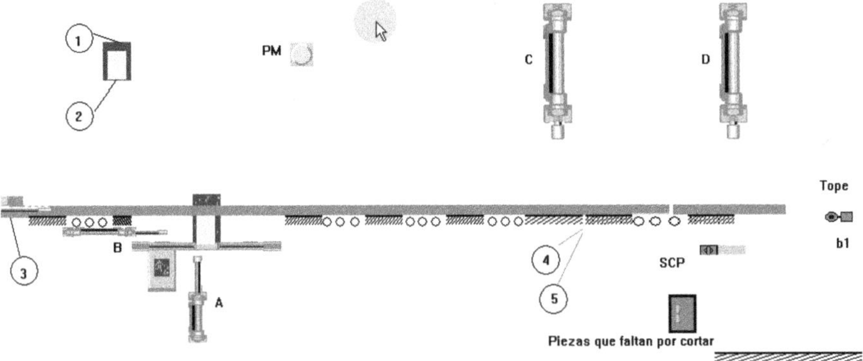

Pantalla despinzado (A -)-sujeción firme chapa (Video "alimentacizallaAFIII3.avi")

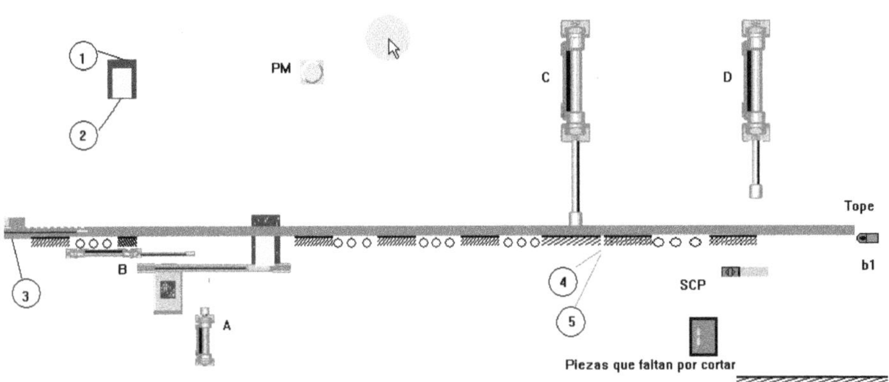

Pantalla corte chapa (Video "alimentacizallaAFIII3.avi")

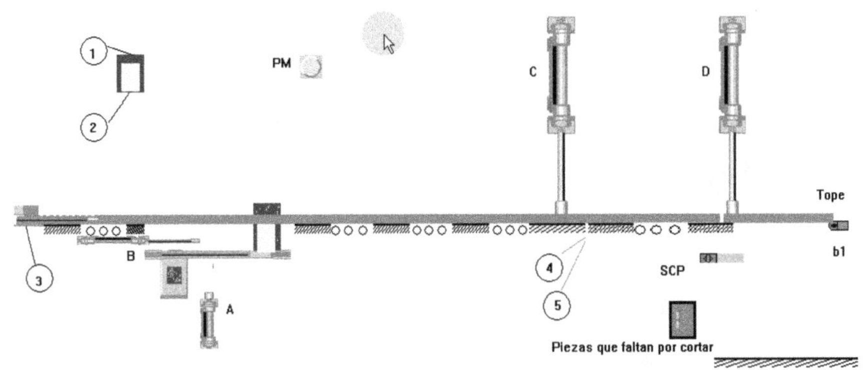

Imagenes/Pantallas obtenidas con el programa PCSimu © de Juan Luis Villanueva Montoto

Pantalla reposición (B -, D -, C -)dispositivo (Video "alimentacizallaAFIII3.avi")

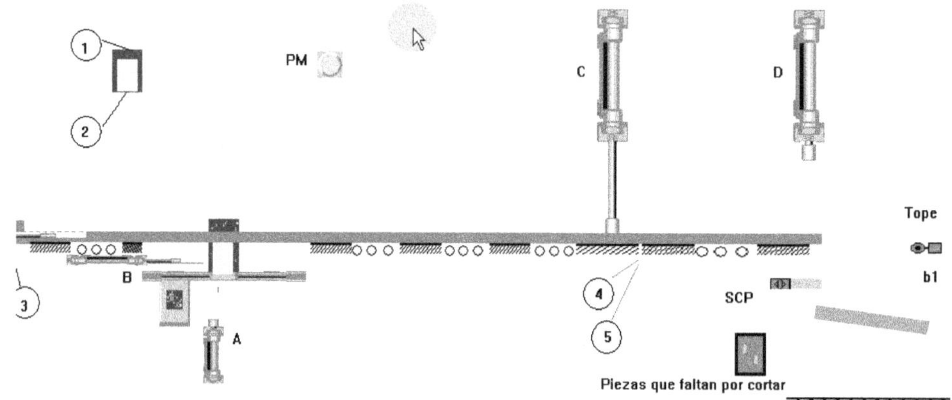

Imagen/Pantalla obtenida con el programa PCSimu © de Juan Luis Villanueva Montoto

III. 11.- PROYECTO clasificadoraAFIII

Diseñar para una empresa de empaquetado de productos un sistema de control para la automatización de la clasificación-traslado-contaje de tres tipos de componentes y su traslado al respectivo punto de paletizado

Al final de este proyecto se desarrollan los siguientes contenidos teórico-conceptuales

III.11.4.- Introducción a la teoría de flancos (Pag 157)

III.11.5.- Miltivibrador astable. Intermitente (Pag163)

III.11.6.- Control de displays (Pag 167)

III.11.7.- Procesos en paralelo (Pag 179)

III.11.1.- Anteproyecto

III.11.1.1.- Descripción física:

El sistema de clasificación-traslado-contaje se identifica con la denominación clasificadora AFIII, cuyo sinóptico se refleja en la siguiente figura y que tiene las siguientes características

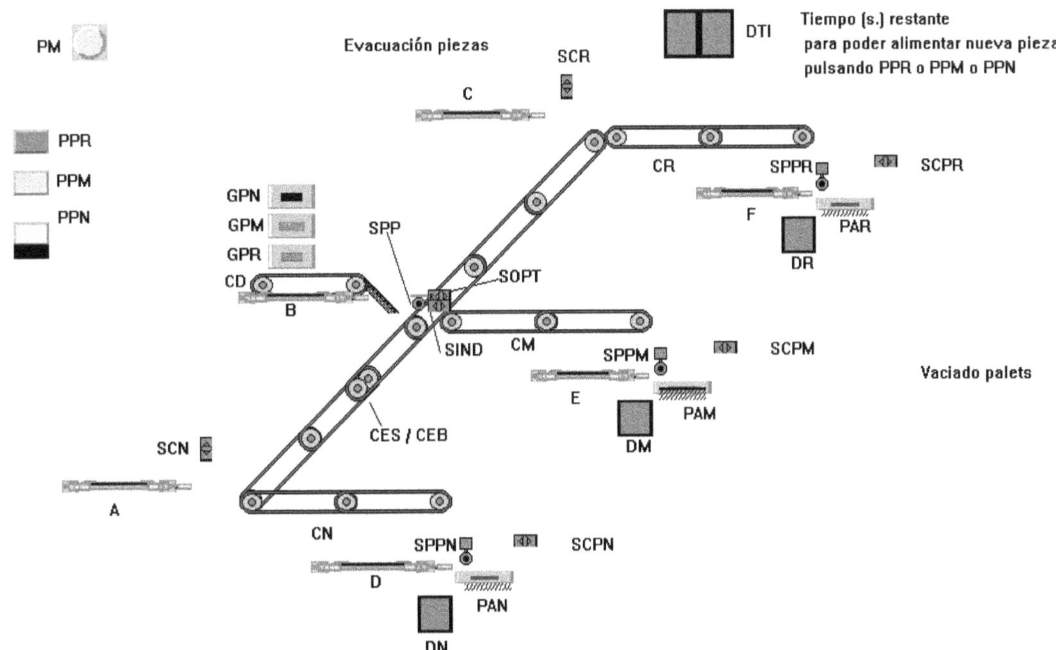

Imagen/Pantalls obtenida con el programa PCSimu © de Juan Luis Villanueva Montoto

Detalle captadores presencia (SPP) / tipo de pieza (R, N, M)

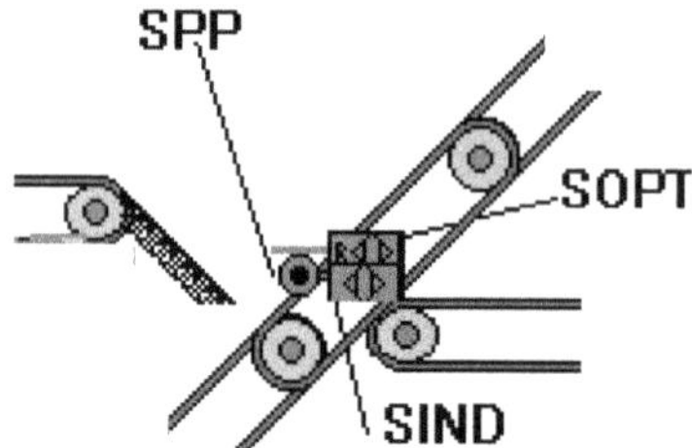

Imagene/Pantalla obtenida con el programa PCSimu © de Juan Luis Villanueva Montoto

III.11.1.2.- Previo

Efectos escada:

- Los objetos Generación Pieza Negra GPN, Generación Pieza Metálica GPN y Generación Pieza Roja GPR, recrean los respectivos alimentadores de piezas

- Los objetos Palet Negras PAN, Palet Metálicas PAM y Palet Rojas PAR recrean los respectivos palets que realizaran el oportuno paletizado de cada uno de los tres tipos de pieza

- La operatividad de estos objetos escada se indica mas adelante

III.11.1.3.- Funcionalidad general

Se desea automatizar la clasificación de tres tipos de piezas y su traslado al punto de paletizado correspondiente de cada uno de ellos, cuya planta se compone de un sistema de alimentación de piezas negras, metálica y rojas (GPN, GPM y GPR) , las primeras y las terceras de material plástico , que son desplazadas a la zona de identificación (Conjunto sensores SPP, SIND y SOPT), mediante el conjunto cinta distribuidora CD – rampa y que tras identificar el tipo de pieza serán desplazadas a la zona asignada a cada uno de ellas, de manera que si fuera roja o negra, mediante la cinta elevadora CE se subirá o bajará (CES/CSB) hasta la cinta de evacuación correspondiente CR o CN, hacia las cuales son desplazadas mediante los cilindros de evacuación C y A respectivamente. En el caso de ser identificada pieza metálica, el cilindro B la desplazará directamente a la cinta de evacuación CM

Las cintas CR, CN y CM desplazarán el tipo de pieza correspondiente al punto de paletizado (Palets PAR, PAN y PAM) donde los sensores SCPR, SCPN y SCPM realizan el contaje del nº de piezas depositadas en cada uno de ellos, que serán trasladados (expulsados) mediante los cilindros F, D y E, respectivamente al llegar al número de unidades de piezas establecido.

Si bien la alimentación de piezas, que se realiza una a una aleatoriamente, su generación para la simulación del presente supuesto se efectua al activar los pulsadores PPN (Pieza Negra, plástico), PPM (Pieza Metálica) y PPR (Pieza Roja, plástico). Además se dispone de un pulsador de puesta en marcha PM que activará el sistema

III. 11.1.4.- Requisitos de funcionamiento

- La posición de partida del sistema al ser activado, es que todos los cilindros estén retraídos y exista palet en cada punto de paletización, cuya presencia es detectada por SPPN sensor (f.c.) presencia palet piezas negras,SPPR sensor (f.c.) palet piezas rojas, SPPM sensor (f.c.) palet piezas metálicas

- El dispositivo entrará en funcionamiento al ser activado el pulsador de puesta en marcha PM y posteriormente al ser pulsado uno solo cualquiera de los pulsadores de alimentación de pieza (PPN, PPM, PPN), de modo que solo se podrá generar pieza si en el punto de identificación no existe pieza y si es solo activado uno de los tres pulsadores.

  Para asegurar que no haya interferencias con piezas que ya estén en movimiento, subiendo o bajando o iniciando su desplazamiento en las cintas distribuidoras CR cinta rojas o CN cinta negras , así como que tampoco estén en movimiento la cinta distribuidora CD o la cinta metalicas CM, se establecerá a tal fin un tiempo (20 s.) de inabilitación de los pulsadores PM, PR o PN desde la anterior activación de cualquiera de ellos de modo que si se actuara sobre ellos antes de ese tiempo de contaje, comenzará de nuevo el tiempo de inabilitación

- La cinta distribuidora CD se pondrá en marcha en cuanto sea activado uno de los pulsadores generadores de pieza (PNN;PPM;PPN) trascurrido el tiempo de inhabilitación de los mismos y se detendrá al llegar una pieza al sistema (punto) de identificación, circunstancia esta que es detectada al ser accionado el f.c. SPP (Sensor presencia de pieza)

- El tanden de sensores SOPT (*) / SIND (Sensor Óptico / Sensor inductivo) si hubiera presencia de pieza en el punto de identificación, determinarán al activarse si la pieza fuera roja o metálica

  (*) El sensor SOPT se calibrará cromáticamente para ser activado por la pieza plástica de color rojo y no por la pieza plástica de color negro

- Para asegurar que la identificación del tipo de pieza se haga correctamente se establecerá un tiempo de comprobación (2 s.) desde la llegada de la pieza al punto de identificación, antes de que se produzca cualquier movimiento posterior de desplazamiento de la misma

- Si la pieza detectada fuera metálica transcurrido el tiempo de identificación indicado (2 s) , el cilindro B saldrá para desplazar la pieza desde el punto de identificación a la cinta CM poniéndose simultáneamente la cinta en marcha . Ambas acciones acontecerán siempre y cuando la cinta elevadora no esté en movimiento.

  La cinta CM se detendrá cuando la pieza desplazada por la cinta active el sensor de contaje SCPM existente a la salida de la misma en su caída hacia el palet

- En el supuesto de que la pieza fuera roja transcurrido el tiempo de identificación (2 s.), la cinta elevadora CE se pondrá en marcha (Sentido subida CES), siempre y cuando no esté en movimiento, de modo que eleve la pieza hasta la posición de la cinta roja CR, que es detectada por el sensor SCR, deteniéndose la subida al activarse el mismo

Llegados a este punto, para evitar desplazamientos bruscos de las piezas, se establece otro periodo de espera de 2 segundos, concluidos los cuales la cinta CR se pondrá en marcha y también simultáneamente el cilindro C saldrá para desplazar la pieza hacia esta cinta, deteniéndose esta cuando la pieza ya movida por la cinta en su caída hacia el palet active el sensor de contaje SCPR

- Si la pieza detectada fuera negra, transcurrido el tiempo de identificación (2 s.), al igual que en el caso de la pieza roja, la cinta se pondrá en marcha (Sentido bajada CEB), siempre y cuando no esté en movimiento, de modo que baje la pieza hasta la posición de la cinta negra, que es detectada por el sensor SCN, deteniéndose al activarse el mismo.

También para evitar desplazamientos bruscos de la pieza, se establece otro periodo de espera de 2 segundos, transcurridos los mismos la cinta CN se pondrá en marcha y simultáneamente el cilindro A saldrá para desplazar la pieza hasta esa cinta. El movimiento de la cinta se detendrá cuando la pieza ya movida por la cinta, en su caída hacia el palet active el sensor de contaje SCPN

- En paralelo y sincronizado con el proceso de clasificación y desplazamiento descrito, existe un subsistema de control para el contaje del número de piezas (9 max.) depositadas en cada uno de los palets, cuyo valor puede ser diferente para cada uno de los tipos de pieza (En el supuesto que se desarrolla se establecen para piezas negras 2 unidades, para piezas metálicas 3 u. y para piezas rojas 1 unidad), de modo que al alcanzarse el numero fijado, se efectuará la salida del oportuno cilindro expulsa-palet (F rojas, E metálicas y D negras) de forma que cuando cada uno ellos se haya retraído el sistema reponga el palet correspondiente (PAR, PAN, PAM)

III.11.2.- Descripción genérica del sistema

Elementos de trabajo

- Cilindros de simple efecto (c.s.e.) A, B, C, D, E, F para el desplazamiento de las piezas a las cintas trasportadoras que tienen las respectivas posiciones extremas de sus recorridos (retraido/extendido) controladas por los oportunos finales de carrera (a0/a1, b0/b1, c0/c1, d0/d1, e0/e1, f0/f1) . Estos cilindros son gobernados por la oportuna electroválvula monoestable 3/2 NC

- Cintas trasportadoras de piezas (CD cinta distribuidora, CM c. metálicas, CR c. rojas, CN c. negras), con desplazamiento horizontal, único, hacia la derecha

- Cinta trasportadora de elevación/descenso de piezas CE, con desplazamiento en los dos sentidos derecha(subir) CES e izquierda (bajar) CEB

- Displays visualizadores del contaje de piezas depositadas en cada palet, DN piezas negras, DM p. metálicas y DR p. rojas .. Se incorpora un único display por palet.. Muestra cada uno de ellos el código BCD activado en las cuatro salidas conectadas en cada uno

- Display indicador tiempo restante para finalizar la inhabilitación de los pulsadores generadores de pieza PR,PM,PR. Se incorporan dos display`s.Muestra cada uno de ellos el código BCD activado en las salidas conectadas en cada uno

III.11.3.- Items a obtener

Se pretende obtener:

a) Análisis de funcionamiento (Gráfico de estados/Señales de cambio/Elementos a controlar)

b) Tabla de estados de funcionamiento del sistema, con sus correspondientes señales activadoras (S) y anuladoras (R) y los elementos a gobernar en cada uno de ellos Ecuaciones de mando

c) Programa (Diagrama de contactos) para autómata programable PLC que controle el sistema, según el direccionamiento indicado en la tabla de correspondencias de la hoja siguiente

d) Implementación del sistema y su control en un simulador escada

TABLA DE CORRESPONDENCIAS				
	DENOMINACIÓN	*IDENTIFI*	*Dir. S7 200*	*OBSERVACIONES*
	Pulsador puesta en marcha	PM	I0.0	
	Pulsador pieza negra	PPN	I0.1	*Alimentación pieza negra*
	Pulsador pieza metálica	PPM	I0.2	*Alimentación pieza metálica*
	Pulsador pieza roja	PPR	I0.3	*Alimentación pieza roja*
	Sensor óptico	SOPT	I0.4	*Detección pieza roja*
	Sensor presencia pieza en elevador CE	SPP	I0.5	*Final de carrera*
	Sensor inductivo	SIND	I0.6	*Detección pieza metálica*
	Sensor posicionamiento cinta negras	SCN	I0.7	*Capacitivo*
	F.C. Cilindro A evacuación, pos. retraído	a0	I1.1	
	F.C. Cilindro A evacuac negras, pos. extendid	a1	I1.2	
	F.C. Cilindro B evacuac metalic, pos. retraído	b0	I1.3	
	F.C. Cilindro B evacuac metalic, pos. extendid	b1	I1.4	
	F.C. Cilindro C evacuación rojas, pos. retraído	c0	I1.5	
	F.C. Cilindro C evacuación rojas, pos.extendid	c1	I1.6	
	Sensor posicionamiento cinta rojas	SCR	I1.7	*Capacitivo*
	Sensor contaje palet metálicas	SCPM	I2.0	
	Sensor contaje palet rojas	SCPR	I2.1	
	F.C. Cilindro F vaciado palet rojas, pos. retraíd	f0	I2.2	
	F.C. Cilindro F vaciado palet rojas , p. extendid	f1	I2.3	
	F.C. Cilindro E vaciado palet metalic, p. retraíd	e0	I2.4	
	F.C. Cilindro E vaciado palet metalic, p. extend	e1	I2.5	
	F.C. Cilindro D vaciado palet negras, p. retraíd	d0	I2.6	
	F.C. Cilindro D vaciado palet negras, p.extendi	d1	I2.7	
	Sensor contaje palet negras	SCPN	I3.0	
	Sensor presencia palet rojas	SPPR	I3.1	
	Sensor presencia palet negras	SPPN	I3.2	
	Sensor presencia palet metálicas	SPPM	I3.3	
	Generación (alimentación) pieza negra	GPN	Q0.0	*Objeto escada*
	Generación (alimentación) pieza metálica	GPM	Q0.1	*Objeto escada*
	Generación (alimentación) pieza roja	GPR	Q0.2	*Objeto escada*
	Cinta elevadora sube	CES	Q0.3	*Mov. derecha*
	Cinta elevadora baja	CEB	Q0.4	*Mov.izquierda*
	Cinta distribuidora	CD	Q0.5	*Mov. derecha*
	Cinta negras	CN	Q0.6	*Mov. derecha*
	Cinta metálicas	CM	Q0.7	*Mov. derecha*
	Cinta rojas	CR	Q1.0	*Mov. derecha*
	A + Cilindro evacuación negras sale	Y11	Q1.1	*C.s.e*
	B + Cilindro evacuación metálicas sale	Y13	Q1.3	*C.s.e.*
	C + Cilindro evacuación rojas sale	Y15	Q1.5	*C.s.e*
	Palet rojas	PAR	Q1.7	*Objeto escada*
	Palet metálicas	PAM	Q2.0	*Objeto escada*
	Palet negras	PAN	Q2.1	*Objeto escada*
	F+ Cilindro evacuación palet rojas sale	Y22	Q2.2	*C.s.e*
	E+ Cilindro evacuación palet metálicas sale	Y24	Q2.4	*C.s.e*
	D + Cilindro evacuación palet negras sale	Y26	Q2.6	*C.s.e*
	Display indicador nº piezas rojas en palet	DR	Q3.0 / Q3.3	
	Display indicador nº piezas metálicas en palet	DM	Q3.4 / Q3.7	
	Display indicador nº piezas negras en palet	DN	Q4.0 / Q4.3	
	Dispaly (2) indica tiempo restante activac piez	DIT	Q4.4 / Q5.3	
	Temporizador espera elevación piezas (*)	T1	T101	*TON (2 s.) (*) y evacuación pieza metálica*
	Temporizador espera evacuación pieza roja	T2	T102	*TON (2 s.)*
	Temporizador espera evacuación pieza negra	T3	T103	*TON (2 s.)*
	Temporizador control genera pieza	T4	T104	*TON (2)*
	Temporizador desabilitador pulsador pieza	T5	T105	*TOFF (35 s.)*
	Tempor fragm señal desabilitación puls pie	T7	T107	*TON (0,9 s.) Vibrador astable*
	Tempor fragm señal desabilitación puls pie	T8	T108	*TON (0,9 s.) Vibrador astable*
	Contador piezas rojas	CONR	C1	*Incremental. Pulso SPR / Reset f1*
	Contador piezas metálicas	CONM	C2	*Incremental. Pulso SPM / Reset e1*
	Contador piezas negras	CONN	C3	*Incremental. Pulso SPN / Reset d1*
	Contador display DIT indica habili pulsad piez	CONT	C4	*Decremental. Pulso TON5.TON7 Reset PPR+PPM+PPN (20 e)*

III. 11.3.1.- Análisis de funcionamiento

a) Análisis de funcionamiento (Gráfico de estados/Señales de cambio/Elementos a controlar)

La representación gráfica de la dinámica funcional del sistema podría ser:

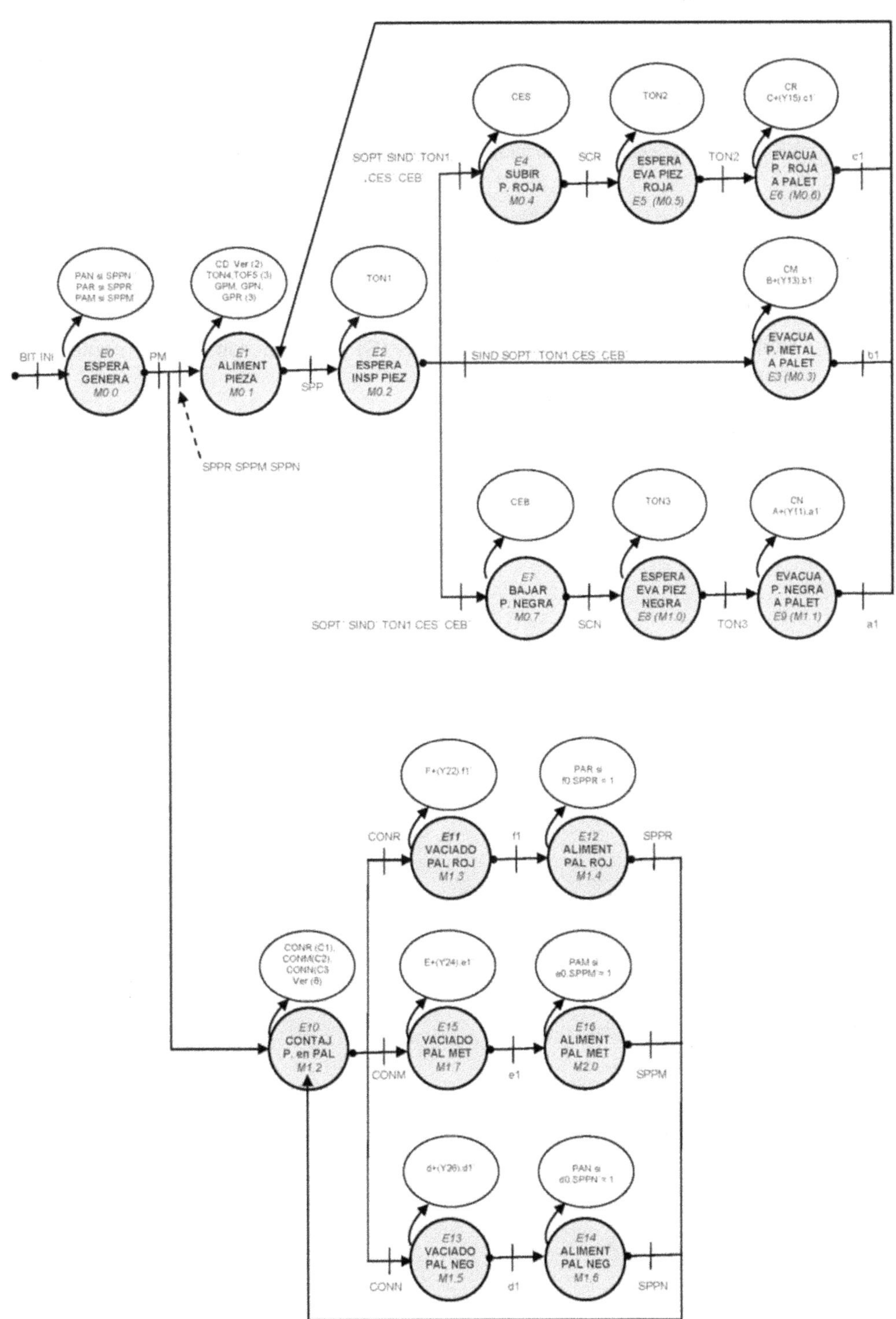

Como puede apreciarse en el gráfico se produce una simultaneidad funcional , porque mientras está activo alguno de los estados M0.1 a M1.1 (Zona superior del gráfico que recoge el control del movimiento de las piezas) también estará activo alguno de los estados M1.2 a M2.0 (Zona inferior del gráfico que recoge el contaje de piezas y el control de movimientos de los palets), a esta situación se le denomina "Procesos en paralelo" (Para mas información ver apartado III.11.7, pag. 179)

La solución funcional no es única y la representada podría ser objeto de simplificación/reducción de estados,,(P.e.: sustitución de los estados E12; E14 y E16 por uno solo, ….) siendo el diseño suceptible de mejora en aspectos tales como incorporación de temporizadores de espera en alguno de los puntos del movimiento de las piezas y otros que deberían ser considerados en un análisis ulterior antes de su implantación real

III.11.3.2.- Tabla de estados. Señales activadoras, anuladoras, elementos a gobernar Ecuaciónes de mando

b) Tabla de estados . Señales activadoras (S) y anuladoras (R), elementos a activar y ecuaciones de mando

Ver páginas siguientes

Estado	Descripción	Biestable	Señal activadora (S)	Señal anuladora (R)	Receptor a activar
E0	Espera general	M0.0	BIT INI (SM0.1)'	M0.1	PAN si SPPN^, PAR si SPPR', PAM si SPPM
E1	Alimentación pieza	M0.1	M0.0.PM.SPPR.SPPM.SPPN + M0.6'.c1 + M0.3.b1 + M1.1.a1) (1)	M0.2	CD (S:PPR + PPM+PPN) (R: SPP) (2) TON4 , TOF5 (3)
E2	Espera inspección piezar	M0.2	M0.1.SPP	M0.3 + M0.4 + M0.7	TON1 (2 s.)
E3	Evacuación pieza metálica a palet	M0.3	M0.2.SIND.SOPT'.TON1.CES'.CEB' (4)	M0.1	B+(Y13) si b1' CM
E4	Subir pieza roja a cinta CR	M0.4	M0.2.SOPT.SIND'.TON1.CES'.CEB' (5)	M1.0	CEB
E5	Espera evacuación pieza roja	M0.5	M0.4.SCR	M0.6	TON2 (2 s.)
E6	Evacuación pieza roja a palet	M0.6	M0.5.TON2	M0.1	C+(Y15) si c1' CR
E7	Bajar pieza negra a cinta CN	M0.7	M0.2.SOPT'.SIN'.TON1.CES'.CEB' (5)	M1.0	CEB
E8	Espera evacuación pieza negra	M1.0	M0.7.SCN	M1.1	TON3 (2 s.)
E9	Evacuación pieza negra a palet	M1.1	M1.0.TON3	M0.1	A+(Y11) si a1' CN
E10	Contaje piezas en palet	M1.2	M0.0.PM+M1.4.SPPR+M2.0.SPPM+ + M1.6.SPPN (6)	M1.3+M1.7+M1.5	CONR(C1) CONM(C2) CONN(C3) (6)
E11	Vaciado palet rojas	M1.3	M1.2.CONR	M1.4	F+(Y22) si f1'
E12	Alimentación palet rojas	M1.4	M1.3.f1	M1.2	PAR si f0.SPPR'= 1
E13	Vaciado palet negras	M1.5	M1.2.CONN	M1.6	D+(Y26) si d1'
E14	Alimentación palet negras	M1.6	M1.5.d1		PAN si d0.SPPN'= 1
E15	Vaciado palet meálicas	M1.7	M1.2.CONM	M2.0	E+(Y24) si c1'
E16	Alimentación palet metálicas	M2.0	M1.7.c1	M1.2	PAM si e0.SPPM'= 1

Ecuaciones de mando

Las ecuaciones correspondientes al control de estados, que serán implementadas mediante biestables RS, no se detallaran, ya que desde la tabla anterior que recoge las señales activadoras (S) y anuladoras (R) quedan suficientemente evidenciadas

$$\text{(P.e. } M0.1 = (\underbrace{M0.1 + M0.0.PM.SPPR.SPPM.SPPN + M0.6.C1 + M0.3.B1 + M0.1}_{S}).\underbrace{M0.2}_{R}\text{)}$$

Se detallan y clarifican las llamadas (x) reflejadas en la tabla anterior para algunas de las ecuaciones de mando

(1) La alimentación de pieza en el establecimiento de la puesta en marcha del sistema (E1 / M0.1) se efectuará si están presentes todos los palets (SPPR.SPPM.SPPN) tras la activación de PM

(2) La cinta distribuidora CD alimentará pieza al punto de inspección cuando se active uno cualquiera de los pulsadores generadores de pieza (PPR, PPM, PPN) siempre y cuando no exista ya pieza en el punto de inspección . Al ser un elemento monoestable, su señal activadora deberá ser retenida hasta que sea detectada la presencia de pieza (SPP) en el punto de inspección

CD = (CD + M0.1 (PPR + PPM + PPN) . SPP´

(3) La temporización para conseguir que solamente se genere pieza evitando que se produzcan atascos en los desplazamientos de las mismas a lo largo de las diversas cintas distribuidoras, trascurrido un cierto tiempo desde la anterior generación, siempre y cuando no exista pieza en el punto de alimentación (SPP`), se consigue mediante la combinación de los temporizadores TON4 y TOF5, inhibiendo la activación de los pulsadores PPR, PPS,PPN de modo que si se activara uno de ellos antes de haber trascurrido ese tiempo, se iniciaría de nuevo la cuente de espera.

Para impedir que la activación de 2 ò 3 pulsadores simultáneamente genere un posible conflicto de funcionamiento, esto es, solo se genere una pieza y sea solamente uno de los tres pulsadores el que genere pieza, se consigue con los subsistemas (factores)

PPR. PPM`. PPN`   PPR´. PPM . PPN´   PPR`. PPM` . PPN

El tándem de ecuaciones que rigen estos condicionantes es:

TON4 = M0.1.SPP´.TOF5`. (PPR´.PPM.PPN` + PPR´.PPM`.PPN + PPR.PPM`.PPN`)

TOF5 = M0.1 . (PPR↑ + PPM↑ + PPR ↑) Temporización habilitacióin pulsadores pieza

Se introduce la condición flanco positivo para evitar la activación por enclavamiento intencionado de alguno de los pulsadores generadores de pieza (Ver pag. 158, apartado III 11.4.- Introducción a la teoría de flancos)

GPM = M0.1 . SPP´ . TOF5´ . TON4` . PPR` .PPM . PPN`

GPN = M0.1 . SPP´ . TOF5` . TON4` . PPR´ .PPM` . PPN

GPR = M0.1 . SPP´ . TOF5` . TON4` . PPR . PPM` . PPN`

(4) La evacuación de pieza metálica a palet (E3 / M0.3) se determina por la condición SIND.SOPT´(Pieza metálica), evitándose si la cinta elevadora CE está en movimiento mediante CES`. CEB`

M0.3 = (M0.3 + M0.2 .SIND. SOPT´. TON1).M0.1´

SIND	SOPT	Tipo pieza
0	0	Negra
0	1	Roja
1	0	Metálica
1	1	E. imposible

(5) La subida/ bajada de la pieza roja / negra (E4 / M0.4) (E7 / M0.7) queda establecida por las condiciones SIND´. SOPT (pieza roja) y la condición SIND´.SOPT´(pieza negra) con el resto de condiciones iguales que en la pieza metálica, descritas en la observación (4)

M0.4 = (M0.4 + M0.2 .SIND`. SOPT. TON1.CES´.CEB´).M0.5´

M0.7 = (M0.7 + M0.2 .SIND`. SOPT. TON1.CES´.CEB´).M1.0´

(6) El establecimiento en paralelo (*) del subsistema de contaje (E1.0 / M1.2) se efectúa al activar el pulsador de puesta en marcha (PM) o cada vez que es repuesto alguno de los palets que haya podido ser vaciados
(*) Ver apartado III.11.7.- Procesos en parlelo, pag. 179

M1.4.SPPR ó M1.6.SPPN ó M2.0.SPPM

El control de los respectivos contadores se configuran de la siguiente forma

CONTADOR	IDENTIFIC	CU (Señal)	R (Reset)	Pv Valor contaje
Rojas	CONR (C1)	M1.2 . SCPR	f1	1
Metálicas	CONM (C2)	M1.2 SCPM	e1	3
Negras	CONN (C3)	M1.2 SCPN	d1	2

Las piezas son contadas cada vez que alguna de ellas pasa frente al respectivo sensor (SCPR, SCPM, SCPN), estableciéndose como reseteo de los contadores, la llegada a la posición de retraído del correspondiente cilindro de evacuación de palet (F, E, D)

Comentarios a algunas otras ecuaciones de mando:

. La cinta CM estará en marcha hasta que la pieza metálica hay abandonado la misma, esto es, active SCPM en su caída hacia el palet

CM = (CM + M0.3) . SCPM`

La cinta CR estará en marcha hasta que la pieza roja hay abandonado la misma, esto es, active SCPR en su caída hacia el palet

CR = (CR + M0.6) . SCPR`

La cinta CN estará en marcha hasta que la pieza negra hay abandonado la misma, esto es, active SCPN en su caída hacia el palet

CN = (CN + M0.1.1) . SCPN`

En los tres casos, se efectúa la retención de la señal activadora de la cinta por ser estos receptores monoestables

. Los palets (PAN, PAR, PAM) se activarán (Los tres) en el arranque del sistema (Estado de espera E07M0.0) por no estar ninguno de ellos (SPPN´, SPPR`,SPPN`) y también se repondrá cada uno de ellos, cada vez que haya sido evacuado por alcanzar/contener las piezas prefijadas para el mismo

PAN = M0.0 . SPPN`+ M1.6 . d0

PAR = M0.0 . SPPR`+ M1.4 . f0

PAM = M0.0 . SPPM`+ M2.0 . e0

. Temporización inspección: TON1(T101, 2 s.) = M0.2

. Temporización espera evacuación pieza roja: TON2(T102, 2 s.) = M0.5

. Temporización espera evacuación pieza negra: TON3(T102, 2 s.) = M1.0

. Temporización espera evacuación pieza roja: TON2(T102, 2 s.) = M0.5

. Evacuación piezas a palet los cilindros expulsores (B,A,C) saldrán hasta alcanzar su posición de extendió, retornando automáticamente

Metálicas, B+ (Y13) = M0.3 . b1`

Negras, A+ (Y11) = M1.1 . a1´

Rojas, C+ (Y15) = M0.6 . c1`

. Cinta elevadora CE

CES = M0.4 (Rojas)

CEB = M0.7 (Negras

Vaciado palets: Los cilindros expulsores (F,E,D) saldrán hasta alcanzar su posición de extendido, retornando automáticamente

Rojas: F+ (Y22) = M1.3 . f1`

Metálicas: E+ (Y24) = M1.7 . e1`

Negras: F+ (Y22) = M1.3 . f1´

Las ecuaciones de lectura del código BCD de los displays, se describen en desarrollo específico y separado (Ver : apartado III.11.6.- Control de displays, pag 167)

III. 11.3.3.- Programa (Diagrama de contactos) para PLC

c) Programa (Diagrama de contactos) para autómata programable PLC

Mediante el análisis grafico y las ecuaciones de mando obtenidas, podemos elaborar el programa de control (Diagrama de contactos) del sistema para ser gobernado por PLC, para lo cual se establece la siguiente tabla de símbolos

Ver páginas siguientes

Símbolo	Dirección	Comentario
PM	I0.0	PUESTA EN MARCHA . Pulsador
PPN	I0.1	PULSADOR PIEZA NEGRA. Alimentación pieza negra
PPM	I0.2	PULSADOR PIEZA METALICA. Alimentación pieza metálica
PPR	I0.3	PULSADOR PIEZA ROJA. Alimentación pieza roja
SOPT	I0.4	SENSOR OPTICO. Detección pieza roja
SPP	I0.5	SENSOR PRESENCIA PIEZA en elevador
SIND	I0.6	SENSOR INDUCTIVO. Detección pieza metálica
SCN	I0.7	SENSOR posicionamiento CINTA NEGRAS. Capacitivo
a0	I1.1	F.C. Cilindro A evacuación negra retraido
a1	I1.2	F.C. Cilindro A evacuación negra extendido
b0	I1.3	F.C. Cilindro B evacuación metalica retraido
b1	I1.4	F.C. Cilindro B evacuación metalica extendido
o0	I1.5	F.C. Cilindro C evacuación roja retraido
o1	I1.6	F.C. Cilindro C evacuación roja extendido
SCR	I1.7	SENSOR posicionamiento CINTA ROJAS. Capacitivo
SCPM	I2.0	SENSOR CONTAJE PALET METALICAS
SCPR	I2.1	SENSOR CONTAJE PALET ROJAS
f0	I2.2	F.C. Cilindro F vaciado palet rojas retraido
f1	I2.3	F.C. Cilindro F vaciado palet rojas extendido
e0	I2.4	F.C. Cilindro E vaciado palet metalicas retraido
e1	I2.5	F.C. Cilindro E vaciado palet metalicas extendido
d0	I2.6	F.C. Cilindro D vaciado palet negras retraido
d1	I2.7	F.C. Cilindro D vaciado palet negras extendido
SCPN	I3.0	SENSOR CONTAJE PALET NEGRAS
SPPR	I3.1	SENSOR PRESENCIA PALET ROJAS
SPPN	I3.2	SENSOR PRESENCIA PALET NEGRAS
SPPM	I3.3	SENSOR PRESENCIA PALET METALICAS
GPN	Q0.0	GENERACION (alimentación) PIEZA NEGRA. Obj. escada
GPM	Q0.1	GENERACION (alimentac.) PIEZA METALICA. Obj. escada
GPR	Q0.2	GENERACION (alimentación) PIEZA ROJA. Objeto escada
CES	Q0.3	CINTA ELEVADORA SUBE. Mov. derecha
CEB	Q0.4	CINTA ELEVADORA BAJA. Mov. izquierda
CD	Q0.5	CINTA DISTRIBUIDORA. Mov. derecha
CN	Q0.6	CINTA NEGRA. Mov. derecha
CM	Q0.7	CINTA METALICA. Mov. derecha
CR	Q1.0	CINTA ROJA. Mov. derecha
Y11	Q1.1	A+ Cilindro evacuación negras sale (c.s.e)
Y13	Q1.3	B+ Cilindro evacuación metalicas sale (c.s.e)
Y15	Q1.5	C+ Cilindro evacuación rojas sale
PAR	Q1.7	PALET ROJAS. Objeto escada
PAM	Q2.0	PALET METALICAS. Objeto escada
PAN	Q2.1	PALET NEGRAS. Objeto escada
Y22	Q2.2	F+ Cilindro vaciado palet rojas sale (c.s.e)
Y24	Q2.4	E+ Cilindro vaciado palet metalicas sale (c.s.e)
Y26	Q2.6	D+ Cilindro vaciado palet negras sale (c.s.e)
DR		Q3.0 / Q3.3 Display indicador número piezas rojas en palet
DM		Q3.4 / Q3.7 Display indicador número piezas metal en palet
DN		Q4.0 / Q4.3 Display indicad. número piezas negras en palet
DIT		Q4.4 / Q5.3 Display indicador tiempo restante espera pieza
TON1	T101	Temp. espera inspección piezas y evacuac. p. metalic., 2 s.
TON2	T102	Espera evacuación pieza roja, 2 s.
TON3	T103	Espera evacuación pieza negra, 2 s.
TON4	T104	Tiempo espera generación pieza ???? Revisar descripción
TOF5	T105	Tiempo espera habilitacion pulsador pieza ??? Idem anterior
TON7	T107	Pulso contaje tiempo restante habili pulsador pieza. Revisa?
TON8	T108	Pulso contaje tiempo restante habili pulsador pieza. Revisa?
CONR	C1	Contador piezas rojas en palet. Pulso SPR / Reset f1
CONM	C2	Contador piezas metalicas en palet. Pulso SPM / Reset e1
CONN	C3	Contador piezas negrasen palet. Pulso SPM / Reset d1
CONT	C4	Contador control display DIT indicador habili pulsador pieza

Imagen/Pantalla obtenida con el programa Step 7. MicroWin V4. Siemens ©

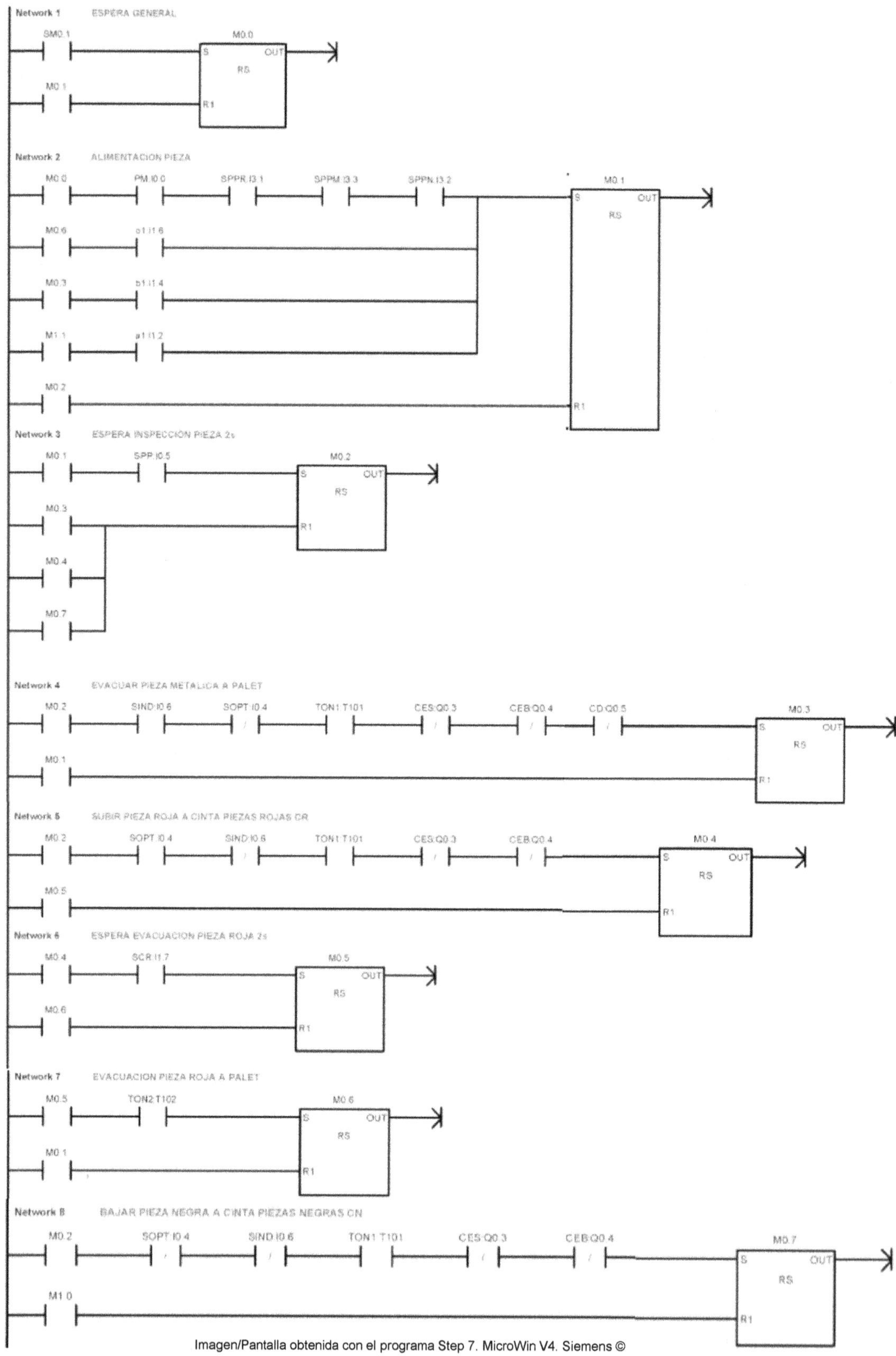

Imagen/Pantalla obtenida con el programa Step 7. MicroWin V4. Siemens ©

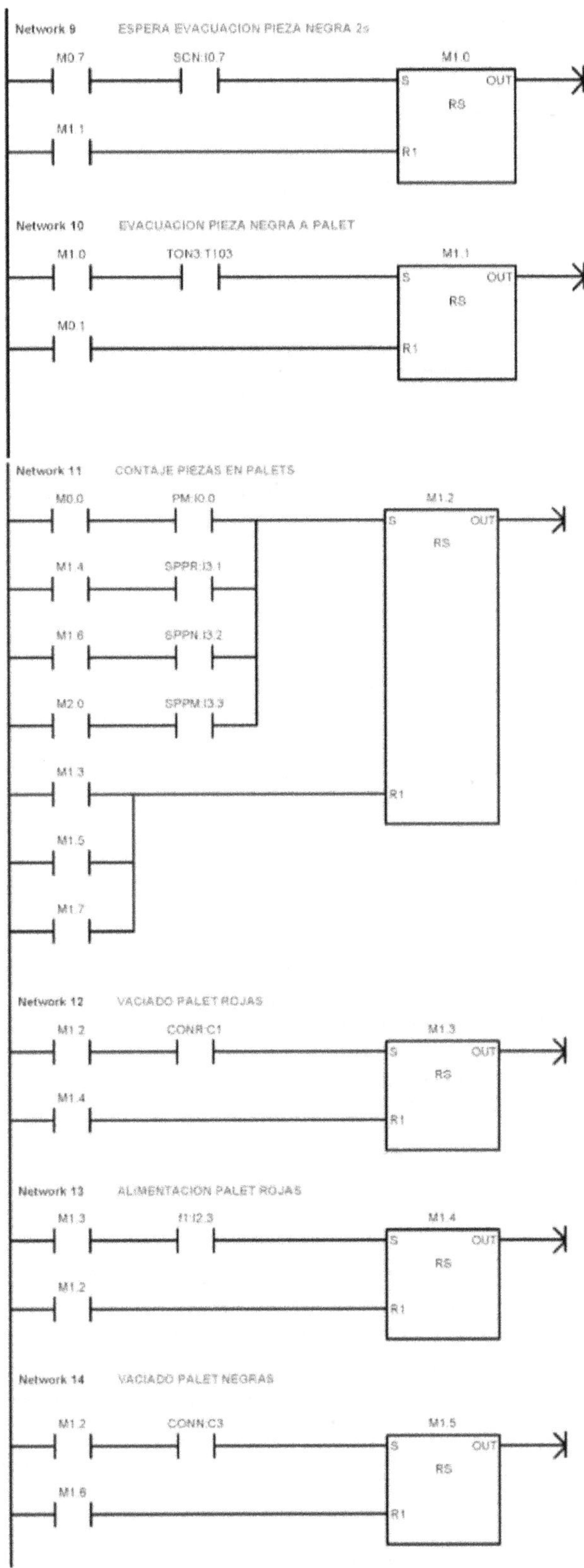

Imagen/Pantalla obtenida con el programa Step 7. MicroWin V4. Siemens ©

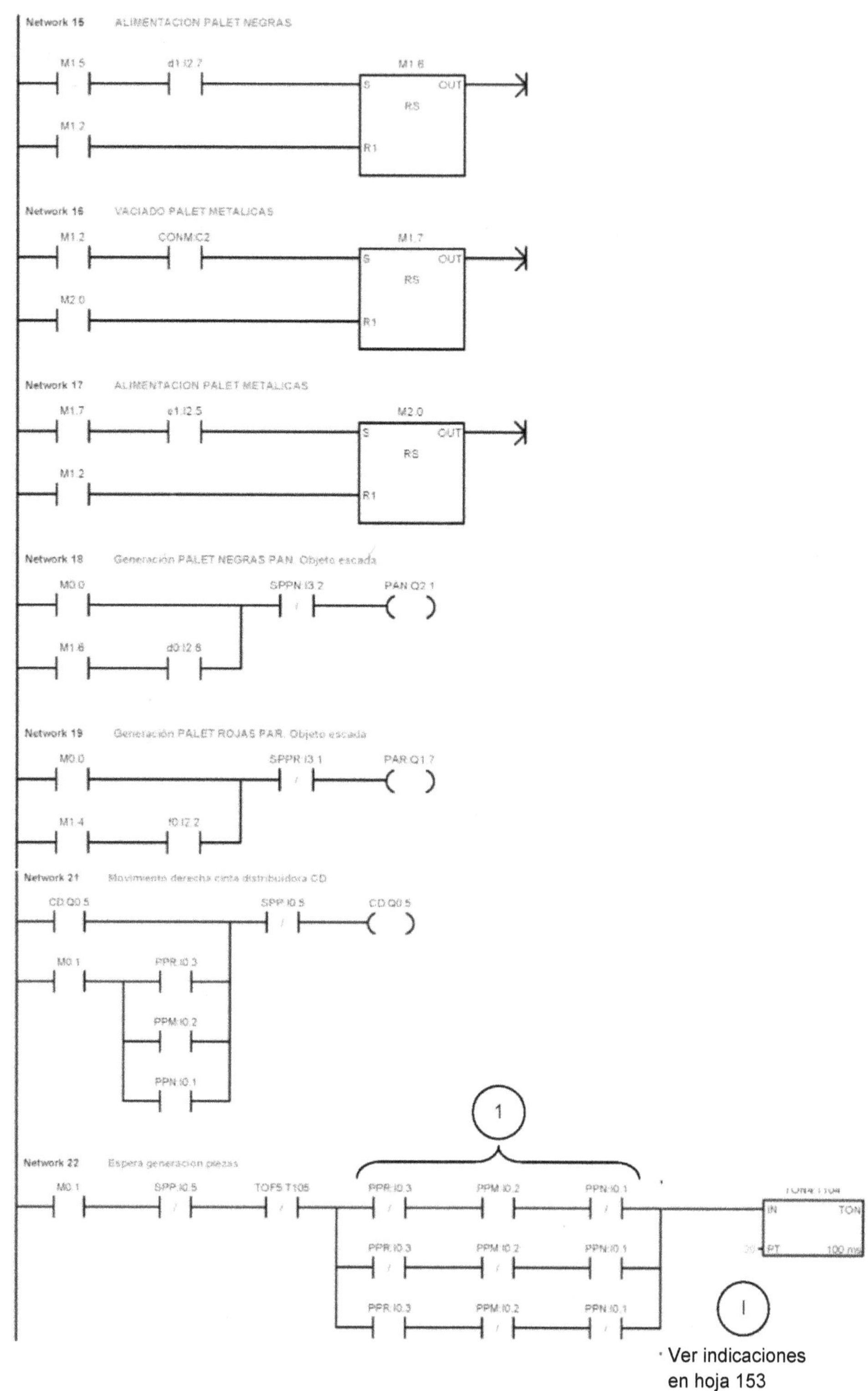

Imagen/Pantalla obtenida con el programa Step 7. MicroWin V4. Siemens ©

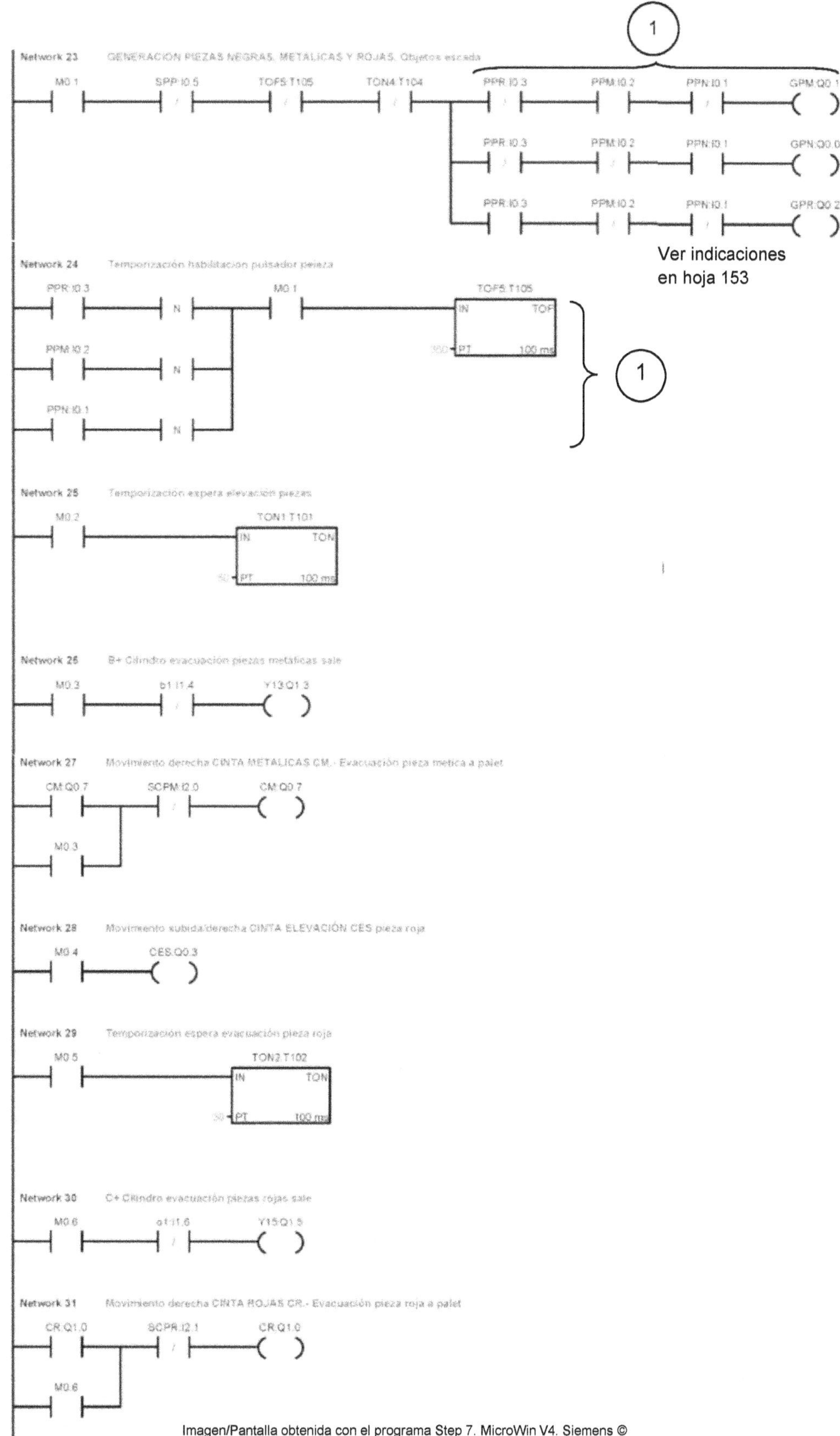
1
Ver indicaciones en hoja 153
1

Imagen/Pantalla obtenida con el programa Step 7. MicroWin V4. Siemens ©

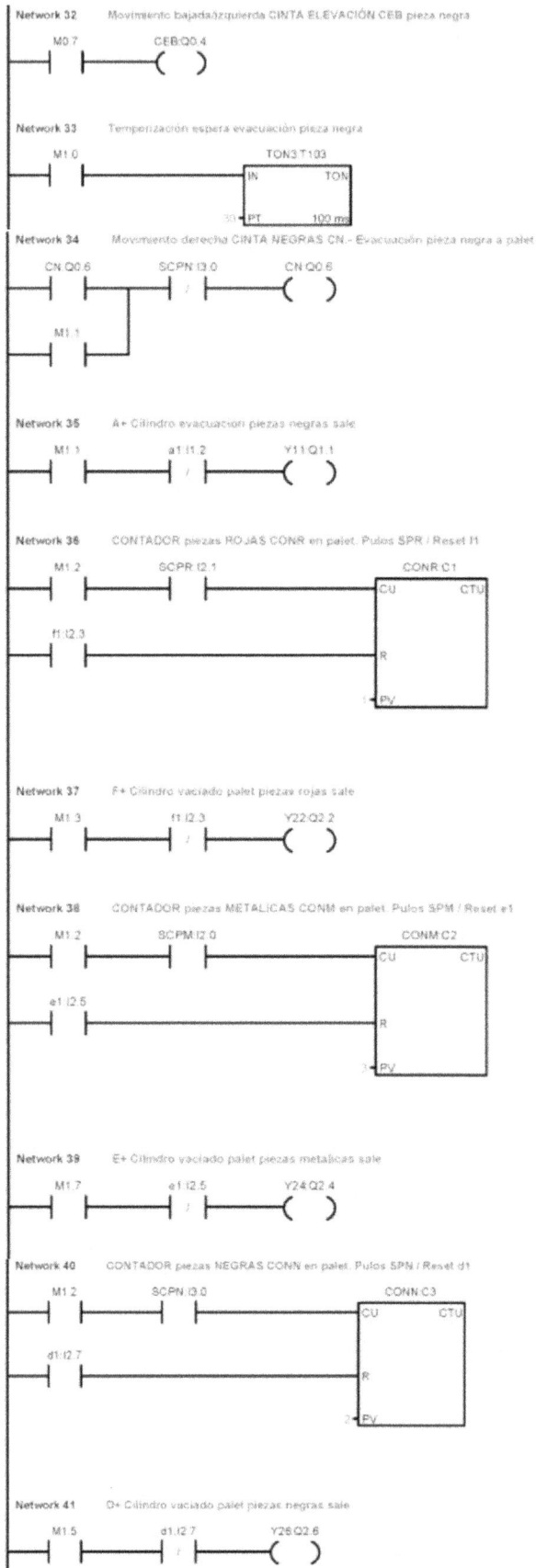

Network 32 Movimiento bajada/izquierda CINTA ELEVACIÓN CEB pieza negra

M0.7 — CEB:Q0.4

Network 33 Temporización espera evacuación pieza negra

M1.0 — TON3:T103 (IN, TON, 30 PT, 100 ms)

Network 34 Movimiento derecha CINTA NEGRAS CN.- Evacuación pieza negra a palet

CN:Q0.6 — SCPN:I3.0 — CN:Q0.6

M1.1

Network 35 A+ Cilindro evacuacion piezas negras sale

M1.1 — a1:I1.2 — Y11:Q1.1

Network 36 CONTADOR piezas ROJAS CONR en palet. Pulos SPR / Reset f1

M1.2 — SCPR:I2.1 — CONR:C1 (CU, CTU, R, 1 PV)

f1:I2.3

Network 37 F+ Cilindro vaciado palet piezas rojas sale

M1.3 — f1:I2.3 — Y22:Q2.2

Network 38 CONTADOR piezas METALICAS CONM en palet. Pulos SPM / Reset e1

M1.2 — SCPM:I2.0 — CONM:C2 (CU, CTU, R, 3 PV)

e1:I2.5

Network 39 E+ Cilindro vaciado palet piezas metalicas sale

M1.7 — e1:I2.5 — Y24:Q2.4

Network 40 CONTADOR piezas NEGRAS CONN en palet. Pulos SPN / Reset d1

M1.2 — SCPN:I3.0 — CONN:C3 (CU, CTU, R, 2 PV)

d1:I2.7

Network 41 D+ Cilindro vaciado palet piezas negras sale

M1.5 — d1:I2.7 — Y26:Q2.6

Imagen/Pantalla obtenida con el programa Step 7. MicroWin V4. Siemens ©

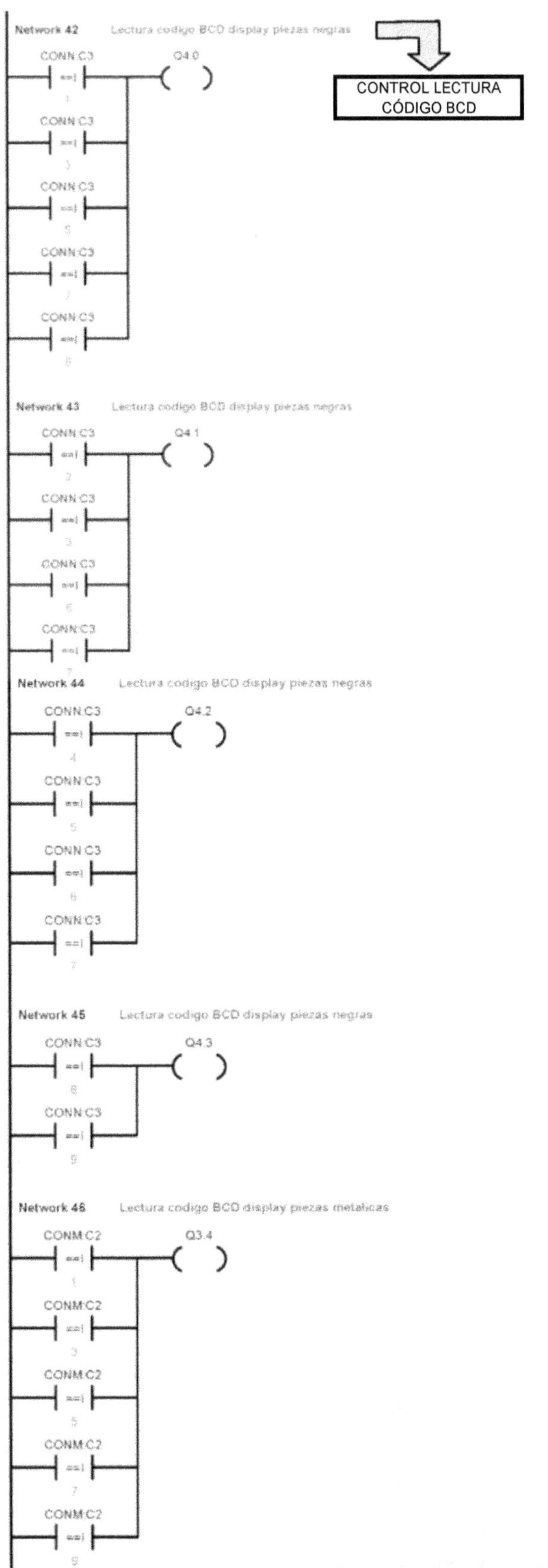

Imagen/Pantalla obtenida con el programa Step 7. MicroWin V4. Siemens ©

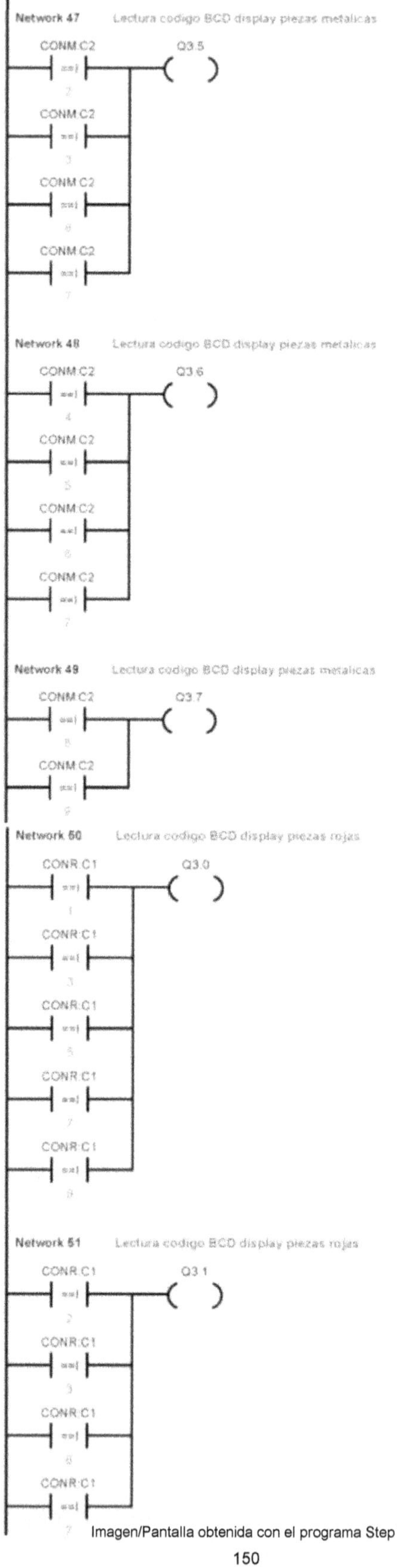

Network 47 Lectura codigo BCD display piezas metalicas

CONM:C2 ==I 2 — CONM:C2 ==I 3 — CONM:C2 ==I 6 — CONM:C2 ==I 7 → Q3.5 ( )

Network 48 Lectura codigo BCD display piezas metalicas

CONM:C2 ==I 4 — CONM:C2 ==I 5 — CONM:C2 ==I 6 — CONM:C2 ==I 7 → Q3.6 ( )

Network 49 Lectura codigo BCD display piezas metalicas

CONM:C2 ==I 8 — CONM:C2 ==I 9 → Q3.7 ( )

Network 50 Lectura codigo BCD display piezas rojas

CONR:C1 ==I 1 — CONR:C1 ==I 3 — CONR:C1 ==I 5 — CONR:C1 ==I 7 — CONR:C1 ==I 9 → Q3.0 ( )

Network 51 Lectura codigo BCD display piezas rojas

CONR:C1 ==I 2 — CONR:C1 ==I 3 — CONR:C1 ==I 6 — CONR:C1 ==I 7 → Q3.1 ( )

Imagen/Pantalla obtenida con el programa Step 7. MicroWin V4. Siemens ©

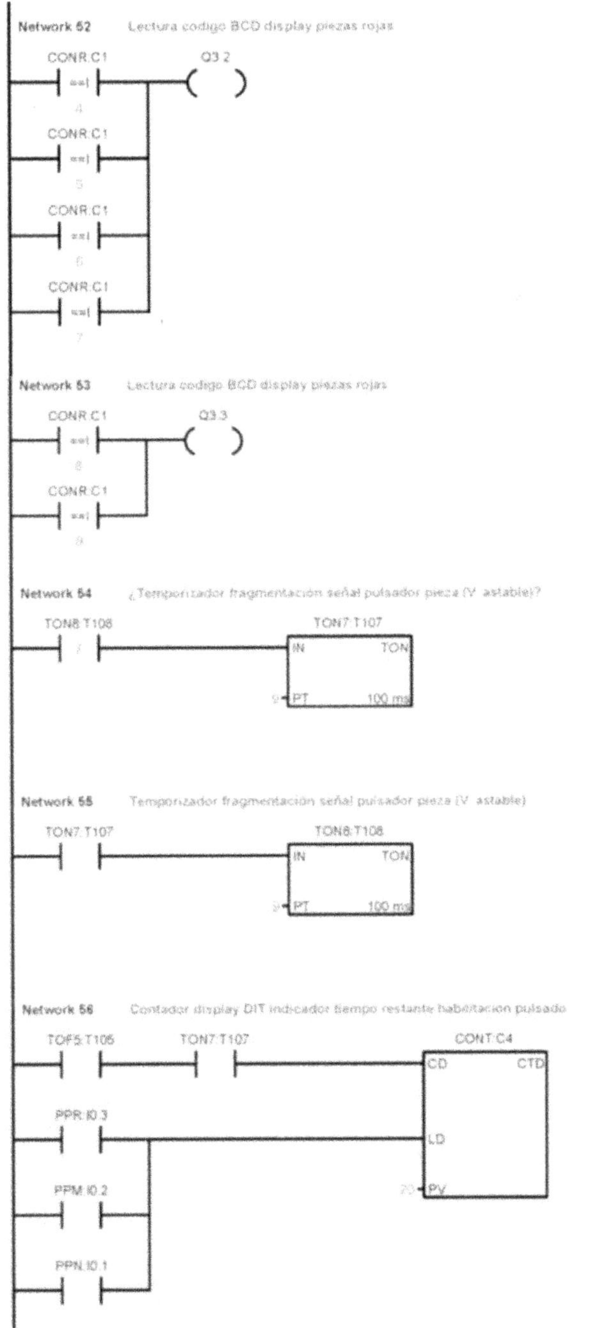

Imagen/Pantalla obtenida con el programa Step 7. MicroWin V4. Siemens ©

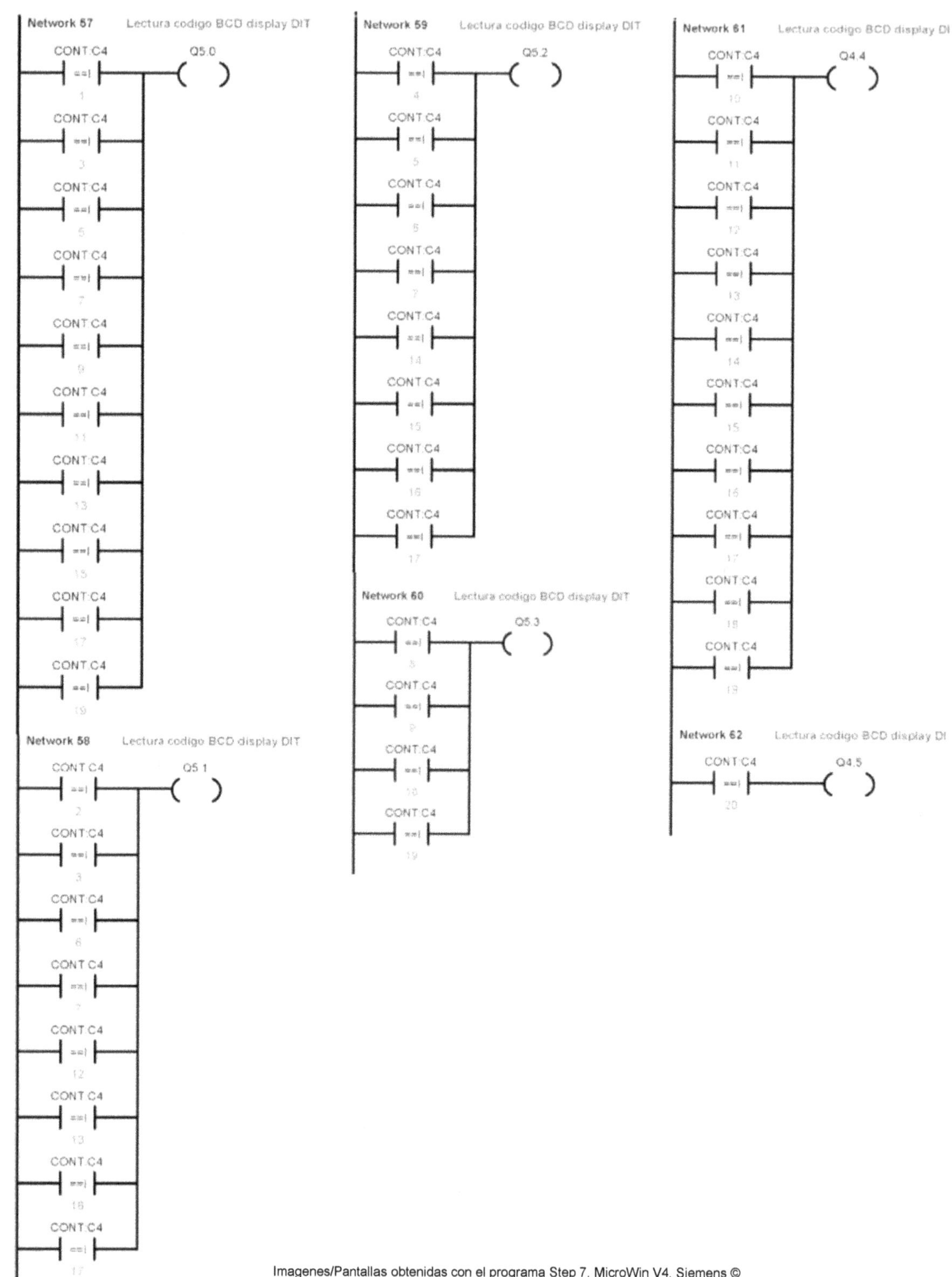

Network 57 Lectura codigo BCD display DIT

```
CONT:C4          Q5.0
─┤ ==I ├─          ( )
    1
CONT:C4
─┤ ==I ├─
    3
CONT:C4
─┤ ==I ├─
    5
CONT:C4
─┤ ==I ├─
    7
CONT:C4
─┤ ==I ├─
    9
CONT:C4
─┤ ==I ├─
   11
CONT:C4
─┤ ==I ├─
   13
CONT:C4
─┤ ==I ├─
   15
CONT:C4
─┤ ==I ├─
   17
CONT:C4
─┤ ==I ├─
   19
```

Network 58 Lectura codigo BCD display DIT

```
CONT:C4          Q5.1
─┤ ==I ├─          ( )
    2
CONT:C4
─┤ ==I ├─
    3
CONT:C4
─┤ ==I ├─
    6
CONT:C4
─┤ ==I ├─
    7
CONT:C4
─┤ ==I ├─
   12
CONT:C4
─┤ ==I ├─
   13
CONT:C4
─┤ ==I ├─
   18
CONT:C4
─┤ ==I ├─
   17
```

Network 59 Lectura codigo BCD display DIT

```
CONT:C4          Q5.2
─┤ ==I ├─          ( )
    4
CONT:C4
─┤ ==I ├─
    5
CONT:C4
─┤ ==I ├─
    6
CONT:C4
─┤ ==I ├─
    7
CONT:C4
─┤ ==I ├─
   14
CONT:C4
─┤ ==I ├─
   15
CONT:C4
─┤ ==I ├─
   16
CONT:C4
─┤ ==I ├─
   17
```

Network 60 Lectura codigo BCD display DIT

```
CONT:C4          Q5.3
─┤ ==I ├─          ( )
    8
CONT:C4
─┤ ==I ├─
    9
CONT:C4
─┤ ==I ├─
   10
CONT:C4
─┤ ==I ├─
   19
```

Network 61 Lectura codigo BCD display DI

```
CONT:C4          Q4.4
─┤ ==I ├─          ( )
   10
CONT:C4
─┤ ==I ├─
   11
CONT:C4
─┤ ==I ├─
   12
CONT:C4
─┤ ==I ├─
   13
CONT:C4
─┤ ==I ├─
   14
CONT:C4
─┤ ==I ├─
   15
CONT:C4
─┤ ==I ├─
   16
CONT:C4
─┤ ==I ├─
   17
CONT:C4
─┤ ==I ├─
   18
CONT:C4
─┤ ==I ├─
   19
```

Network 62 Lectura codigo BCD display DI

```
CONT:C4          Q4.5
─┤ ==I ├─          ( )
   20
```

Imagenes/Pantallas obtenidas con el programa Step 7. MicroWin V4. Siemens ©

I El conjunto de las network 22,23 y 24 constituyen un recortador de la señal generadora de pieza (Ver pag. 180 AFII, apartado II.3.3.- Temporización)

(1) Asegura que solo uno de los pulsadores activará la generación de pieza

Cuyas ecuaciones de mando para asemejarlas a lo descrito en AF II (pag. 180) serían:

Network 22: TON4 = M0.1 . SPP`. TOF5´(PPR´. PPM . PPN´+ PPR`. PPM`. PPN + PPR . PPM`.PPN`)

1

Network 23: GPM = M0.1 . SPP`. TOF5´.TON4` (PPR´. PPM . PPN `)

GPN = M0.1 . SPP`. TOF5´.TON4` (PPR´. PPM` . PPN)

GPR = M0.1 . SPP`. TOF5´.TON4` (PPR. PPM´ . PPN `)

1

Network 24: TOF5 = PPR↓ + PPM↓ + . PPN↓)M 0.1’

Ver esquemas de contactos en las pag 146 y 147

Que también originariamente podrían haber sido escritas así (Network 22 y 23):

TON4 = M0.1 . SPP` . TOF105´. PPR . PPM´ . PPN `

GPR = M0.1. SPP` TOF5´ TON4´.PPR . PPM´ . PPN `.

TON4 = M0. SPP`1 TOF5´.PPR´ . PPM . PPN `

GPM = M0.1 SPP` TOF5´. TON4´.PPR` . PPM . PPN `

TON4 = M0.1 SPP`. TOF5´PPR´ . PPM´ . PPN

GPN = M0.1 SPP` TOF5´. TON4´.PPR` . PPM´ . PPN

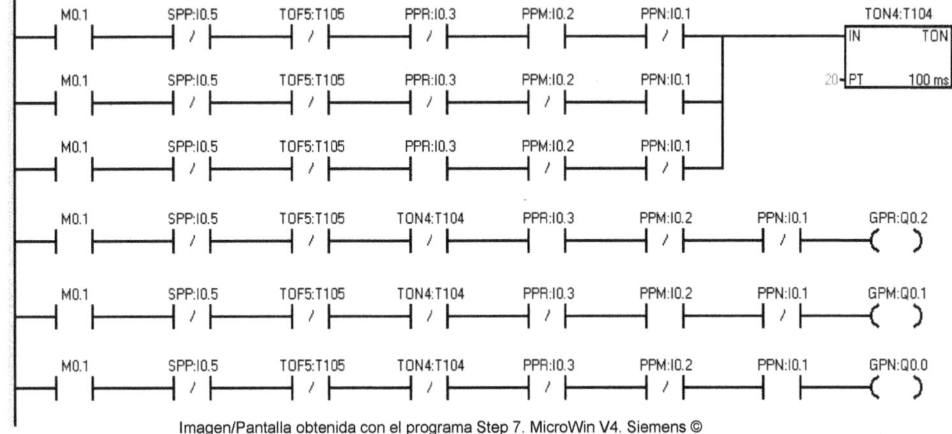

Imagen/Pantalla obtenida con el programa Step 7. MicroWin V4. Siemens ©

III. 11.3.4.- Implementación del sistema y su control en un simulador escada

d) Implementación del sistema y su control en un simulador escada

Se utilizan los programas indicados en el apartado III.8.3.4 del Proyecto "estacióndemecanizadoAFIII", pag 95

En el link (www.lulu.com/spotlight/automatizacion_fundamentada) de la pagina de autor destacado editorial Lulu, donde se publican los libros I, II y III de Automatización Fundamentada se pueden encontrar, tanto individual como conjuntamente con los de otros proyectos, los siguientes archivos

. Archivo "clasificadoraAFIIIprotg.sim ", para el escada PCsomu que recrea el sistema del proyecto tratado

. Archivo "clasificadoraAFIII.cfg" para el emulador del autómata virtual s7 200 (CPU 226 + módulos de expansión EM 223, 3 unidades)

. Video"clasificadoraAFIII.avi" que recoge el funcionamiento del sistema mediante la solución elaborada utilizando PCSimu

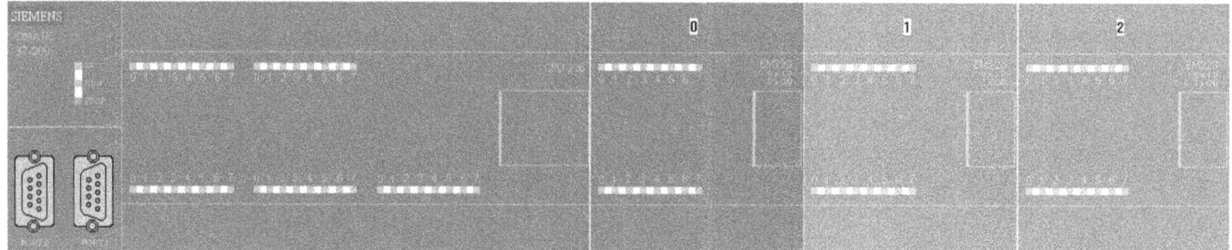

Imagen/Pantalla obtenida con el programa Emulador S7 200 © de Juan Luis Villanueva Montoto

Detalle de la CPU226 y sus módulos de expansión EM 223, 3 unidades.. Considerando los saltos existentes en el direccionamiento establecido para las salidas podría ser eliminado uno de los módulos de expansión EM223

Pantalla posición de partida (Video "clasificadoraAFIII.avi")

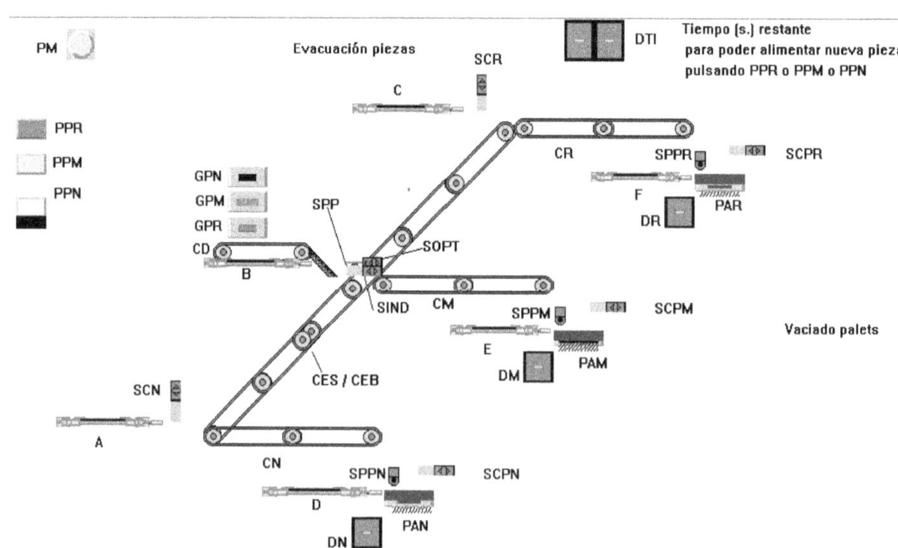

Imagen/Pantalla obtenida con el programa PCSimu © de Juan Luis Villanueva Montoto

Pantalla alimentacion pieza (Video "clasificadoraAFIII.avi")

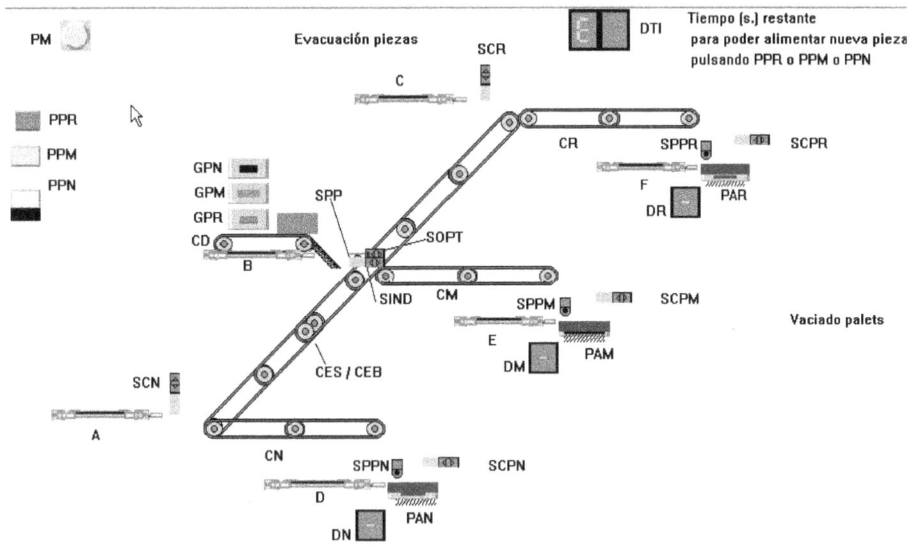

Pantalla subir pieza roja (Video "clasificadoraAFIII.avi"

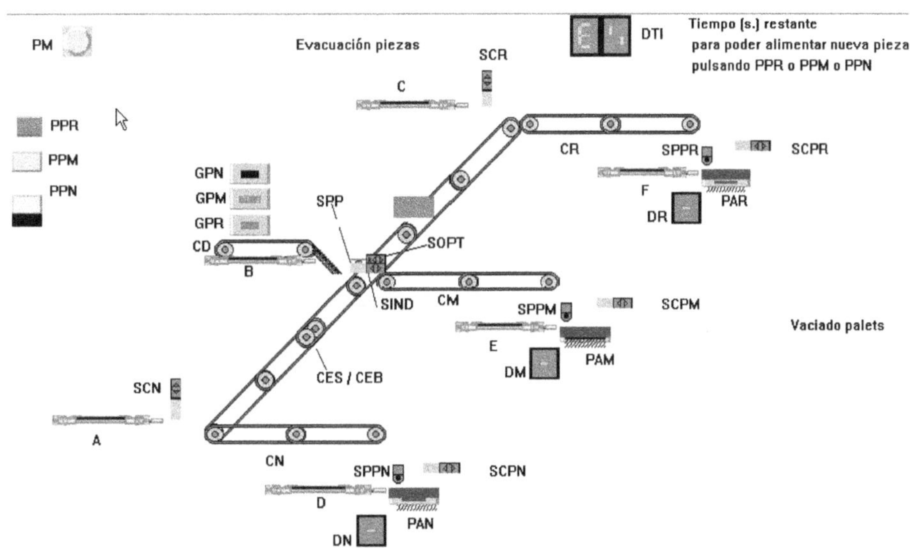

Imagenes/Pantallas obtenidas con el programa PCSimu © de Juan Luis Villanueva Montoto

Pantalla expulsión pieza por cilindro (Video "clasificadoraAFIII.avi")

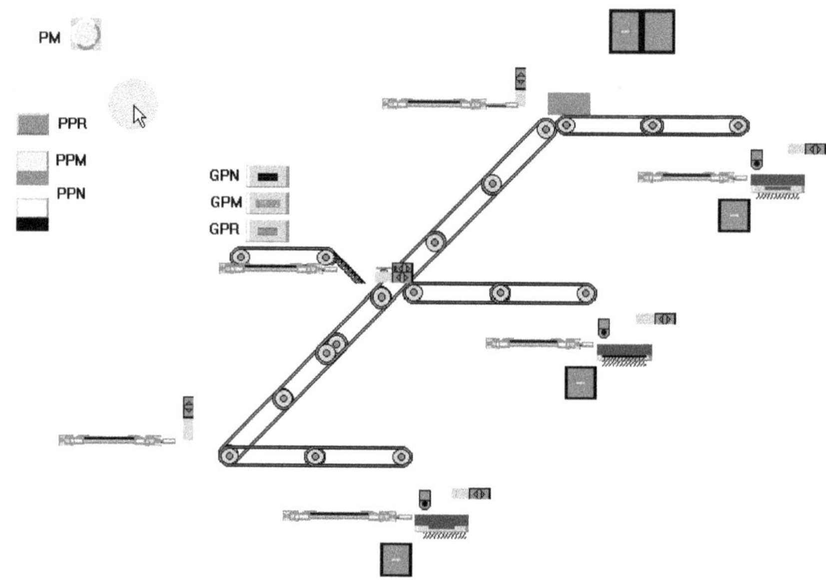

Pantalla evacuar pieza a palet (Video "clasificadoraAFIII.avi"

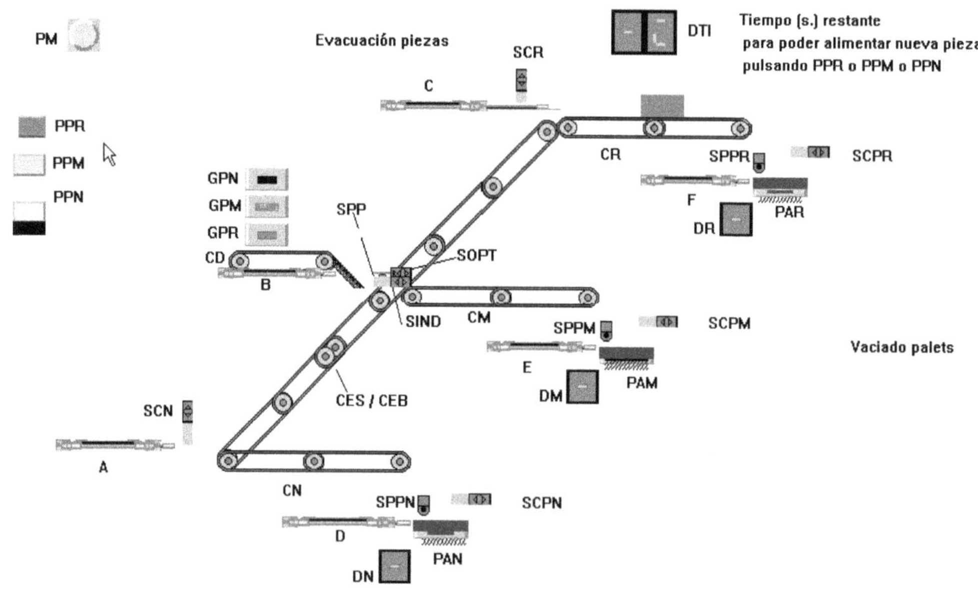

Imagenes/Pantallas obtenidas con el programa PCSimu © de Juan Luis Villanueva Montoto

III.11.4.-Introducción a la teoría de flancos

Podemos decir que un disparo por flanco es un pico de señal de muy pequeña duración que se puede produce en la transición del cambio de nivel energético de una señal cuando pasa de valor 0 a 1 o viceversa debido al retardo que se genera cuando una señal atraviesa una puerta lógica (En el caso que nos ocupa, cuando una señal atraviesa la puerta inversora)

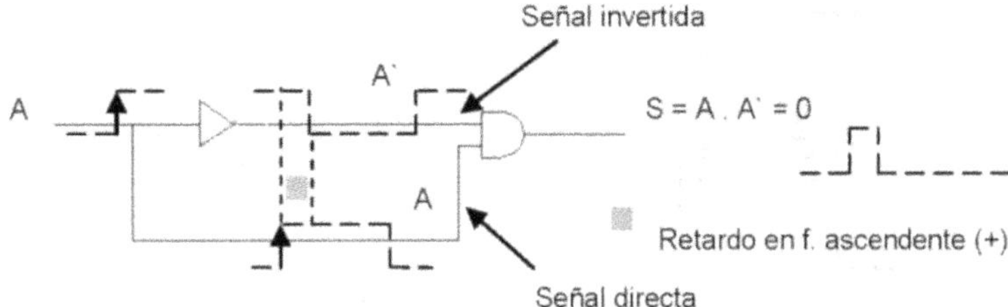

Como puede observarse en la figura existe un pequeño retardo , del orden de nanosegundos, en la entrada a la puerta lógica AND (Y) que está precedida de un inversor , lo que genera el pico de activación de la salida (1), valor binario, durante ese instante de tiempo y que se denomina flanco positivo

Similar circunstancia ocurre cuando el cambio de nivel energético se produce en sentido descendente, esto es, transición de 1 a 0, también denominado flanco negativo

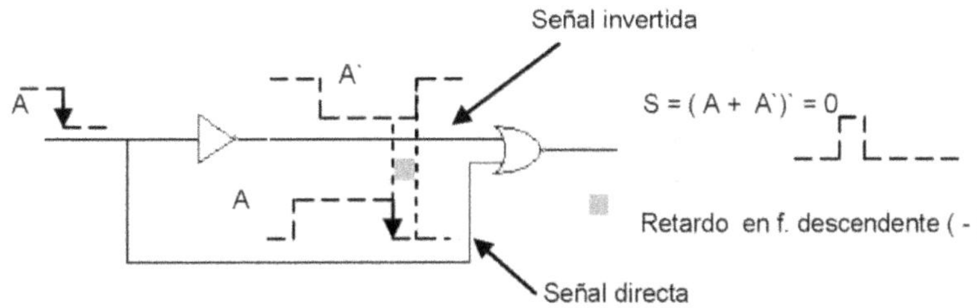

Realicemos la tabla de la verdad de ambas expresiones para ratificar que son ecuaciones de mando equivalentes, aunque como se verá seguidamente con una dinámica funcional diferente

A	A`	S = A x A`	A + A`	S = (A+A`)`
0	1	0	1	0
1	0	0	1	0

III.11.4.1.- Flanco positivo

Para ratificar lo expuesto, observemos en detalle la dinámica de funcionamiento de estos detectores de flanco, comenzando en primer lugar por el flanco positivo o ascendente, cuya ecuación lógica es *S = A . A`,* y que en rigor booliano es igual a cero, pero como veremos seguidamente cabría decir que "tiende a cero" porque durante algún instante su valor es 1

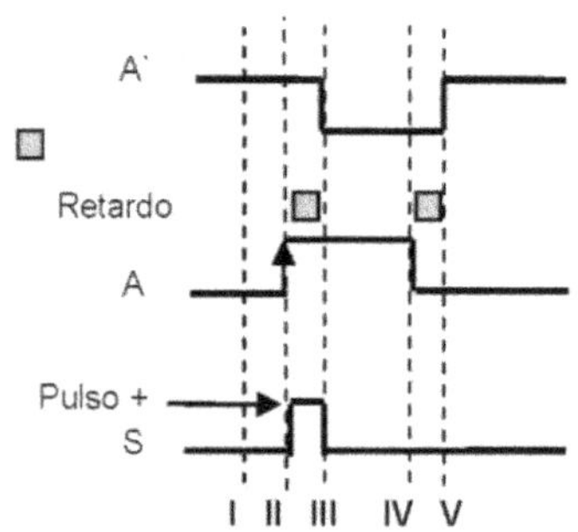

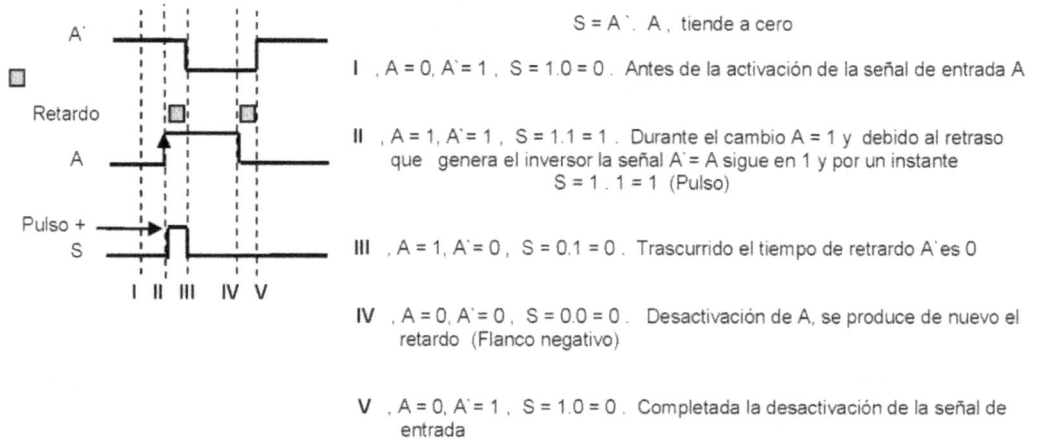

S = A`. A , tiende a cero

I , A = 0, A`= 1 , S = 1.0 = 0 . Antes de la activación de la señal de entrada A

II , A = 1, A`= 1 , S = 1.1 = 1 . Durante el cambio A = 1 y debido al retraso que genera el inversor la señal A`= A sigue en 1 y por un instante S = 1 . 1 = 1 (Pulso)

III , A = 1, A`= 0 , S = 0.1 = 0 . Trascurrido el tiempo de retrardo A`es 0

IV , A = 0, A`= 0 , S = 0.0 = 0 . Desactivación de A, se produce de nuevo el retardo (Flanco negativo)

V , A = 0, A`= 1 , S = 1.0 = 0 . Completada la desactivación de la señal de entrada

queda evidenciado por tanto que la expresión S = A . A` = 0 y que durante la transición la señal de salida S por un breve instante tiene valor 1.

Si adaptamos dicha expresión a tecnología neumática tendremos

S = A . A` (A↑)

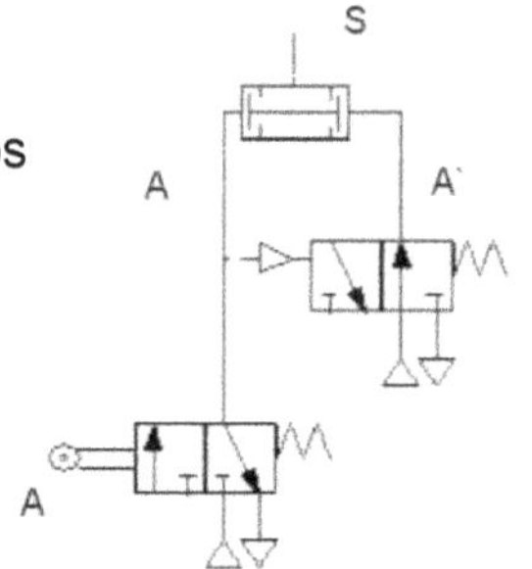

Igualmente podemos proceder transformándola a tecnología eléctrica

S = A . KA` (KA = A) (A↑)

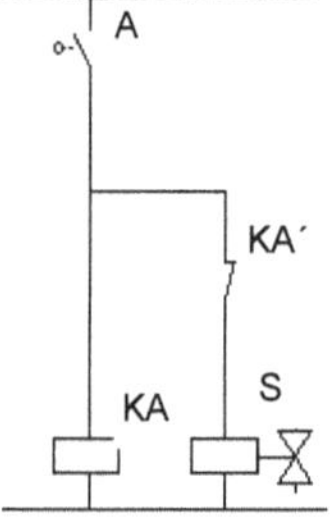

Implementando el flanco positivo mediante autómata programable, debemos tener presente que la señal de flanco debe retenerse dada su aparición fugaz en un único ciclo de escan del PLC, porque solo se activa durante el ciclo en que ha sido detectado, de modo que mediante una configuración biestable RS, bien en modo bloque o desarrollada, es retenida y usada para activar el receptor correspondiente S

Imagen/Pantalla obtenida con el programa Step 7. MicroWin V4. Siemens ©

SA = Señal anuladora

S: Activación (S) = $A \uparrow$
Anulación (R) = SA

$S = (S + A\uparrow) \cdot (SA)'$

Si operamos algebraicamente (Aplicando al producto la ley de Morgan), tendremos:

$$\underbrace{S = A' \cdot A}_{\text{Flanco positivo}} \equiv \underbrace{S = (A' + A)'}_{\text{Flanco negativo}} = A'' \cdot A' = A \cdot A'$$

en la que podemos decir que $S = (A' + A)'$ tiende a cero S = 0, porque también durante algún instante el valor de S es 1

III.11.4.2.- Flanco negativo

Ratifiquemos ahora lo dicho para el flanco descendente (Negativo) y observemos en detalle la dinámica de funcionamiento de este detector de flanco

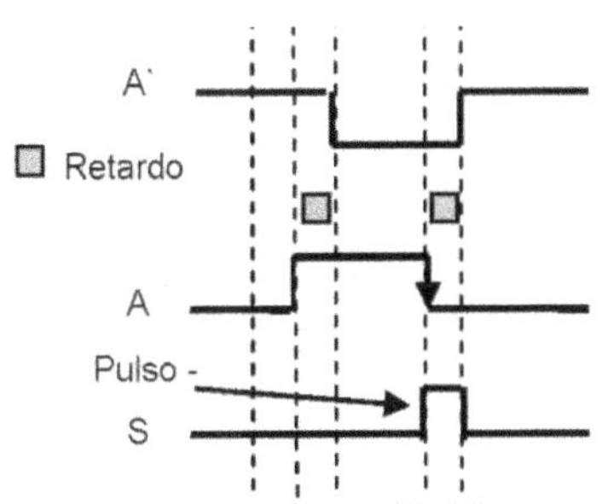

$S = (A' + A)'$, tiende a cero

I , A = 0, A`= 1 , $S = (1 + 0)' = 1' = 0$. Antes de activarse la señal entrante A

II , A = 1, A`= 1 , $S = (1 + 1)' = 1' = 0$ . Durante el cambio A = 1 y debido al retraso que genera el inversor, la señal A`=A sigue en 1 (Flanco positivo)

III , A = 1, A`= 0 , $S = (0 + 1)' = 1' = 0$ . Transcurrido el tiempo de retardo A`es 0

IV , A = 0, A`= 0 , $S = (0 + 0)' = 0' = 1$ . Durante el cambio A = 0 y debido al retraso que genera el inversor la señal A`= A sigue siendo 0 y por un instante $S = (0 + 0)' = 0' = 1$

V , A = 0, A`= 1 , $S = (1 + 0)' = 1' = 0$. Completada la desactivación de la señal de entrada

Queda evidenciado por tanto, que la expresión $S = (A' + A)' = 0$ y que durante la transición la señal de salida (Paso de nivel energético 1 a 0) durante un breve instante es 1

Si adaptamos dicha expresión a tecnología neumática tendremos

S = (A + A`)` (A↓)

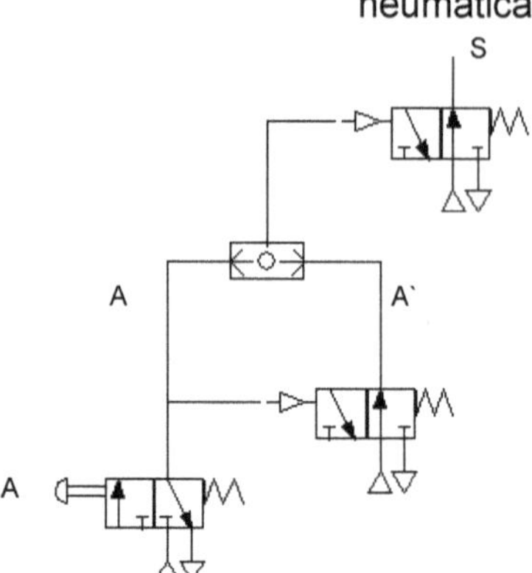

Igualmente podemos proceder transformándola a tecnología eléctrica

S = (A + A`)` (KA = A) (A↓)

S = (A + KA`) `= A`. KA` ` = A` .KA

S = KA`.KA

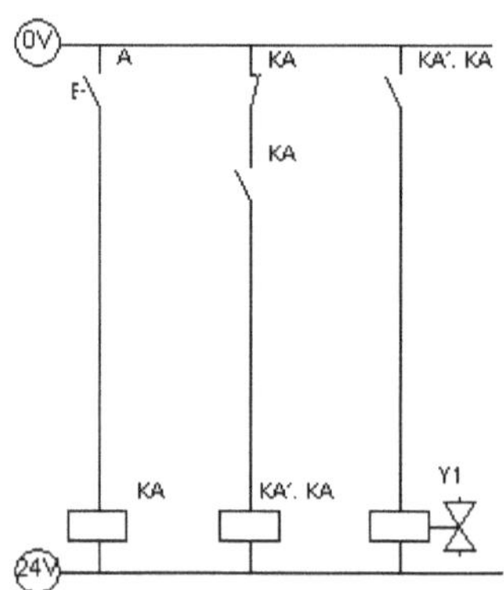

Implementando el flanco negativo mediante autómata programable, debemos tener presente que la señal de flanco debe retenerse dada su aparición fugaz en un único ciclo de escan del PLC, porque solo se activa durante el ciclo en que ha sido detectado, de modo que mediante una configuración biestable RS, bien en modo bloque o desarrollada, es retenida y usada para activar el receptor correspondiente S

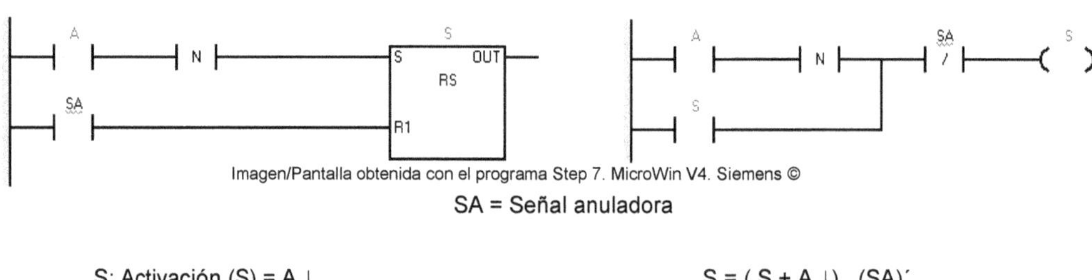

Imagen/Pantalla obtenida con el programa Step 7. MicroWin V4. Siemens ©

SA = Señal anuladora

S: Activación (S) = A ↓
Anulación (R) = SA

S = (S + A ↓) . (SA)´

En resumen, la diferencia en la propagación de la señal de entrada (A), desde que se aplica o retira en la entrada, hasta que se refleja en la salida (S), genera un diferencial de tiempo que permite obtener un pulso en la salida durante la transición ascendente/descendente de la señal de entrada

III.11.4.3.- Ejemplo aplicación flancos

Supongamos que se desea automatizar una cinta trasportadora C que desplaza piezas alargadas P, de modo que un primer sensor S1 al detectar el comienzo y final de las mismas, activará/desactivará una boquilla de pintura BP que está alineada con S1.

Seguidamente la pieza pasará bajo una boquilla secadora BS, separada de la anterior una longitud igual a la de la pieza, de modo que esta boquilla se activará al situarse el extremo inicial de la pieza bajo ella. La boquilla secadora deberá desactivarse al pasar bajo ella el extremo posterior de la pieza, circunstancia esta que será detectada por un sensor S2 situado a la derecha de la boquilla secadora, también a una distancia igual a la longitud de la pieza.

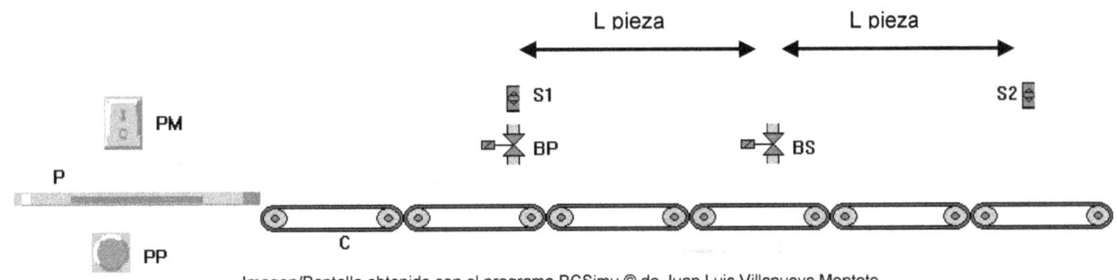

Imagen/Pantalla obtenida con el programa PCSimu © de Juan Luis Villanueva Montoto

Para asegurar la fluidez y continuidad sin interferencias en el procesado de las piezas, la alimentación de una nueva pieza, que se realiza mediante la activación de un pulsador PP, no será posible en tanto en cuanto se esté pintando una pieza previa.

La puesta en marcha del sistema y de la cinta se efectuará activando un pulsador con enclavamiento de puesta en marcha PM

Las ecuaciones de mando serían:

C = PM , Puesta en marcha del sistema y de la cinta

BP = S1, La boquilla de pintura estará activa en tanto en cuanto el sensor S1 esté activo, esto es, haya pieza bajo la boquilla

BS La boquilla secadora se activará por el flanco negativo de S1 (S1↓) , esto es, en cuanto se desactive la boquilla de pintura o lo que es lo mismo , en cuanto la pieza deje de activar S1 y se detendrá por el flanco positivo de (S2↑) o lo que es lo mismo, en cuanto la pieza activa el sensor S2, esto es, en cuanto la pieza deje de estar bajo,la boquilla de secado .

Como las señales de flaco , cuando se controlan mediante PLC, solo están presentes en el ciclo de escan donde se generan, se retiene la señal activadora S1↓ para mantener activo el receptor, en este caso la boquilla secadora

BS: S = S1↓ y R = S2↑

BS = (BS + S1↓) . (S2↑)`

M0.0 = S2↑

BS = (BS + S1↓) . M0.0`

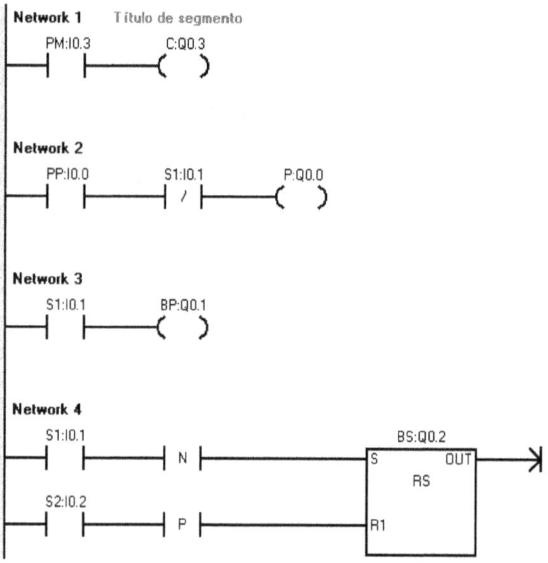

Network 1 Título de segmento
PM:I0.3 C:Q0.3

Network 2
PP:I0.0 S1:I0.1 P:Q0.0

Network 3
S1:I0.1 BP:Q0.1

Network 4
S1:I0.1 N BS:Q0.2 S OUT RS
S2:I0.2 P R1

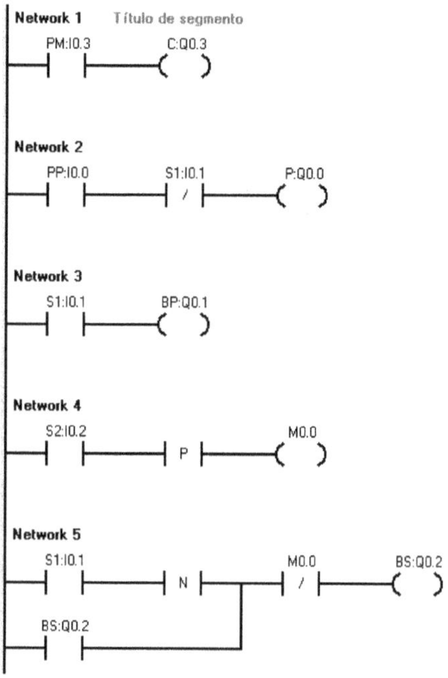

Network 1 Título de segmento
PM:I0.3 C:Q0.3

Network 2
PP:I0.0 S1:I0.1 P:Q0.0

Network 3
S1:I0.1 BP:Q0.1

Network 4
S2:I0.2 P M0.0

Network 5
S1:I0.1 N M0.0 BS:Q0.2
BS:Q0.2

Imagen/Pantalla obtenida con el programa Step 7. MicroWin V4. Siemens ©

III.11.5.- Multivibrador astable. Intermitente

III.11.5.1.- Fundamentación del multivibrador astable.

Los autómatas programables disponen de bits de estado para generar señales intermitentes-pulsos (P.e.: PLC Siemens S7-200, marcas especiales SM0.4: bit activo durante 30 s. y desactivo otros 30 s, SM0.5: bit activo durante 0,5 s. y desactivo 0,5 s.). Pero mediante la configuración multivibrador astable (*) podemos establecer un generador de impulsos, configurable según ondas no cuadradas que pueden tener diferente duración en la señal de salida en su estado activo y en su estado desactivo, además con posibilidad de configurar su duración según se desee.

(*) Monoestable = Un estado estable / Biestable = Dos estados estables / Astable = Sin estado estable

Así, si disponemos de una señal activadora (I0.0) y mediante dos temporizadores a la conexión ON (T1 y T2) con diferente valor en el tiempo preseleccionado (P.e.: 1 y 2 s., respectivamente), dispuestos con la lógica que se detalla seguidamente, podremos controlar de forma intermitente el estado de "Activado" / "No activado" de un receptor (Q0.0)

Representando gráficamente los citados estados "Activo / "No activo" del sistema (Multivibrador Astable ≡ Generador de impulsos asíncrono) y sus respectivas señales de control establecidas por los temporizadores y la señal de activación, tendremos:

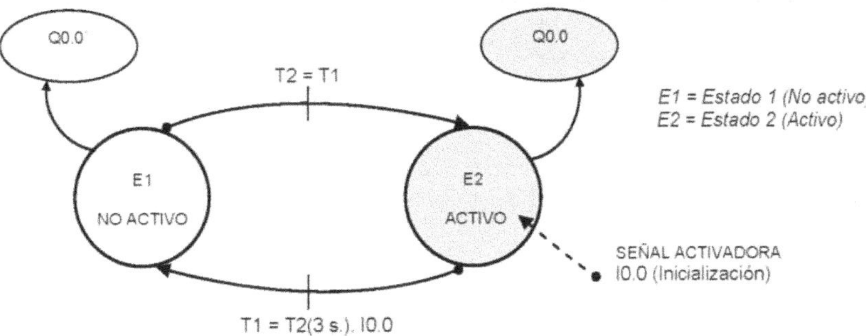

Cuyas ecuaciones de mando y representación gráfica de señales serían las siguientes:

Q0.0 = T1 (1s.) T1 (1s) = I0.0 . T2` T2 (2 s.) = T1

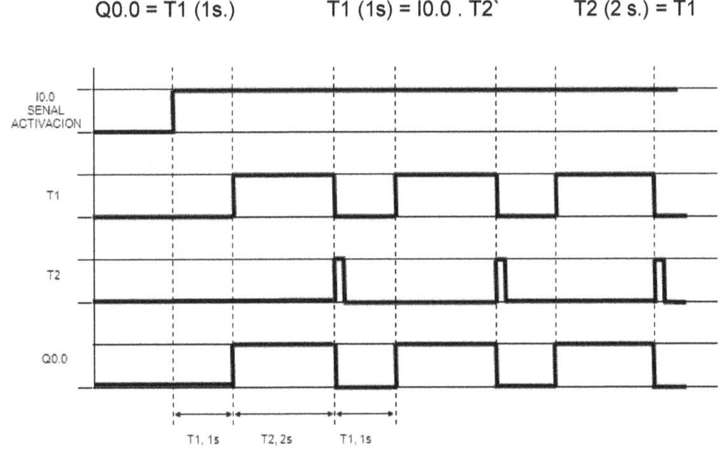

El diagrama de contactos para el control del multivibrador/receptor mediante autómata programable sería:

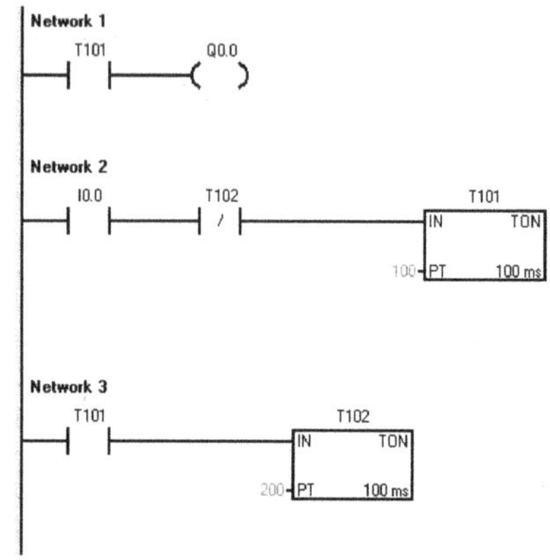

Imagen/Pantalla obtenida con el programa Step 7. MicroWin V4. Siemens ©

Si establecemos diversas combinaciones de los valores de temporización PT de T1 y T2, observamos que:

El valor PT preseleccionado en T1, incide en el tiempo de apagado del receptor, de modo que a menor PT en T1 menor tiempo de apagado y viceversa

El valor PT preseleccionado en T2 incide en el tiempo de encendido del receptor de modo que a menor PT en T2 menor tiempo de encendido y viceversa

En todo caso valores pequeños tanto de T1 como de T2 harán un efecto intermitente más rápido y vivo

Se reflejan seguidamente imágenes del analizador digital de PC simu de alguna combinación representativa de valores T1/ T2

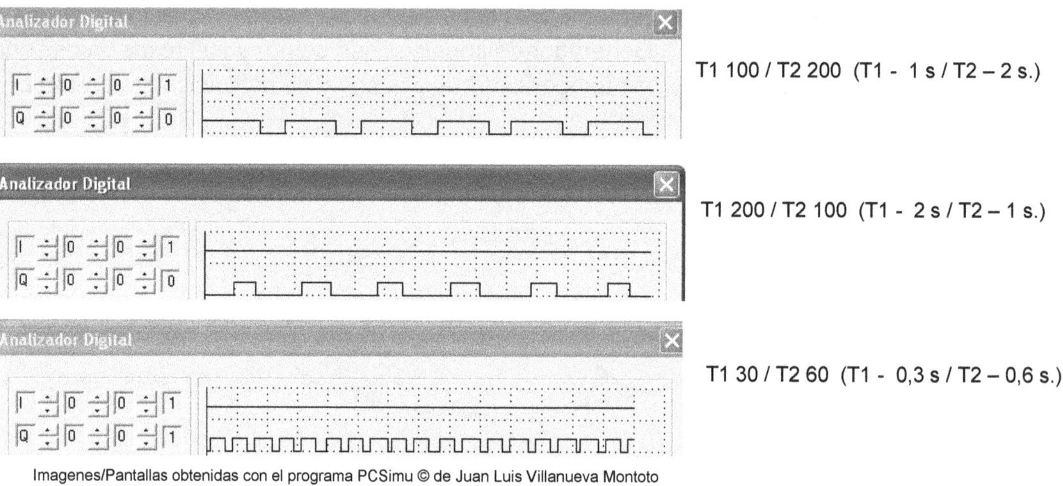

T1 100 / T2 200 (T1 - 1 s / T2 – 2 s.)

T1 200 / T2 100 (T1 - 2 s / T2 – 1 s.)

T1 30 / T2 60 (T1 - 0,3 s / T2 – 0,6 s.)

Imagenes/Pantallas obtenidas con el programa PCSimu © de Juan Luis Villanueva Montoto

III.11.5.2.- Ejemplo aplicación multivibrador astable.

Supongamos que se desea controlar mediante autómata programable un semáforo de forma que tras el establecimiento una señal activadora (I0.1) tenga la siguiente secuencia de funcionamiento:

. Encendido luz ámbar (Q0.2) durante 4 segundos

. Encendido luz ámbar en modo intermitente (*) durante 3 segundos

. Encendido luz roja (Q0.3) durante 6 segundos

. Encendido luz verde (Q0.4) durante 8 segundos

(*) Deberá permanecer encendida 0,2 s. y pagada 0,4 s. para conseguir un destello de encendido breve

Partiendo de la funcionalidad descrita podemos establecer el siguiente diagrama de estado:

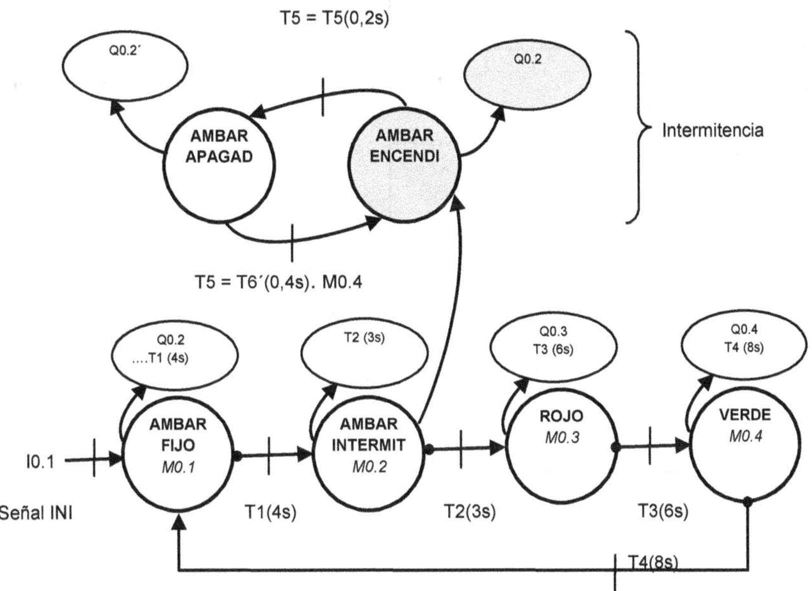

Las señales de control de estados y las ecuaciones de mando serían:

M0.1 = (M0.1 + I0.1 + M0.4 . T4) M0.2`

M0.2 = (M0.2 + M0.1 .T1) M0.3`

M0.3 = (M0.3 + M0.2 . T2) . M0.4

M0.4 = (M0.4 + M0.3 . T3) . M0.1

T101 (4s) Ton = M0.1

T102 (3s) Ton = M0.2

T103 (6s) Ton = M0.3

T104 (8s) Ton = M0.4

T5 (0,2 s.) Ton = M0.2 . T6`

T6 (0,4 s.) Ton = T5

Q0.2 = M0.1 + M0.2

Q0.3 = M0.3

Q0.4 = M0.4

Q0.2 = T5 (0,2 s.)

Estado (Biestable)	Descripción	Señal activadora (S)	Señal anuladora (R)	Receptor a activar
E1 M0.1	ÁMBAR FIJO (4s.)	I0.1 + T4	M0.2	Q0.2 T1 (On) 4S.
E2 M0.2	ÁMBAR INTERMITENTE (3s.)	T1	M0.3	Q0.2? T2 (On) 3s.
E3 M0.3	ROJO (6s.)	T2	M0.4	Q0.3 T3 (On) 6S.
E4 M0.4	VERDE (8s.)	T3	M0.1	Q0.4 T4 (On) 8s.

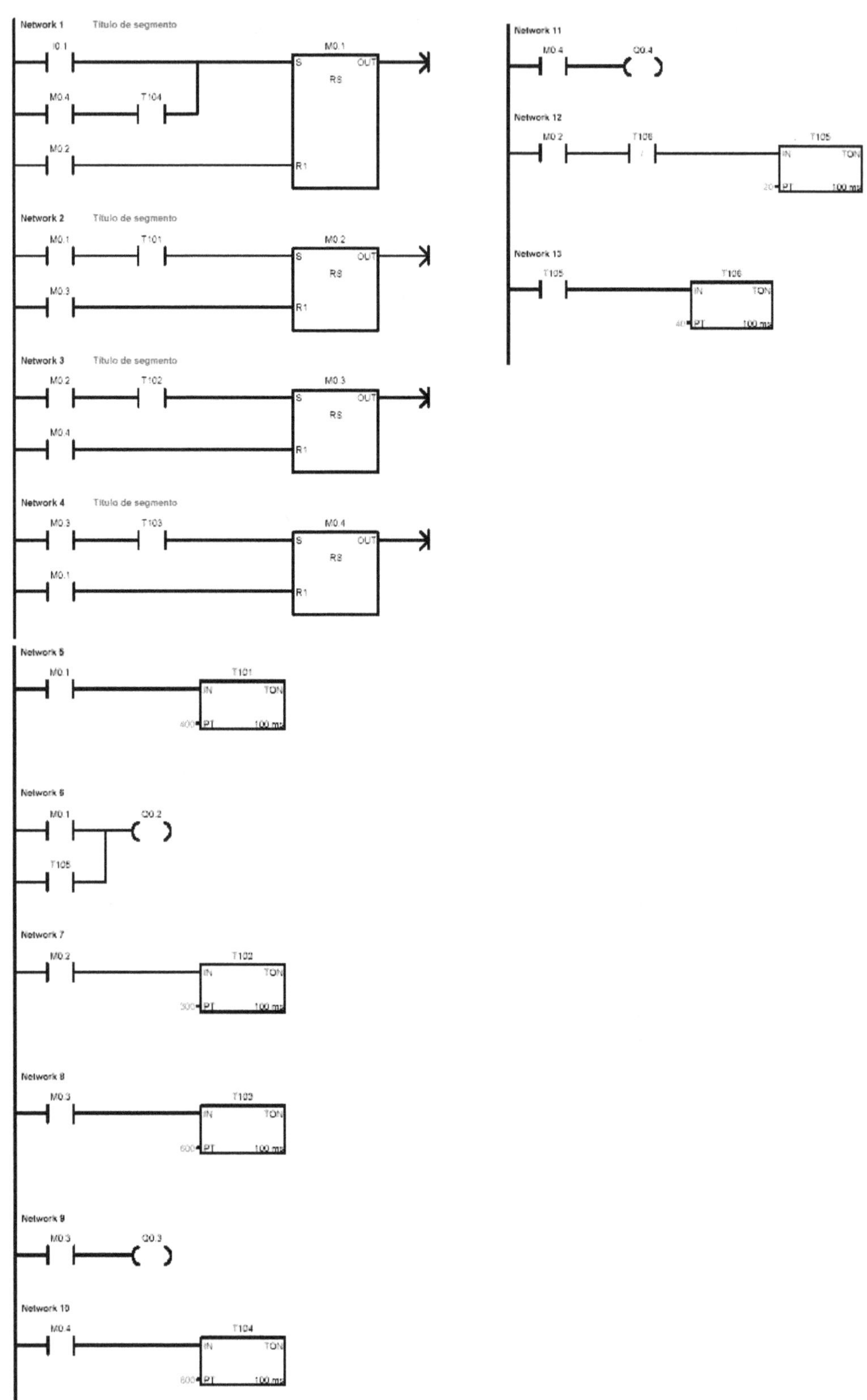

Imagenes/Pantallas obtenidas con el programa Step 7. MicroWin V4. Siemens ©

III.-11.6.- Control de displays

III.-11.6.1.- Lógica básica para la decodificación de los segmentos de un display

Los displays de siete segmentos son utilizados frecuentemente en sistemas automáticos para visualizar el contaje de eventos, tiempos, etc...., cuya funcionalidad general es decodificar un número BCD (*) activando los segmentos oportunos de modo que considerando diferente combinaciones se puedan simbolizar los diez dígitos (0-9) del sistema decimal.

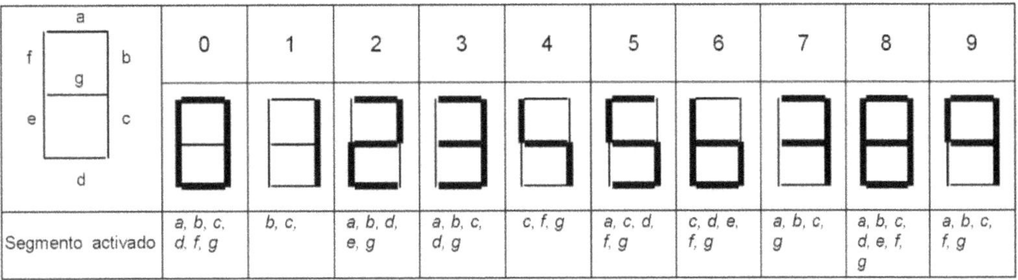

a, b, c, d, e, f, g	0	1	2	3	4	5	6	7	8	9
Segmento activado	a, b, c, d, f, g	b, c,	a, b, d, e, g	a, b, c, d, g	c, f, g	a, c, d, f, g	c, d, e, f, g	a, b, c, g	a, b, c, d, e, f, g	a, b, c, f, g

Para su lógica de decodificación se precisan cuatro entradas en BCD y siete salidas (**), una por cada segmento, siendo su tabla de la verdad la siguiente

BCD		*Binario*				*Decimal*
0000		0	0	0	0	0
0001		0	0	0	1	1
0010		0	0	1	0	2
0011		0	0	1	1	3
0100		0	1	0	0	4
0101		0	1	0	1	5
0110		0	1	1	0	6
0111		0	1	1	1	7
1000		1	0	0	0	8
1001		1	0	0	1	9
Códigos no operativos (E.I.)	*1010*	1	0	1	0	10
	1011	1	0	1	1	11
	1100	1	1	0	0	12
	1101	1	1	0	1	13
	1110	1	1	1	0	14
	1111	1	1	1	1	15

Las combinaciones que representan los número 10 al 15 al no presentarse en un único display pueden ser consideradas como estados imposibles (E.I., ver AF I pag. 174, apartado 1.2.8. Condiciones indiferentes)

Como ya se indicó en AFI (*), para convertir un número expresado en BCD (El proporcionado por el PLC en el contaje de eventos, tiempos...) a decimal (En que se ha de representar para su visualización) se hacen grupos de 4 bit, comenzando por la derecha y se sustituye por el dígito decimal correspondiente :

$$\text{P.e.: } \underbrace{0\,0\,1\,1}_{\text{BCD}} \rightarrow \underbrace{3}_{\text{Decimal}}$$

(*) Vease Automatización Fundamentada I. , pag 36 – 38, apartado 1.2.3.4. Código Decimal Binario (BCD)

III.-11.6.2.- Los displays en PCsimu

(Ver páginas 41 y 59 . 46, apartado " IIndicaciones para el manejo de PCsimu)

En cada display se visualiza el código BCD actuando en las cuatro salidas concebidas (**). El programa establece automáticamente las salidas para el número de displays escogidos (cuatro máximo) a partir de la dirección inicial

(**) Las posibles combinaciones de 4 variables son $2^4 = 16$, con lo que es suficiente para poder activar los siete segmentos, según proceda para representar los dígitos 0 al 9

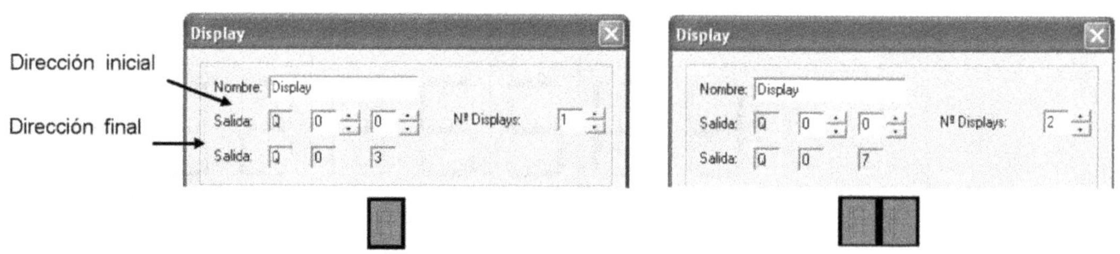

Imagenes/Pantallas obtenidas con el programa PCSimu © de Juan Luis Villanueva Montoto

Considerando un único display tendremos:

Valor binario

Dígito a representar	Segmento a activar							Asignación salidas del display (PCsimu). BCD			
								8	4	2	1
	a	b	c	d	e	f	g	*Q0.3*	*Q0.2*	*Q0.1*	*Q0.0*
0	1	1	1	1	1	1					
1		1	1								1
2	1	1		1	1		1			1	
3	1	1	1	1			1			1	1
4			1			1	1		1		
5	1		1	1		1	1		1		1
6			1	1	1	1	1		1	1	
7	1	1	1				1		1	1	1
8	1	1	1	1	1	1	1	1			
9	1	1	1		1	1	1	1			1

Las ecuaciones lógicas que controlan la generación de los diez dígitos (0 – 9) expresadas mediante suma de productos (miniterminos) son las siguientes:

$$Q0.0 = \sum (1, 3, 5, 7, 9)$$

$$Q0.1 = \sum (2, 3, 6, 7)$$

$$Q0.2 = \sum (4, 5, 6, 7)$$

$$Q0.3 = \sum (8, 9)$$

El diagrama de contactos para una aplicación de automatización donde debe visualizarse los dígitos 0 al 9 para el contaje de la emisión de una señal I0.1 (Pulsador P1) y reseteo del contador (C1) mediante una señal I0.2 (Pulsador P2) teniendo presente que el citado contador proporciona los valores BCD de los minitérminos indicados mas arriba asignándole al display las salidas Q0.0 a Q0.3 para la consecución de la combinatoria establecida, sería :

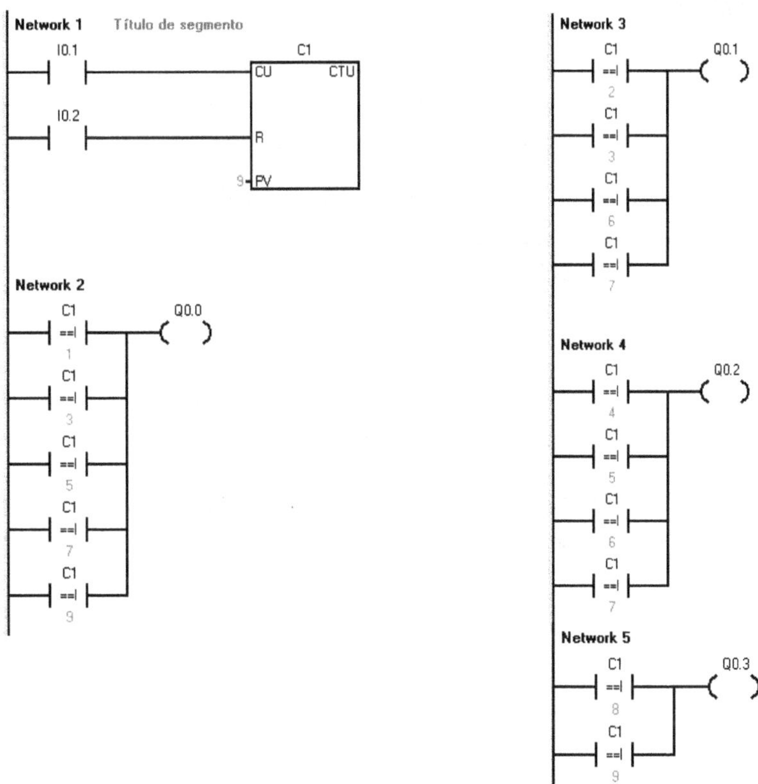

Imagenes/Pantallas obtenidas con el programa Step 7. MicroWin V4. Siemens ©

III.-11.6.3.- Ejemplo aplicación displays

Retomemos el sistema automático planteado en la pag. 387 del libro Automatización Fundamentada II, cuyo enunciado era:

Ejercicio: Se dispone de un sistema de desplazamiento de piezas en el que un tramo móvil del mismo, se desplaza por la salida/entrada de un cilindro A.

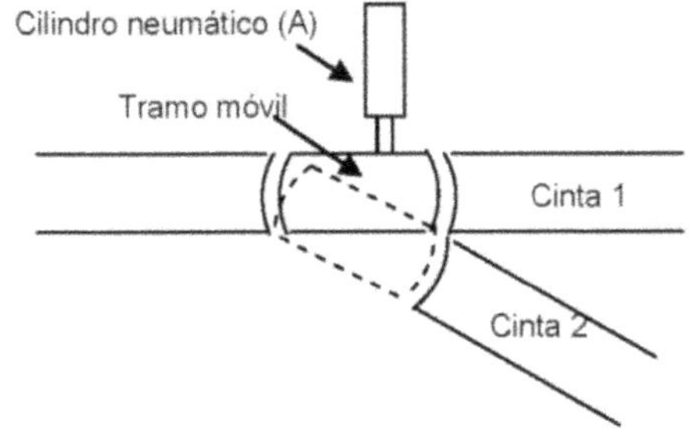

Debe conseguirse que el 60 % de las mismas se se conduzcan a la cinta 1 y el resto a la cinta 2 .

Las piezas son detectadas por un captador de presencia de pieza PP (Electroválvula 3/2 NC rodillo-muelle

El cilindro A de doble efecto es comandado por una electroválvula 5/2 biestáble y tiene controladas sus posiciones extremas de recorrido por finales de carrera (a0/a1) implementados en electroválvulas monoestables 3/2 rodillo-muelle.

El sistema dispone de un pulsador de puesta en marcha (PM) con enclavamiento al objeto de establecer un funcionamiento continuo del mismo.

Diseñar el diagrama de contactos para control del sistema mediante PLC, contemplando además el bloqueo del paso de pieza (Anulación señal pulsador = captador PP) durante el movimiento del tramo móvil de la cinta

Además, se completa ahora el sistema con sendos displays, uno para visualizar el contaje de las piezas que restan por pasar por la cinta 1 y otro para las que restan por pasar por la cinta 2

Haremos una ligera modificación del contaje de eventos, elevándolo a 9 y 6 piezas respectivamente por ciclo de trabajo, que sigue manteniendo los valores porcentuales fijados inicialmente, piezas a controlar para la cinta 1 y 2 : 60 y 40 % , por tanto 60/40 = 3/2 = 9/6, esto es, 9 piezas por la cinta 1 y 6 piezas por la cinta 2

Se incorporan dos contadores decrementales: C1 para controlar el paso de piezas por la cinta 1 y el contador C2 para controlar el paso de piezas por la cinta 2

En principio el grafo de secuencia y ecuaciones de mando del cilindro A son:

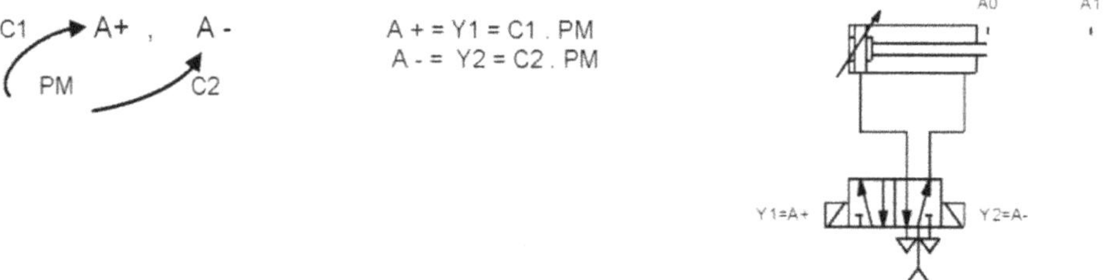

Eventos a contar : Cinta 1, paso de 9 piezas controladas por el detector PP, estando el cilindro retraído, (F. c. a0 pisado) siendo por tanto PP . a0 la señal de entrada para el contador C1, que cuando alcance el valor preseleccionado (9) establecerá la salida del cilindro (A+), Para la cinta 2, los eventos a contar son el paso de 6 piezas detectadas por el captador PP, estando el cilindro extendido (F..c. a1 pisado) , siendo PP . a1, la señal de entrada (Pulso) para el contador C2, de modo que al alcanzar el valor preseleccionado (6) determina la entrada del cilindro (A-)

El reseteo de cada uno de los contadores, está constituido por la puesta en marcha del otro.

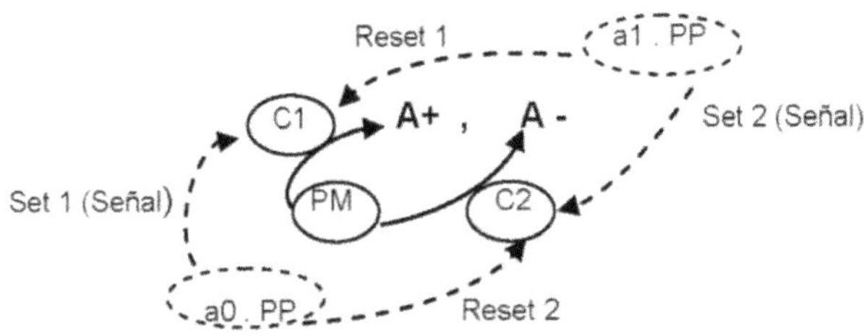

Símbolo	Dirección	Comentario
PM	I0.0	
a0	I0.1	
a1	I0.2	
PP	I0.3	
Y1	Q0.1	A+
Y2	Q0.2	A-
Bloc_PP	Q0.3	Bloqueador detector PP
CON1	C1	Contador 9 piezas, 60 %
CON2	C2	Contador 4 piezas, 40 %
D1		Q1.1 / Q1.4 Display piezas que faltan pasar por cinta 1
D2		Q2.1 / Q2.4 Display piezas que faltan pasar por cinta 2

Imagen/Pantalla obtenida con el programa Step 7. MicroWin V4. Siemens ©

Contador 1 (C1), Set = a0 .PP = I0.1. I0.3 C1 Reset = a1 . PP = I0.2. I0.0

Contador 2 (C2), Set = a1 .PP = I0.2. I0.3 C2 Reset = a0 . PP = I0.1 . I0.3

Para impedir el paso de pieza cuando el cilindro A está en movimiento y por tanto cuando no están pisados ni a0 ni a1 (Dicho de otro modo, solo será efectiva si está pisado a0 ò a1) establecemos la siguiente ecuación de mando:

Bloqueo activación PP, Bloc PP = Q0.3 = PP(a0 + a1) = I0.3 (I0.1 + I0.2)

Al display 1. Cinta 1, se le asignan las salidas Q1.1 a Q1.4 y al display 2. Cinta 2 se le asignan las salidas Q2.1 a Q2.4

Las respectivas tablas de la verdad para contar hasta 9 y 6 piezas que falten por pasar son (Ver pag. siguiente):

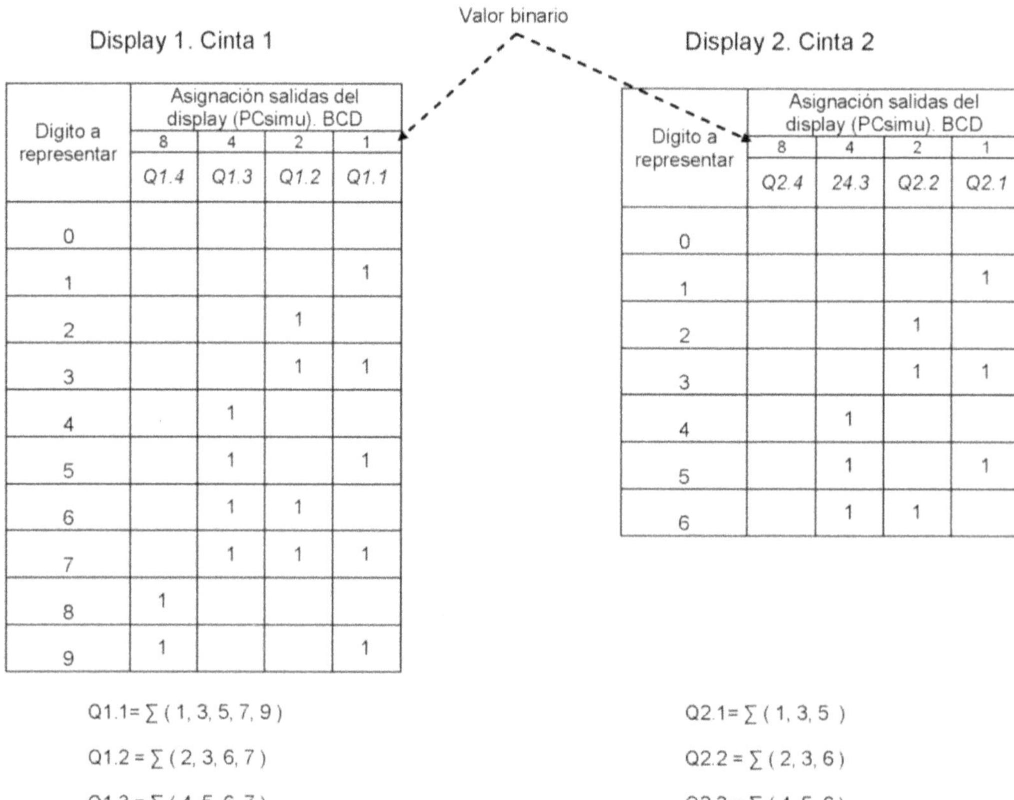

Display 1. Cinta 1

Digito a representar	Asignación salidas del display (PCsimu). BCD			
	8	4	2	1
	Q1.4	Q1.3	Q1.2	Q1.1
0				
1				1
2			1	
3			1	1
4		1		
5		1		1
6		1	1	
7		1	1	1
8	1			
9	1			1

Display 2. Cinta 2

Digito a representar	Asignación salidas del display (PCsimu). BCD			
	8	4	2	1
	Q2.4	24.3	Q2.2	Q2.1
0				
1				1
2			1	
3			1	1
4		1		
5		1		1
6		1	1	

Q1.1= $\sum$ (1, 3, 5, 7, 9)

Q1.2 = $\sum$ (2, 3, 6, 7)

Q1.3 = $\sum$ (4, 5, 6, 7)

Q1.4 = $\sum$ (8, 9)

Q2.1= $\sum$ (1, 3, 5)

Q2.2 = $\sum$ (2, 3, 6)

Q2.3 = $\sum$ (4, 5, 6)

Q2.4 = No se necesita implementar

Siendo el diagrama de contactos para el control del sistema (Ver pag siguiente):

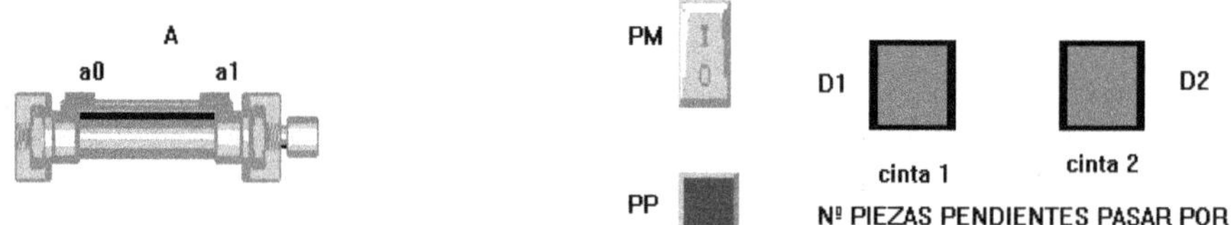

Imagen/Pantalla obtenida con el programa PCSimu © de Juan Luis Villanueva Montoto

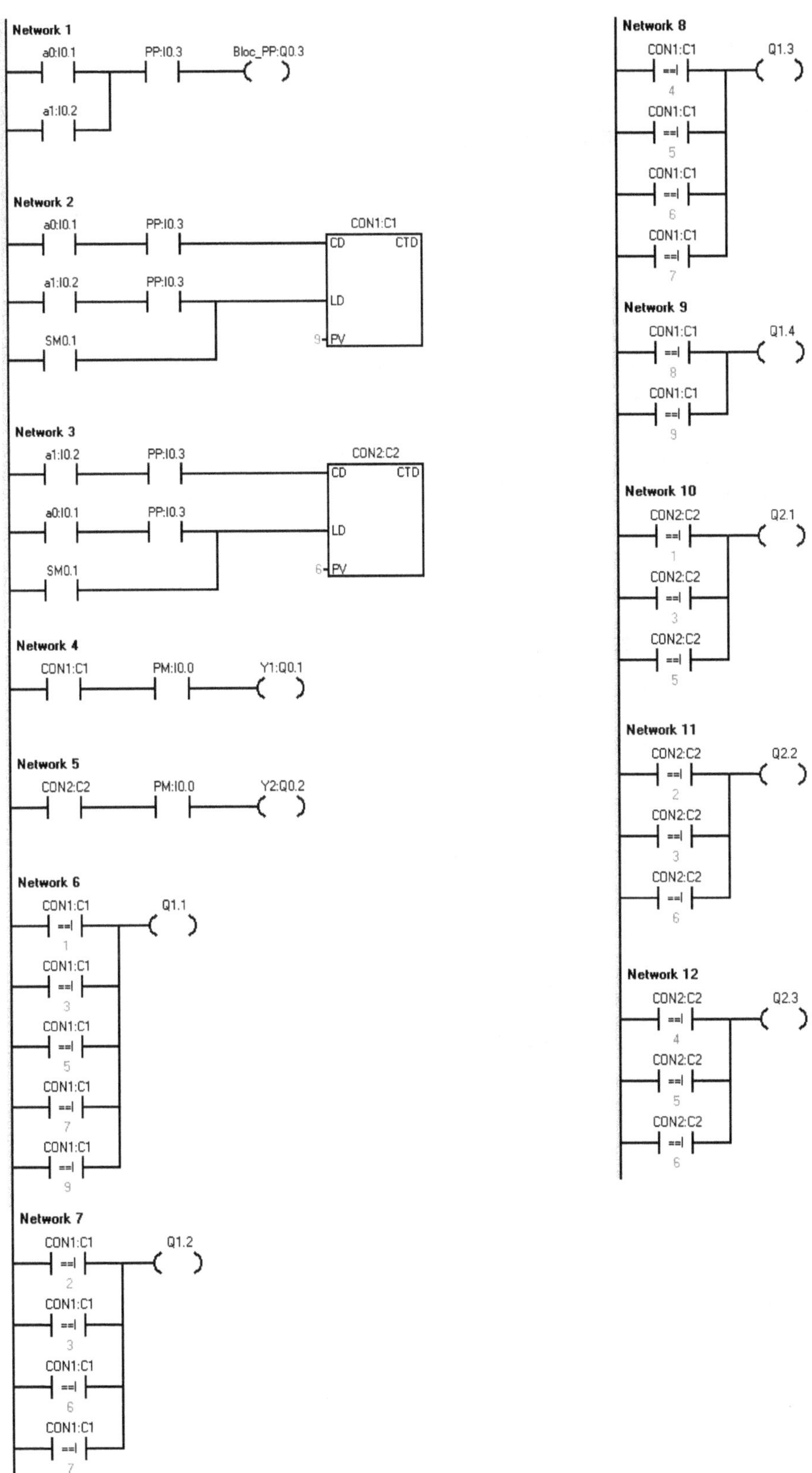

Imagenes/Pantallas obtenidas con el programa Step 7. MicroWin V4. Siemens ©

III.-11.6.4.- Implementación de 2/4 displays

Si se quisiera visualizar el contaje de p.e. hasta 33 eventos, se precisarían 2 displays con la siguiente configuración lógica:

Display 2º				Display 1º			
8	4	2	1	8	4	2	1
Q0.4	*Q0.3*	*Q0.2*	*Q0.1*	*Q1.0*	*Q0.7*	*Q0.6*	*Q0.5*

Ver tabla de la verdad en pag. siguiente.

Las ecuaciones lógicas que controlan la generación de los dígitos (0 – 33) expresadas mediante suma de productos (miniterminos) son las siguientes:

Display 2

Q0.1= ∑ (10, 11, 12, 13, 14, 15, 16, 17, 18, 19, 30, 31, 32, 33)

Q0.2 = ∑ (20, 21, 22, 23, 24, 25, 26, 27, 28, 29, 30, 31, 32, 33)

Q0.3 = No se necesita implementar

Q0.4 = No se necesita implementar

Display 1

Q0.5= ∑ (1, 3, 5, 5, 7, 9, 11, 13, 15, 17, 19, 21, 23, 25, 27, 29, 31, 33)

Q0.6 = ∑ (2, 3, 6, 7, 12, 13, 16, 17, 22, 23, 26, 27, 32, 33)

Q0.7 = ∑ (4, 5, 6, 7, 14, 15, 16, 17, 24, 25, 26, 27)

Q1.0 = ∑ (8, 9, 18, 19, 28, 29)

Dígito a representar	Asignación salidas del display 2º				Asignación salidas del display 1º			
	8	4	2	1	8	4	2	1
	Q0.4	*Q0.3*	*Q0.2*	*Q0.1*	*Q1.1*	*Q0.7*	*Q0.6*	*Q0.5*
0								
1								1
2							1	
3							1	1
4						1		
5						1		1
6						1	1	
7						1	1	1
8					1			
9					1			1
10				1				
11				1				1
12				1			1	
13				1			1	1
14				1		1		
15				1		1		1
16				1		1	1	
17				1		1	1	1
18				1	1			
19				1	1			1
20			1					
21			1					1
22			1				1	
23			1				1	1
24			1			1		
25			1			1		1
26			1			1	1	
27			1			1	1	1
28			1		1			
29			1		1			1
30			1	1				
31			1	1				1
32			1	1			1	
33			1	1			1	1

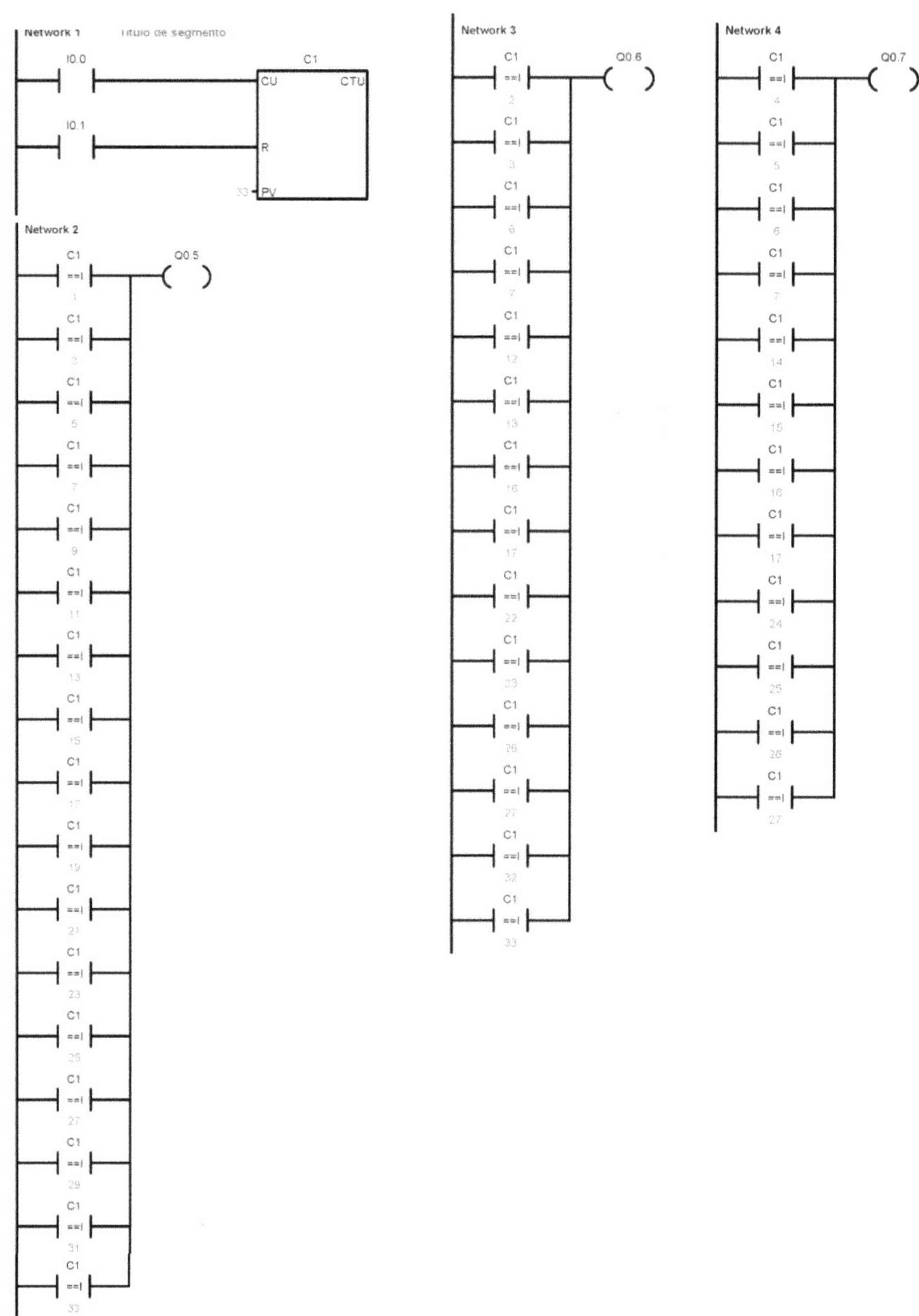

Imagenes/Pantallas obtenidas con el programa Step 7. MicroWin V4. Siemens ©

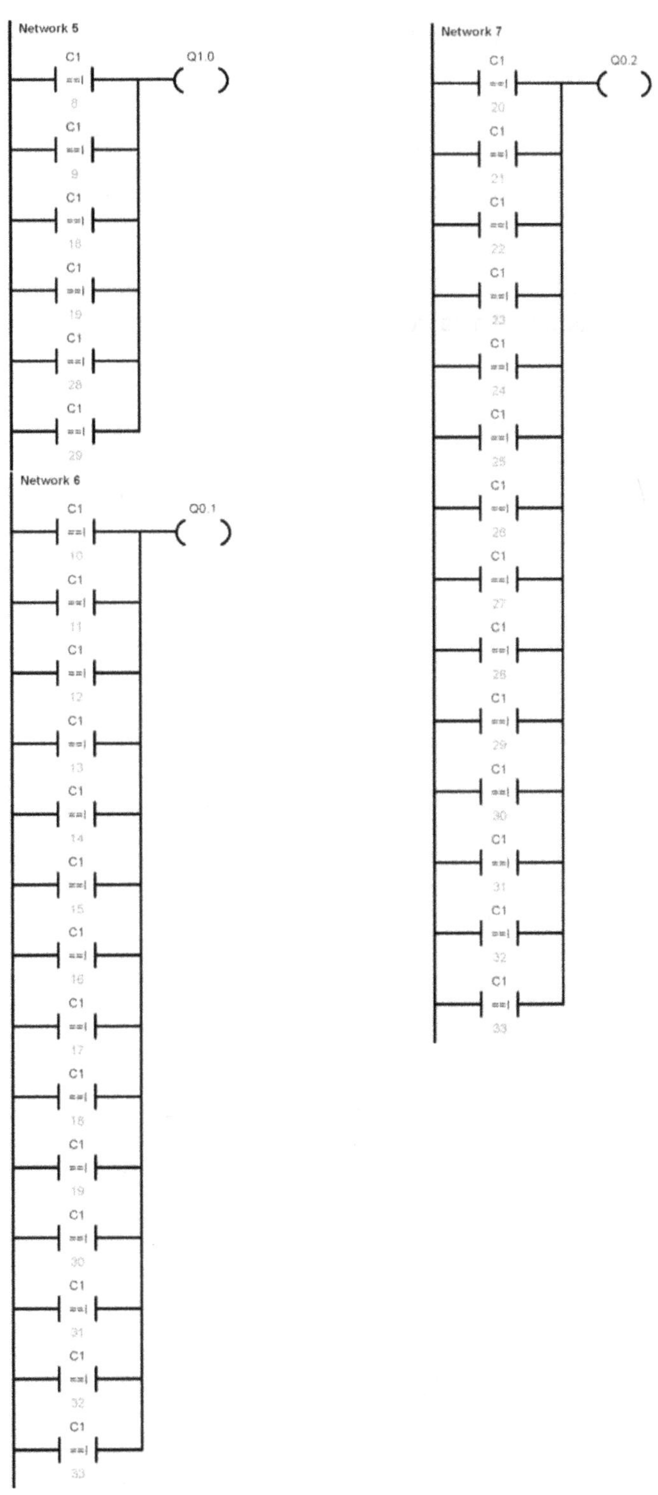

Imagenes/Pantallas obtenidas con el programa Step 7. MicroWin V4. Siemens ©

Siguiendo la lógica descrita, en PCsimu es posible implementar hasta 4 displays , cuya configuración / direccionamiento sería:

Display 4º				Display 3º				Display 2º			
8	4	8	4	2	1	2	1	8	4	2	1
Q0.3	Q0.2	Q0.1	Q0.0	Q0.7	Q0.6	Q0.5	Q0.4	Q1.3	Q1.2	Q1.1	Q1.0

Display 1º			
8	4	2	1
Q1.7	Q1.6	Q1.5	Q1.4

No obstante, para contajes de cantidades mayores de 9 eventos es mas oportuno operar mediante otra lógica de control que no será tratada en esta publicación.

III.11.7.- Procesos en paralelo

En los procesos industriales existen sistemas automáticos que por su naturaleza realizan secuencialmente sus actuaciones una tras otra, pero también frecuentemente existen otros sistemas que desarrollan dos o más actuaciones simultáneamente que son conocen como "Procesos en paralelo".

En este ámbito de funcionamiento podemos encontrar las denominadas "máquinas transfer" cuya particularidad es que realizan trabajos simultáneos sobre las piezas a procesar al irse desplazando-trasfiriendo las mismas de un punto de procesado (Estación de mecanizado) a otro, bien sean de configuración radial o línea, aunque en la realidad industrial existen variantes de estas configuraciones básicas

Transfer radial.

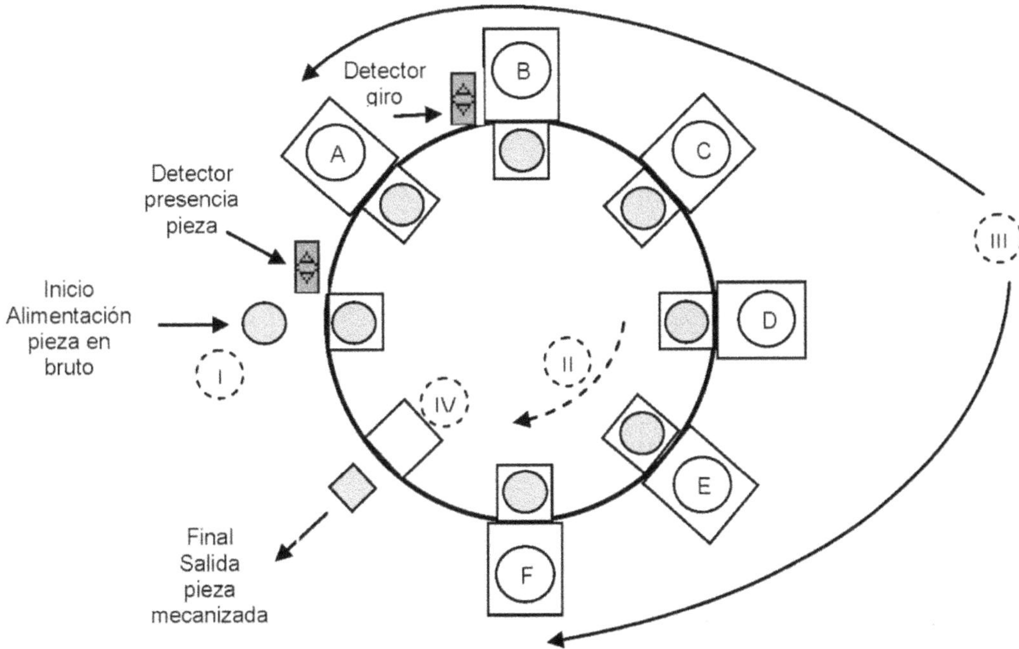

I + IV.- Expulsión pieza mecanizada (*) y alimentación de pieza en bruto en el asiento, detectado su presencia

II .- Giro de 45º tras la alimentación de pieza

III .- Realización simultánea de los procesos A a F

II .- Giro de 45º tras la alimentación de pieza y a la conclusión de todos los procesos

I + IV.- ....

(*) Durante los ciclos iniciales no saldrán piezas mecanizadas

Transfer lineal.

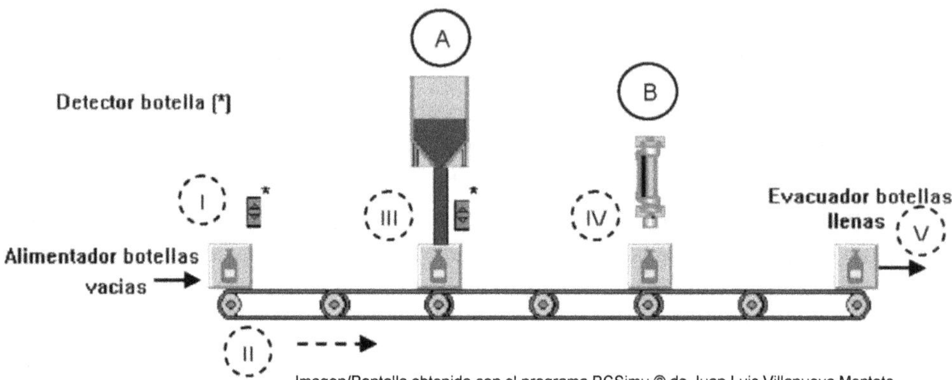

Imagen/Pantalla obtenida con el programa PCSimu © de Juan Luis Villanueva Montoto

I + V.- Retirada botella llena/taponada (**) y alimentación botella vacía

II .- Movimiento de la cinta hasta posicionar botella frente a boca de carga

III + IV.- Realización simultánea de los procesos A y B (Llenado y taponado)

II .- Movimiento de la cinta hasta posicionar botella frente a boca de carga

I + V.- ....

(**) Durante los ciclos iniciales no saldrán botellas llenas/taponadas

III.12.- PROYECTO tanquefuelAFIII

Diseñar un sistema de control para la automatización de una planta de secado (Horno), contemplando el nivel de llenado del tanque de combustible (fuel-oil), su temperatura y presión de uso, así como el estado funcional de los quemadores de combustible

III. 12.1.- Anteproyecto

III. 12.1.1.- Descripción física

El sistema de alimentación y quemado de combustible del horno de la planta de secado se identifica con la denominación tanquefuelAFIII, cuyo sinóptico se refleja en la siguiente figura y que tiene las siguientes características

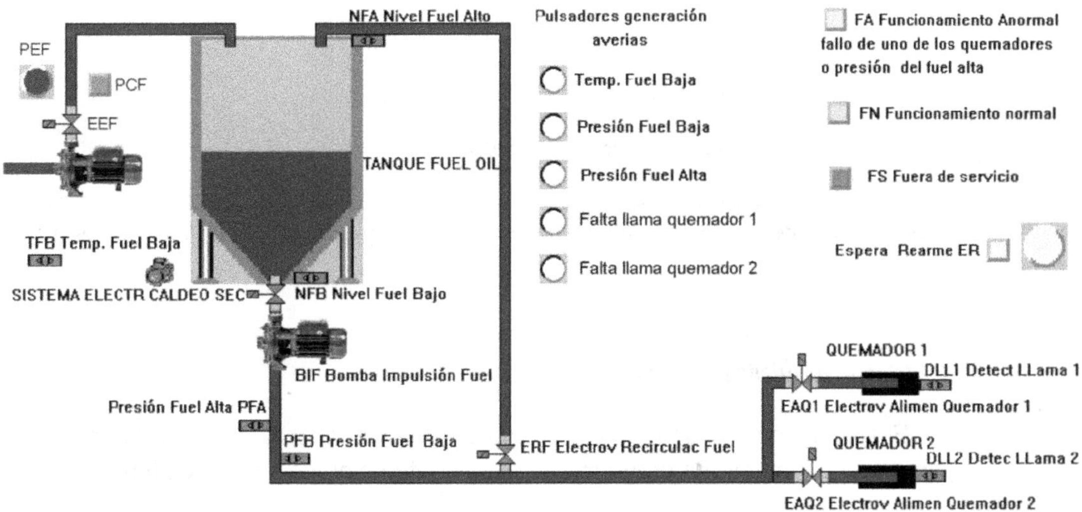

Imagen/Pantalla obtenida con el programa PCSimu © de Juan Luis Villanueva Montoto

La planta de este proyecto y siguientes se elabora con la versión PCsimu V2, por el correspondiente archivo .sim solo “correrá” correctamente en esa versión

III.-12.1.2.- Previo

Conocimientos previos:

En el desarrollo del presente proyecto surgirá la necesidad de eliminar señales que permaneciendo activas interesa lo sean únicamente en el momento en que se producen, también aparecen situaciones en las que interesará discernir señales que aparecen como activadoras y anuladoras en un mismo biestable (Estado), para lo cual se recomienda la lectura de la teoría de flancos que se desarrolla en el proyecto "clasificadoraAFIII" apartado III.11.4.- Introducción a la teoría de flancos, pag. 157, de la presente publicación

III.12.1.3.- Funcionalidad general

Se desea automatizar un sistema de control para el caldeo del horno de una planta de secado, que dispone de un tanque de combustible (fuel-oil) y la oportuna electroválvula (EEF) cuya apertura permite la entrada de fuel. Tiene además un subsistema eléctrico de caldeo del combustible (SEC), la correspondiente bomba de impulsión del fluido (BIF) hacia los quemadores que tienen controladas sus respectivas llamas por sendos detectores de encendido (DLL1 y DLL2). Está dotado también de una tubería de recirculación de fluido cuya apertura se controla por medio de la electroválvula ERF que entrará en servicio en ciertas situaciones de funcionamiento con anormalidad que serán descritas seguidamente

Para facilitar la simulación del sistema, algunos de los sensores que detectan ciertos parámetros anormales de funcionalidad se activarán manualmente, mediante el correspondiente pulsador:

. Detector temperatura fuel baja (TFB)

. " presión fuel alta (PFA)

. " presión fuel baja (PFB)

. " llama (encendido) quemador 1(DLL1)

. " lama (encendido) quemador 2(DLL2)

Estos detectores adquieren el valor lógico 1 cuando se produce el fenómeno/situación que vigilan. En el caso de los detec tores de encendido de la llama de los quemadores su valor lógico será 1 ante la ausencia de la misma

III.12.1.4.- Requisitos de funcionamiento

El sistema automático para el control del funcionamiento de la planta de secado, gobernado por autómata programable debe contemplar las siguientes funcionalidades

- El sistema no deberá arrancar si el nivel de fuel en el tanque no está al menos en su nivel bajo (mínimo) detectado por el sensor NFB. Para indicar tal circunstancia se encenderá en modo intermitente un piloto magenta (CF) que señalará la necesidad de carga de combustible y cesará de lucir al alcanzar ese nivel mínimo

- La carga de combustible se realizará activando el pulsador de entrada de fuel (PEF) que abrirá la electroválvula permitiendo la entrada de fluido (EEF) al tanque, que deberá interrumpirse (incluso si se mantiene presionado el pulsador antes indicado) al llegar a su nivel de fuel alto que será detectado por el sensor NFA excitándose en tal circunstancia

- El sistema quedará fuera de servicio desactivando todos los receptores y activando únicamente durante un tiempo limitado (60 s.) la electroválvula de recirculación del fuel ERF (Para abrir la tubería de recirculación del fluido), si se produce alguna de las circunstancias que se citan seguidamente:

    - Cuando el nivel del fuel del tanque esté por debajo de un determinado valor, que es controlado por el sensor de nivel de fluido bajo (NFB) que se desactivará en tal circunstancia , debiéndose proceder al rellenado del tanque como se indicó mas arriba

    - Cuando la temperatura del fuel que llega a la zona de combustión cae por debajo de un valor determinado, controlada por un sensor (TFB) que se activará al ser la temperatura del fuel baja

    - Si en ninguno de los dos quemadores es detectada llamada de encendido circunstancia controlada por los oportunos detectores DLL1 y DLL2, activándose cada uno de ellos ante tal circunstancia

    - Cuando la presión del fuel disminuya por debajo de un determinado valor que será detectado por el sensor (PFB) activándose en tal circunstancia

    - En el caso de que el nivel del fuel del tanque esté en su nivel máximo, existiendo además alguna circunstancia que implique la activación de la electroválvula que permite el retorno de fluido (ERF)

    La activación de la electroválvula de retorno de fuel ERF solo estará vigente durante 1 minuto en el caso de que el sistema quede fuera de servicio

    Alcanzada la situación de puesta en fuera de servicio por alguna de las circunstancias antes indicadas y tras ser restaurada la causa que la originó el sistema quedará en situación de rearme volviendo a su funcionamiento normal si es activado el pulsador de rearme (PR)

- En el supuesto de que en algún quemador no sea detectada llamada, activándose el sensor correspondiente (DLL1 ó DLL2), se deberá cerrar la oportuna electroválvula de alimentación de fuel del quemador que corresponda (EAQ1 ó EAQ2), activándose también la electroválvula de recirculación de fluido ERF en tanto se mantenga esta situación

- Cuando la presión del fuel-oil supere un determinado valor (Excitándose en esa circunstancia el sensor PFA) deberá activarse la electroválvula de recirculación del fluido ERF (XV3)

- La situación de funcionamiento con anormalidad FA se producirá cuando no exista llama en uno de los quemadores (Activación de DLL1 o DLL2) o la presión del fuel es alta (Activación del sensor PFA)

- Las situaciones de funcionamiento normal (FN) , fuera de servicio (FS) y funcionamiento con anormalidad (FA) quedarán señalizadas mediante el correspondiente piloto verde, rojo y azul luciendo en modo intermitente.

- También la situación de espera a ser activado el pulsador de rearme (PR) quedará señalizada por el encendido en modo intermitente de un piloto amarillo (ER)

III.- 12.2.- Descripción genérica del sistema

.Elementos de trabajo

El sistema se dota, entre otros, de los siguientes elementos (receptores) funcionales:

- Electroválvula de recirculación del fuel ERF, para posibilitar el retorno del combustible en las circunstancias antes descritas .

- Electroválvula para la alimentación del quemador 1 (EAQ1), cuya apertura permitirá la llegada del fuel a dicho elemento.

- Electroválvula para la alimentación del quemador 2 (EAQ2), cuya apertura permitirá la llegada del fuel a dicho elemento.

- Bomba de impulsión del fluido (BIF) . que moverá el combustible por la instalación

- Electroválvula para entrada del fuel al tanque (EEF) .cuya apertura permitirá la llegada de combustible a dicho elemento.

- Subsistema eléctrico de caldeo (SEC), cuyo funcionamiento facilita la ignición del fuel

III. 12.3.- Items a obtener

Se pretende obtener

a) Análisis de funcionamiento (Gráfico de estados/Señales de cambio/Elementos a controlar)

b) Tabla de estados de funcionamiento del sistema, con sus correspondientes señales activadoras (S) y anuladoras (R) y los elementos a gobernar en cada uno de ellos Ecuaciones de mando

c) Programa (Diagrama de contactos) para autómata programable PLC que controle el sistema, según el direccionamiento indicado en la tabla de correspondencias

d) Implementación del sistema y su control en un simulador escada

	TABLA DE CORRESPONDENCIAS			
	DENOMINACIÓN	*IDENTIFI*	*Dir. S7 200*	*OBSERVACIONES*
	Captador Nivel Fuel Bajo en el tanque	NFB	I0.0	*(=1)*
	Captador Temperatura Fuel Baja para ignición	TFB	I0.1	*(=1)*
	Captador Nivel Fluido Alto en el tanque	NFA	I0.2	*(=1)*
	Captador Presión Fuel Baja	PFB	I0.3	*(=1)*
	Captador Presión Fuel Alta	PFA	I0.4	*(=1)*
	Detector Llama quemador 1	DLL1	I0.5	*(Sin llama =1)*
	Detector Llama quemador 2	DLL2	I0.6	*(Sin llama =1)*
	Pulsador Rearme	PR	I0.7	*Amarillo*
	Pulsador Entrada Fuel (Al tanque)	PEF	I1.1	*Azul*
	Subsistema Eléctrico de Caldeo combustible	SEC	Q0.0	
	Bomba Impulsión Fuel	BIF	Q0.1	
	Electroválvula Recirculación Fuel	ERF	Q0.2	*(Abrir =1)*
	Electroválvula alimentación quemador 1	EAQ1	Q0.3	*(Abrir =1)*
	Electroválvula alimentación quemador 2	EAQ2	Q0.4	*(Abrir =1)*
	Funcionamiento Normal, piloto	FN	Q0.5	*Verde*
	Fuera de Servicio, piloto	FS	Q0.6	*Rojo*
	Espera Rearme, piloto	ER	Q0.7	*Amarillo*
	Funcionamiento Anormal, piloto	FA	Q1.0	*Azul*
	Electroválvula entrada fuel (Al tanque)	EEF	Q1.1	*(Abrir =1)*
	Piloto Carga Fuel	PCF	Q1.2	*Aviso necesidad carga combustible*

III.12.3.1.- Análisis de funcionamiento

a) Análisis de funcionamiento (Gráfico de estados/Señales de cambio/Elementos a controlar)

La representación gráfica de la dinámica funcional del sistema podría ser la que se indica a continuación
(Ver pag. siguiente)

:

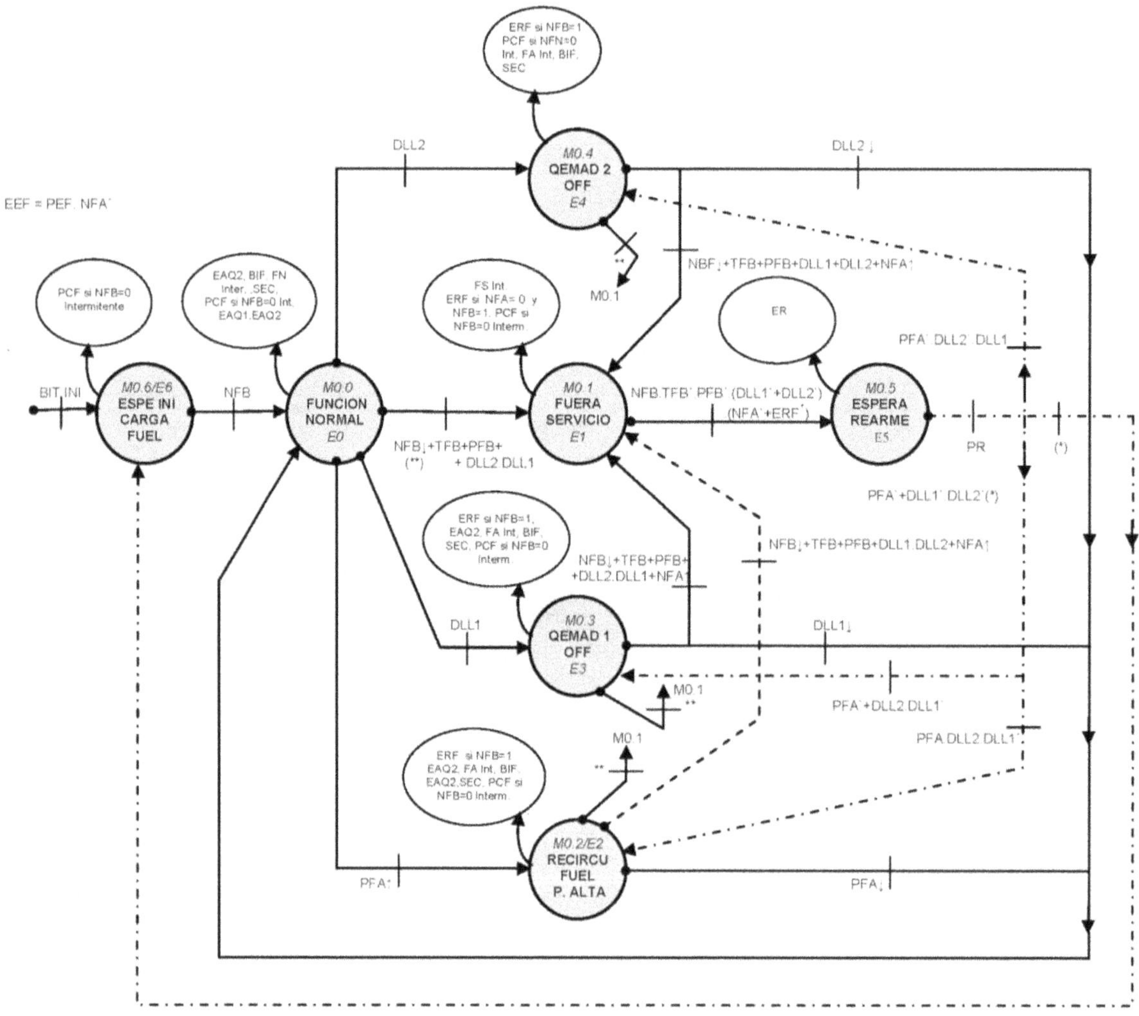

III.12.3.2.- Tabla de estados. Señales activadoras, anuladoras, elementos a gobernar Ecuaciones de mando

b) Tabla de estados . Señales activadoras (S) y anuladoras (R), elementos a gobernar y ecuaciones de mando (Ver pag. siguiente)

Estado	Descripción	Biestable	Señal activadora (S)	Señal anuladora (R)	Receptor a activar
E6	Espera inicial Carga fuel	M6.0	SINI+M0.5.PR.PFA`.DLL2´.DLL1´	M0.0	PCF si NFB=0 Intermitente-
E0	Funcionamiento normal	M0.0	M0.6.NFB+M0.2.PFA↓+M0.3.DLL1↓+M0.4.DLL2↓	M0.1.(M0.2+M0.3+M0.4)↑	EAQ2 BIF FN Intermi SEC PCF si NFB=0 Interm. EAQ1 EAQ2
E1	Fuera de servicio	M0.1	(NFB↓+TFB+PFB+DLL1+DLL2).(M0.0+ +M0.2+M0.3+M0.4)+NFA↑.(M0.0+M0.2+M0.3+M0.4	M0.5	FS Interm. ERF si NFA=0 y NFB=1 PCF si NFB=0 Interm.
E2	Recirculación fuel por presión alta	M0.2	PFA↑.M0.0+M0.5.PR.PFA.DELL2´.DLL1´	M0.0↑+M0.1	ERF si NFB=1 EAQ2 EAQ1 FA Interm. BIF SEC PCF si NFB=0 Interm.
E3	Quemador 1 apagado	M0.3	M0.0.DLL1↑ + M0.5.PR.PFA`.DLL2.DLL1`	M0.1+M0.0↑	ERF si NFB=1 EAQ2 FA Interm. BIF SEC PCF si NFB=0 Interm.
E4	Quemador 2 apagado	M0.4	M0.0.DLL2+ M0.5.PR.PFA`.DLL2´.DLL1	M0.1 + M0.0↑	ERF siNFB=1 PCF Si NFN=0 Interm FA Interm. BIF SEC
E5	Espera rearme	M0.5	M0.1.NFB↑.TFB`.PFB'(DLL1´+DLL2`).(NFA`+ERF´)	M0.6 +M0.4+M0.3+M0.2	ER

Pudiéndose establecer las siguientes ecuaciones de mando de los estados :

El bit de inicialización (S_{INI}) se implementa mediante el bit específico SM0.1 (Siemens) que se activa únicamente en el primer ciclo de escan, S_{INI} = SM0.1

E6 → M0.6 = (M0.6 + S_{INI} + M0.5.PR. PFA`.DLL2`.DLL1`).M0.0`

E0 → M0.0 = (M0.0 + M0.6.NFB+M0.2.PFP↓+M0.3.DLL1↓+M0.4.DLL2↓).(M0.1.(M0.2+M0.3+M0.4)↑)`

E1 → M0.1 = (M0.1+(NFB↓+TFB+PFB+DLL1.DLL2)(M0.0+M0.2+M0.3+M04)+NFA↑.(M0.0+M0.2+M0.3+M0.4) M0.5`

E2 → M0.2 = (M0.2 + PFA↑.M0.0+M0.5.PR.PFA.DLL2´.DLL1). `(M0.0↑+M0.1)`

E3 → M0.3 = (M0.3 + M0.0.DLL1↑+M0.5.PR.PFA´.DLL2.DLL1).`(M0.1+M0.0↑)`

E4 → M0.4 = (M0.4 + M0.0.DLL2↑+M0.5.PR.PFA`.DLL2´.DLL1).(M0.1+M0.0↑)`

E5 → M0.5 = (M0.5 + M0.1.NFB.TFB´.PFB.(DLL1´+DLL2`).(NFA´+ERF´)).(M0.6+M0.4+M0.3+M0.2)`

Las ecuaciones de mando de los receptores a activar serían:

- FN = M0.0.SM0.5
- ERF = (M0.1.NFA´.T101+ M0.2 + M0.3 + M0.4).NFB
- EAQ2 = M0.3 + M0.0 + M0.2
- EAQ1 = m0.0 + M0.4 + M0.2
- FS = M0.1
- ER = M0.5
- FA = (M0.4 + M0.3 + M0.2).SM0.5
- EEF = PEF.NFA´

- BIF = SEC 0 M0.0 + M0.2 +M0.3 + M0.4
- PCF = (M0.6+M0.0+M0.4+M0.3+M0.2+M0.1).NFB´.SM05

T101 (Off, 60 s.) = M0.1↑

III.12.3.3.- Programa (Diagrama de contactos) para PLC

c) Diagrama de contactos

Mediante el análisis grafico y las ecuaciones de mando obtenidas, podemos elaborar el programa de control (Diagrama de contactos) del sistema para ser gobernado por PLC (Ver páginas siguientes), para lo cual se establece la siguiente tabla de símbolos

Símbolo	Dirección	Comentario
NFB	I0.0	Nivel fuel bajo en el tanque (=1)
TFB	I0.1	Temperatura fuel baja para su ignición (=1)
NFA	I0.2	Nivel fluido alto (En el tanque)
PFB	I0.3	Presión fuel baja (=1)
PFA	I0.4	Presión fuel alta (=1)
DLL1	I0.5	Detector llama quemador 1 (Sin llama =1)
DLL2	I0.6	Detector llama quemador 2 (Sin llama =1)
PR	I0.7	Pulsador rearme
PEF	I1.1	Pulsador entrada fuel (Al tanque)
SEC	Q0.0	Subsistema eléctrico caldeo combustible
BIF	Q0.1	Bomba impulsicón fuel
ERF	Q0.2	Electroválvula recirculación fuel (Abrir = 1)
EAQ1	Q0.3	Electroválvula alimentación quemador 1 (Abrir = 1)
EAQ2	Q0.4	Electroválvula alimentación quemador 2 (Abrir = 1)
FN	Q0.5	Piloto Funcionamiento normal (Verde)
FS	Q0.6	Piloto Fuera de servicio (Rojo)
ER	Q0.7	Piloto espera rearme (Amarillo)
FA	Q1.0	Piloto funcionamiento anormal (Luz azul)
EEF	Q1.1	Electroválvula entrada fuel (Al tanque)
PCF	Q1.2	Piloto carga fuel (Luz magenta)

Imagen/Pantalla obtenida con el programa Step 7. MicroWin V4. Siemens ©

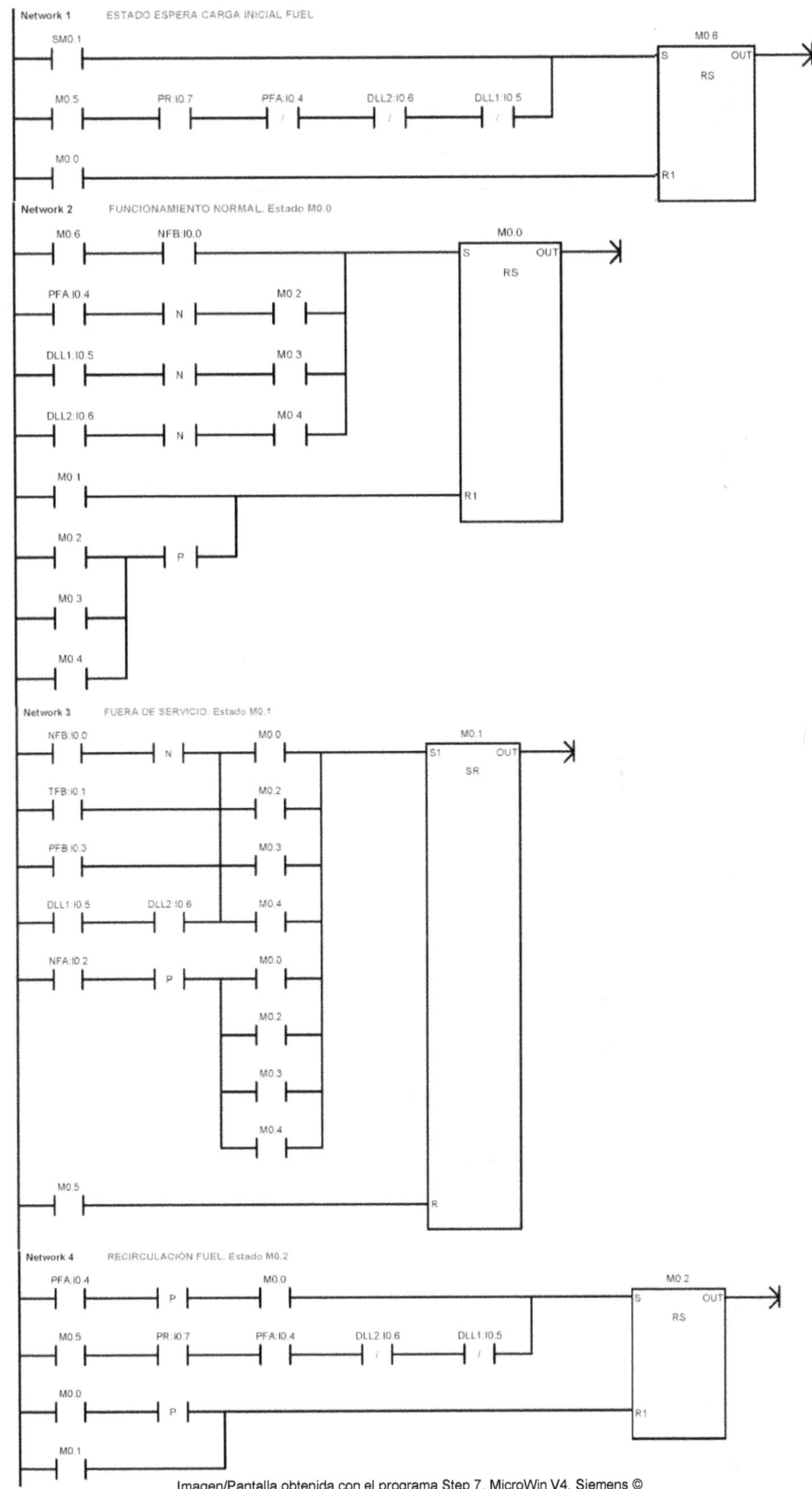

Imagen/Pantalla obtenida con el programa Step 7. MicroWin V4. Siemens ©

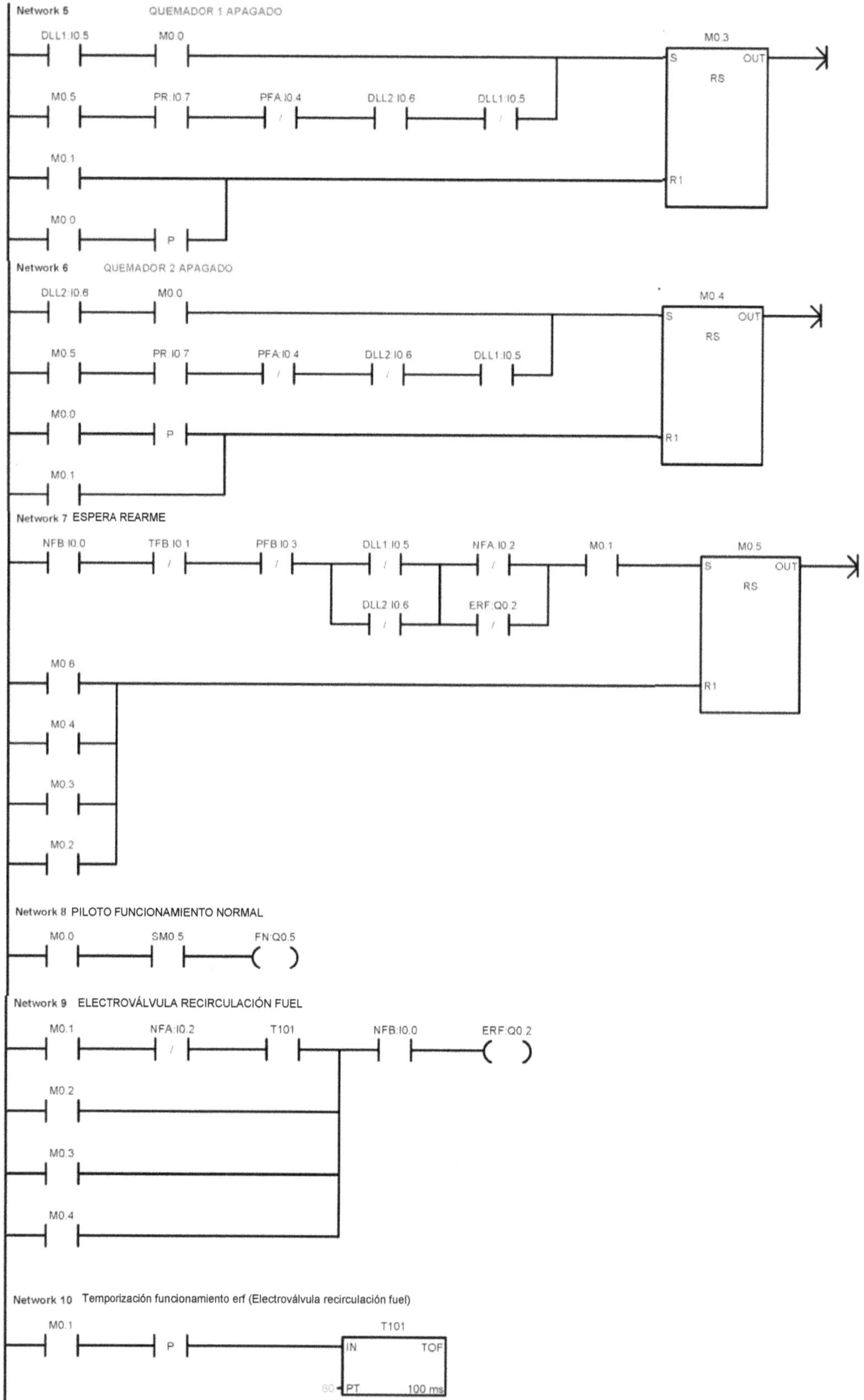

Imagen/Pantalla obtenida con el programa Step 7. MicroWin V4. Siemens ©

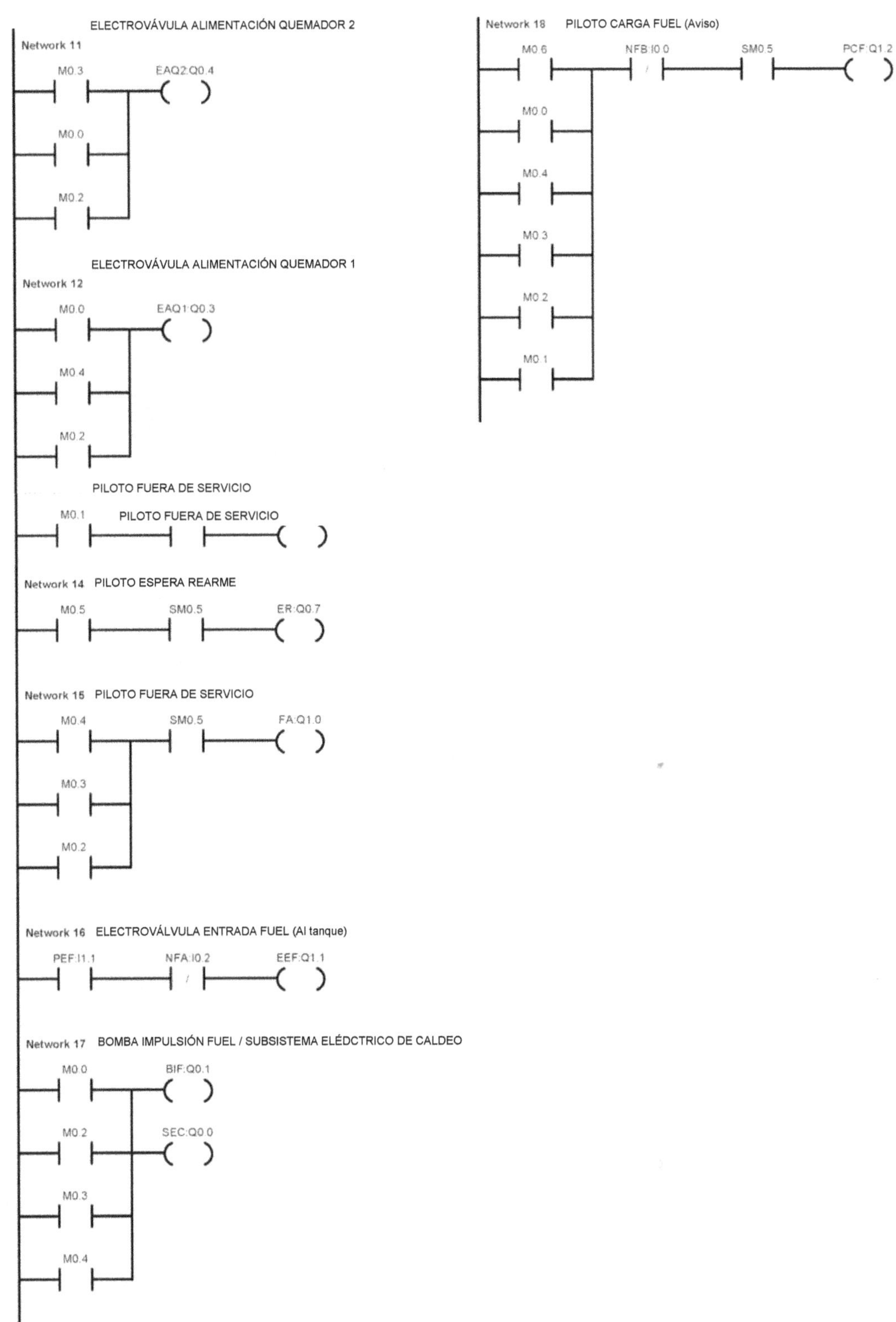

Imagenes/Pantallas obtenidas con el programa Step 7. MicroWin V4. Siemens ©

III.12.3.4.- Implementación del sistema y su control en un simulador escada

d) Implementación del sistema y su control en un simulador escada

En el link (www.lulu.com/spotlight/automatizacion_fundamentada) de la pagina de autor destacado editorial Lulu, donde se publican los libros I, II y III de Automatización Fundamentada se pueden encontrar, tanto individual como conjuntamente con los de otros proyectos, los siguientes archivos

. Archivo "tanquefuelAFIIIprotg.sim" , para el escada PCsimu que recrea el sistema del proyecto

.- Archivo"tanquefuelAFIII.cfg" , para el emulador del autómata virtual S7 200 (CPU 226)

. Video "tanquefuelAFIII.avi" que recoge el funcionamiento del sistema mediante la solución elaborada utilizando PCSimu

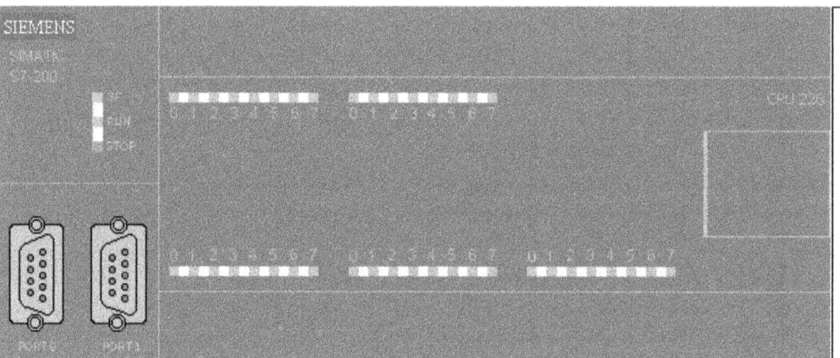

Imagen/Pantalla obtenida con el programa Emulador S7 200 © de Juan Luis Villanueva Montoto

Detalle de la CPU 226.

Los sensores NFA y NFB están incorporados al objeto escada "depósito" de la planta sim y su excitación/desexcitación se realizará automáticamente según la evolución funcional del nivel del fluido del tanque

Pantalla carga fuel (Video "tanquefuelAFIII")

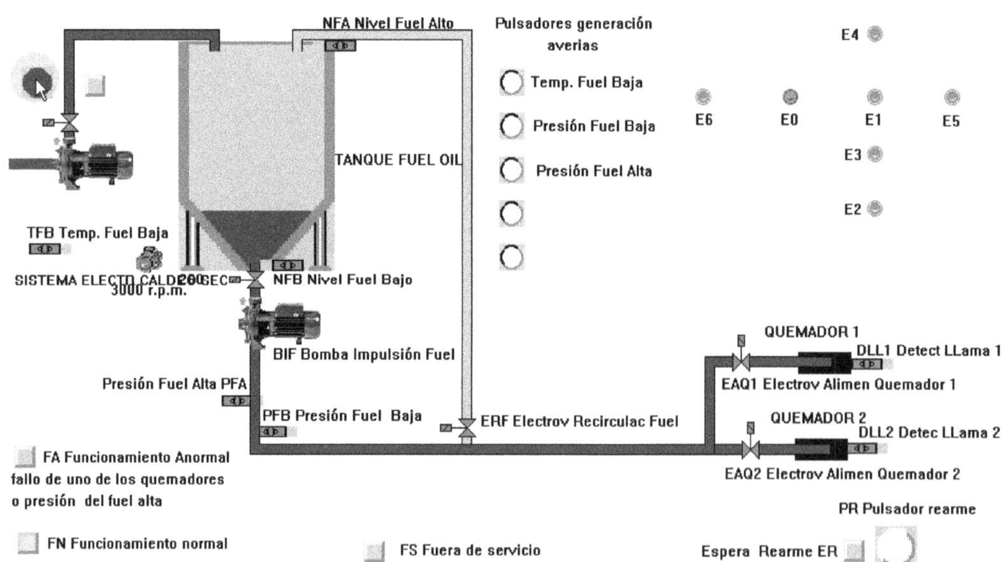

Imagen/Pantalla obtenida con el programa PCSimu © de Juan Luis Villanueva Montoto

Pantalla fuera de servicio-tanque fuel vacio (Video "tanquefuelAFIII")

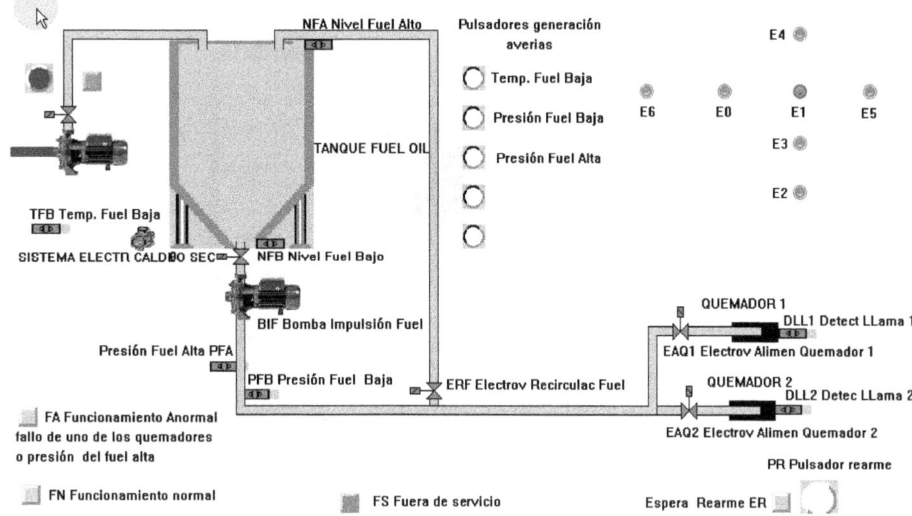

Pantalla funcionamiento normal (Video "tanquefuelAFIII")

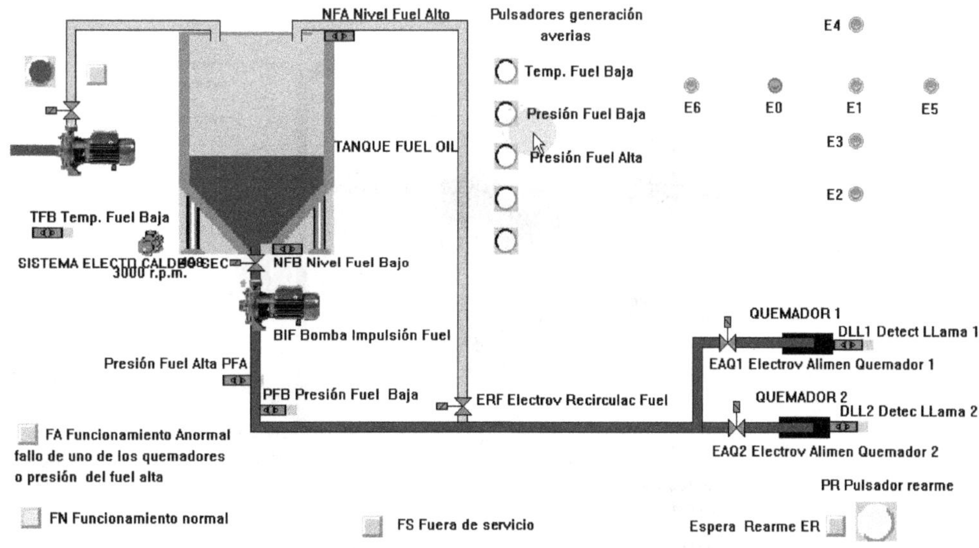

Imagenes/Pantallas obtenidas con el programa PCSimu © de Juan Luis Villanueva Montoto

Pantalla presión alta, funcionamiento anormal (Video “tanquefuelAFIII”)

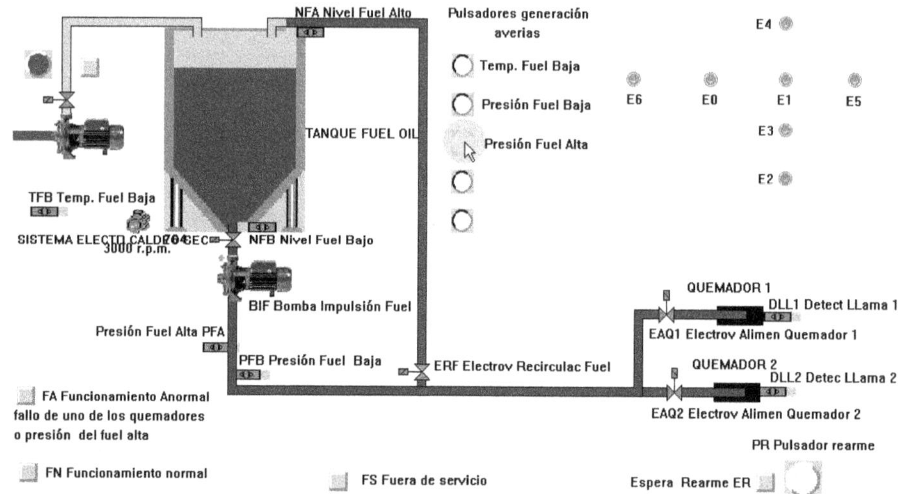

Pantalla fallo quemador 1, funcionamiento anormal (Video “tanquefuelAFIII”)

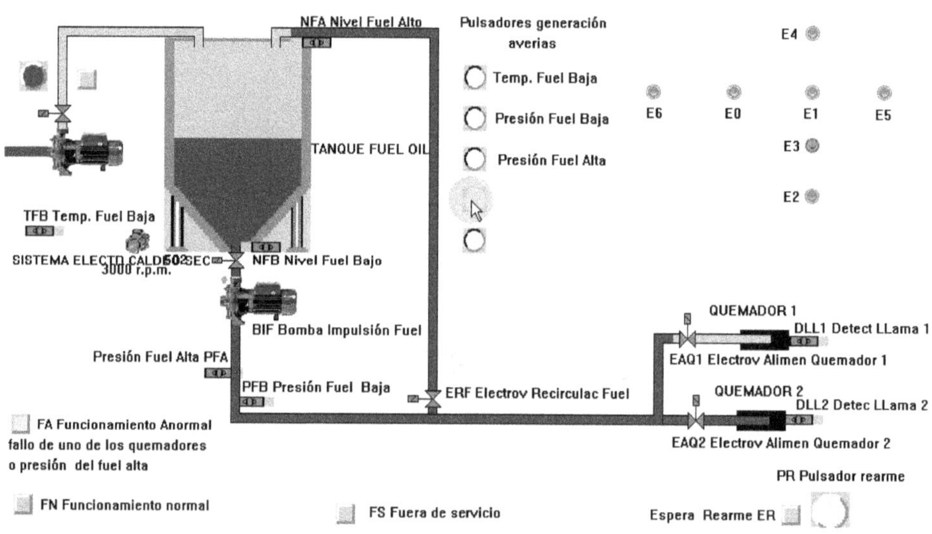

Imagenes/Pantallas obtenidas con el programa PCSimu © de Juan Luis Villanueva Montoto

Pantalla fuera de servicio, fallo de los dos quemadores (Video tanquefuelAFIII")

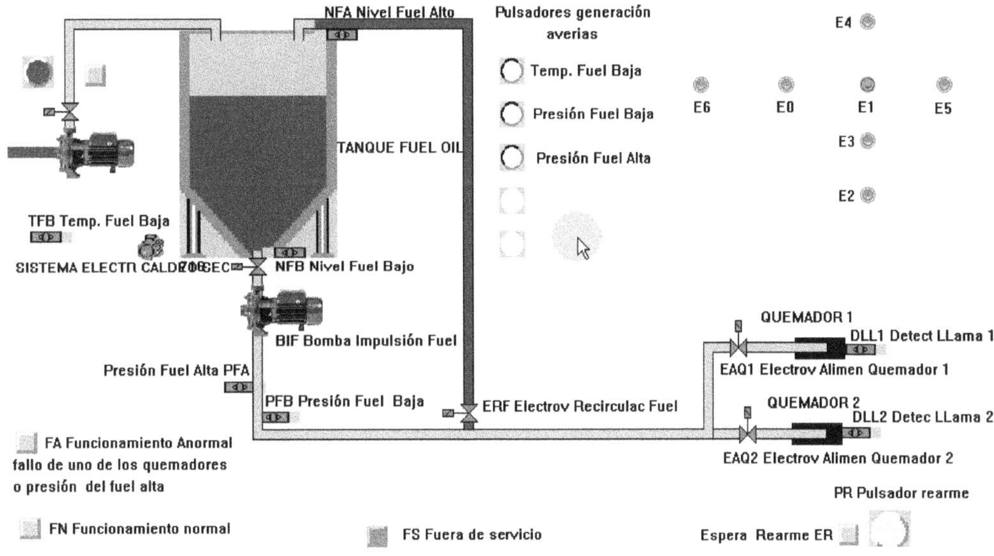

Pantalla fuera de servicio, temperatura fuel baja (Video tanquefuelAFIII")

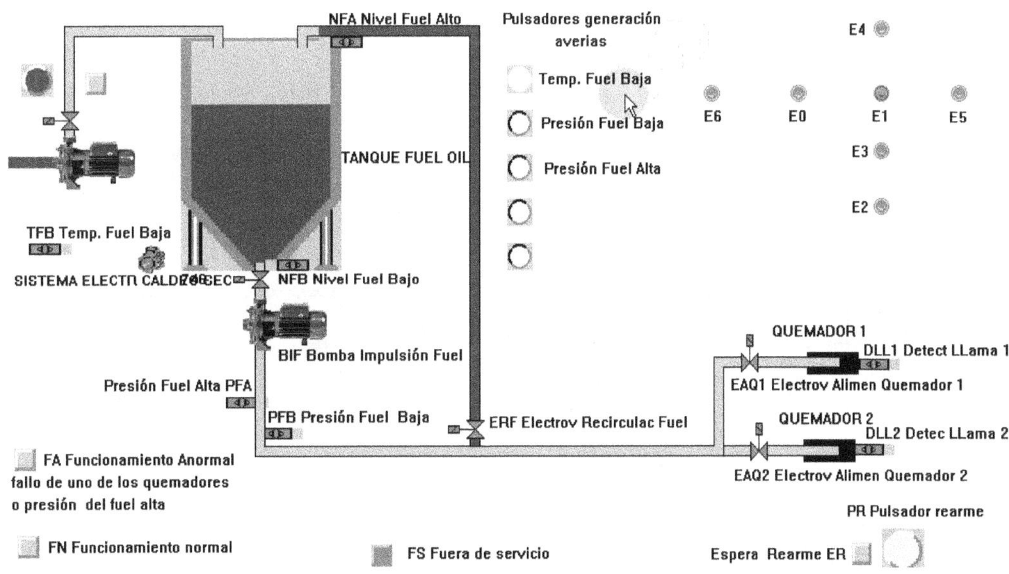

Imagenes/Pantallas obtenidas con el programa PCSimu © de Juan Luis Villanueva Montoto

III. 13.- PROYECTO embotelladoraAFIII

Diseñar para la empresa embotelladora Casllena S.A. un sistema de control de una línea de llenado-taponado de botellas

III.13.1.- Anteproyecto

III. 13.1.1.- Descripción física

El sistema de alimentación se identifica con la denominación "embotelladoraAFIII", cuyo sinóptico se refleja en la siguiente figura, que tiene las siguientes características

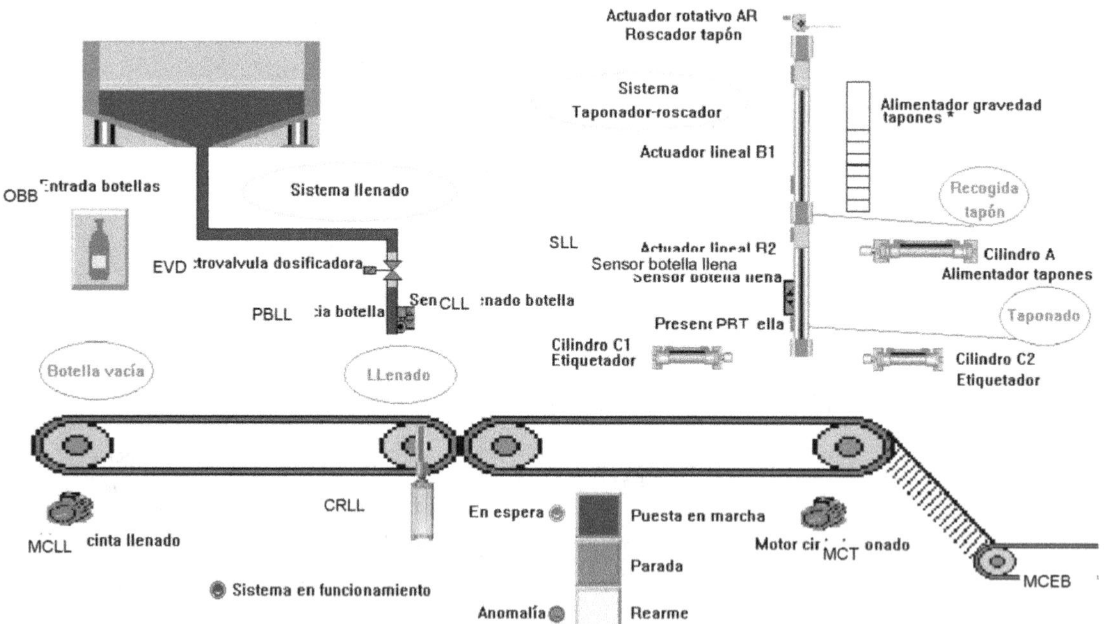

Imagen/Pantalls obtenids con el programa PCSimu © de Juan Luis Villanueva Montoto

La planta de este proyecto y siguientes se elabora con la versión PCsimu V2, por el correspondiente archivo .sim solo "correrá" correctamente en esa versión

III.- 13.1.2.- Previo

Efectos escada:

- La alimentación de botellas al sistema se efectúa con el objeto (botella) escada OBB que realizará esa función automáticamente y de forma unitaria. (Ver segmento 37 del diagrama de contactos, pag 213)

- A los efectos de programación/visualización, la dosificación del llenado de botellas se controlará por el captador capacitivo CLL

(*) La alimentación de tapones y su dinámica no es implementada en la simulación escada y tampoco contemplado su control

III.13.1.3.- Funcionalidad general

Se desea realizar el control de una planta de llenado-taponado de botellas, cuya alimentación se realiza de forma unitaria automáticamente partiendo de botellas vacías y dispuestas sobre una cinta trasportadora de llenado MCLL, con una ubicación y distanciamiento perfectamente definidos por la configuración física de la propia cinta. Posteriormente a la operación de llenado, las botellas serán trasladadas por una cinta (De taponado) MCT situando las botellas bajo el punto de taponado-etiquetado para seguidamente ser evacuadas por otra cinta MCLL una vez llenas y etiquetas

Obviamente las cintas se pondrán en marcha y detendrán al unísono coordinadamente mientras se están realizando de forma simultánea las operaciones de proceso antes citadas, salvo la cinta de evacución MCLL. Al término de la operación de taponado se efectuará el marcado de la botellas adhiriéndoles dos etiquetas identificativas

El proceso de las operaciones de llenado y taponado-roscado de las botellas se realizará de forma continua salvo que se produzca alguna contingencia que obligue a detener el sistema mediante la activación del interruptor (Normalmente cerrado) de parada PP

III.13.1.4.- Requisitos de funcionamiento

- El sistema deberá gobernar la colocación inicial de botellas, situando antes de activar el pulsador de puesta en marcha sendos recipientes vacios bajo cada uno de los puntos de operación (Llenado y taponado-roscado)

- Para asegurar el posicionado de botellas en la boquilla de llenado se efectuará la salida del cilindro retenedor de simple efecto CRLL, tanto en el posicionado inicial como posteriormente tras ser activado el pulsador de puesta en marcha

- Un pulsador de Puesta en Marcha (PM) debe activar el sistema, poniendo en funcionamiento el motor de la cinta de llenado (MCLL) y el motor de la cinta de taponado (MCT), que deberán detenerse cuando frente a la boca de llenado y el punto de taponado se encuentren sendas botellas al excitarse los correspondientes sensores ópticos (presencia de sendas botellas en la boca de llenado PBLL, y en el punto de taponado PBT)

- Detenida la cinta de llenado, se activará la electroválvula (EVD) que controla la descarga de líquido mediante un dosificador volumétrico (*), llenándose la botella. Detenida la cinta de taponado, un c.d.e. (A) trasporta un tapón desde un alimentador de gravedad hasta el punto de recogida de tapón, donde será acogido por un útil prensor (**) situado en uno de los extremos del actuador lineal B1 de doble efecto, que al respecto realizará su salida tras la llegada del tapón al punto de recogida. Cuando esto haya ocurrido, el cilindro A se retira para reposicionarse de nuevo en el punto de suministro de tapones

  (**) No implementado en el sistema propuesto

- Concluida la retirada del cilindro A, un actuador lineal B2 (En tandem con el anterior actuador lineal) inicia su avance situando el tapón sobre una botella ya llena al llegar a su posición de extendido, en ese momento, un actuador rotativo (AR) montado en el actuador lineal B2, girará 270 grados efectuando el roscado del tapón y en consecuencia el cerrado de la botella.

- Al terminar el taponado de la botella una pareja de cilindros de doble efecto, C, que actúan simultáneamente, en su salida adhieren por presión sobre la botella sendas etiquetas identificadoras (Colocadas diametralmente opuestas) del producto envasado, retirándose al llegar al final de su recorrido.

- Una vez etiquetada la botella, los actuadores lineales B1 y B2 retornan a su posición de retraídos. Concluido este movimiento las cintas trasportadoras reanudarán la marcha y el actuador rotativo retornará a su posición originaria si la botella situada en la boca de carga hubiera completado su llenado

- Si se detectara que en el punto de taponado hay una botella no llena, al no activarse el sensor capacitivo (SLL), se encenderá en modo intermitente una luz roja (LR) y se paralizarán todas las actividades de la embotelladora hasta que sea sustituida por otra completamente llena. La actividad se reanudará al ser activado un pulsador de rearme (PR)

- Deberá activarse una tercera cinta trasportadora para la evacuación de botellas (llenas) CEB de la zona de procesado

- En cualquier momento, si el operario encargado de supervisar el funcionamiento de la embotelladora detectara alguna anomalía, activará un Pulsador de Parada (PP) que detendrá el sistema activándose, también en modo intermitente, una luz roja, reanudándose la actividad que se estaba realizando al ser activado el pulsador de rearme

- Se deberán encender en modo intermitente, además de la luz roja, las siguientes :

  - Azul. Indicadora de funcionamiento del sistema (LA)

  - Verde. Indicadora de que el sistema está a la espera de ser activado el pulsador de puesta en marcha PM o el de rearme PR, activa cuando el sistema no se encuentre en ningún estado de emergencia tras la activación del pulsador de puesta en marcha PM

III.13.2.- Descripción genérica del sistema

Elementos de trabajo

- Cilindro A (C.d.e, comandado por v. biestable) dotado de sensores reed para el control de sus posiciones extremas (a0 y a1)

- Actuadores lineales B1 y B2, comandados por dos v. monoestables cada uno de ellos, dotados de dos sensores reed para el control de sus posiciones extremas (Actuador B1, b10 y b11 / Actuador B2, b20 y b21)

- Cilindros C, dos unidades de actuación simultánea (C.s.e, comandado por v. monoestable), dotados cada uno de ellos con sendos finales de carrera tipo reed (C1, c10 y c11 / C2, c20 y c21)

- Actuador rotativo AR, 0-270º, comandado por dos v. monoestable y dotado de sensores de posición en los extremos de su recorrido (Pos. izquierda ar0 y Pos.derecha ar1), con posicionamiento inicial a izquierdas

III.13.3.- Items a obtener

Se pretende obtener:

a) Análisis de funcionamiento (Gráfico de estados/Señales de cambio/Elementos a controlar)

b) Tabla de estados de funcionamiento del sistema, con sus correspondientes señales activadoras (S) y anuladoras (R) y los elementos a gobernarr en cada uno de ellos
Ecuaciones de mando

c) Programa (Diagrama de contactos) para autómata programable PLC que controle el sistema, según el direccionamiento indicado en la tabla de correspondencias (Ver pag. siguiente)

d) Implementación del sistema y su control en un simulador escada

TABLA DE CORRESPONDENCIAS

DENOMINACIÓN	*IDENTIFI*	*Dir. S7 200*	*OBSERVACIONES*
Sensor reed Cilindro A-. Pos. retraído	a0	I0.0	*Trasporte tapón desde alimentador gravedad*
Sensor reed Cilindro A+. Pos. extendido	a1	I0.1	
Sensor reed Actuador I. B1-. Pos. retraído	b1.0	I0.2	*Posicionado-roscador tapones*
Sensor reed Actuador L. B1+ Pos extendido	b1.1	I0.4	
Sensor reed Actuador I. B2-. Pos. retraído	b2.0	I2.1	
Sensor reed Actuador L. B2+ Pos extendido	b2.1	I2.2	
Sensor reed Cilindro C1-. Pos. retraído	c1.0	I0.5	*Etiquetador*
Sensor reed Cilindro C1+. Pos. extendido	c1.1	I0.6	
Sensor reed Cilindro C2-. Pos. retraído	c2.0	I0.7	
Sensor reed Cilindro C2+. Pos. extendido	c2.1	I1.0	
Sensor Actuador rotativo AR -, Pos izquierda	ar0	I1.1	*Roscado-taponado*
Sensor Actuador rotativo AR+, Pos derecha	ar1	I1.2	
Pulsador puesta en marcha del sistema	PM	I1.3	
Pulsador rearme	PR	I1.4	
Pulsador (Interruptor) Parada	PP	I1.5	*Interruptor N.C.*
Sensor presencia botella en boca llenado	PBLL	I1.6	
Sensor presencia botella en punto taponado	PBT	I1.7	
Sensor capacitivo control botella llena	SLL	I2.0	
Captador Capacitivo Llenado Botella	CLL	I2.7	*Necesidad escada y real*
Activación llenado botella (Salida)	ABLL	Q0.0	*Necesidad escada*
Solenoide Cilindro A+	Y1	Q0.1	
Solenoide Cilindro A-	Y2	Q0.2	
Solenoide Actuador lineal B1+	Y3	Q0.3	
Solenoide Cilindro C1+	Y4	Q0.4	
Solenoide Cilindro C1-	Y5	Q0.5	
Solenoide Cilindro C2+	Y6	Q0.6	
Solenoide Cilindro C2-	Y7	Q0.7	
Solenoide Actuador rotativo AR+, giro derecha	Y8	Q1.0	*Posición inicial izquierda*
Solenoide Actuador rotativo AR-, giro izquierda	Y9	Q1.1	
Solenoide Actuador lineal B1-	Y10	Q1.2	
Solenoide Actuador lineal B2+	Y11	Q2.2	
Solenoide Actuador lineal B2-	Y12	Q2.3	
Motor cinta taponado	MCT	Q2.1	
Motor Cinta llenado	MCLL	Q1.3	
Electrovalvula dosificador volumétrico	EVD	Q1.4	
Luz Verde	LV	Q1.5	*Situación espera activación PM/PR*
Luz Roja	LR	Q1.6	*Situación anomalía*
Luz Azul	LA	Q1.7	*Sistema en funcionamiento*
Cilindro retenedor (botellas) llenado	CRLL	Q2.4	*Cilindro de simple efecto*
Motor cinta evacuación botellas (llenas)	MCEB	Q2.5	
Activación objeto botella	OBB	Q2.0	*Necesidad escada*

III.13.3.1.- Análisis de funcionamiento

a) Análisis de funcionamiento (Gráfico de estados/Señales de cambio/Elementos a controlar)
   Ver pag. 203

Justificación/ razonamiento del posicionado inicial de botellas

Para el posicionamiento inicial de botellas (vacías) en el estado de espera (M0.0) a la espera de que sea activado el pulsador de puesta en marcha PM deben tenerse presentes las siguientes consideraciones:

Como indicación inicial podemos decir que:

La cinta de llenado estará en marcha si no hay botella vacía en el punto de llenado o no la hay en el punto de taponado y la cinta de taponado estará en marcha si no hay botella vacía en el punto de taponado

	ENTRADAS		**SALIDAS**		
	PBLL *1.6*	PBT *1.7*	**MCLL** ***Q1.3***	**MCT** ***Q2.1***	***Observaciones***
0	0	0	**1**	**1**	*Si no existe botella vacía en el punto de llenado ni en el de taponado, deberán moverse las dos cintas para que la primera botella vacía llegue al punto de llenado y siga hasta el punto de taponado*
1	0	1	**1**	**0**	*Si existe botella vacía en el punto de taponado, pero no la hay en el punto de llenado, deberá ponerse en marcha la cinta de llenado para llevar un envase vacio a ese punto*
2	1	0	**1**	**1**	*Si existe botella vacía en el punto de llenado, pero no la hay en el punto de taponado deberá ponerse en marcha la cinta de llenado para llevar la primera botella vacía a la cinta de taponado y esta también deberá estar en marcha para llevar la botella hasta el punto de taponado*
3	1	1	**0**	**0**	*Si existe botella vacía tanto en el punto de llenado como en el de taponado, ninguna de las cintas deberá moverse. Quedando el sistema a la espera de ser activado el pulsador PM que dará paso al proceso normal de llenado/taponado y desplazamiento de botellas*

PBLL = Presencia botella en punto de llenado — MCLL = Motor cinta llenado

PBT = Presencia de botella en punto de taponado — MCT= Motor cinta taponado

A la vista de la tabla de la verdad, las ecuaciones que rigen el funcionamiento de las cintas de llenado MCLL y taponado MCT son las siguientes:

$$MCLL = \sum (0,1,2) \qquad MCT = \sum (0, 2)$$

cuyas formas canónicas respectivas son:

$$MCLL = \underbrace{PBLL'.\ PBT'}_{0} + \underbrace{PBLL'.\ PBT}_{1} + \underbrace{PBLL.\ PBT'}_{2} \qquad MCT = \underbrace{PBLL'.\ PBT'}_{0} + \underbrace{PBLL.\ PBT'}_{2}$$

y de cara a su simplificación podemos establecer los oporturnos mapas de Karnaugh

(*) Para la obtención de las expresiones simplificadas que rigen las variables/receptores que intervienen en este proceso preparatorio del sistema se recurre al método Karnaugh (Ver la publicación del mismo autor Automatización Fundamentada I- Introducción, apartado 1.2.7.2, pag 133. No obstante a modo ilustrativo también se efectúa la simplificación algebraicamente para lo cual se recomienda la lectura de las pag.96 sobre el teorema de la absorción del complementario , pag. 129 sobre simplificación algebraica y pag. 66 sobre equivalencia de ecuaciones lógicas del citado libro)

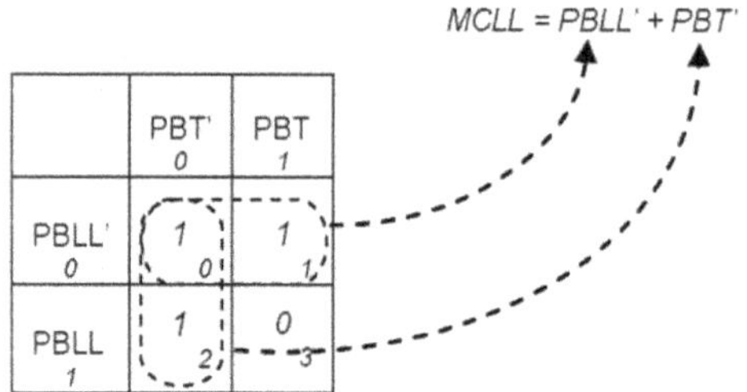

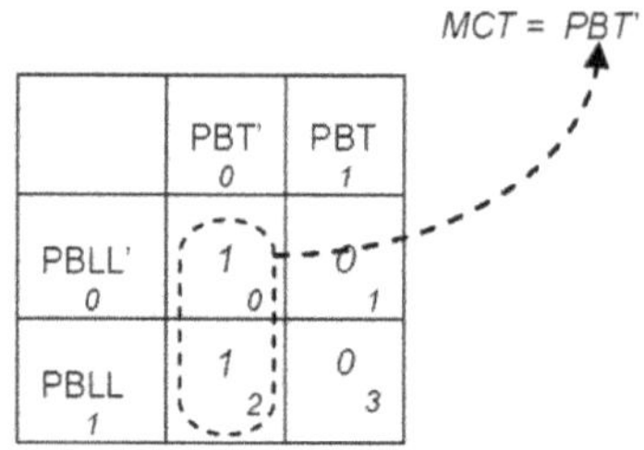

En definitiva, la cinta de llenado estará en marcha si no hay botella vacía en el punto de llenado o no la hay en el punto de taponado y la cinta de taponado estará en marcha si no hay botella vacía en el punto de taponado

También la simplificación de las expresiones:

MCLL = PBLL´. PBT` + PBLL´. PBT + PBLL. PBT` / MCT = PBLL´. PBT` + PBLL. PBT`

se podía haber realizado algebraicamente de la siguiente forma:

$$MCLL = PBLL'.(\underbrace{PBT' + . PBT}_{1}) + PBLL.PBT' = PBLL'. + PBLL.PBT$$

y por el teorema de la absorción del complementario (Ver Automatización Fundamentada I pag. 96)

MCLL = PBLL' + PBT'

Para la segunda expresión tendríamos

$$MCT = PBLL'.PBT' + PBLL.PBT' = PBT'.(\underbrace{PBLL'. + PBLL.}_{1})$$

MCT = PBT'

A modo de comprobación , en la siguiente tabla de la verdad podemos apreciar que las expresiones simplificadas obtenidas son equivalentes a las originarias

	PBLL	PBT	PBLL`	PBT`	PBLL`.PBT` *	PBLL`.PBT **	PBLL.PBT` ***	**MCLL= * +** +*** **	**MCLL=** PBLL`+PBT`	**MCT=** * + ***	**MCT=PBT`**
0	0	0	1	1	1	0	0	**1**	1	**1**	**1**
1	0	1	1	0	0	1	0	**1**	1	**0**	**0**
2	1	0	0	1	0	0	1	**1**	1	**1**	**1**
3	1	1	0	0	0	0	0	**0**	0	**0**	**0**

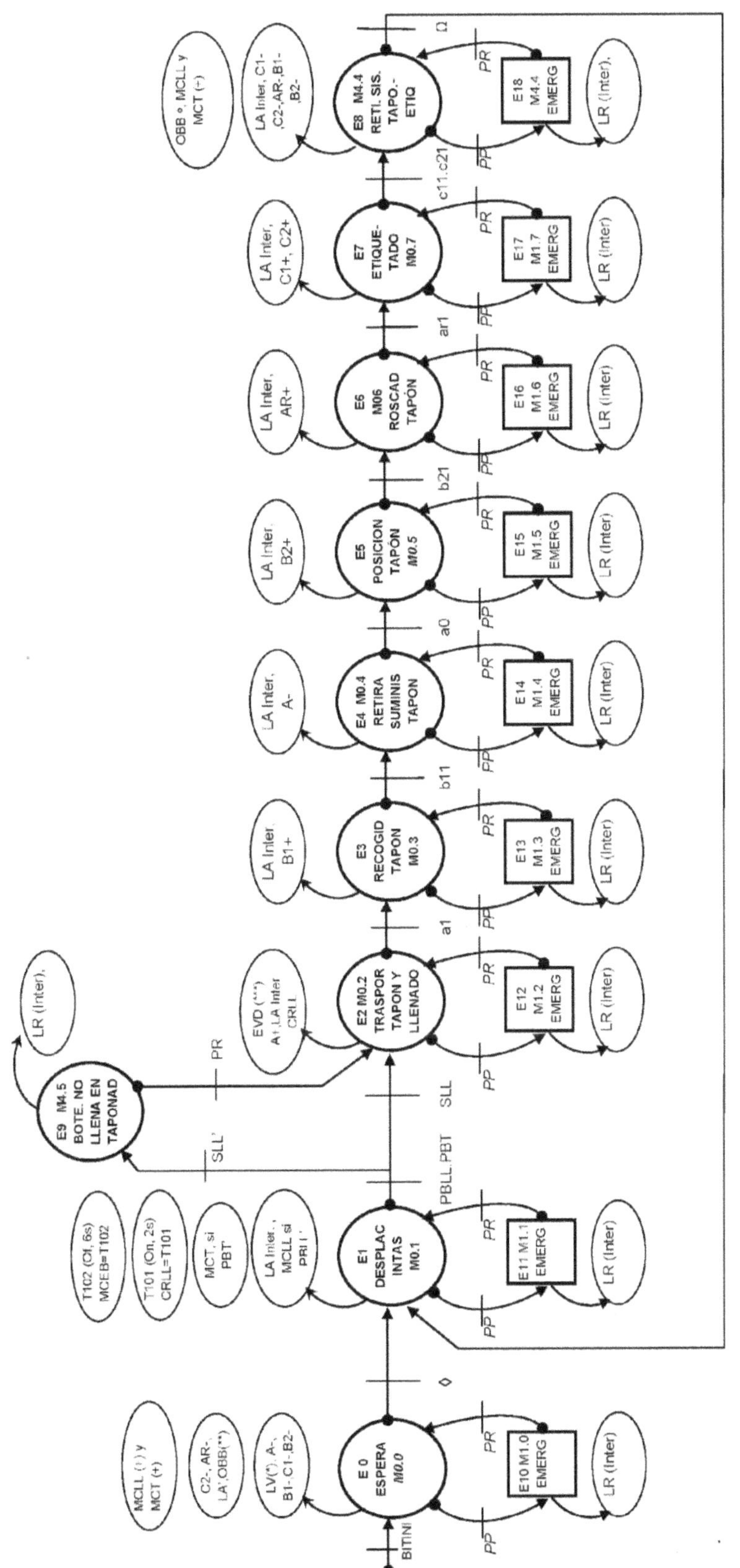

(*) LV si PBLL.PBT = 1

(Ω) c10 . c20. B10.b20.PBT XPBLL'

(**) Situado inicial de botellas

(+) Ver condicionantes en las ecuaciones

(***) Retener señal hasta llenar

ϕ Objeto escada botella

(◊) PM.a0.ar0.c10.c20.b10.b20.BLLxPBT

III.13.3.2.- Tabla de estados. Señales activadoras, anuladoras, elementos a gobernar. Ecuaciones de estado

b) Tabla de estados . Señales activadoras (S) y anuladoras (R), elementos a gobernar y ecuaciones de mando

Ver página siguiente

Estado	Descripción	Biestable	Señal activadora (S)	Señal anuladora (R)	Receptor a activar
E0	Espera	M0.0	BIT INI + M1.0 x PR	M0.1 + M1.0	LV (Interm) si PBLL.PBT = 1 B1 - , B2-, C1 - , A - , C2 - , AR - Situado inicial de botellas: OBB si PBT . PBLL' = 1 ó (SM0.1+ OBB).PBLL' MCLL si PBLL' ó PBT' MCT si PBT'
E1	Desplazamiento cintas	M0.1	(M0.0 x PM x a0 x ar0 x PBLL x PBT + M4.4(E8) x PBLL' x PBT' + M1.1xPR) x c1.0 x c2.0 x b1.0 x b2.0	M4.5 (E9) + M0.2 + M1.1	MCT si PBT' MCLL si PBLL' LA (Interm) Embocado botella llenado: T101 (On, 2s) CRLL = T101 Evacuación botellas (Llenas) T102 (Of, 6s) MECB = 102
E2	Trasporte tapón y llenado	M0.2	M0.1 x PBLL x PBT x SLL + (M4.5(E9) + M1.2) x PR	M0.3 + M1.2	EVD, retener hasta CLL = 1 LA (Interm) A + CRLL
E3	Recogida tapón	M0.3	M0.2 x a1 + M1.3 x PR	M0.4 + M1.3	LA (Interm) B1 +
E4	Retirada Suministro tapón	M0.4	M0.3 x b1.1 + M1.4 x PR	M0.5 + M1.4	LA (Interm) A -
E5	Posicionamiento tapón	M0.5	M0.4 x a0 + M1.5 x PR	M0.6 + M1.5	LA (Interm) B2 +
E6	Roscado tapón	M0.6	M0.5 x b2.1 + M1.6 x PR	M0.7 + M1.6	LA (Interm) AR +
E7	Etiquetado	M0.7	M0.6 x ar1 (AR en pos +) + M1.7 x PR	M4.4 + M1.7	LA (Interm) C1 + C2+
E8	Retirada sistema taponado-etiquetado	M4.4	M0.7 x c1.1 x c2.1 + M7.7(E18) x PR	M0.1 + M7.7	LA (Interm) B1 - , B2-, C1 - , , C2 - , AR - Situado inicial de botellas: MCLL y MCT si c10.c20.b20 =1 OBB
E9	Botella no llena en taponado (Emergencia)	M4.5	M0.1 x PBLL x PBT x SLL'	M0.2	LR (Interm)
E10	Emergencia en E0 Espera	M1.0	M0.0 x PP'	PR	LR (Interm)
E11	Emergencia en E1 Desplazamiento cintas	M1.1	M0.1 x PP'	PR	LR (Interm)
E12	Emergencia en E2 Trasporte tapón y llenado	M1.2	M0.2 x PP'	PR	LR (Interm)
E13	Emergencia en E3 Recogida tapón	M1.3	M0.3 x PP'	PR	LR (Interm)
E14	Emergencia en E4 Retirada Suministro tapón	M1.4	M0.4 x PP'	PR	LR (Interm)
E15	Emergencia en E5 Posicionamiento tapón	M1.5	M0.4 x PP'	PR	LR (Interm)
E16	Emergencia en E6 Roscado tapón	M1.6	M0.6 x PP'	PR	LR (Interm)
E17	Emergencia en E7 Etiquetado	M1.7	M0.7 x PP'	PR	LR (Interm)
E18	Emergencia en E8 Retirada sistema taponado-etiquetado	M7.7	M4.4(E8) x PP'	PR	LR (Interm)

Los estados de emergencia (P.e.: E13/M1.3) se controlan con biestables RS al objeto de priorizar la señal anuladora y los estados de funcionamiento ordinario se controlan mediante biestables. SR (P.e.:E3/M0.3) al objeto de priorizar la señal activadora

Pudiéndose establecer las siguientes ecuaciones de mando de los estados (*):

El bit de inicialización (S_{INI}) se implementa mediante el bit específico SM0.1 (Siemens) que se activa únicamente en el primer ciclo de escan, S_{INI} = SM0.1

Las ecuaciones de mando de los receptores a activar serían:

LV = M0.0xPBLLxPBT

A - = Y2 = M0.0 + M0.4

B1- = Y10 = B2- = Y12 = C1- = Y5 = C2- = Y7 = AR- = Y9 = M0.0 + M0.8 (M4.4)

MCT = (M0.1 + M0.0)PBT' + M4.4(E8) x c1.0 x c2.0 x b2.0

MCLL = M0.1 x PBLL' + M0.0 x (PBLL' + PBT') + M4.4(E8) x c1.0 x c2,0 x b2.0

LA Interm.= (M0.1 + M4.5(E9) + M0.2 + M0.3 + M0.4 + M0.5 + M0.6 + M0.7 + M4.4(E8)). SM0.5

LR Interm.= (M4.5(E9) + M1.0 + M1.1 + M1.2 + M1.3 + M1.4 + M1.5 + M1.6 + M1.7 + M7.7(E18)).SM05

OBB = M0.0 x PBT x PBLL' + M4.4(E8) + (SM0.1 + OBB)PBLL' x M0.0 Objeto escada, botella

A+ = Y1 = M0.2

EVD= Q0.0 = (EVD + M0.2) x (M4,4'(E9`) x CLL' x M1.2) Retener señal hasta llenar botella (CLL = 1)

B2+ = Y11 = M0.5

AR+ = Y8 = M0.6

C1+ = Y4 = C2+ = Y6 = M0.7

B2- = Y12 = M4.4(E8) + M0.0

B1+= Y3 = M0.3

T101 (On, 2s) = M0.1 CRLL = T101 + M0.2 + M0.0.PBT Control cilind. retenedor, situado botellas en llenado

T102 (Of, 6 s) = M0.1 MCEB = T102

III.13.3.3.- Programa (Diagrama de contactos) para PLC

c) Diagrama de contactos

Mediante el análisis grafico y las ecuaciones de mando obtenidas, podemos elaborar el programa de control (Diagrama de contactos) del sistema para ser gobernado por PLC , para lo cual se establece la siguiente tabla de símbolos (Ver paginas siguientes)

a0	I0.0	Sensor reed cilindro A-, pos. retraído
a1	I0.1	Sensor reed cilindro A+, pos. extendido
b10	I0.2	Sensor reed actuador l, B1-, pos retraído
b11	I0.4	Sensor reed actuador L B1+, pos extendido
b20	I2.1	Sensor reed actuador l, B2-, pos retraído
b21	I2.2	Sensor reed actuador L, B2+, pos extendido
e10	I0.5	Sensor reed cilindro C1-, pos retraído
e11	I0.6	Sensor reed cilindro C1+, pos. extendido
e20	I0.7	Sensor reed cilindro C2-, pos retraído
e21	I1.0	Sensor reed cilindro C2+, pos. extendido
ar0	I1.1	Sensor actuador rotativo AR-, pos izquierda
ar1	I1.2	Sensor actuador rotativo AR+, pos derecha
PM	I1.3	Pulsador puesta en marcha del sistema
PR	I1.4	Pulsador rearme
PP	I1.5	Pulsador (Interruptor) parada (Interruptor NC)
PBLL	I1.6	Sensor presencia botella en boca de llenado
PBT	I1.7	Sensor presencia botella en punto de taponado
SLL	I2.0	Sensor capacitivo control botella llena
CLL	I2.7	Captador capacitivo llenado botella
ALLB	Q0.0	Activación llenado botella (Salida). Necesidad escada
Y1	Q0.1	Solenoide cilindro A+
Y2	Q0.2	Solenoide cilindro A-
Y3	Q0.3	Solenoide actuador lineal B1+
Y4	Q0.4	Solenoide cilindro C1+
Y5	Q0.5	Solenoide cilindro C1-
Y6	Q0.6	Solenoide cilindro C2+
Y7	Q0.7	Solenoide cilindro C2 -
Y8	Q1.0	Solenoide actuador rotativo AR+, giro derecha
Y9	Q1.1	Solenoide actuador rotativo AR- , giro izquierda
Y10	Q1.2	Solenoide actuador lineal B1 -
Y11	Q2.2	Solenoide actuador lineal B2 +
Y12	Q2.3	Solenoide actuador lineal B2 -
MCT	Q2.1	Motor cinta taponado
MCLL	Q1.3	Motor cinta llenado
EVD	Q1.4	Electroválvula dosificador volumétrico
LV	Q1.5	Luz verde
LR	Q1.6	Luz roja
LA	Q1.7	Luz azul
CRLL	Q2.4	Cilindro retenedor (botellas) en punto de llenado
MCEB	Q2.5	Motor cinta evacuación botellas (llenas)
OBB	Q2.0	Activación objeto botella
E0	M0.0	ESPERA, estado
E1	M0.1	DESPLAZAMIENTO CINTAS, estado
E2	M0.2	TRASPORTE TAPÓN Y LLENADO, estado
E3	M0.3	RECOGIDA TAPÓN, estado
E4	M0.4	RETIRADA SUMNISTRO TAPÓN, estado
E5	M0.5	POSICIONAMIENTO TAPÓN, estado
E6	M0.6	ROSCADO TAPÓN, estado
E7	M0.7	ETIQUETADO, estado
E8	M4.4	RETIRADA SISTEMA TAPONADO-ETIQUETADO, estado
E9	M4.5	BOTELLA NO LLENA EN TAPONADO (¿EMERGENCIA?), estado
E10	M1.0	EMERGENCIA EN E0 ESPERA, estado
E11	M1.1	EMERGENCIA EN E1 DESPLAZAMIENTO CINTAS, estado
E12	M1.2	EMERGENCIA EN E2 TRASPORTE TAPÓN Y LLENADO, estado
E13	M1.3	EMERGENCIA EN E3 RECOGIDA TAPÓN, estado
E14	M1.4	EMERGENCIA EN E4 RETIRADA SUMINISTRO TAPÓN, estado
E15	M1.5	EMERGENCIA EN E5 POSICIONAMIENTO TAPÓN, estado
E16	M1.6	EMERGENCIA EN E6 ROSCADO TAPÓN, estado
E17	M1.7	EMERGENCIA EN E7 ETIQUETADO, estado
E18	M7.7	EMERGENCIA EN E8 RETIRADA SISTEMA TAPONADO-ETIQUETADO

Imagen/Pantalla obtenida con el programa Step 7. MicroWin V4. Siemens ©

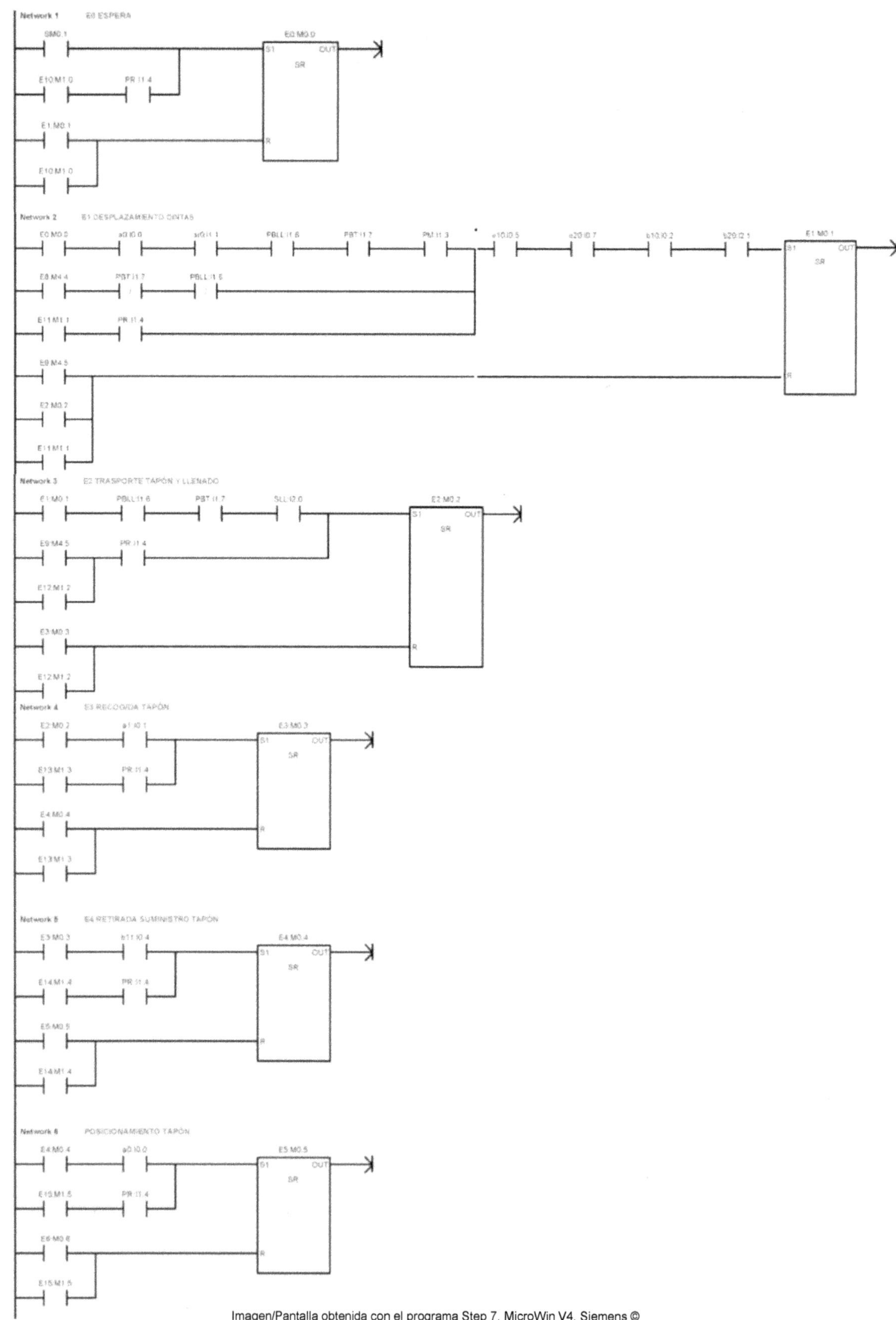

Imagen/Pantalla obtenida con el programa Step 7. MicroWin V4. Siemens ©

Network 1 E0 ESPERA

SM0.1 — E10:M1.0 — PR:I1.4 — E1:M0.1 — E10:M1.0 — [E0:M0.0 / SR / S1 OUT / R]

Network 2 E1 DESPLAZAMIENTO CINTAS

E0:M0.0 — a0:I0.0 — a1:I1.1 — PBLL:I1.6 — PBT:I1.7 — PM:I1.3 — a10:I0.5 — a20:I0.7 — b10:I0.2 — b20:I2.1 — E8:M4.4 — PBT:I1.7 — PBLL:I1.6 — E11:M1.1 — PR:I1.4 — E9:M4.5 — E2:M0.2 — E11:M1.1 — [E1:M0.1 / SR / S1 OUT / R]

Network 3 E2 TRASPORTE TAPÓN Y LLENADO

E1:M0.1 — PBLL:I1.6 — PBT:I1.7 — SLL:I2.0 — E9:M4.5 — PR:I1.4 — E12:M1.2 — E3:M0.3 — E12:M1.2 — [E2:M0.2 / SR / S1 OUT / R]

Network 4 E3 RECOGIDA TAPÓN

E2:M0.2 — a1:I0.1 — E13:M1.3 — PR:I1.4 — E4:M0.4 — E13:M1.3 — [E3:M0.3 / SR / S1 OUT / R]

Network 5 E4 RETIRADA SUMINISTRO TAPÓN

E3:M0.3 — b11:I0.4 — E14:M1.4 — PR:I1.4 — E5:M0.5 — E14:M1.4 — [E4:M0.4 / SR / S1 OUT / R]

Network 6 POSICIONAMIENTO TAPÓN

E4:M0.4 — a0:I0.0 — E15:M1.5 — PR:I1.4 — E6:M0.6 — E15:M1.5 — [E5:M0.5 / SR / S1 OUT / R]

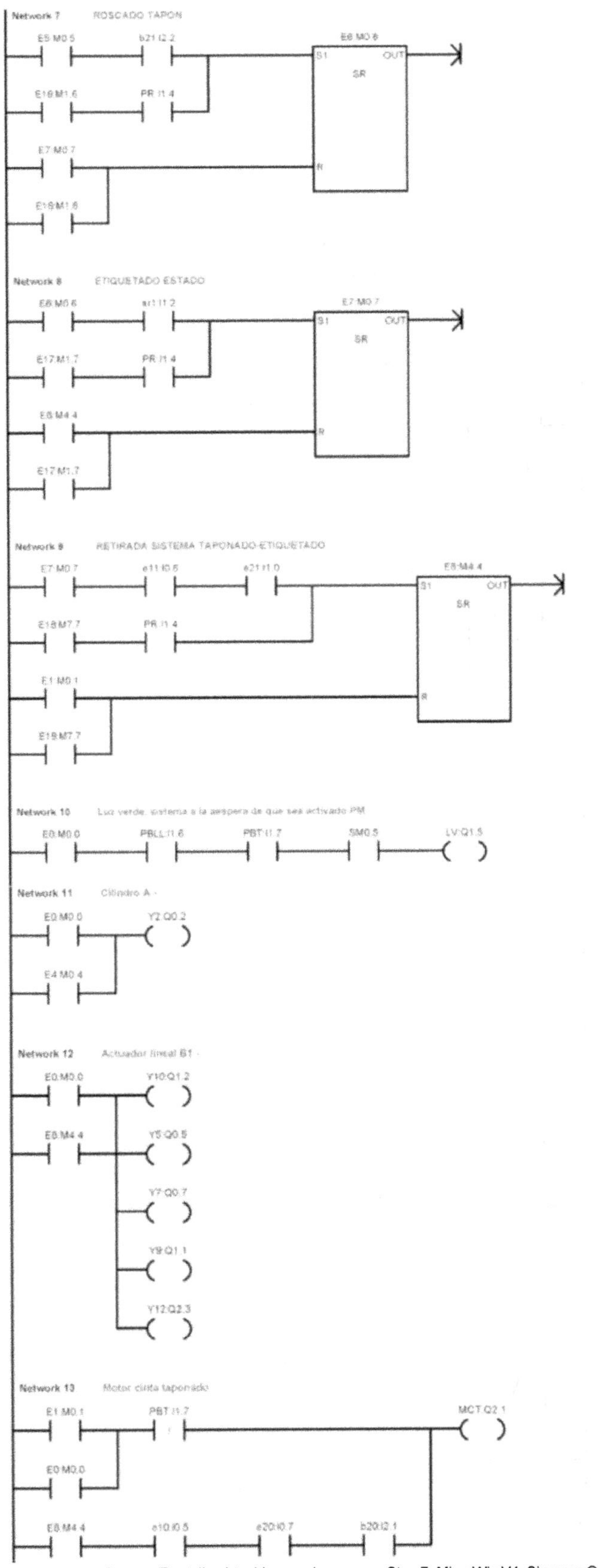

Imagen/Pantalla obtenida con el programa Step 7. MicroWin V4. Siemens ©

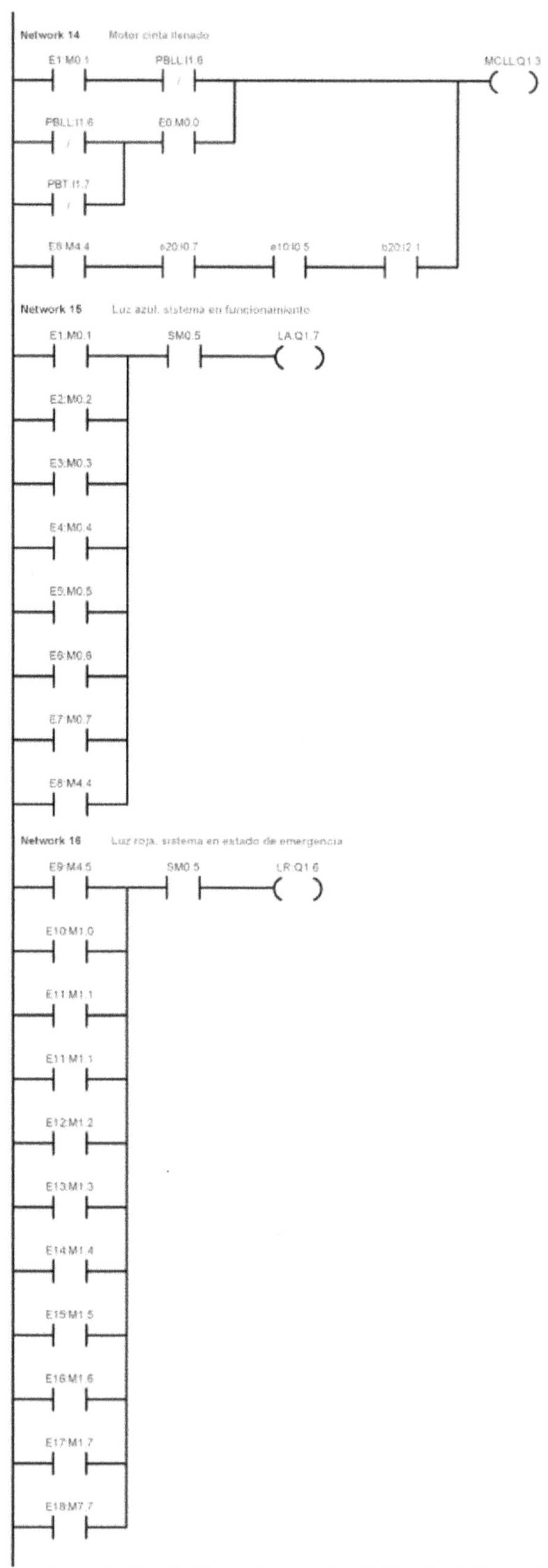

Imagen/Pantalla obtenida con el programa Step 7. MicroWin V4. Siemens ©

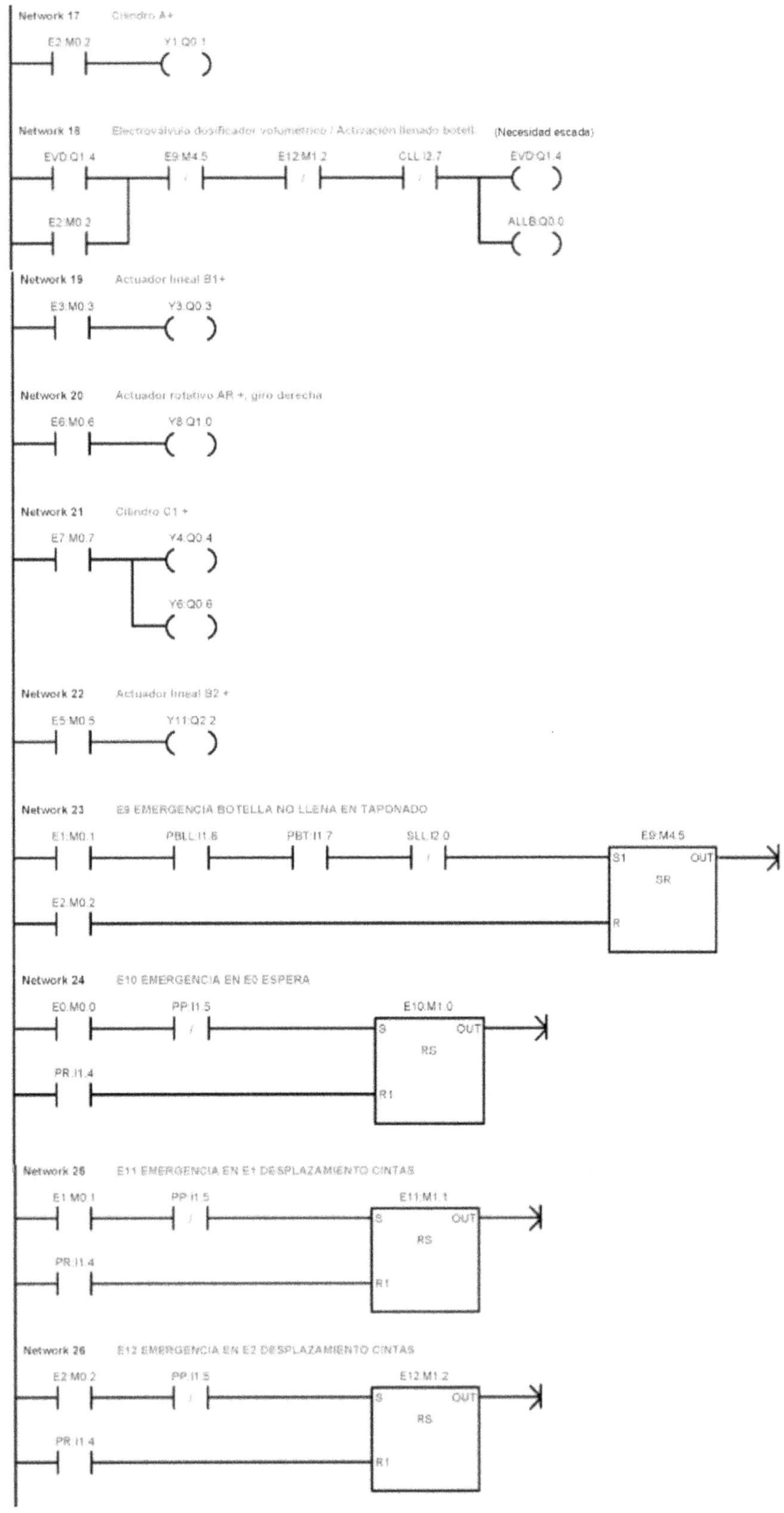
Network 17 Cilindro A+
E2:M0.2
Y1:Q0.1
Network 18 Electroválvula dosificador volumetrico / Activación llenado botell. (Necesidad escada)
EVD:Q1.4
E9:M4.5
E12:M1.2
CLL:I2.7
EVD:Q1.4
E2:M0.2
ALLB:Q0.0
Network 19 Actuador lineal B1+
E3:M0.3
Y3:Q0.3
Network 20 Actuador rotativo AR +, giro derecha
E6:M0.6
Y8:Q1.0
Network 21 Cilindro C1 +
E7:M0.7
Y4:Q0.4
Y6:Q0.6
Network 22 Actuador lineal B2 +
E5:M0.5
Y11:Q2.2
Network 23 E9 EMERGENCIA BOTELLA NO LLENA EN TAPONADO
E1:M0.1
PBLL:I1.6
PBT:I1.7
SLL:I2.0
E9:M4.5
S1
OUT
SR
E2:M0.2
R
Network 24 E10 EMERGENCIA EN E0 ESPERA
E0:M0.0
PP:I1.5
E10:M1.0
S
OUT
RS
PR:I1.4
R1
Network 25 E11 EMERGENCIA EN E1 DESPLAZAMIENTO CINTAS
E1:M0.1
PP:I1.5
E11:M1.1
S
OUT
RS
PR:I1.4
R1
Network 26 E12 EMERGENCIA EN E2 DESPLAZAMIENTO CINTAS
E2:M0.2
PP:I1.5
E12:M1.2
S
OUT
RS
PR:I1.4
R1

Imagen/Pantalla obtenida con el programa Step 7. MicroWin V4. Siemens ©

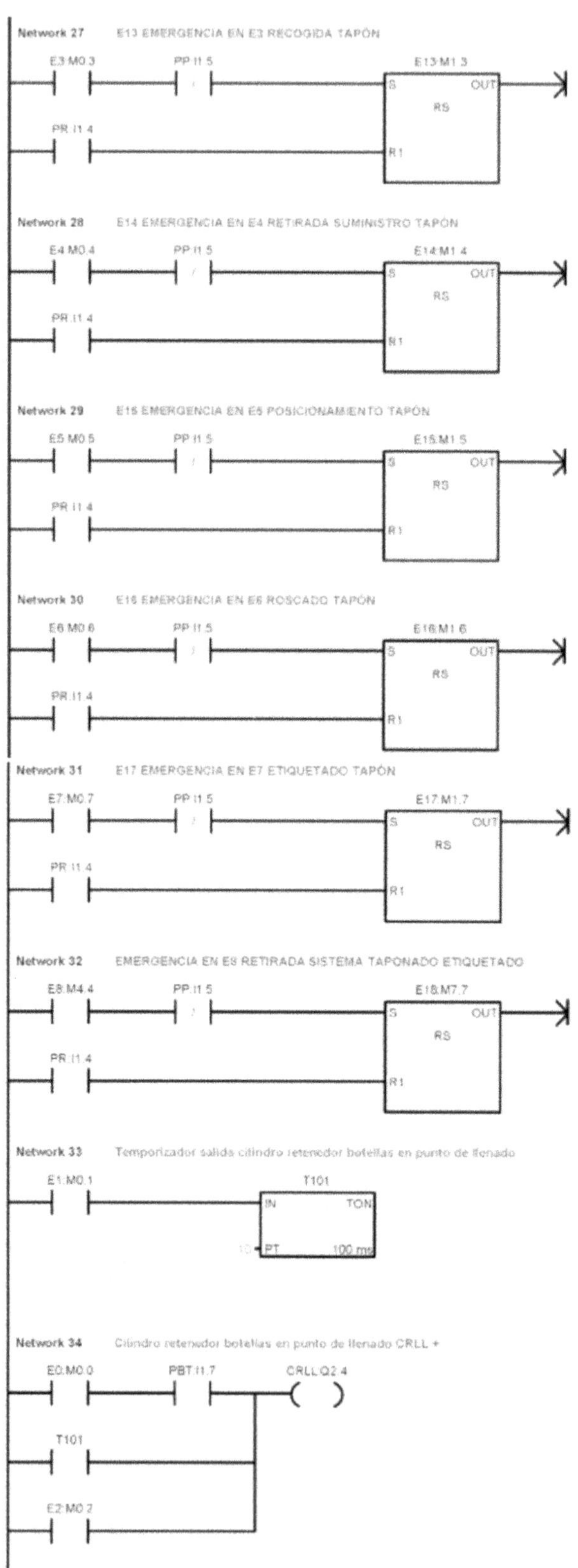
Network 27
E13 EMERGENCIA EN E3 RECOGIDA TAPÓN
E3:M0.3
PP:I1.5
E13:M1.3
S
OUT
RS
PR:I1.4
R1
Network 28
E14 EMERGENCIA EN E4 RETIRADA SUMINISTRO TAPÓN
E4:M0.4
PP:I1.5
E14:M1.4
PR:I1.4
Network 29
E15 EMERGENCIA EN E5 POSICIONAMIENTO TAPÓN
E5:M0.5
PP:I1.5
E15:M1.5
PR:I1.4
Network 30
E16 EMERGENCIA EN E6 ROSCADO TAPÓN
E6:M0.6
PP:I1.5
E16:M1.6
PR:I1.4
Network 31
E17 EMERGENCIA EN E7 ETIQUETADO TAPÓN
E7:M0.7
PP:I1.5
E17:M1.7
PR:I1.4
Network 32
EMERGENCIA EN E8 RETIRADA SISTEMA TAPONADO ETIQUETADO
E8:M4.4
PP:I1.5
E18:M7.7
PR:I1.4
Network 33
Temporizador salida cilindro retenedor botellas en punto de llenado
E1:M0.1
T101
IN
TON
10
PT
100 ms
Network 34
Cilindro retenedor botellas en punto de llenado CRLL +
E0:M0.0
PBT:I1.7
CRLL:Q2.4
T101
E2:M0.2

Imagen/Pantalla obtenida con el programa Step 7. MicroWin V4. Siemens ©

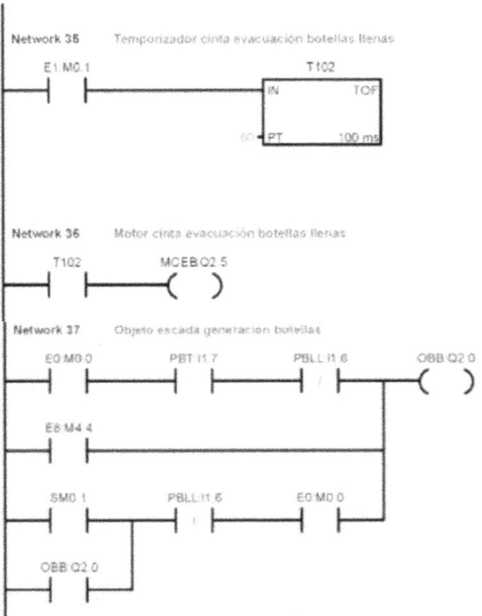

Imagen/Pantalla obtenida con el programa Step 7. MicroWin V4. Siemens ©

III.13.3.4.- Implementación del sistema y su control en un simulador escada

d) Implementación del sistema y su control en un simulador escada

: En el link (www.lulu.com/spotlight/automatizacion_fundamentada) de la pagina de autor destacado editorial Lulu, donde se publican los libros I, II y III de Automatización Fundamentada se pueden encontrar, tanto individual como conjuntamente con los de otros proyectos, los siguientes archivos

. Archivo "embotelladoraAFIIIprotg.sim" para el escada PCsimu que recrea el sistema del proyecto

. Archivo "embotelladora.cfg" para el emulador del autómata virtual S7 200 (CPU 226XM)

. Videos"embotelladoraAFII video 1.avi" y "embotelladoraAFII video 2.avi" (Visionado estado emergencia botella no llena en taponado) que recogen el funcionamiento del sistema mediante la solución elaborada utilizando PCSimu

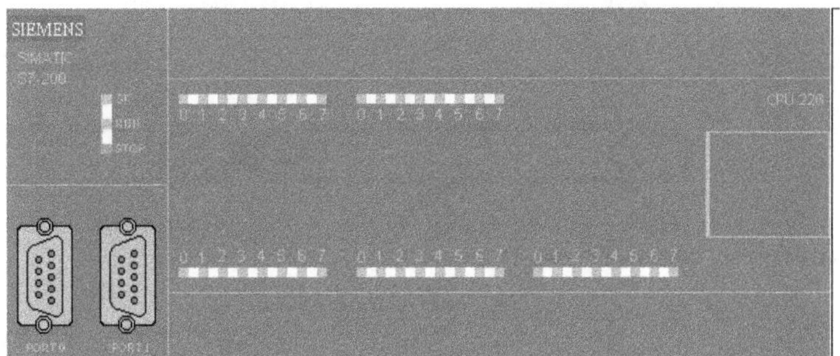

Imagen/Pantalla obtenida con el programa Emulador S7 200 © de Juan Luis Villanueva Montoto

Detalle de la CPU 226XM

Pantalla situación inicial (Video "embotelladoraAFIII video1")

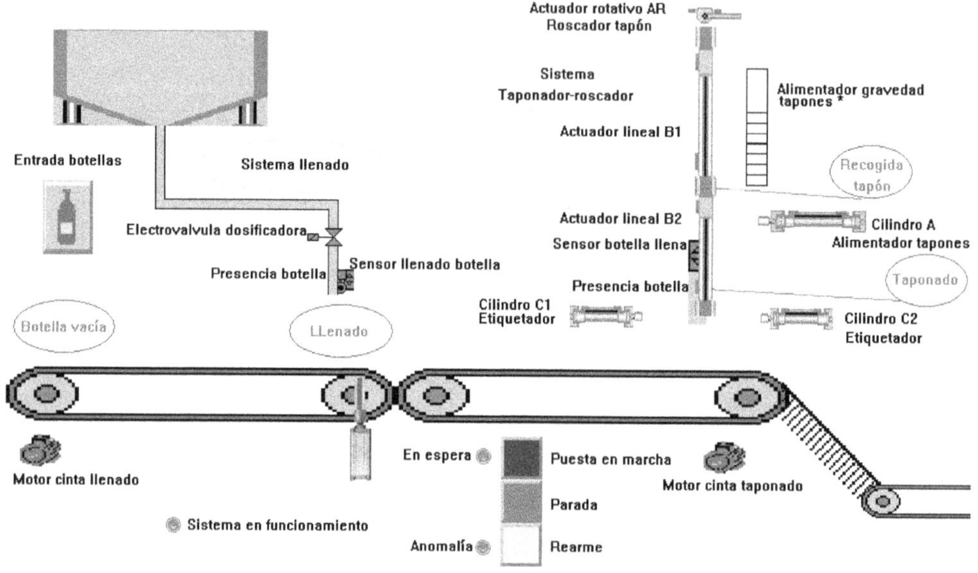

Pantalla colocación segunda botella vacia (Video "embotelladoraAFIII video1")

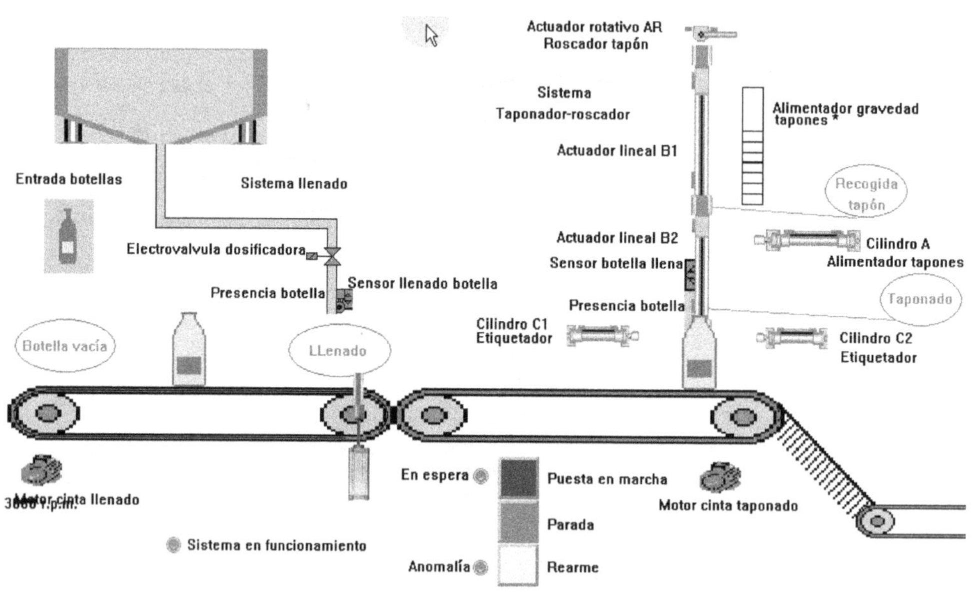

Imagenes/Pantallas obtenidas con el programa PCSimu © de Juan Luis Villanueva

Pantalla espera activación PM (Video "embotelladoraAFIII video1")

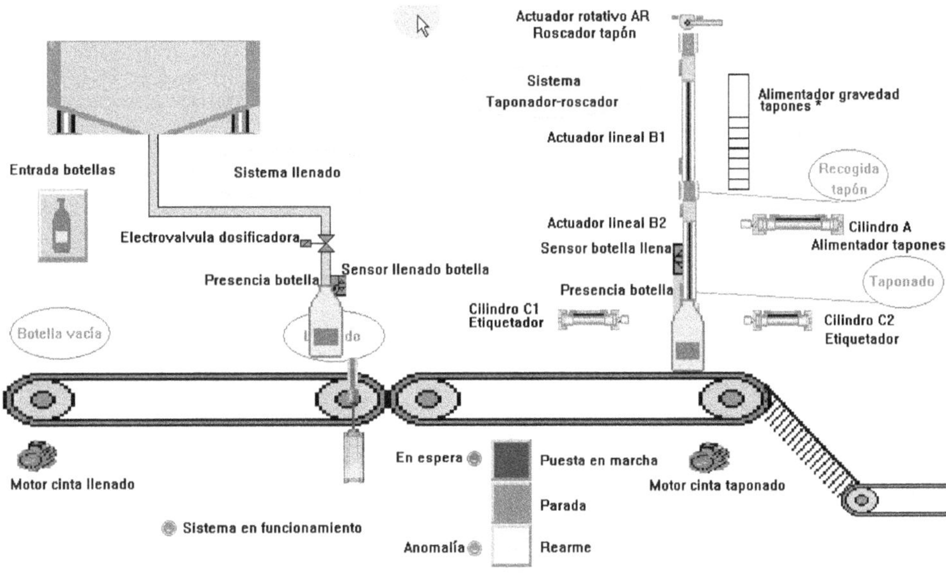

Pantalla llenado de botellas(Video "embotelladoraAFIII video1")

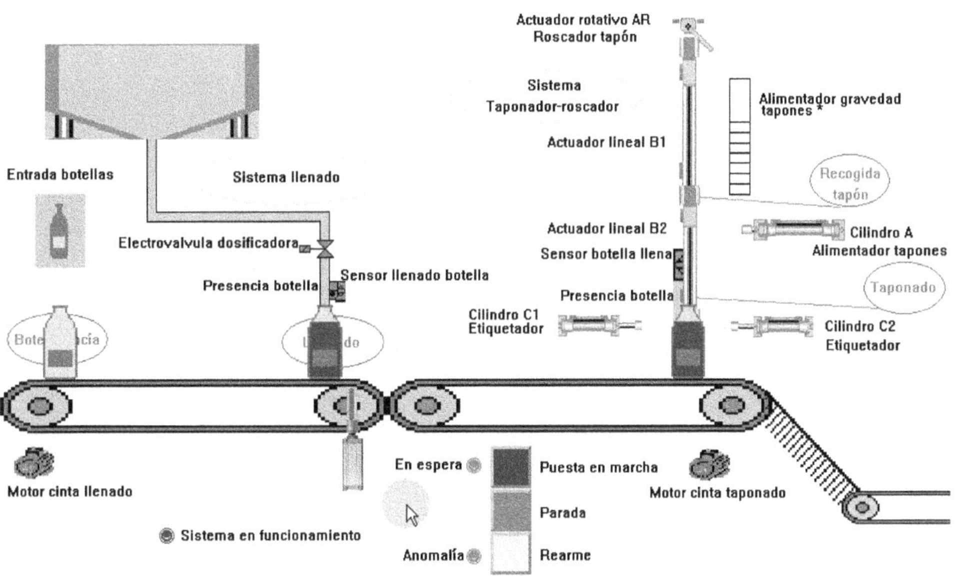

Imagenes/Pantallas obtenidas con el programa PCSimu © de Juan Luis Villanueva Montoto

Pantalla emergencia botella no llena en taponado (Video "embotelladoraAFIII video2")

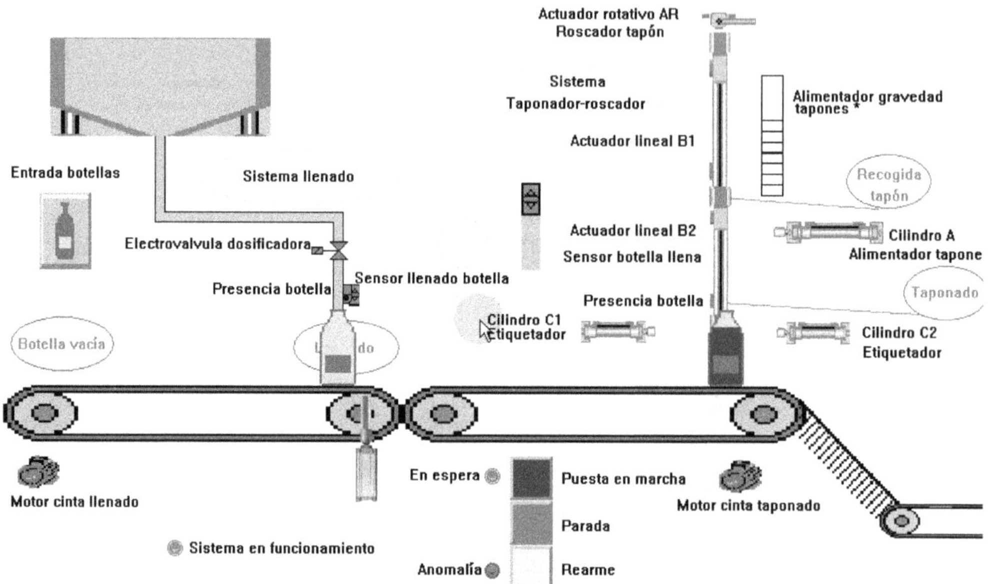

Imagen/Pantalla obtenida con el programa PCSimu © de Juan Luis Villanueva Montoto

III.14.- PROYECTO paquetesAFIII

Diseñar para una empresa de envasado un sistema de control para automatizar la clasificación-desplazamiento de paquetes de diferentes tamaños (Dos tipos) cuya entrada al sistema se efectúa de forma aleatoria

Se realiza íntegramente este proyecto y siguientes utilizando la nueva versión de PCsimu (V2.0) que su autor , Juan Luis Villanueva Montoto ha sacado (15/02/17) en su web http: canalplc.blogspot.com.es/

En el apartado indicaciones para el manejo de PCsimu (Versión 2.0) pag. 59, se recogen algunas indicaciones específicas para el manejo de esta nueva versión

III.14.1.- Anteproyecto

III.14.1.1.- Descripción física

El sistema de clasificación y desplazamiento se identifica con la denominación "paquetesAFIII", cuyo sinóptico se refleja en la siguiente figura, que tiene las siguientes características

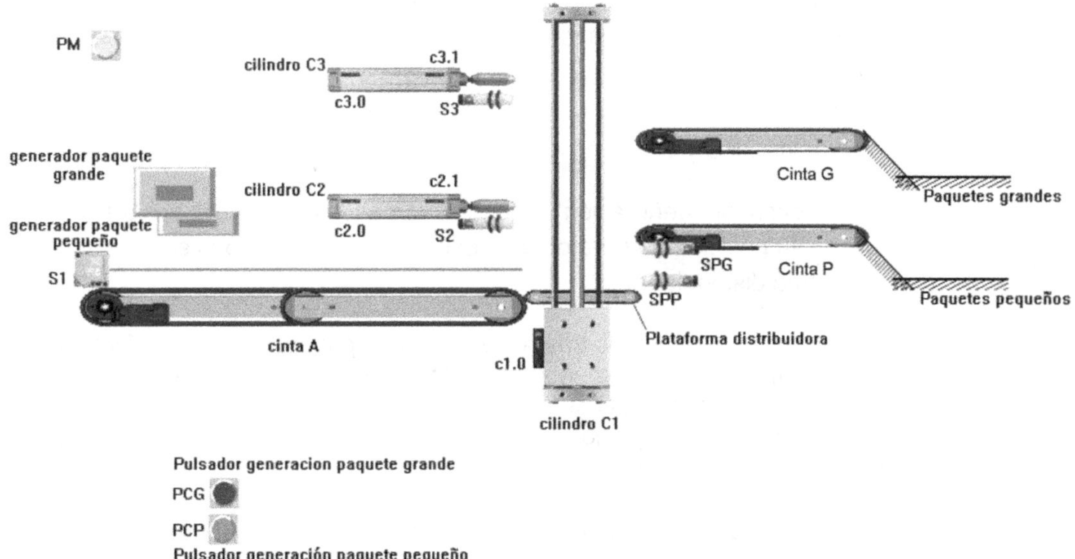

Imagen/Pantalla obtenida con el programa PCSimu © de Juan Luis Villanueva Montoto

La planta de este proyecto y siguientes se elabora con la versión PCsimu V2, por el correspondiente archivo .sim solo "correrá" en esa versión

III.14.1.2.- Previo

Efectos escada:

- Los objetos GPP (Paquete pequeño) y GPG (Paquete grande) recrean los dos tipos de paquetes a clasificar y desplazar, cuya operatividad se describe mas adelante.

- Para poder lograr la aleatoriedad en la entrada de paquetes de diferentes tamaños en la simulación, al escada que recrea el sistema se le dota de sendos pulsadores , PPG y PPP que harán posible, tras ser activado el pulsador de puesta en marcha PM, la generación del respectivo paquete grande o pequeño, cuya funcionalidad estará sometida a los requisitos de alimentación de paquetes que se describen mas adelante

III.14.1.3.- Funcionalidad general

Se debe automatizar un dispositivo clasificador de paquetes compuesto por una cinta alimentadora A (CinA), que suministra, aleatoriamente, paquetes de dos tamaños, grandes y pequeños que serán situados por un cilindro C1 frente a otras dos cintas trasportadoras P y G (CinP y CinG), hacia donde son desplazadas por sendos cilindros C2 y C3.. Para la puesta en marcha del sistema se dispone de un pulsador PM

III.14.1.4.- Requisitos de funcionamiento:

- El ciclo de trabajo se inicia al activar el pulsador de puesta en marcha PM, poniéndose en funcionamiento la cinta A cuando se detecte presencia de paquete en la misma mediante el sensor S1 (Barrera réflex).. Se debe asegurar previamente que todos los cilindros estén retraídos y las cintas trasportadoras paradas.

  La cinta A detendrá su funcionamiento al llegar el paquete a la plataforma de distribución, detectándose esta circunstancia así como su tamaño por los sensores capacitivos SPG y SPP

- .La alimentación (generación) de un nuevo paquete solo será posible si el cilindro C1 está en su posición de retraído y no existe paquete alguno ni sobre la cinta A ni en la plataforma distribuidora

- Transcurridos 2 segundos tras la detección de paquete en la plataforma de distribución y según el tamaño detectado, el cilindro C saldrá hasta situar la plataforma frente la cinta correspondiente, CING para los paquetes grandes y CINP para los paquetes pequeños, siendo controladas estas ubicaciones por los sensores S3 y S2 respectivamente.

- Trascurridos otros 2 segundos desde la llegada de la plataforma de distribución a la cinta correspondiente, el cilindro expulsor C2 para los paquetes pequeños y C3 para los grandes, saldrá el que corresponda, desplazando el paquete a la cinta correspondiente. Estos cilindros regresarán automáticamente al llegar al extremo de su recorrido

- Tras la llegada del cilindro expulsor (C2 o C3) a su posición de extendido, el cilindro impulsor de la plataforma distribuidora retornará a su posición de retraído y se pondrá en marcha la cinta que corresponda (G/P) durante un tiempo de ocho segundos, suficiente para la evacuación del paquete, quedando el sistema dispuesto para gestionar el siguiente paquete.

III.14.2.- Descripción genérica del sistema.

Elementos de trabajo

- Cilindro A (CINA), cinta alimentadora de paquetes, movida por motor eléctrico con un único sentido de giro

- Cilindro P (CINP), cinta evacuadora de paquetes pequeños, movida por motor eléctrico con un único sentido de giro

- Cilindro G (CING), cinta evacuadora de paquetes grandes, movida por motor eléctrico con un único sentido de giro

- Cilindro C1, de doble efecto sin vástago, proporciona el desplazamiento de la plataforma distribuidora, estando gobernado por dos electroválvulas monoestables 3/2 NC que posibilitan el posicionado del mismo. Tiene controlada su posición inferior (retraído) por el sensor c1.0 y las otras dos posiciones , frente a las cintas de evacuación (Paquetes pequeños/grandes) controladas por los sensores S2 y S3

- Cilindros expulsores C2 y C3, de simple efecto, gobernados cada uno de ellos por su respectiva electroválvula monoestable 3/2 NC, teniendo controladas las posiciones extremas de sus recorridos por los oportunos finales de carrera (c2.0 – c2.1 / c3.0 – c3.1)

III.14.3.- Items a obtener.

Se pretende obtener:

a) Análisis de funcionamiento (Gráfico de estados/Señales de cambio/Elementos a controlar)

b) Tabla de estados de funcionamiento del sistema, con sus correspondientes señales activadoras (S) y anuladoras (R) y los elementos a gobernar en cada uno de ellos Ecuaciones de mando

c) Programa (Diagrama de contactos) para autómata programable PLC que controle el sistema, según el direccionamiento indicado en la tabla de correspondencias (Ver hoja siguiente)

d) Implementación del sistema y su control en un simulador escada

TABLA DE CORRESPONDENCIAS				
	DENOMINACIÓN	IDENTIFI	Dir. S7 200	OBSERVACIONES
	Pulsador puesta en marcha	PM	I0.0	
	Pulsador generación paquete pequeño	PPP	I0.1	Necesidad escada
	Pulsador generación grande grande	PPG	I0.2	" "
	Sensor presencia paquete en cinta A	S1	I0.3	
	Sensor paquete frente cinta P	S2	I0.4	
	Sensor paquete frente cinta G	S3	I0.5	
	Sensor paquete pequeño (y grande)	SPP	I0.6	
	Sensor paquete grande)	SPG	I0.7	
	Captador posición retraído cilindro 1	c10	I1.0	
	Captador posición retraído cilindro 2	c20	I1.1	
	Captador posición expandido cilindro 2	c21	I1.2	
	Captador posición retraído cilindro 3	c30	I1.3	
	Captador posición r expandido cilindro 3	c31	I1.4	
	Motor cinta A. Alimentación paquetes	CINA	Q0.0	Desplazamiento derecha
	Motor cinta P. Alimentación paquetes	CINP	Q0.1	" "
	Motor cinta G. Alimentación paquetes	CING	Q0.2	" "
	Solenoide salida cilindro C1 +	Y1	Q0.3	Plataforma sube. C.d.e.. Válvula biestable
	Solenoide entrada cilindro C1 -	Y2	Q0.4	Plataforma baja
	Solenoide salida cilindro C2 +	Y3	Q0.5	Expulsión paquete pequeño
	Solenoide salida cilindro C3 +	Y4	Q0.6	Expulsión paquete pequeño
	Generación paquete pequeño	GPP	Q1.0	Objeto escada
	Generación paquete grande	GPG	Q1.1	Objeto escada
	Temporizador espera elevación paquete	T1	T101	TON (2 s.)
	Temporizador traslado paquete peq. a cinta P	T2	T102	TON (2 s.)
	Temporizador expulsión paquete pequeño	T3	T103	TOF(8 s.) Movimiento cinta P
	Temporizador traslado paquete gra. A cinta G	T4	T104	TON (2 s.)
	Temporizador expulsión paquete grande	T5	T105	TOF(8 s.) Movimiento cinta G

III.14.3.1.- Análisis de funcionamiento

a) Análisis de funcionamiento (Gráfico de estados/Señales de cambio/Elementos a controlar)

La representación gráfica de la dinámica funcional del sistema podría ser (Ver pag. siguiente):

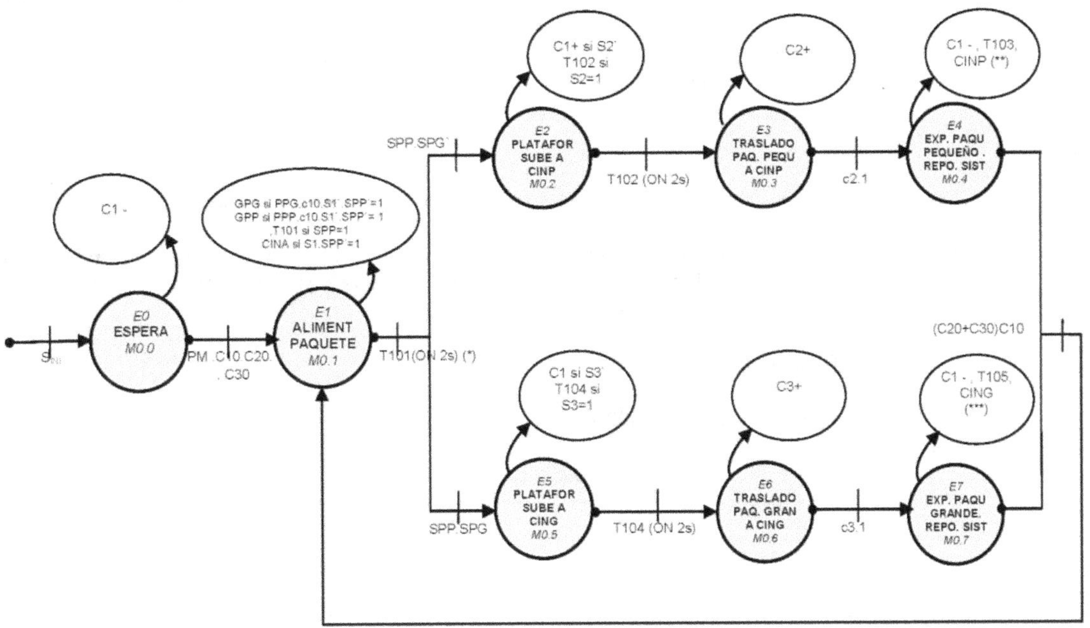

(*) T101 (SPP .SPG`+ SPP . SPG) = T101 (SPP (SPG` + SPG) T101 . SPP

(SPG` + SPG) = 1

(**) CINP si T103 = 1. Sin vincular al estado para que la cinta pueda seguir en marcha al finalizar el estado E4 dado que el temporizador es Off

(***) CING si T105 = 1. Sin vincular al estado para que la cinta pueda seguir en marcha al finalizar el estado E7 dado que el temporizador es Off

III.14.3.2.- Tabla de estados. Señales activadoras, anuladoras, elementos a gobernar. Ecuaciones de mando

b) Tabla de estados . Señales activadoras (S) y anuladoras (R), elementos a activar y ecuaciones de mando

Estado	Descripción	Biestable (Relé Asociado)	Señal activadora (S)	Señal anuladora (R)	Receptor a activar
E0	Espera	M0.0	SINI	M0.1	C1 -
E1	Alimentación paquete	M0.1	M0.0.PM.c10.c20.c30 + (M0.4.c20+M0.7.c30).c10	M0.2 + M0.5	GPP=PPP.c10.S1`.SPP` GPG=PPG.c10.S1`.SPP` CINA=S1.SPP` TON1 (ON 2s) = SPP
E2	Mov. plataforma hasta CINP	M0.2	M0.TON1.SPP.SPG`	M0.3	C1+ si S2` TON2 (ON 2s)=S2
E3	Traslado paquete pequeño a CINP	M0.3	M0.2.TON2	M0.4	C2+
E4	Expulsión paquete pequeño. Reposición sistema	M0.4	M0.3.c21	M0.1	C1- TOF3 (OF8s) CINP = TOF3 **
E5	Mov. plataforma hasta CING	M0.5	M0.1.TON1.SPP.SPG	M0.6	C1+ si S3` TON4 (ON 2s)=S3
E6	Traslado paquete grande a CING	M0.6	M0.5. TON4	M0.7	C3+
E7	Expulsión paquete grande. Reposición sistema	M0.7	M0.6.C31	M0.1	C1- TOF5 (OF 8s) = CING = TOF5 (**)

(**) Sin vincular al estado para que la cinta pueda seguir en marcha al finalizar el estado E4/E7, dado que el temporizador (TOF3 /TOF5) es OFF, así se consigue que el sistema pueda seguir evolucionando al siguiente estado (E1) mientras prosigue la explusión del paquete

Pudiéndose establecer las siguientes ecuaciones de mando de los estados (*):

La de inicialización (S_{INI}) se implementa mediante el bit específico SM0.1 (Siemens) que se activa únicamente en el primer ciclo de escan, aunque también se podría implementar mediante la abstracción lógica de que el estado E0 se activa si no está activo ningún estado

$$S_{INI} = SM0.1 = M0.0'?.\ M0.1'.....M0.7'$$

$$E0 \rightarrow M0.0 = (M0.0 + S_{INI})\ .\ M0.1'$$

$$E1 \rightarrow M0.1 = (M0.1 + \underbrace{M0.0.PM.c10.c20.c30 + (M0.4.c20+M0.7.c30).c10}_{S})\ .(\underbrace{M0.2+M0.5}_{R})'$$

$$E2 \rightarrow M0.2 = (M0.2 + M0.1.SPP.SPG')\ .\ M0.3'$$

$$E3 \rightarrow M0.3 = (M0.3 + M0.2.TON2)\ .\ M0.4'$$

$$E4 \rightarrow M0.4 = (M0.4 + M0.3.c\ 21)\ .\ M0.1'$$

$$E5 \rightarrow M0.5 = (M0.5 + M0.1.TON1.SPP.SPG)\ .\ M0.6'$$

$$E6 \rightarrow M0.6 = (M0.6 + M0.5.TON4)\ .\ M0.7'$$

$$E7 \rightarrow M0.7 = (M0.7 + M0.6.c31)\ .\ M0.1'$$

Las ecuaciones de mando de los receptores a activar serían:

- C1 - = Y2 = M0.0 + M0.5 + M0.7
- CINA = M0.1.S1.SPP´ (La cinta A se podrá en marcha si hay paquete en la cinta y no en la plataforma)
- C1+- = Y1 = M0.2.S2´ + M0.5 .S3`
- C2 + = Y3 = M0.3
- CINP = TOF3 (**)
- C3 + = Y4 = M0.6
- CING = TOF5 (***)
- TON1 (On 2 s) = M0.1.SPP
- TON2 (On 2 s) = M0.2.S2
- TOF3 (Off 4 s) = M0.4
- TON4 (On 2 s) = M0.5.S3
- TON5 (Off 4 s) = M0.7

Las ecuaciones de mando para el control de los objetos escada serían:

- GPP = M0.1.:PPP.C10.S1`.SPP` (Generación paquete pequeño)

.........................- GPG = M0.1.:PPG.C10.S1`.SPP` (Generación paquete)

La generación de paquetes se producirá si no hay paquete en la cinta A, ni en la plataforma y además estando esta abajo

III.14.3.3.- Programa (Diagrama de contactos) para PLC

c) Diagrama de contactos

Mediante el análisis grafico y las ecuaciones de mando obtenidas, podemos elaborar el programa de control (Diagrama de contactos) del sistema para ser gobernado por PLC, para lo cual se establece la siguiente tabla de símbolos (Ver páginas siguientes)

			Símbolo	Dirección	Comentario
1			PM	I0.0	Puesta en Marcha
2			PPP	I0.1	Pulsador (generación) Paquete Pequeño
3			PPG	I0.2	Pulsador (generación) Paquete Grande
4			S1	I0.3	Sensor presencia paquete en cinta A (Barrera reflex)
5			S2	I0.4	Plataforma (paquete pequeño) frente cinta B
6			S3	I0.5	Plataforma (paquete grande) frente cinta C
7			SPP	I0.6	Sensor Presencia Paquete Pequeño en la plataforrma
8			SPG	I0.7	Sensor presencia Paquete Grande en la plataforma
9			e10	I1.0	Captador pos. retraido cilindro 1
10			e20	I1.1	Captador pos. retraido cilindro 2
11			e21	I1.2	Captador pos. expandido cilindro 2
12			e30	I1.3	Captador pos. retraido cilindro 2
13			e31	I1.4	Captador pos. expandido cilindro 2
14			cinA	Q0.0	Motor cinta A (Alimentación paquetes)
15			cinP	Q0.1	Motor cinta P (Expulsión paquete pequeño)
16			cinG	Q0.2	Motor cinta G (Expulsión paquete grande)
17			Y1	Q0.3	Solenoide salida cilindro C1+
18			Y2	Q0.4	Solenoide entrada cilindro C1-
19			Y3	Q0.5	Solenoide salida cilindro C2+
20			Y4	Q0.6	Solenoide salida cilindro C3+
21			GPP	Q2.0	Generación Paquete Pequeño
22			GPG	Q2.1	Generación Paquete Grande
23			TON1	T101	Temporización espera elevación paquete (Ton, 2s)
24			TON2	T102	Temporización espera traslado paquete pequeño a cinta P (Ton, 2 s)
25			TOF3	T103	Temporización expulsion paquete pequeño = Mov. cinta P (Toff, 8 s)
26			TON4	T104	Temporizacion espera traslado paquete grande a cinta G (Ton, 2s)
27			TOF5	T105	Temporización espulsión paquete grande = Mov. cinta G (Toff, 8 s)

Imagen/Pantalla obtenida con el programa Step 7. MicroWin V4. Siemens ©

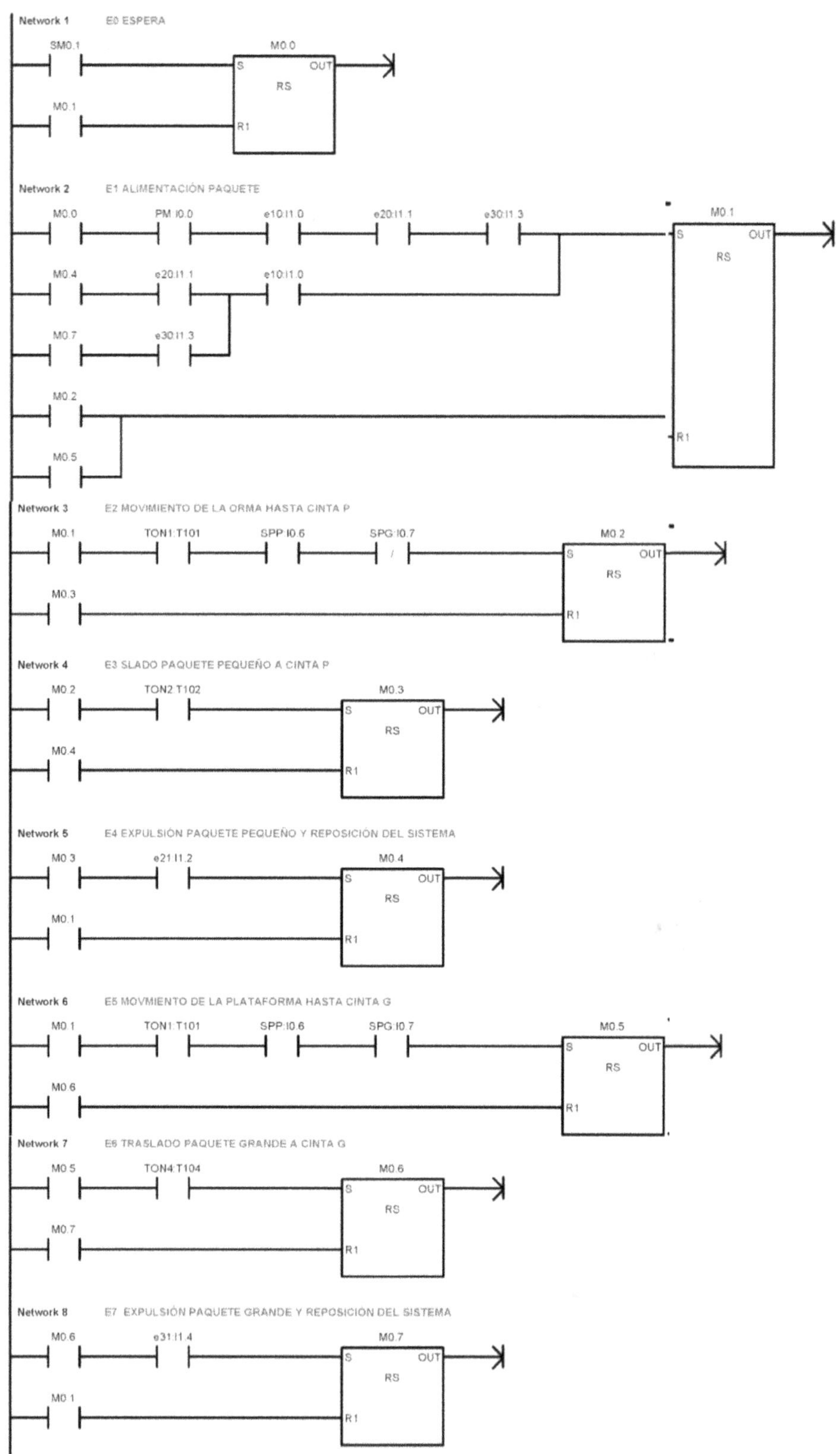

Imagen/Pantalla obtenida con el programa Step 7. MicroWin V4. Siemens ©

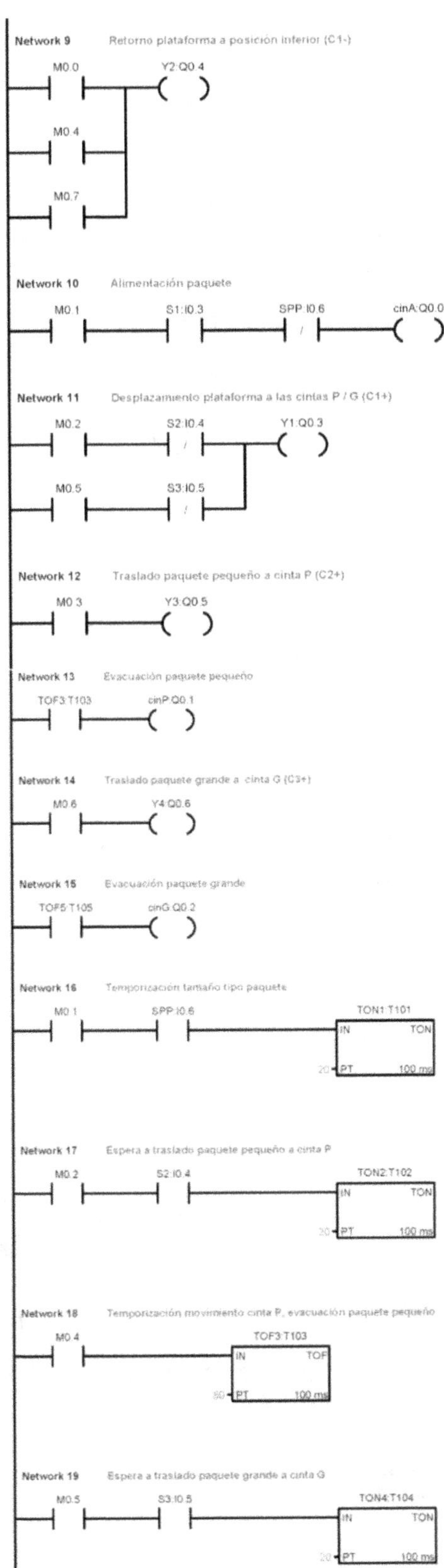
Network 9 Retorno plataforma a posición inferior (C1-)
M0.0
Y2:Q0.4
M0.4
M0.7
Network 10 Alimentación paquete
M0.1
S1:I0.3
SPP:I0.6
cinA:Q0.0
Network 11 Desplazamiento plataforma a las cintas P / G (C1+)
M0.2
S2:I0.4
Y1:Q0.3
M0.5
S3:I0.5
Network 12 Traslado paquete pequeño a cinta P (C2+)
M0.3
Y3:Q0.5
Network 13 Evacuación paquete pequeño
TOF3:T103
cinP:Q0.1
Network 14 Traslado paquete grande a cinta G (C3+)
M0.6
Y4:Q0.6
Network 15 Evacuación paquete grande
TOF5:T105
cinG:Q0.2
Network 16 Temporización tamaño tipo paquete
M0.1
SPP:I0.6
TON1:T101
IN TON
20 PT 100 ms
Network 17 Espera a traslado paquete pequeño a cinta P
M0.2
S2:I0.4
TON2:T102
IN TON
30 PT 100 ms
Network 18 Temporización movimiento cinta P, evacuación paquete pequeño
M0.4
TOF3:T103
IN TOF
80 PT 100 ms
Network 19 Espera a traslado paquete grande a cinta G
M0.5
S3:I0.5
TON4:T104
IN TON
20 PT 100 ms

Imagen/Pantalla obtenida con el programa Step 7. MicroWin V4. Siemens ©

III.14.3.4.- Implementación del sistema y su control en un simulador escada

d) Implementación del sistema y su control en un simulador escada

En el link (www.lulu.com/spotlight/automatizacion_fundamentada) de la pagina de autor destacado editorial Lulu, donde se publican los libros I, II y III de Automatización Fundamentada se pueden encontrar, tanto individual como conjuntamente con los de otros proyectos, los siguientes archivos

Archivo"paquetesAFIIIprotg.sim". para el escada PCsimu que recrea el sistema del proyecto . Este archivo , como ya se indicó anteriormente, ha sido diseñado íntegramente con la nueva versión de PCsimu (V2.0), por tanto deberá hacerse funcionar en dicha versión

Archivo "paquetesAFII.cfg" para el emulador del autómata virtual S7 200 (CPU 224)

Video "paquetesAFIII.avi" que recoge el funcionamiento del sistema mediante la solución elaborada utilizando PCSimu

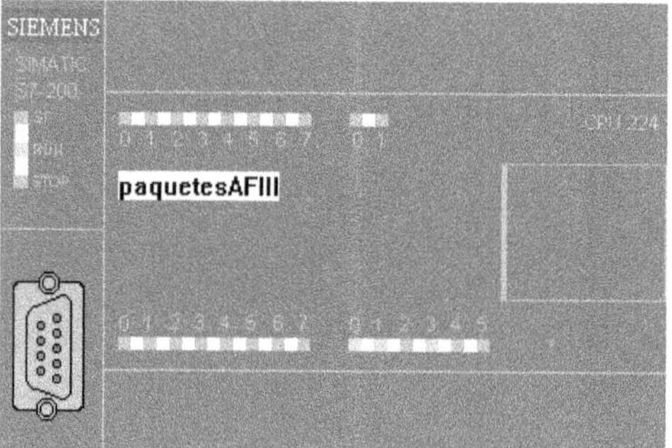

Imagen/Pantalla obtenida con el programa Emulador S7 200 © de Juan Luis Villanueva Montoto

Detalle de la CPU 224.

Pantalla posición de partida (Video "paquetesAFIII")

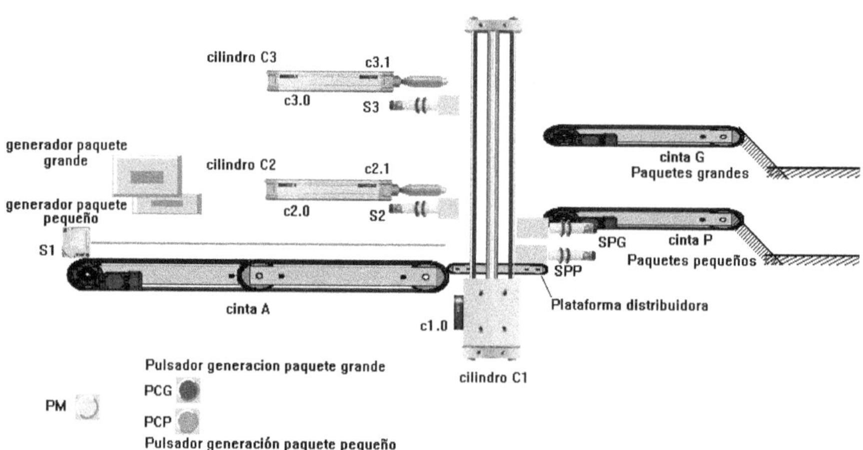

Imagen/Pantalla obtenida con el programa PCSimu © de Juan Luis Villanueva Montoto

Pantalla alimentación paquete (Video "paquetesAFIII")

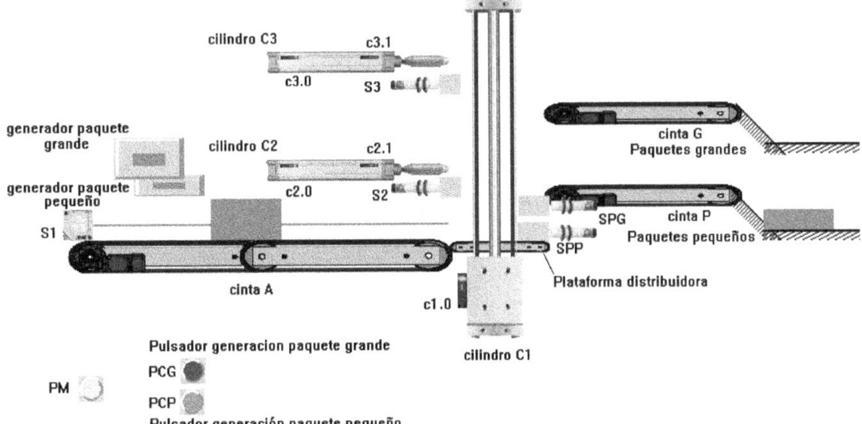

Pantalla elevación paquete (Video "paquetesAFIII")

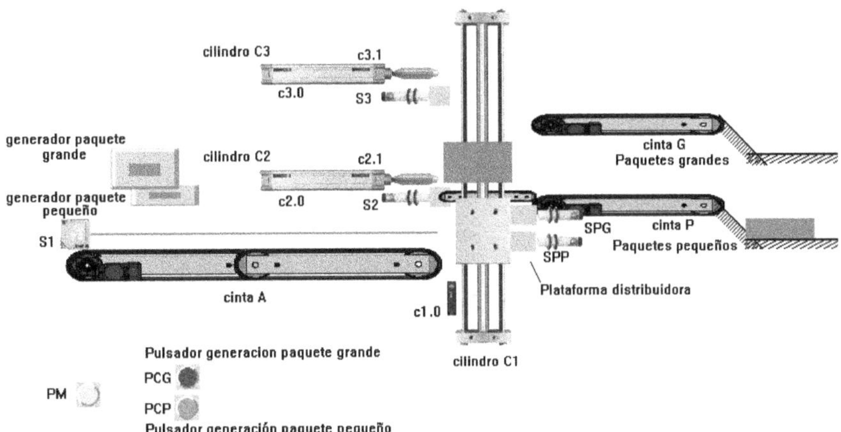

Pantalla paquete frente cinta (Video "paquetesAFIII")

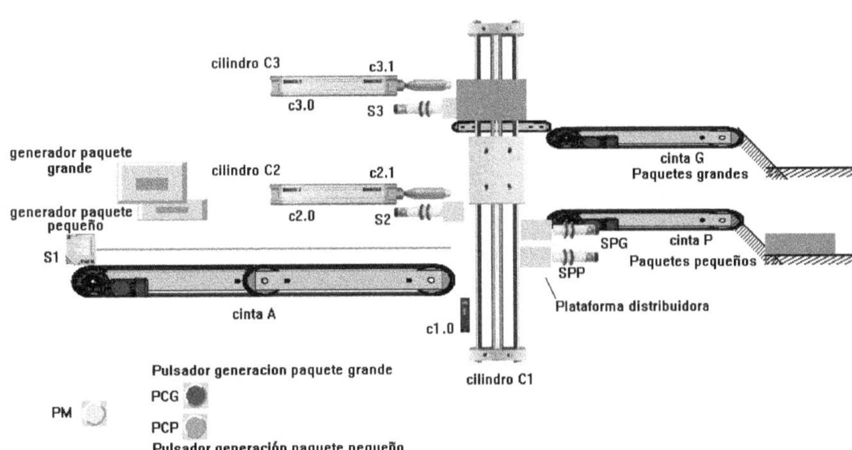

Imagenes/Pantallas obtenidas con el programa PCSimu © de Juan Luis Villanueva Montoto

Pantalla expulsión-evacuación paquete (Video "paquetesAFIII")

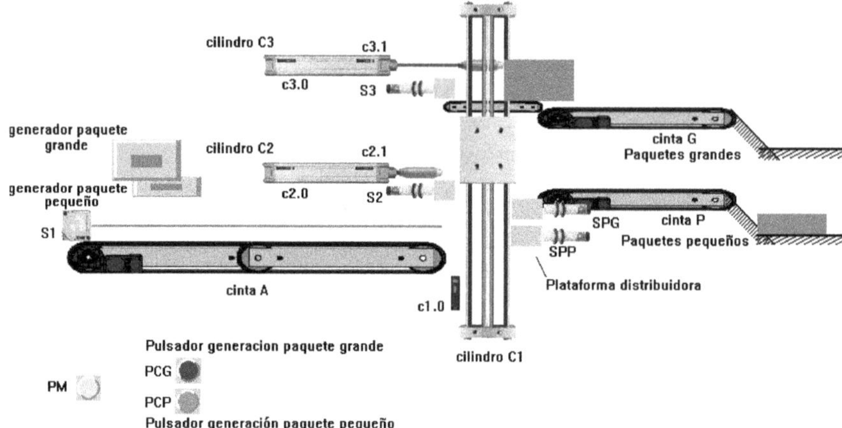

Imagen/Pantalls obtenida con el programa PCSimu © de Juan Luis Villanueva Montoto

III.15.- PROYECTO estacionalimentacionAFIII

Diseñar para un proceso de alimentación de piezas un sistema de control para la automatización del desplazamiento de las mismas mediante un brazo giratorio neumático con ventosa para las sución/sujección de las piezas por vacio.

Tanto este proyecto como el proyecto "estacionmanipuladoAFIII" (pag.249) se combinaran conjuntando las funcionalidades de ambas estaciones en el proyecto "estacionconjuntaalimentamanipulaAFIII" (pag 269) , por esa razón los direccionamientos del PLC que las gobiernan se hacen de forma conjugada

III.15.1.- Anteproyecto

III.15.1.1.- Descripción física

El sistema de alimentación se identifica con la denominación estaciónalimentacionAFIII, cuyo sinóptico se refleja en la siguiente figura y que tiene las siguientes características

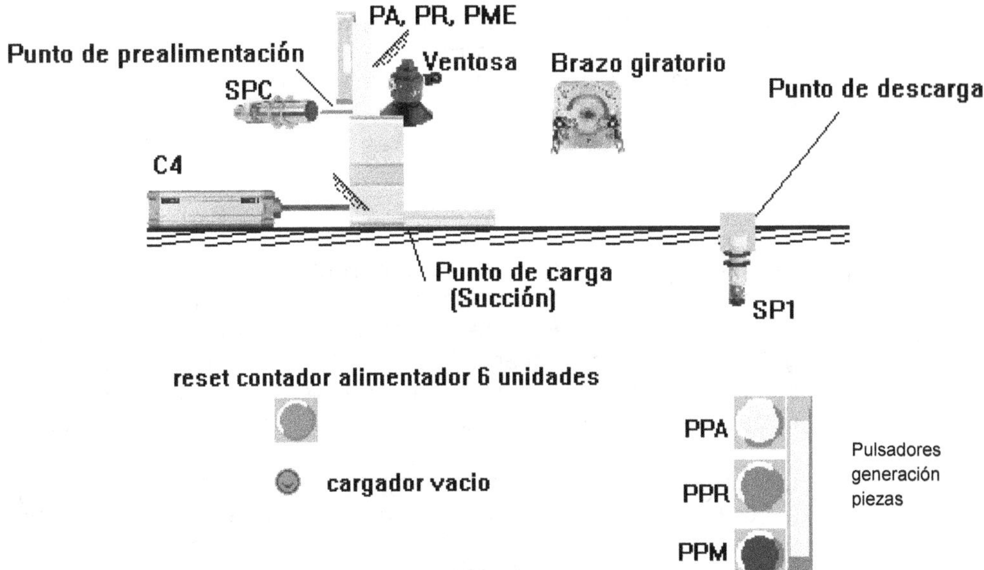

Imagen/Pantalla obtenida con el programa PCSimu © de Juan Luis Villanueva Montoto

Lógicamente, la disposición física mas adecuada de las piezas que se sujetan por vacio mediante la ventosa sería la horizontal, por limitación en el software de simulación del escada, se efectúa en la disposición vertical de las mismas

La planta de este proyecto y siguientes se elaboran con la versión PCsimu V2, por el correspondiente archivo .sim solo "correrá" en esa versión

III.15.1.2.- Previo

Efectos escada:

- Los objetos escada PA (Pieza amarilla), PR (Pieza roja) y PME (Pieza metálica), recrean las piezas a alimentar, cuya operatividad se indica mas adelante

- Para lograr la aleatoriedad en la alimentación de los diferentes tipos de piezas al escada que recrea el sistema, se le dota de pulsadores (PPA, PPR y PPM) que harán posible la generación de la respectiva pieza amarilla, negra o metálica, cuya funcionalidad estará sometida a los requisitos de alimentación de piezas que se describen mas adelante

III.15.1.3.- Funcionalidad general

Se desea automatizar la alimentación de piezas para ser depositadas en un cierto punto mediante un brazo neumático giratorio dotado de ventosa de aspiración por vacio que las recogerá desde otro punto de suministro

El sistema está dotado de un alimentador vertical por gravedad (Capacidad 6 unidades) con extractor deslizante, siendo detectada la presencia de pieza mediante un sensor de barrera SPC (Sensor Pieza en Cargador), tras lo cual el brazo giratorio se situará en el punto de carga, la asirá (Por aspiración) mediante la ventosa y seguidamente el brazo girará en sentido contrario al anterior depositándola en el punto de descarga, siendo detectada su presencia en este punto por un sensor capacitivo (SP1)

Por limitaciones del software de simulación, la alimentación de piezas se efectuará una a una, de manera que para aproximarse al hecho del límite de almacenamiento del cargador y su progresivo vaciado, la entrada de piezas se fijará mediante función contador, 6 eventos, aproximándose así a la realidad del alimentador por gravedad

III.15.1.4.- Requisitos de funcionamiento:

- La posición de inicio del sistema representada en la figura anterior, tras el arranque general del mismo, se obtiene mediante la operación de reseteo que se describe seguidamente, esto es, extractor del cargador bajo la vertical del alimentador de gravedad con pieza precargada desde el mismo y brazo giratorio a la izquierda sobre el punto de carga, con el piloto P1 encendido, a la espera de que sea activado el pulsador de puesta en marcha PM que dará inicio al ciclo de funcionamiento

- Las piezas se almacenan en el cargador vertical con capacidad para seis piezas(*) del cual son sacadas una a una mediante un sistema extractor accionado por cilindro neumático de doble efecto (C4) dotado de los oportunos finales de carrera (c3.0, atrás, retraido) / (c3.1, adelante, extendido) o lo que es lo mismo, Pos. alimentador bajo vertical del cargador / Pos alimentación cargador bajo ventosa – pieza sacada

- Desde el punto de carga (succionado) hasta el punto de descarga, las piezas son trasladadas mediante el brazo giratorio neumático dotado de ventosa de aspiración que tiene controladas las posiciones extremas de su recorrido, en este caso 180º, mediante sendos finales de carrera (BG0 en la posición de carga y BG1 en la posición de descarga

(*) Por limitaciones de software del simulador, este alimentador se implementa mediante tres pulsadores (PPA, PPR, PPM) para generar 3 tipos de piezas diferentes (PA pieza amarilla, PR pieza roja, PME pieza metálica), de modo que mediante una función "contador" la efectividad de dichos pulsadores queda anulada al llegar al número de unidades que posibilita la capacidad del cargador (6 piezas)

Reseteo de la estación

- Realizada la activación general del sistema, la luz de reset (LR) se encenderá intermitentemente a la espera que ser activado el pulsador azul de reset (PRE), realizándose entonces la secuencia de posicionado inicial consistente en alimentación de pieza(**) , situado del brazo giratorio en la posición de carga (succión) siguiendo encendida la luz de reset (LR) para indicar que se está realizando la búsqueda de la posición inicial, activándose también el piloto P1 indicando que no es posible la alimentación de nueva pieza

Alcanzada la posición inicial, de modo que el cilindro expulsor (C4) se encuentre en la posición de extendido, el brazo giratorio a la izquierda (BG0 activado) en la posición de carga/succión , existiendo pieza en el cargador detectada por el sensor SPC , la luz de reset se apagará de modo que el sistema queda a la espera de que sea activado el pulsador de puesta en marcha PM, circunstancia esta que quedará indicada por el encendido intermitente de la luz de dicho pulsador (LPM) también el piloto P1 estará encendido. (Si no se hubiera alcanzado el nivel máximo de descarga de piezas (6 u.) del alimentador de gravedad)

(**) Por las limitaciones indicadas en la nota anterior , en este momento se deberá activar uno de los tres pulsadores generadores de pieza PPA/PPR/PPM de modo que exista pieza en el cargador, siempre y cuando no se hubiera alcanzado el límite de alimentación máximo del cargador (6 piezas servidas), indicándose en el simulador la necesidad de realizar esta acción mediante el encendido intermitente de una luz magenta alargada situada junto a los mismos. Este alimentador se implementa mediante tres pulsadores (PPA, PPR, PPM)

Ciclo de funcionamiento básico

Tras haber sido alcanzada la posición inicial después del reseteo de la estación y una vez activado el pulsador de puesta en marcha PM (Siempre y cuando se detecte presencia de pieza en el cargador por el sensor SPC y habiendo transcurrido al menos 2 segundos tras la alimentación (Carga de pieza), el sistema realiza el ciclo básico de funcionamiento de la siguiente forma:

- Activación de la ventosa (Vacio) para efectuar la succión de la pieza
- Tras ser detectada la correcta succión de la pieza por la señal VOK del vacuostato y trascurridos al menos 2 segundos desde la carga de pieza, el brazo girará para situarse en la posición de descarga (BG1 Activado) a la derecha de la planta, se activará la señal de desactivación del vacio VOF, liberando la pieza que quedará depositada en el punto de descarga

- A los 2 segundos de haber alcanzado el brazo giratorio la posición de descarga se activará la señal de desactivación del vacio VOF, liberándose la pieza que quedará depositada en el punto de descarga

- Posicionado del cilindro extractor C4 en la situación de extendido , posibilitando la bajada de nueva pieza si la hubiera en el alimentador de gravedad (** pag. anterior)

- Giro del brazo en sentido inverso (izquierdas) para situarse en el punto de carga (BG0 activado), encendiéndose en modo intermitente la luz (LPM) del pulsador de puesta en marcha, reproduciéndose por tanto la posición de partida a la espera de que sea activado de nuevo dicho pulsador que daría inicio a un nuevo ciclo de funcionamiento

- Al terminar el ciclo básico de funcionamiento se apagará el piloto P1, indicando que es posible la alimentación de nueva pieza tras lo cual se activará en modo intermitente la luz LPM del pulsador de puesta en marcha indicando que debe ser activado para continuar el proceso

III.15.2.- Descripción genérica del sistema

Elementos de control y señalización

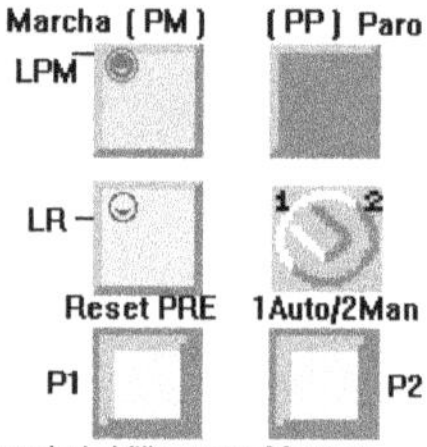

La estación de manipulado dispone de un panel de control como en la figura

Marcha (PM) (PP) Paro
LPM
LR
1 2
Reset PRE 1Auto/2Man
P1 P2

Imagen/Pantalla obtenida con el programa PCSimu © de Juan Luis Villanueva Montoto

- Pulsador (Verde) de puesta en marcha PM. Su activación posibilita el funcionamiento del sistema, tras el arranque general y reseteo del mismo

  También su activación, cuando el sistema esté en modo paso/paso (Ver modos de trabajo), posibilitará avanzar por las diferentes fases de funcionamiento, a cada pulsación sobre el mismo

- Luz verde (LPM) que incorpora el pulsador de puesta en marcha. Permanecerá encendida en modo intermitente cuando el sistema está a la espera de que sea activado el pulsador de puesta en marcha PM y haya entrado pieza (Sistema inactivo). Se apagará para indicar que el sistema está activo en cuanto haya sido activado este pulsador

- Pulsador de paro (PP). Su activación detendrá el sistema cuando este se encuentre funcionando en el modo ciclo continuo (Automático) . También sirve para anular el modo de trabajo paso/paso si es activado durante 3 segundos (Ver modos de trabajo)

- Pulsador de reset, azul, (PRE).Su activación tras el arranque general del sistema proporciona el reseteo del mismo según se describió anteriormente y si su activación se mantiene durante 3 segundos, tras haberse realizado el reseteo del sistema, posibilita el modo de trabajo paso/paso (Ver modos de trabajo)

- Conmutador automático/manual (CAM). Posibilita los modos de trabajo automático (Ciclo continuo) en su posición 1 Auto (CA) , o bien, el modo manual (Ciclo único) en su posición 2 Man (CM) (Ver modos de trabajo)

- Piloto P1, blanco. Se encenderá indicando que no está permitida la entrada de nueva pieza, por encontrarse el sistema en proceso de traslado/clasificación/manipulado de una pieza anterior. Por el contrario, si dicha lámpara se encontrara apagada, indicaría que sí está permitida la entrada de nueva pieza.

- Piloto P2, también blanco. Se encenderá de forma intermitente para indicar que está seleccionado el modo de trabajo paso a paso

Elementos de trabajo

La estación de alimentación dispone de los siguientes elementos de trabajo:

- Brazo giratorio neumático, en este caso regulado para 180º de giro, que proporciona el traslado de las piezas. Está gobernado por una electroválvula biestable que controla su giro a izquierdas BGI para ir a la posición de carga y derechas BGD para situarse en la de descarga. Está dotado de los oportunos finales de carrera que controlan esas posiciones.

  Este brazo se dota con una ventosa para sujeción de las piezas por aspiración/vacio, gobernada por electroválvula biestable, de modo que su activación es controlada por VON y su desactivación por VOF. El control de la correcta aspiración (sujeción) por vacio de la pieza es detectada por la emisión de la señal VOK de su vacuostato.

- Cilindro cargador (extractor) C4, que situado en su posición de extendido bajo la vertical del cargador de gravedad posibilita la precarga de pieza. Está controlado por una electroválvula monoestable C4+, teniendo las posiciones extremas de su recorrido controladas por los f.c. c3.0 (cilindro retraído = posición cargador atrás) bajo la vertical del cargador y c3.1 (cilindro extendído = posición cargador adelante) pieza sacada

Modos de trabajo

El sistema tendrá la posibilidad de funcionar según los siguientes modo de trabajo:

- *Ciclo continuo (Automático)*
- *Ciclo único (Manual)*
- *Paso a paso*

Estos modos de trabajo son seleccionables en el panel de control, descrito anteriormente, mediante la siguiente operativa:

Ciclo continuo (Auto). En este modo de trabajo el sistema estará funcionando ininterrumpidamente , deteniéndose únicamente si se activa el pulsador de paro PP. Para su establecimiento se procederá de la siguiente forma:

. Sistema en la posición de reposo/partida. El piloto P1 estará apagado indicando que es posible la alimentación de nueva pieza, tras lo cual el led verde LPM del pulsador de puesta en marcha PM se enciende

. Conmutador CAM en la posición 1 Auto (CA)

. Activación del pulsador de puesta en marcha PM (El piloto P1 estará encendido señalizando que no es posible la alimentación/entrada de nueva pieza)

. Desarrollo del ciclo de funcionamiento descrito anteriormente, el piloto del pulsador de puesta en marcha LPM se apagará para indicar que el proceso está en curso y se mantendrá encendido el piloto P1 indicando que no es posible la alimentación/entrada de nueva pieza

Ciclo único (Manual). En este modo de trabajo el sistema realizará un único ciclo de funcionamiento (Básico) , quedando en la situación de espera al terminar el mismo. Para su establecimiento se procederá de la siguiente forma:

. Sistema en la posición de reposo/partida. El piloto P1 estará apagado indicando que es posible la alimentación de nueva pieza, tras lo cual el led verde LPM del pulsador de puesta en marcha PM se enciende en modo intermitente

. Conmutador CAM en la posición 2 Man (CM)

. Activar el pulsador de puesta en marcha PM (El piloto P1 estará encendido, señalizando que no es posible la alimentación de nueva pieza)

. Desarrollo del ciclo de funcionamiento básico descrito anteriormente. El piloto led del pulsador LPM de puesta de puesta en marcha PM se apaga para indicar que el proceso está en curso y se mantendrá encendido el piloto P1 indicando que no es posible la alimentación de pieza nueva

Al terminar el ciclo de funcionamiento, tras la alimentación de pieza se enciende el piloto led LPM del pulsador de puesta en marcha PM, quedando el sistema en la situación de espera a que sea activado de nuevo ese pulsador, dando inicio a otro nuevo ciclo o bien para que se efectué otra actuación en el panel de control, por ejemplo cambio del modo de trabajo

Paso a paso. En este modo de trabajo, el sistema realizará una sola fase (estado) del proceso cada vez que se activa el pulsador de puesta en marcha PM, mediante la siguiente operatoria:

. Conmutador en posición 1 Auto (CA) o bien en 2 Man (CM)

. Tras la oportuna alimentación de pieza, activar el pulsador de reset PRE durante 3 segundos, encendiéndose en modo intermitente el piloto P2 para indicar que el modo de trabajo Paso a Paso está activo

. Activar el pulsador de marcha PM para ir avanzando paso a paso en la realización de las diferentes fases/estados del proceso de trabajo

La anulación del modo de trabajo paso/paso se logra cuando se activa durante 3 segundos el pulsador de paro PP. Se apagará el piloto P2 indicando que el modo de trabajo paso a paso no está activo y se encenderá el piloto/led del pulsador de puesta en marcha PM para indicar que el sistema está listo para operar bien en modo automático (ciclo continuo) o en modo manual (ciclo único) según esté situado el conmutador Auto/Man CAM (CA ò CM), tras la alimentación de pieza

III.15.3.- Items a obtener

Se pretende obtener:

a) Análisis de funcionamiento (Gráfico de estados/Señales de cambio/Elementos a controlar)

b) Tabla de estados de funcionamiento del sistema, con sus correspondientes señales activadoras (S) y anuladoras (R) y los elementos a gobernar en cada uno de ellos Ecuaciones de mando

c) Programa (Diagrama de contactos) para autómata programable PLC que controle el sistema, según el direccionamiento indicado en la tabla de correspondencias (Ver pag. siguiente)

e) Implementación del sistema y su control en un simulador escada

TABLA DE CORRESPONDENCIAS				
	DENOMINACIÓN	*IDENTIFI*	*Dir. S7 200*	*OBSERVACIONES*
	Capt. pos. cargador atrás (Cont) bajo cargador	c3.0	I3.0	*Detector capacitivo*
	Capt. pos. cargad. delante (Exten) pieza fuera	c3.1	I3.1	*Detector capacitivo*
	Señal vacuestato activo (Ok)	VOK	I3.2	
	F.c. brazo giratorio pos. carga (Izquierda)	BG0	I3.3	
	F.c. brazo giratorio pos. descarga (Derecha)	BG1	I3.4	
	Sensor salida pieza	SP	I3.5	*Capacitivo*
	Sensor pieza en cargador	SPC	I3.6	*Barrera*
	Pulsador puesta en marcha	PM	I4.0	*Verde*
	Pulsador paro	PP	I4.1	*Rojo*
	Pulsador reset	PR	I4.2	*Azul*
	Conmutador Automático Manual, Pos 1	CA	I4.3	*Automático*
	Conmutador Automático Manual, Pos 2	CM	I4.4	*Manual*
	Pulsador Pieza Amarilla	PPA	I4.5	*Necesidad escada*
	Pulsador Pieza Roja	PPR	I4.6	*Necesidad escada*
	Pulsador Pieza Metálica	PPM	I4.7	*Necesidad escada*
	Solenoide giro brazo a pos. carga (Izquierda)	BGI	Q3.2	
	Solenoide giro brazo a pos. descarg (Derecha)	BGD	Q3.3	
	Solenoide cilindro cargador C4 +	Y4	Q3.4	*Sacar pieza del alimentador*
	Solenoide ventosa vacio ON	VON	Q3.5	*Activación*
	Solenoide ventosa vacio OFF	VOF	Q3.6	*Desactivación*
	Luz indicadora vacuestato activo	LVA	Q3.7	*Magenta*
	Luz puesta en marcha	LPM	Q4.0	*Led verde*
	Luz Reset	LRE	Q4.1	*Led azul*
	Indicador no permitida entrada de nueva pieza	P1	Q4.2	*Piloto luz blanca*
	Indicador modo de trabajo paso paso activado	P2	Q4.3	*Piloto luz blanca*
	Pieza amarilla	PA	Q4.4	*Objeto escada*
	Pieza roja	PR	Q4.5	*Objeto escada*
	Pieza metálica	PME	Q4.6	*Objeto escada*
	Aviso alimentación pieza	APP	Q4.7	*Luz magenta alargada*
	Temporización tras alimentación pieza	T7	T107	*TON (2 s.). Transición E22/E23*
	Temporización tras carga pierza	T8	T108	*TON (2s.) Transición E23/E24*
	Temporización tras situación brazo en descarg	T9	T109	*TON (2 s.) Transición E24/E25*
	Temporización. pulsación reset.	T51	T151	*TON (3 s.) Activación. Paso-Paso*
	Temporización. pulsación paro.	T61	T161	*TON (3 s.) Anulación. Paso-Paso*
	Led indicador memoriza. señal petición paro	LMP	Q3.0	
	Aviso cargador vacio	CV	Q5.0	

III.15.3.1.- Análisis de funcionamiento

a) Análisis de funcionamiento (Gráfico de estados/Señales de cambio/Elementos a controlar) Ver pag. siguiente

Para facilitar el diseño completo del sistema, se refleja en un primer gráfico, únicamente los estados funcionales del ciclo de funcionamiento básico y su inicialización

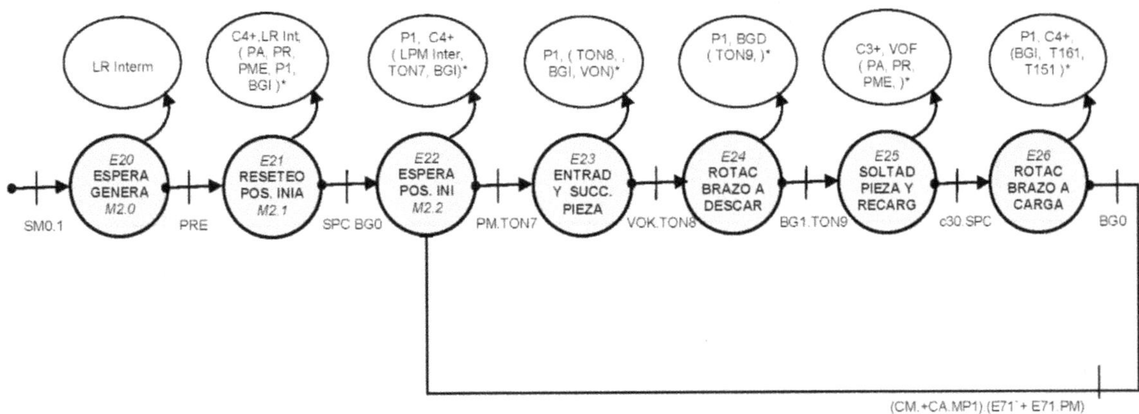

(*) Ver condicionantes en las ecuaciones

E incorporando las peculiaridades completas del sistema y sus diferentes modos de trabajo, el gráfico completo de estados , sería:

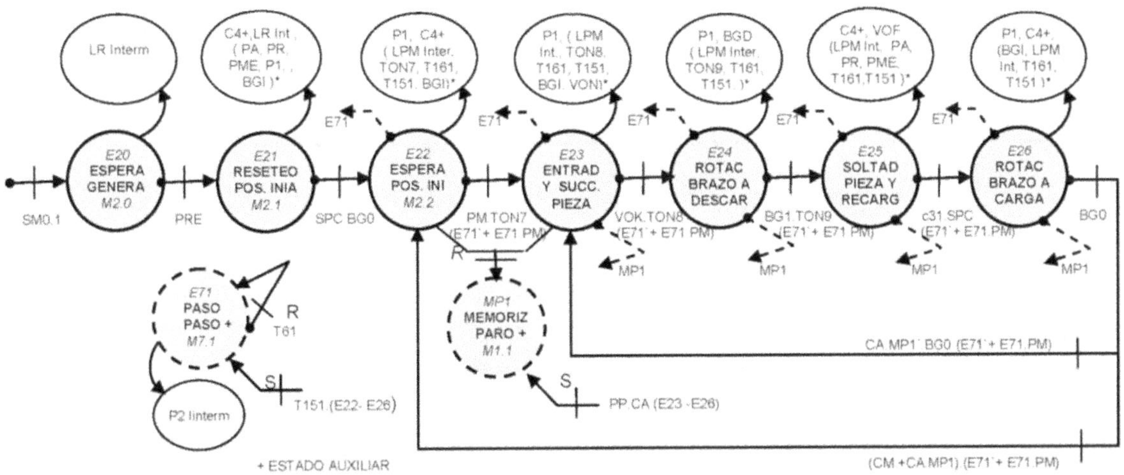

(*) Ver condicionantes en las ecuaciones

(**) Los estados auxiliares MP1 y E71, establecido el primero para la memorización de la activación de la señal de paro y el segundo para el establecimiento del modo de trabajo paso a paso, se configuran para que no sigan la regla general de anular al estado anterior, pues su existencia no sigue la dinámica secuencial genérica establecida para los estados funcionales normales, siendo cada uno de ellos un biestable con su correspondiente señal activadora y anuladora sin mas dependencias.

III.15.3.2.- Tabla de estados. Señales activadoras, anuladoras, elementos a gobernar. Ecuaciones de mando

b) Tabla de estados . Señales activadoras (S) y anuladoras (R), elementos a gobernar y ecuaciones de mando. Ver pag. siguiente

Estado	Descripción	Biestable	Señal activadora (S)	Señal anuladora (R)	Receptor a activar
E20	Espera general	M2.0	SINI	E21	LR Intermitente-
E21	Reseteo posición inicial	M2.1	E20.PRE	E22	LR Intermitente C4+ PA si PPA.c31.CPC` = 1 PR si PPR.c31.CPC` = 1 PME si PPM.c31.CPC` = 1 P1 si SPC = 1 BGI si SPC = 1
E22	Espera en posición inicial	M2.2	BG0.E21.SPC + E26(CM + + CA.MP1).(E71`.E71.PM))	E23	P1 C4+ BGI si BG1 = 1 TON7 si SPC = 1 TON161(3s) si PP=1 TON151(3s) si PRE = 1 LPM si (TON7 + + E71.c30)=1 Inter.
E23	Entrada y succión de pieza	M2.3	(E22.PM.TON7 + E26.CA.MP1`).BG0.(E71`+E71.PM)	E24	P1 BGI VON si c31 = 1 TON8 (ON 2s) si c30=1 TON161(3s) si PP=1 TON151(3s) si PRE = 1 LPM Inter. si E71.TON8=1
E24	Rotación brazo hacia descarga	M2.4	E23.VOK.TON8.(E71`+E7.PM)	E25	P1 BGD TON9 (ON 2s) si BGD=1 TON161(3s) si PP=1 TON151(3s) si PRE = 1 LPM Inter. si E71.BGD=1
E25	Soltado y recarga de pieza	M2.5	E24.BG1.TON9.(E71`+E71.PM)	E26	C4+ VOF PA si PPA.c31.CPC` = 1 PR si PPR.c31.CPC` = 1 PME si PPM.c33.CPC` = 1 LPM si PP.CA=1 Intermi. TON161(3s) si PP=1 TON151(3s) si PRE = 1
E26	Rotación brazo hacia carga	M2.6	E25.c31.SPC. (E71`+E71.PM)	E22+E23	P1 C4+ BGI Si SPC = 1 LPM si E71.BG0=1 Intermi. TON161(3s) si PP=1 TON151(3s) si PRE = 1
E71	Paso-Paso *Estado auxiliar*	M7.1	(E22 a E26).TON51	E71.TON61	P2 intermitente
MP1	Memorización paro *Estado auxiliar*	M1.1	PP.(E23+E24+E25+E26)	E22+E23	- ....

Pudiéndose establecer las siguientes ecuaciones de mando de los estados (*):

El bit de inicialización (S_{INI}) se implementa mediante el bit específico SM0.1 (Siemens) que se activa únicamente en el primer ciclo de escan, S_{INI} = SM0.1

E20 → M2.0 = (M2.0 + S_{INI}).E21`

E21 → M2.1 = (M2.1 + E21.PRE).E22`

E22 → M2.2 = (M2.2 + BG0.(E21.SPC+E26(CM+CA.MP1.(E71`+E71.PM)) E23`

E23 → M2.3 = (M2.3 + E22.PM.TON7+ .E26.CA.MP1`.BG0.(E71`+E71.PM)). E24`

E24 → M2.4 = (M2.4 + E23.VOK.TON8.(E71`+E71.PM)).E25`

E25 → M2.5 = (M2.5 + E24.BG1.TON9.(E71`+E71.PM)).E26`

E26 → M2.6 = (M2.6 + E25.c30.SPC.(E71`+E71.PM)).(E22 + E23)`

E71 → M7.1 = (M7.1 + (E22 a E26).TON51)(E71.TON61)` (Estado auxiliar)

MP1 →M1.1 = (M1.1 + PP.(E23+E24+E25+E26)).(E22+E23)` (Estado auxiliar)

Las ecuaciones de mando de los receptores a activar serían:

- LR = (E20 + E21).SM0.5
- PA = (E21+ E25).PPA..c30.CPC` (Objeto escada)
- PR = (E21+ E25).PPR..c30.CPC` (Objeto escada)
- PME = (E21+ E25).PPM..c30.CPC` `(Objeto escada)
- P1 = E21.SPC + E22+E23+E24+E26
- C4+ = E21 + E22 + E25 + E26
- BGI = (E21+E26).SPC + (E22+E23).BG1
- P2 = SM05.E71
- VON = E23.c30
- BGD = E24
- VOF = E25
- LPM = ((E22.T0N7 + E71.(E22.c31+E23.TON8+E24.BGD+E25.SPC+E26.BG0).SM0.5

- TON7 (2 s) = E22.SPC
- TON8 (2 s) = E23.c31
- TON9 (2 s) = E24.BGD
- TON51 (3 s) = (E22 – E26).PRE
- TON61 (3 s) = (E22 - E26).PP

III.15.3.3.- Programa (Diagrama de contactos) para PLC

c) Diagrama de contactos

Mediante el análisis grafico y las ecuaciones de mando obtenidas, podemos elaborar el programa de control (Diagrama de contactos) del sistema para ser gobernado por PLC para lo cual se establece la siguiente tabla de símbolos (Ver páginas siguientes)

Símbolo	Dirección	Comentario
e30	I3.0	Captador pos. cargador atras (Contraido). Pos. bajo alimentación cargador
e31	I3.1	Captador pos. cargador adelante (Extendiido). Pos. pieza sacada
VOK	I3.2	Señal vacuestato activo
BG0	I3.3	F.C. brazo giratorio por. carga
BG1	I3.4	F.C. brazo giratorio pos. descarga
SP1	I3.5	Sensor salida pieza (Capacitivo)
SPC	I3.6	Sensor pieza en cargador (Barrera)
PM	I4.0	Pulsador puesta en marcha
PP	I4.1	Pulsador paro
PRE	I4.2	Pulsador reset
CA	I4.3	Conmutador automatico-manual . Pos 1. Auto.
CM	I4.4	Conmutador aurtomatico-manual. Pos 2. Man.
PPA	I4.5	Pulsador pieza amarilla
PPR	I4.6	Pulsador pieza roja
PPM	I4.7	Pulsador pieza metalica
PRC	I5.0	Pulsdador reset contador. Necesidad simulación
LMP	Q3.0	Led inidicador memorizacion señal petición paro
BGI	Q3.2	Giro brazo a posición carga
BGD	Q3.3	Giro brazo a posición descarga
Y4	Q3.4	Cilindro cargador C4 (Sacar pieza del alimentador)
VON	Q3.5	Ventosa vacio ON, activación
VOF	Q3.6	Ventosa vacio OF, desactivación
LPM	Q4.0	Luz puesta en marcha (Verde)
LR	Q4.1	Luz reset (Azul)
P1	Q4.2	Piloto luz blanca indicador no permitida entrada de nueva pieza
P2	Q4.3	Piloto luz blanca indicador modo de trabajo paso paso activado
PA	Q4.4	Pieza amarilla
PR	Q4.5	Pieza roja
PME	Q4.6	Pieza metálica
APP	Q4.7	Aviso alimentación pieza (Luz amarilla alargada). Necesidad limitacion sofw
CV	Q5.0	Aviso cargador vacio
E20	M2.0	Espera general
E21	M2.1	Reseteo posición inicial
E22	M2.2	Espera a PM en posición inicial
E23	M2.3	Entrada y succión pieza
E24	M2.4	Rotación brazo giratorio a descarga
E25	M2.5	Soltado y recarga de pieza
E26	M2.6	Rotación brazo giratorio a carga
E71	M7.1	Paso Paso, modo de trabajo (Estado auxiliar)
MP1	M1.1	Memorización paro (Estado auxiliar)
TON7	T107	Temporización transición E22/E23 tras prealimentación pieza (2 s.)
TON8	T108	Temporización transición E23/E24 tras carga pieza (2 s.)
TON9	T109	Temporización transición E24/E25 tras situacion brazo g. en descarga (2 s.)
TON51	T151	Temporización pulsación Reset, activación Paso-Paso (3 s.)
TON61	T161	Temporización pulsación Paro, anulación Paso-Paso (3 s.)
CPC	C1	Contador decremental (6 eventos) nº piezas cargador. Necesidad simulacion

Imagen/Pantalla obtenida con el programa Step 7. MicroWin V4. Siemens ©

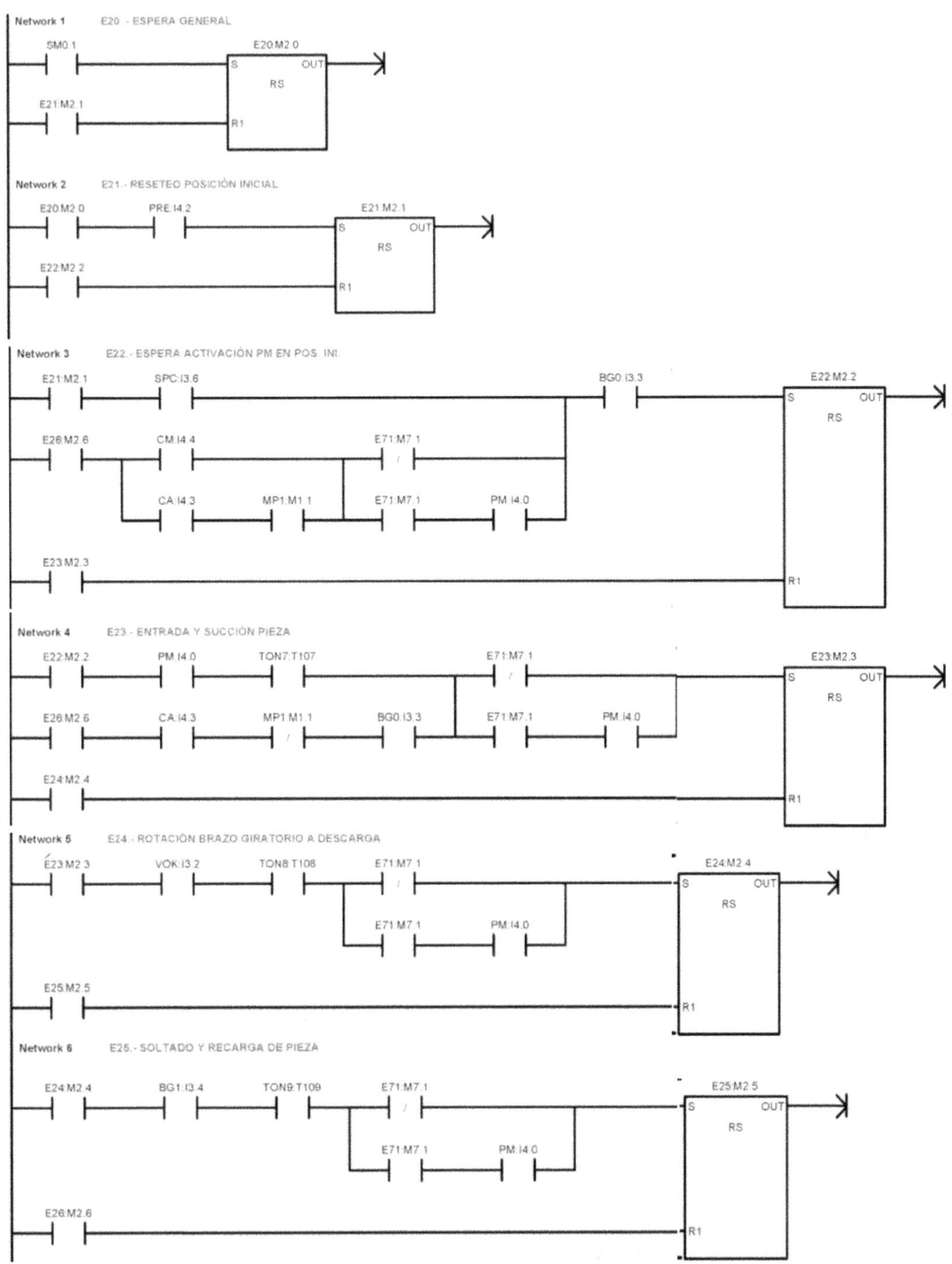

Imagen/Pantalla obtenida con el programa Step 7. MicroWin V4. Siemens ©

Network 1 E20.- ESPERA GENERAL

SM0.1 E20:M2.0

E21:M2.1

S OUT
RS
R1

Network 2 E21.- RESETEO POSICIÓN INICIAL

E20:M2.0 PRE:I4.2 E21:M2.1

E22:M2.2

S OUT
RS
R1

Network 3 E22.- ESPERA ACTIVACIÓN PM EN POS. INI.

E21:M2.1 SPC:I3.6 BG0:I3.3 E22:M2.2

E26:M2.6 CM:I4.4 E71:M7.1

CA:I4.3 MP1:M1.1 E71:M7.1 PM:I4.0

E23:M2.3

S OUT
RS
R1

Network 4 E23.- ENTRADA Y SUCCIÓN PIEZA

E22:M2.2 PM:I4.0 TON7:T107 E71:M7.1 E23:M2.3

E26:M2.6 CA:I4.3 MP1:M1.1 BG0:I3.3 E71:M7.1 PM:I4.0

E24:M2.4

S OUT
RS
R1

Network 5 E24.- ROTACIÓN BRAZO GIRATORIO A DESCARGA

E23:M2.3 VOK:I3.2 TON8:T108 E71:M7.1 E24:M2.4

E71:M7.1 PM:I4.0

E25:M2.5

S OUT
RS
R1

Network 6 E25.- SOLTADO Y RECARGA DE PIEZA

E24:M2.4 BG1:I3.4 TON9:T109 E71:M7.1 E25:M2.5

E71:M7.1 PM:I4.0

E26:M2.6

S OUT
RS
R1

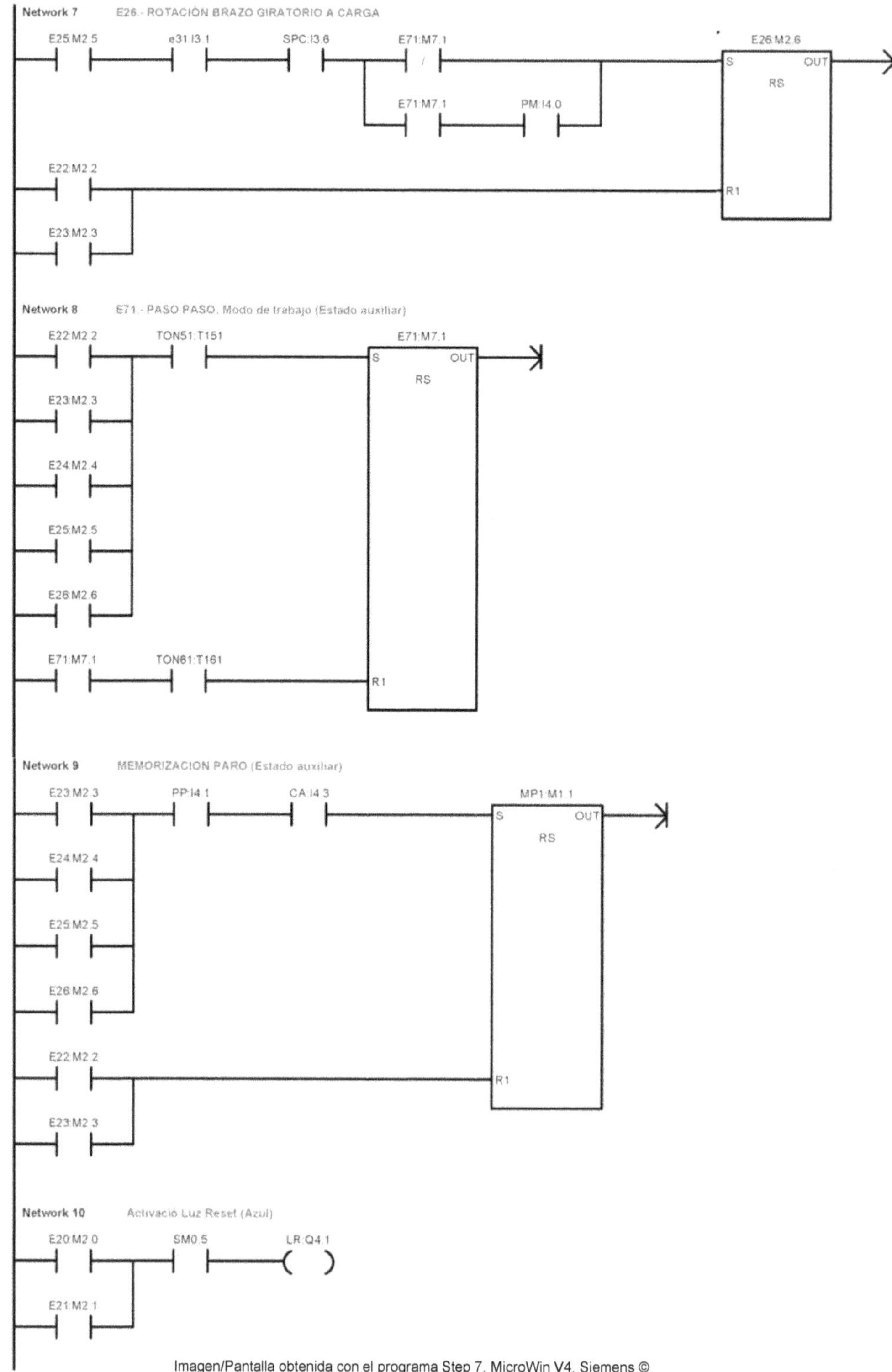

Imagen/Pantalla obtenida con el programa Step 7. MicroWin V4. Siemens ©

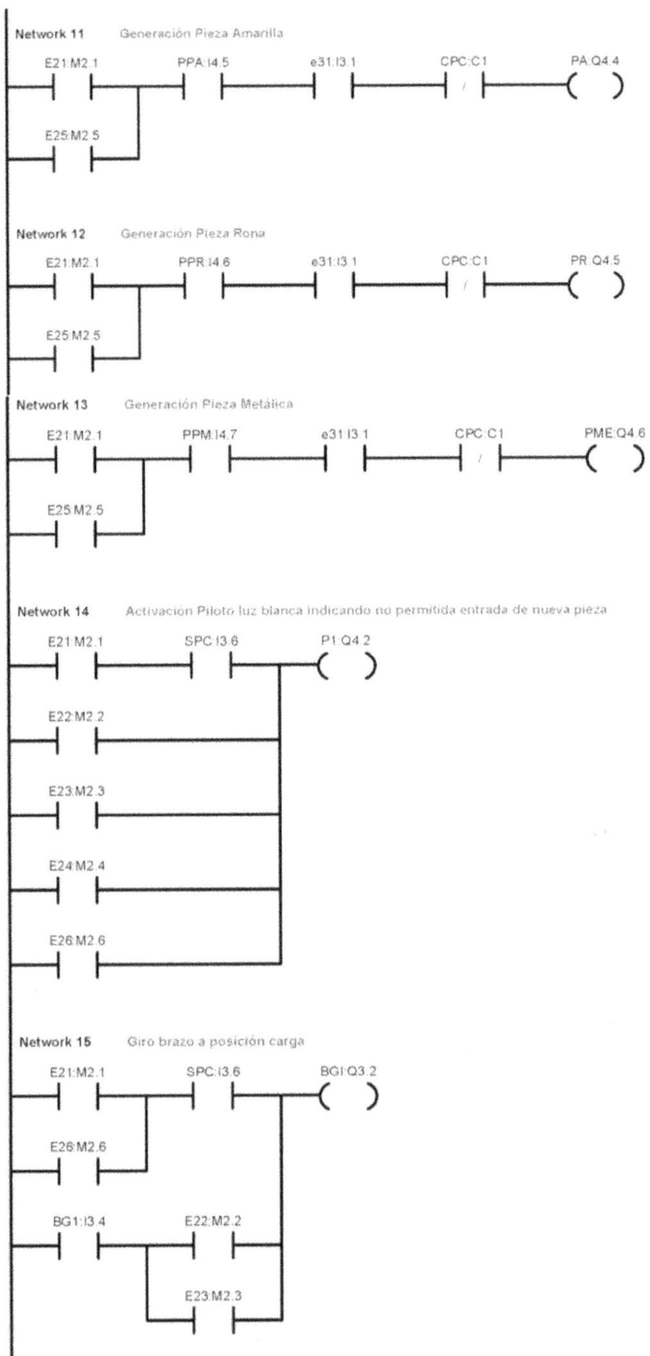

Imagen/Pantalla obtenida con el programa Step 7. MicroWin V4. Siemens ©

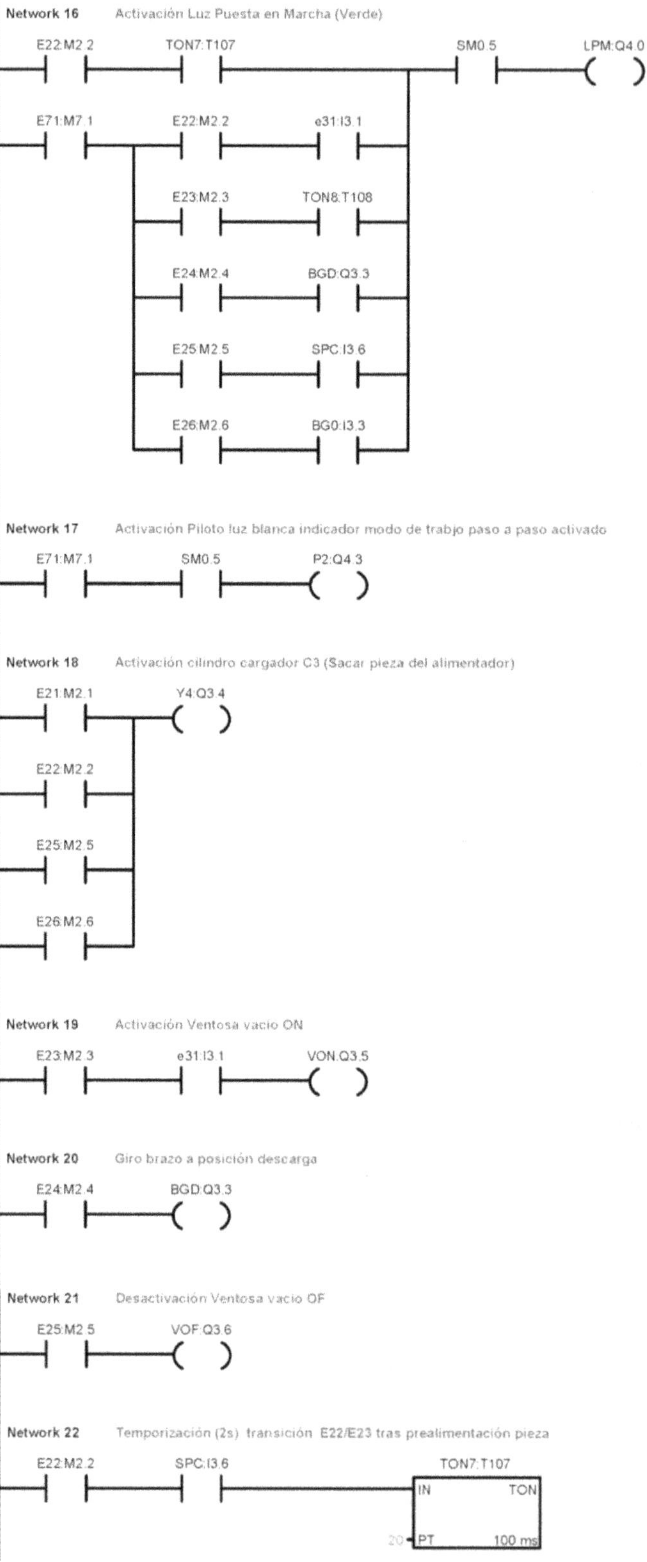
Network 16
Activación Luz Puesta en Marcha (Verde)
E22:M2.2
TON7:T107
SM0.5
LPM:Q4.0
E71:M7.1
E22:M2.2
e31:I3.1
E23:M2.3
TON8:T108
E24:M2.4
BGD:Q3.3
E25:M2.5
SPC:I3.6
E26:M2.6
BG0:I3.3
Network 17
Activación Piloto luz blanca indicador modo de trabjo paso a paso activado
E71:M7.1
SM0.5
P2:Q4.3
Network 18
Activación cilindro cargador C3 (Sacar pieza del alimentador)
E21:M2.1
Y4:Q3.4
E22:M2.2
E25:M2.5
E26:M2.6
Network 19
Activación Ventosa vacio ON
E23:M2.3
e31:I3.1
VON:Q3.5
Network 20
Giro brazo a posición descarga
E24:M2.4
BGD:Q3.3
Network 21
Desactivación Ventosa vacio OF
E25:M2.5
VOF:Q3.6
Network 22
Temporización (2s) transición E22/E23 tras prealimentación pieza
E22:M2.2
SPC:I3.6
TON7:T107
IN
TON
20
PT
100 ms

Imagen/Pantalla obtenida con el programa Step 7. MicroWin V4. Siemens ©

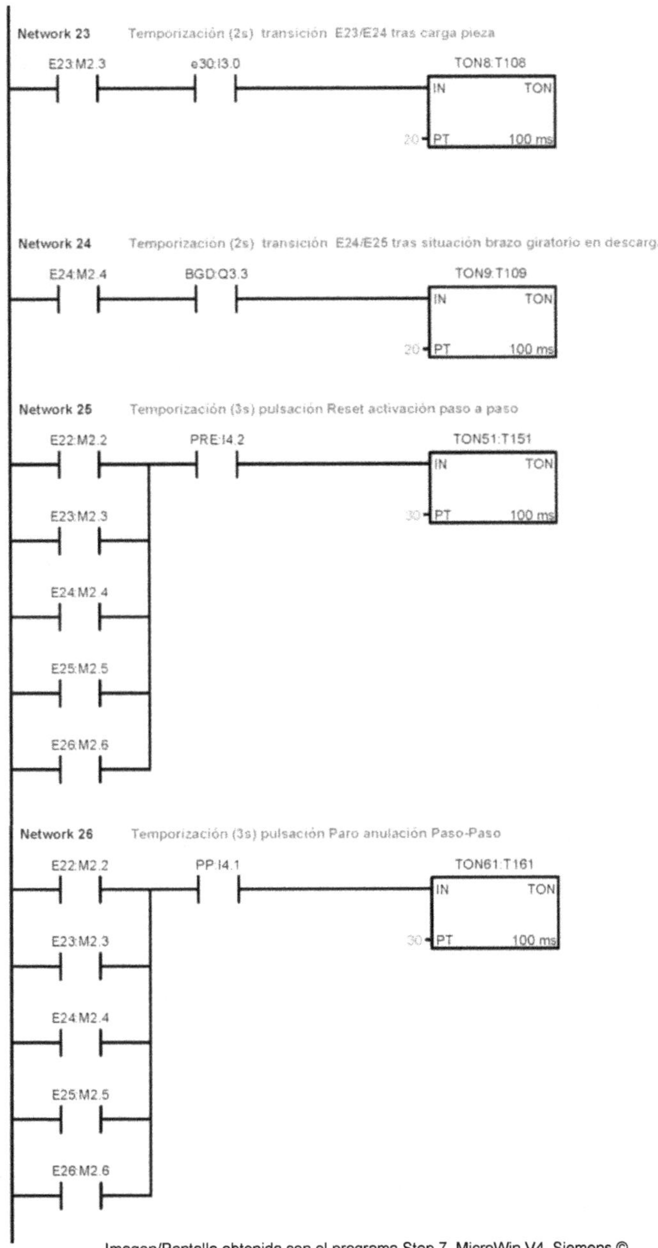

Imagen/Pantalla obtenida con el programa Step 7. MicroWin V4. Siemens ©

III.15.3.4.- Implementación del sistema y su control en un simulador escada

a) Implementación del sistema y su control en un simulador escada

En el link (www.lulu.com/spotlight/automatizacion_fundamentada) de la pagina de autor destacado editorial Lulu, donde se publican los libros I, II y III de Automatización Fundamentada se pueden encontrar, tanto individual como conjuntamente con los de otros proyectos, los siguientes archivos

. Archivo “estacionalimentacionAFIIIprotg.sim” para el escada PCsimu que recrea el sistema del proyecto

.- Archivo , "estacalimentAFIII.cfg" para el emulador del autómata virtual S7 200 (CPU 226)

. Video "estacionalimentacionAFIII.avi"que recoge el funcionamiento del sistema mediante la solución elaborada utilizando PCSimu

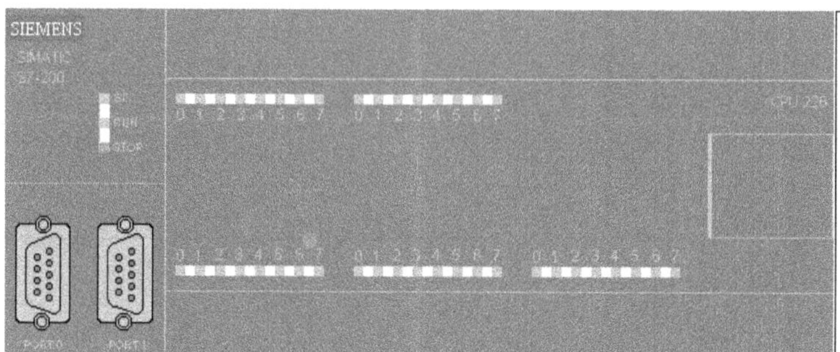

Imagen/Pantalla obtenida con el programa Emulador S7 200 © de Juan Luis Villanueva Montoto

Detalle de la CPU 226

Para facilitar la simulación, su seguimiento y en concreto la alimentación de piezas se dota a la simulación de leds (Magentas) que en modo intermitente irán activándose según el estado de funcionamiento en que se encuentre el sistema. También se incorpora otro led alargado (Magenta) situado junto a la botonera para la generación de piezas, que funcionando en modo intermitente indicará la necesidad de pulsar uno de ellos para que aparezca una nueva pieza

Pantalla reseteo en proceso (Video "estaciónalimentacionAFIII")

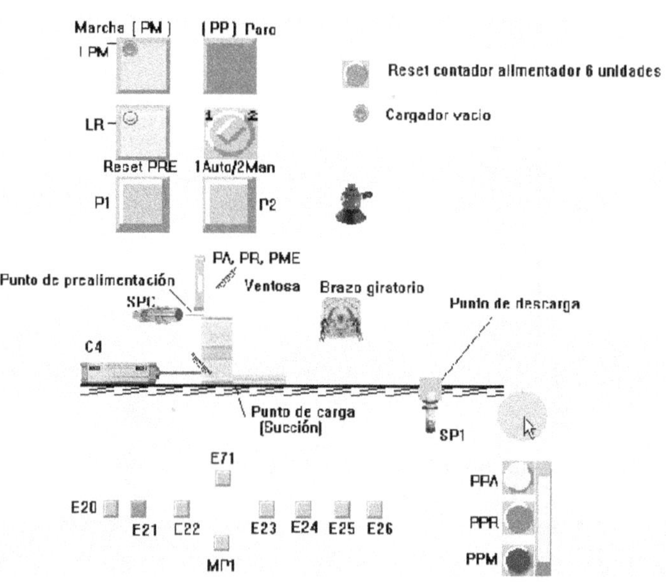

Imagen/Pantalla obtenida con el programa PCSimu © de Juan Luis Villanueva Montoto

Pantalla modo manual posición descarga (Video "estaciónalimentacionAFIII")

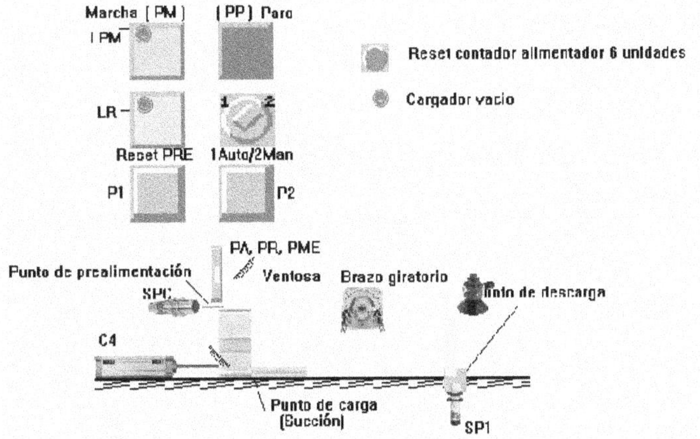

Pantalla modo automático (Video "estacionalimentacionAFIII")

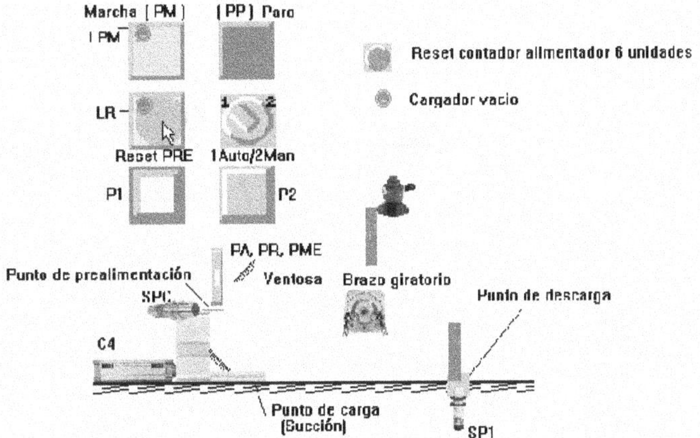

Pantalla modo paso a paso (Video "estacionalimentacionAFIII")

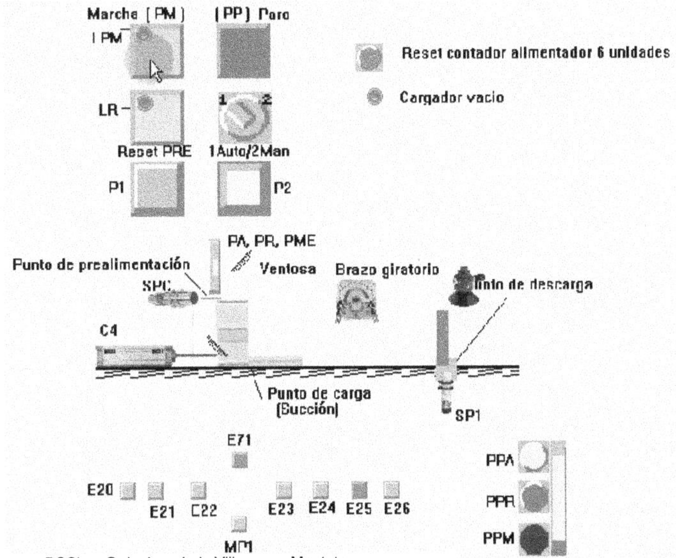

Imagenes/Pantallas obtenidas con el programa PCSimu © de Juan Luis Villanueva Montoto

El aviso alimentación pieza APP (Activación led amarillo alargado en modo intermitente), el control del cargador (CPC) y la activación en modo intermitente del piloto indicador de cargador vacio CV, se establece en el diagrama de contactos de la siguiente forma:

Ecuaciones de mando:

APP = (E21 + E25).SPC´.CPC`.SM0.5

CPC (C1), Señal evento, SPC / Reset, E20 (E22+E26).PRC

CV = CPC.SM0.5

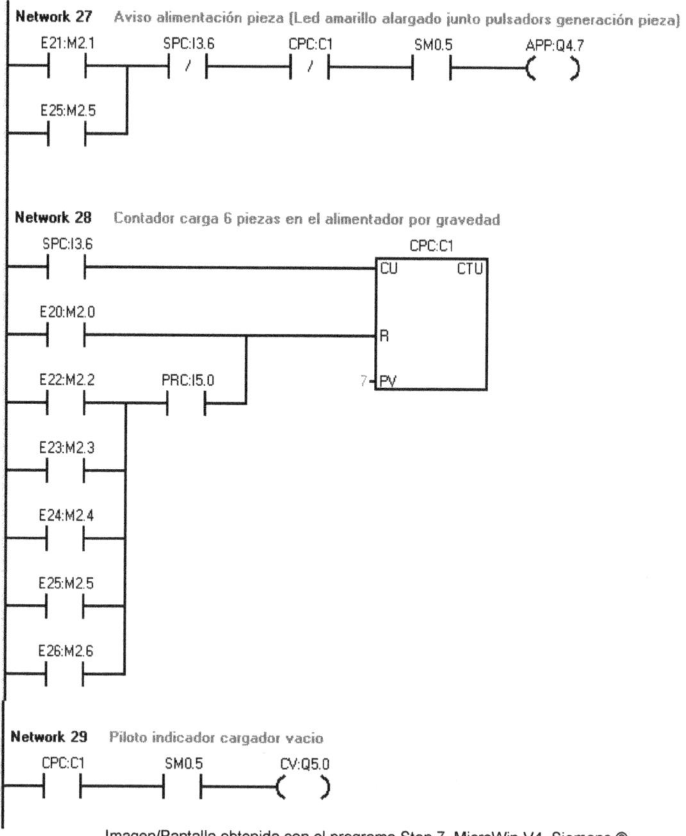

Imagen/Pantalla obtenida con el programa Step 7. MicroWin V4. Siemens ©

III.16.- PROYECTO estacionmanipuladoAFIII

Diseñar para un proceso de manipulado de piezas (Tres tipos) un sistema de control para la automatización de la clasificación-desplazamiento de las mismas mediante un brazo manipulador de 3 grados de libertad

Tanto este proyecto como el proyecto "estacionalimentacionAFIII" (pag. 229) se combinaran conjuntando las funcionalidades de ambas estacione en el proyecto "estacionconjuntalimentamanipula" (pag 269), por esa razón los direccionamientos del PLC que las gobiernan se hacen de forma conjugada

III.16.1.- Anteproyecto

III.16.1.1.- Descripción física

El sistema de clasificación/desplazamiento se identifica con la denominación estaciónmanipuladoAFIII, cuyo sinóptico se refleja en la siguiente figura que tiene las siguientes características

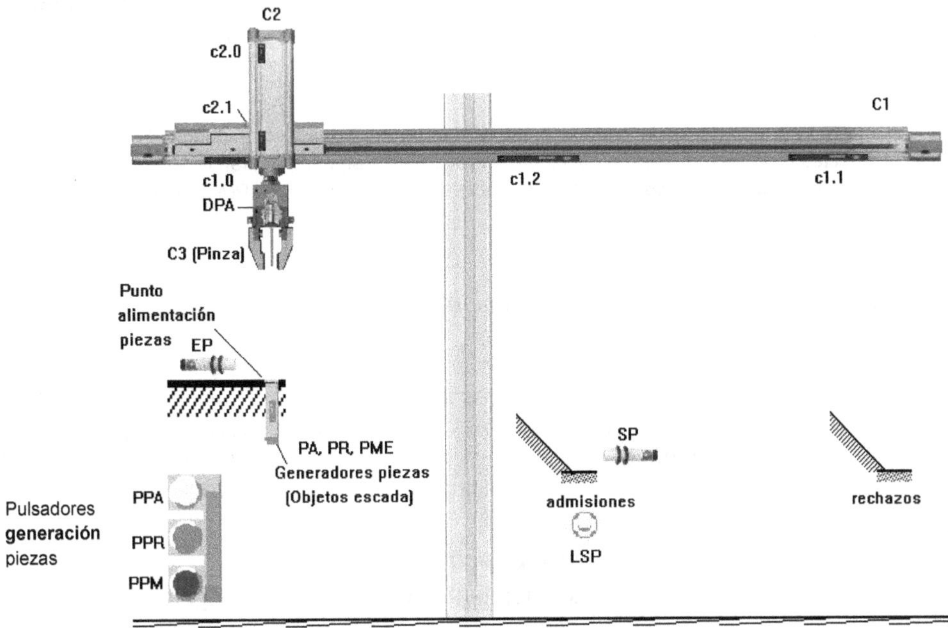

Imagen/Pantalla obtenida con el programa PCSimu © de Juan Luis Villanueva Montoto

La planta de este proyecto y siguiente se elabora con la versión PCsimu V2, por el correspondiente archivo .sim solo "correrá" en esa versión

III.16.1.2.- Previo

Efectos escada:

- Los objetos escada PA (Pieza amarilla), PR (Pieza roja) y PME (Pieza metálica), recrean tres tipos de piezas a clasificar/manipular, cuya operatividad se indica mas adelante

- Para poder lograr la aleatoriedad en la entrada de los diferentes tipos de piezas, al escada que recrea el sistema, se le dota de pulsadores (PPA, PPR y PPM) que harán posible, tras ser activado el pulsador de puesta en marcha PM, la generación de la respectiva pieza amarilla, roja o metálica, cuya funcionalidad estará sometida a los requisitos de alimentación de piezas que se describen mas adelante

III.16.1.3.- Funcionalidad general

Se desea automatizar la clasificación/manipulado de tres tipos de piezas, amarillas(PA), rojas (PR) y metálicas (PME) que deberán ser clasificadas según sean amarillas (Admisiones) o "no amarillas" por tanto rojas y metálicas (Rechazos) y ser trasladadas según ese criterio a dos puntos del sistema destinados al efecto.

La detección de pieza amarilla se logra mediante el.sensor óptico cromático DPA que incorpora la pinza del brazo manipulador.

La presencia de pieza en el punto de alimentación de las mismas se consigue mediante el sensor capacitivo EP que detecta la entrada de pieza, tras lo cual la pinza situada sobre dicho punto, descenderá para recogerla, ascenderá y posteriormente se desplazará horizontalmente hasta el punto de ubicación correspondiente (Admisiones = Amarillas, Rechazos = No amarillas) y tras descender al mismo depositar la pieza para seguidamente subir y retornar a la posición de partida sobre el punto de alimentación de piezas.

Si bien la alimentación de piezas que se realiza una a una aleatoriamente, su generación en este supuesto se efectúa al activar uno de los pulsadores (PPA,PPR,PPM) que generan la oportuna pieza amarilla, roja o metálica, tras haber sido activado el pulsador de puesta en marcha PM (Marcha) que activa el sistema

III.16.1.4.- Requisitos de funcionamiento

- La posición inicial del brazo manipulador, que debe ser asegurada antes de que sea activado el pulsador de PM, es la reflejada en la figura anterior, esto es, pinza abierta y elevada sobre el punto de alimentación, a la espera de la entrada de nueva pieza. En el momento que se logra dicha posición se apagará el piloto P1, indicando la posibilidad de que está permitida la entrada de nueva pieza

  Ciclo de funcionamiento básico

  El ciclo básico de funcionamiento del sistema es el siguiente:

- Tras la puesta en funcionamiento general del sistema, alcanzada la posición de partida y tras la posterior activación del pulsador de puesta en marcha PM, el piloto P1 permanecerá apagado hasta que se introduzca una pieza .

- Las piezas de los diferentes tipos son introducidas al sistema mediante los oportunos pulsadores (PPA, PPR, PPM), de modo que su presencia es detectada en el punto de alimentación por el captador EP. Ante la presencia de esa nueva pieza el piloto P1 se encenderá, indicando que no es posible la alimentación de otra pieza hasta que el sistema retorne a la situación de partida/posicionamiento inicial (espera) tras haber trasladado la pieza que estaba en proceso..

- Transcurridos dos segundos tras haber sido detectada pieza, la pinza bajará accionada por la salida del cilindro C2 (Eje Z) y su sensor óptico DPA detectará si la pieza es o no amarilla.

- A los tres segundos (Tiempo de espera para asegurar la detección cromática) de haber llegado la pinza a su posición inferior, el cilindro C2 se retraerá y según la característica cromática de la pieza asida (Amarilla/No amarilla), el cilindro C1 (Eje X) se desplazará hacia la derecha situando la pinza/pieza sobre el punto de admitidas (Amarillas) o rechazadas (Rojas/Metálicas)...

- A los dos segundos de haber alcanzado la oportuna posición horizontal, el cilindro C2 saldrá de nuevo y al llegar a su posición de extendido la pinza abrirá para dejar la pieza. Trascurridos de nuevo otros 2 segundos desde que la pinza llegó a su posición inferior la pinza ascenderá y a partir de ese momento se producirá el retorno del sistema a la posición de partida sobre el punto de alimentación de piezas, a la espera de que sea activado de nuevo el pulsador de puesta en marcha dando inicio a un nuevo ciclo de funcionamiento

- Cuando exista pieza en la salida (Admisiones), detectándose por el sensor SP, se encenderá en modo intermitente un piloto amarillo (PSP) que indicará tal circunstancia

- Al terminar el ciclo de funcionamiento se encenderá la luz (LPM) del pulsador de puesta en marcha en modo intermitente y se apagará el piloto P1, indicando que es posible la alimentación de nueva pieza

III.16.2.- Descripción genérica del sistema

Elementos de control y señalización

La estación de manipulado dispone de un panel de control como el reflejado en la figura

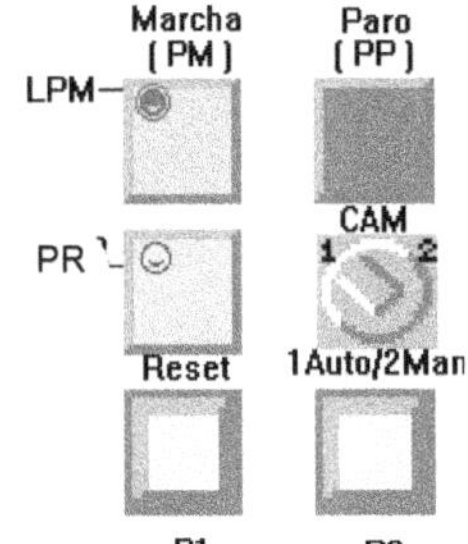

Imagen/Pantalla obtenida con el programa PCSimu © de Juan Luis Villanueva Montoto

➢ Pulsador (Verde) de puesta en marcha PM. Su activación posibilita el funcionamiento del sistema, comenzando por la alimentación de pieza y fases posteriores.

También su activación, cuando el sistema esté en modo paso/paso (Ver modos de trabajo), posibilitará avanzar por las diferentes fases de funcionamiento, a cada pulsación sobre el mismo

- Luz verde (LPM) que incorpora el pulsador de puesta en marcha, permanecerá encendida intermitentemente hasta que tras la activación de este entre nueva pieza, por tanto permanecerá encendido cuando el sistema está a la espera de que sea activado el pulsador de puesta en marcha PM y haya entrado pieza (Sistema inactivo). Se apagará para indicar que el sistema está activo en cuanto haya entrado pieza tras la activación de este pulsador

- Pulsador de paro (PP),. Su activación detendrá el sistema cuando este se encuentre funcionando en el modo ciclo continuo (Automático). También sirve para anular el modo de trabajo paso/paso si es activado durante 3 segundos (Ver modos de trabajo)

- Pulsador de reset, azul, (PR), su activación durante 3 segundos posibilita el modo de trabajo paso/paso (Ver modos de trabajo)

- Conmutador automático/manual (CAM). Posibilita los modos de trabajo automático (Ciclo continuo) en su posición 1 Auto (CA) , o bien, el modo manual (Ciclo único) en su posición 2 Man (CM) (Ver modos de trabajo)

- Piloto P1, blanco. Se encenderá indicando que no está permitida la entrada de nueva pieza, por encontrarse el sistema en proceso de manipulado/clasificación de una pieza anterior. Por el contrario, si dicha lámpara se encontrara apagada, indicaría que si está permitida la entrada de nueva pieza.

- Piloto P2, también blanco. Se encenderá de forma intermitente para indicar que está seleccionado el modo de trabajo paso a paso

Elementos de trabajo

La estación de manipulado dispone de los siguientes elementos de trabajo:

- Cilindro sin vástago C1, de doble efecto, que proporciona el movimiento horizontal (Eje X) del brazo manipulador. Está gobernado por dos electroválvulas monoestables 3/2 NC, C1+ que genera el movimiento hacia la derecha y C1+ que proporciona el movimiento hacia la izquierda para lograr el posicionamiento del mismo en tres lugares, mediante los oportunos captadores de posición, en la izquierda c1.0 sobre el punto de alimentación de piezas, en posición intermedia c1.2 sobre la posición de admitidas y en la derecha c1.1 sobre la posición de rechazos

- Cilindro de simple efecto C2, que proporciona el movimiento vertical (Eje Z) descendente C2+ de la pinza, estando gobernado por electroválvula monoestable 3/2 NC, teniendo las posiciones extremas de su recorrido, retraída/extendida, controladas por el respectivo captador de posición c2.0 pinza arriba y c2.1 pinza abajo

- Pinza neumática, cuyo movimiento de cierre se efectúa mediante cilindro de simple efecto C3, gobernado por electroválvula monoestable C3+. La pinza está dotada de detector óptico cromático DPA, calibrado para que detecte las piezas amarillas

Modos de trabajo

El sistema tendrá la posibilidad de funcionar según los siguientes modo de trabajo:

- *Ciclo continuo (Automático)*
- *Ciclo único (Manual)*
- *Paso a paso*

Estos modos de trabajo son seleccionables en el panel de control, descrito anteriormente, mediante la siguiente operativa:

Ciclo continuo (Auto). En este modo de trabajo el sistema estará funcionando ininterrumpidamente , deteniéndose únicamente si se activa el pulsador de paro PP. Para su establecimiento se procederá de la siguiente forma:

. Sistema en la posición de reposo/partida (El led verde LPM del pulsador de puesta en marcha PM se enciende y también se encenderá el piloto P1 indicando que no es posible la alimentación de nueva pieza)

. Conmutador CAM en la posición 1 Auto (CA)

. Activación del pulsador de puesta en marcha PM (El piloto P1 se apagará señalizando que es posible la alimentación de nueva pieza)

. Alimentación de pieza y seguidamente desarrollo del ciclo de funcionamiento descrito anteriormente, el piloto del pulsador de puesta en marcha LPM se apagará para indicar que el proceso está en curso y se encenderá el piloto P1 indicando que no es posible la alimentación de nueva pieza

Ciclo único (Manual). En este modo de trabajo el sistema realizará un único ciclo de funcionamiento (Básico) , quedando en la situación de espera al terminar el mismo. Para su establecimiento se procederá de la siguiente forma:

. Sistema en la posición de reposo/partida. El led verde LPM del pulsador de puesta en marcha PM se enciende en modo intermitente

. Conmutador CAM en la posición 2 Man (CM)

. Activar el pulsador de puesta en marcha PM (El piloto P1 se apagará, señalizando que es posible la alimentación de nueva pieza)

. Alimentación de pieza, seguidamente se desarrolla el ciclo de funcionamiento básico descrito anteriormente, el piloto PPM del pulsador de puesta en marcha PM se apaga para indicar que el proceso está en curso y se enciende el piloto P1 indicando que no es posible la alimentación de pieza nueva

Al terminar el ciclo de funcionamiento se enciende el led LPM del pulsador de puesta en marcha PM, quedando el sistema en la situación de espera a que sea activado de nuevo ese pulsador, dando inicio a otro nuevo ciclo o bien para que se efectué otra actuación en el panel de control, por ejemplo cambio del modo de trabajo

Paso a paso. En este modo de trabajo el sistema realizará una sola fase (estado) del proceso cada vez que se activa el pulsador de puesta en marcha PM, mediante la siguiente operatoria:

. Conmutador en posición 1 Auto (CA) o bien en 2 Man (CM)

. Activar el pulsador de reset PR durante 3 segundos, encendiéndose en modo intermitente el piloto P2 para indicar que el modo de trabajo Paso a Paso está activo

. Activar el pulsador de marcha PM para ir avanzando paso a paso en la realización de las diferentes fases/estados del proceso de trabajo

La anulación del modo de trabajo paso/paso se logra, estando el sistema en la posición inicial, cuando se activa durante 3 segundos el pulsador de paro PP. Se apagará el piloto P2 indicando que el modo de trabajo paso a paso no está activo y se encenderá el piloto/led del pulsador de puesta en marcha PM para indicar que el sistema está listo para operar bien en modo automático (ciclo continuo) o en modo manual (ciclo único) según esté situado el conmutador Auto/Man CAM (CA ò CM)

III.16.3.- Items a obtener

Se pretende obtener:

a) Análisis de funcionamiento (Gráfico de estados/Señales de cambio/Elementos a controlar)

b) Tabla de estados de funcionamiento del sistema, con sus correspondientes señales activadoras (S), anuladoras (R) y los elementos a gobernar en cada uno de ellos Ecuaciones de mando

c) Programa (Diagrama de contactos) para autómata programable PLC que controle el sistema, según el direccionamiento indicado en la tabla de correspondencias (Ver pag. siguiente)

d) Implementación del sistema y su control en un simulador escada

TABLA DE CORRESPONDENCIAS				
	DENOMINACIÓN	*IDENTIFI*	*Dir. S7 200*	*OBSERVACIONES*
	Detector Entrada Pieza	EP	I0.0	*Detectorcapacitivo*
	Captador posición partida cilindro C1	c1.0	I0.1	*Detector reed (Eje X, pos. izquierda)*
	Captador posición admitidas cilindro C1	c1.2	I0.2	*Detector reed (Eje X, pos. intermedia)*
	Captador posición rechazos cilindro C1	c1.1	I0.3	*Detector reed (Eje X, pos. derecha)*
	Captador posición retraída cilindro C2	c2.0	I0.4	*Detector reed (Eje Z, pos. superior)*
	Captador posición extendida cilindro C2	c2.1	I0.5	*Detector reed (Eje Z, pos. inferior)*
	Captador Piezas Amarillas	DPA	I0.6	*Detec. Óptico Cromático (Amarillo)*
	Captador Salida Pieza	SP	I0.7	*Detector capacitivo*
	Pulsador Puesta en Marcha	PM	I1.0	
	Pulsador Paro	PP	I1.1	
	Pulsador Reset	PR	I1.2	
	Conmutados Automático Manual	C A/M	I1.3 / I1.4	*Dos posiciones (CA / CM)*
	Pulsador Pieza Amarilla	PPA	I1.5	*Necesidad escada*
	Pulsador Pieza Roja	PPR	I1.6	*Necesidad escada*
	Pulsador Pieza Metálica	PPM	I1.7	*Necesidad escada*
	Solenoide salida cilindro C1 +	Y0	Q0.0	*Desplazamiento brazo derecha (Eje X →)*
	Solenoide entrada cilindro C1 -	Y1	Q0.1	*Desplazamiento brazo izqu9ierda(Eje X ←)*
	Solenoide salida cilindro C2 +	Y2	Q0.2	*Bajada pinza (Eje Z ↓)*
	Solenoide salida cilindro C3 +	Y3	Q0.3	*Cerrar pinza*
	Luz puesta en marcha	LPM	Q0.4	*Led verde*
	Luz Reset	LRE	Q0.5	*Led azul*
	Indicador no permitida entrada de nueva pieza	P1	Q0.6	*Piloto luz blanca*
	Indicador modo de trabajo paso paso activado	P2	Q0.7	*Piloto luz blanca*
	Pieza amarilla	PA	Q1.0	*Objeto escada*
	Pieza roja	PR	Q1.1	*Objeto escada*
	Pieza metálica	PME	Q1.2	*Objeto escada*
	Piloto existencia pieza en salida admisiones	PSP	Q1.3	
	Temporización recogida pieza alimentada	T1	T101	*TON (2 s.)*
	Temporización subida pieza	T2	T102	*TON (3s.) Asegurar detección cromática*
	Temporización baja pieza	T3	T103	*TON (2 s.)*
	Temporización tras dejar pieza	T4	T104	*TON (2 s.)*
	Temporización pulsador PRE	T5	T105	*TON (3s.) Entrada modo trabajo paso-paso*
	Temporización pulsador PP	T6	T106	*TON (3 s.)Salida modo trabajo paso-paso*

III. 16.3.1.- Análisis de funcionamiento

a) Análisis de funcionamiento (Gráfico de estados/Señales de cambio/Elementos a controlar). Ver pag. siguiente

Para facilitar el diseño completo del sistema, se refleja en un primer gráfico, únicamente los estados funcionales del ciclo de funcionamiento básico y su inicialización

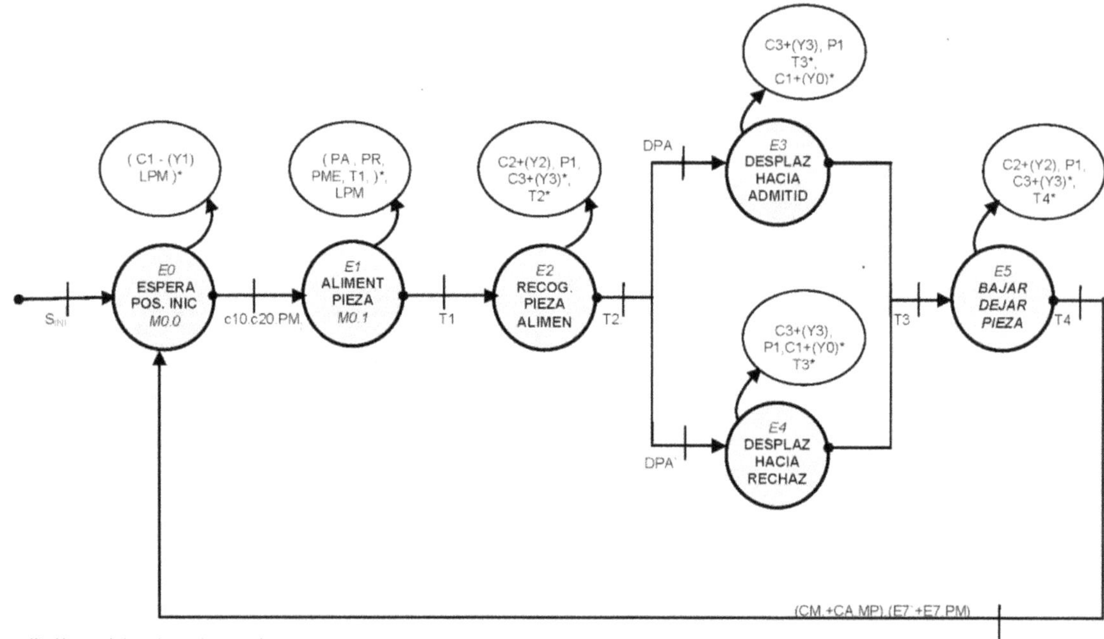

(*) Ver condicionantes en las ecuaciones

E incorporando las peculiaridades completas del sistema y sus diferentes modos de trabajo, el gráfico global de estados , sería

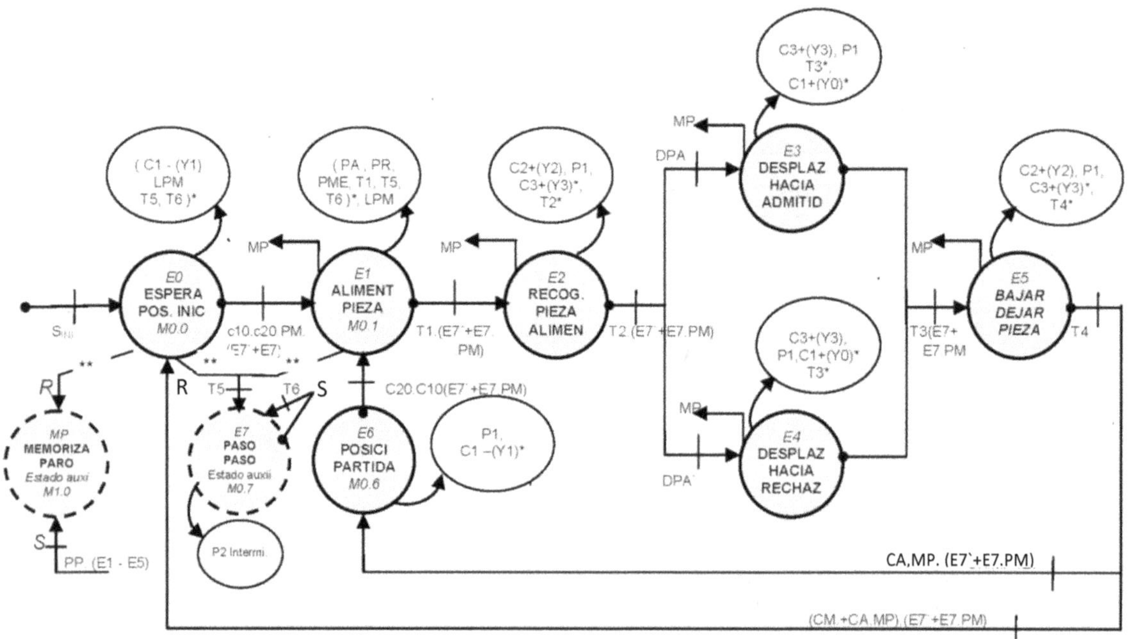

(*) Ver condicionantes en las ecuaciones

(**) Los estados auxiliares MP y E7, establecido el primero para la memorización de la activación de la señal de paro y el segundo para el establecimiento del modo de trabajo paso a paso, se configuran para que no sigan la regla general de anular al estado anterior, pues su existencia no sigue la dinámica secuencial genérica establecida para los estados funcionales normales, siendo cada uno de ellos un biestable con su correspondiente señal activadora y anuladora sin mas dependencias, con los únicos efectos de memorización de la señal correspondiente (Paro y Paso-paso)

III.16.3.2.- Tabla de estados. Señales activadoras, anuladoras, elementos a gobernar. Ecuaciones de mando

b) Tabla de estados . Señales activadoras (S) y anuladoras (R), elementos a gobernar y ecuaciones de mando

Estado	Descripción	Biestable	Señal activadora (S)	Señal anuladora (R)	Receptor a activar
E0	Espera Posicionamiento inicial	M0.0	SINI`+ E5.T4.(CM + CA . MP) . (E7`+ E7.PM)	E1	C1- (Y1) si c20.c10`= 1 T5 (ON 3 s.) si PRE = 1 T6 (ON 3 s.) si PP = 1 LPM si c20.c10 = 1 Intermi. LPM (S = M0.7 y R = EP`) Int
E1	Alimentación pieza	M0.1	(E0.PM + E6).c10.c20.(E7`+E7.PM)	E2	PA si PPA.EP` = 1 PR si PPR.EP` = 1 PME si PPM.EP` = 1 T1 (ON 2 s.) si EP = 1 T5 (ON 3 s.) si PRE = 1 T6 (ON 3 s.) si PP = 1 LPM si c20. c10. CM. M0.7`=1 LPM (S = M0.7 y R = EP`) Int
E2	Recogida piezas en alimentación	M0.2	E1.T1.(E7`+E7.PM)	E3+E4	C2+(Y2), P1 C3+(Y3) si c21 = 1 T2 (ON 2s) si c21=1 LPM si M0.7.c21=1 Intermi.
E3	Desplazamiento hacia rampa admitidas	M0.3	E2.T2.(E7`+E7.PM).DPA	E5	C3+(Y3), P1 C1+(Y0) si c12`. c20 = 1 T3 (ON 2s) si c12=1 LPM si M0.7.c12=1 Intermi.
E4	Desplazamiento hacia (sobre) rampa rechazadas	M0.4	E2.T2.(E7`+E7.PM).DPA`	E5	C3+(Y3), P1 C1+(Y0) si c11`. c20 = 1 T3 (ON 2s) si c11=1 LPM si M0.7.c11=1 Intermi.
E5	Bajar/Dejar pieza	M0.5	(E3+E4).T3.(E7`+E7.PM)	E0+E6	C2+(Y2), P1 C3+(Y3) si c21` = 1 T3 (ON 2s) si c21=1 LPM si M0.7.c21=1 Intermi.
E6	Posición de partida	M0.6	E5.T4.CA.MP` .(E7`+E7.PM)	E1	P1 C1-(Y1) si c10`.c20 = 1 LPM si M0.7.c10=1 Intermi.
E7	Paso-Paso *Estado auxiliar*	M0.7	(E0+E1).T5	E7.T6	P2 intermitente
MP	Memorización paro *Estado auxiliar*	M1.0	(E1+E2+E3+E4+E5).PP	E0+E2	- ----------

Pudiéndose establecer las siguientes ecuaciones de mando de los estados (*):

El bit de inicialización (S_{INI}) se implementa mediante el bit específico SM0.1 (Siemens) que se activa únicamente en el primer ciclo de escan, S_{INI} = SM0.1

E0 → M0.0 = (M0.0 + S_{INI} + E5.T4.(CM + CA . MP).(E7`+ E7.PM)).M0.1`

E1 → M0.1 = (M0.1 + (E0.PM + E6).c10.c20.(E7´+E7.PM))M0.2`

E2 → M0.2 = (M0.2 + E1.T1.(E7`+E7.PM)) (E3+E4)´

E3 → M0.3 = (M0.3 + E2.T2.(E7`+E7.PM).DPA). E5`

E4 → M0.4 = (M0.4 + E2.T2.(E7`+E7.PM).DPA´).E5`

E5 → M0.5 = (M0.5 + (E3+E4).T3.(E7`+E7.PM)).(E0+E6)`

E6 → M0.6 = (M0.6 + E5.T4.CA.MP`.(E7`+E7.PM)).E1`

E7 → M0.7 = (M0.7 + (E0+E1).T5) E7.T6 (Estado auxiliar)

MP →M1.0 = (M1.0 + (E1+E2+E3+E4+E5).PP).E0 (Estado auxiliar)

Las ecuaciones de mando de los receptores a activar serían:

- C1 - = Y1 = E0.c20.C10`+ E6.c10`.c20
- PA = E1.PPA.EP` (Objeto escada)
- PR = E1.PPR.EP` (Objeto escada)
- PME = E1.PPM.EP`(Objeto escada)
- C2+(Y2) = E2 + E5
- C3+(Y3) = E2.c21+E3+E4+E5.c21`
- C1+(Y0) = (E3.c12´+E4.c11).c20
- P1 = E6+E2+E3+E4+E5
- P2 = SM05.E7

- TON1 (On 2 s) = E1.EP
- TON2 (On 2 s) = E2.c21
- TON3 (ON 2 s) = E3.c12+E4.c11
- TON4 (On 2 s) = E.5.c21
- TON5 (ON 3 s) = (E0+E1).PRE
- TON6 (ON 3 s) = (E0+E1).PP

- LPM = ((E0+E1.(CM+CA .M0.7).c10.c20+(E7.(E2. c21+E3.c12+E4.c11+E5.c21+E6.c10)+(LPM+E7(E0+E1)).EP).SM0.5

III.- 16.3.3.- Programa (Diagrama de contactos) para PLC

c) Diagrama de contactos

Mediante el análisis grafico y las ecuaciones de mando obtenidas, podemos elaborar el programa de control (Diagrama de contactos) del sistema para ser gobernado por PLC , para lo cual se establece la siguiente tabla de símbolos (Ver páginas siguientes)

Símbolo	Dirección	Comentario
EP	I0.0	Detector capacitivo
e10	I0.1	Detector reed (Eje X, pos. izquierda). Pos. partida
e12	I0.2	Detector reed (Eje X, pos. iintermedia) Pos. admitidas
e11	I0.3	Detector reed (Eje X, pos. iderecha) Pos. derecha
e20	I0.4	Detector reed (Eje Z pos. superor). Pos. partida
e21	I0.5	Detector reed (Eje Z pos. inferior)
DPA	I0.6	Detector óptico-crómatico amarillo (Detección piezas amarillas)
SP	I0.7	Detección pieza. Detector capacitivo
PM	I1.0	Pulsador puesta en marcha
PP	I1.1	Pulsador paro
PRE	I1.2	Pulsador reset
CA	I1.3	Conmutador automatico-manual . Pos 1. Auto.
CM	I1.4	Conmutador aurtomatico-manual. Pos 2. Man.
PPA	I1.5	Pulsador pieza amarilla
PPR	I1.6	Pulsador pieza roja
PPM	I1.7	Pulsador pieza metalica
Y0	Q0.0	Desplazamiento brazo a derechas C1+ (Eje X derechas)
Y1	Q0.1	Desplazamiento brazo a izquierdas C1- (Eje X izquierdas)
Y2	Q0.2	Bajada pinza C2+ (Eje Y, bajar)
Y3	Q0.3	Cerrar pinza C3+
LPM	Q0.4	Luz puesta en marcha
LR	Q0.5	Luz reset
P1	Q0.6	Piloto luz blanca, indica no permitida entrada de nueva pieza
P2	Q0.7	Piloto luz blnca, indica modo de trabajo paso paso activado
PA	Q1.0	Pieza amarilla
PR	Q1.1	Pieza roja
PME	Q1.2	Pieza metálica
PSP	Q1.3	Piloto indicador pieza en salida (Admisiones)
E0	M0.0	ESPERA/POSICIONAMIENTO INICIAL
E1	M0.1	ALIMENTACIÓN PIEZA
E2	M0.2	RECOGIDA PIEZA EN ALIMENTACIÓN
E3	M0.3	DESPLAZAMIENTO HACIA (SOBRE) RAMPA ADMITIDAS
E4	M0.4	DESPLAZAMIENTO HACIA (SOBRE) RAMPA RECHAZADAS
E5	M0.5	BAJAR/DEJAR PIEZA
E6	M0.6	POSICIÓN PARTIDA
E7	M0.7	CICLO CONTINUO/PASO A PASO (Estado auxiliar)
MP	M1.0	MEMORIZAC. PARO (Activacion puls. paro PP(petición paro) Est. auxiliar
TON1	T101	Temporización tras alimentación pieza (2 s)
TON2	T102	Temporización tras identificación/recogida pieza (3 s)
TON3	T103	Temporización tras situacion sobre rampas (2s)
TON4	T104	Temporización tras dejar pieza previa a búsqueda posición partida (2s)
TON5	T105	Temporización pulsación Reset , activacion paso paso (3s)
TON6	T106	Temporización pulsación Paro, anulación paso paso (3s)

Imagen/Pantalla obtenida con el programa Step 7. MicroWin V4. Siemens ©

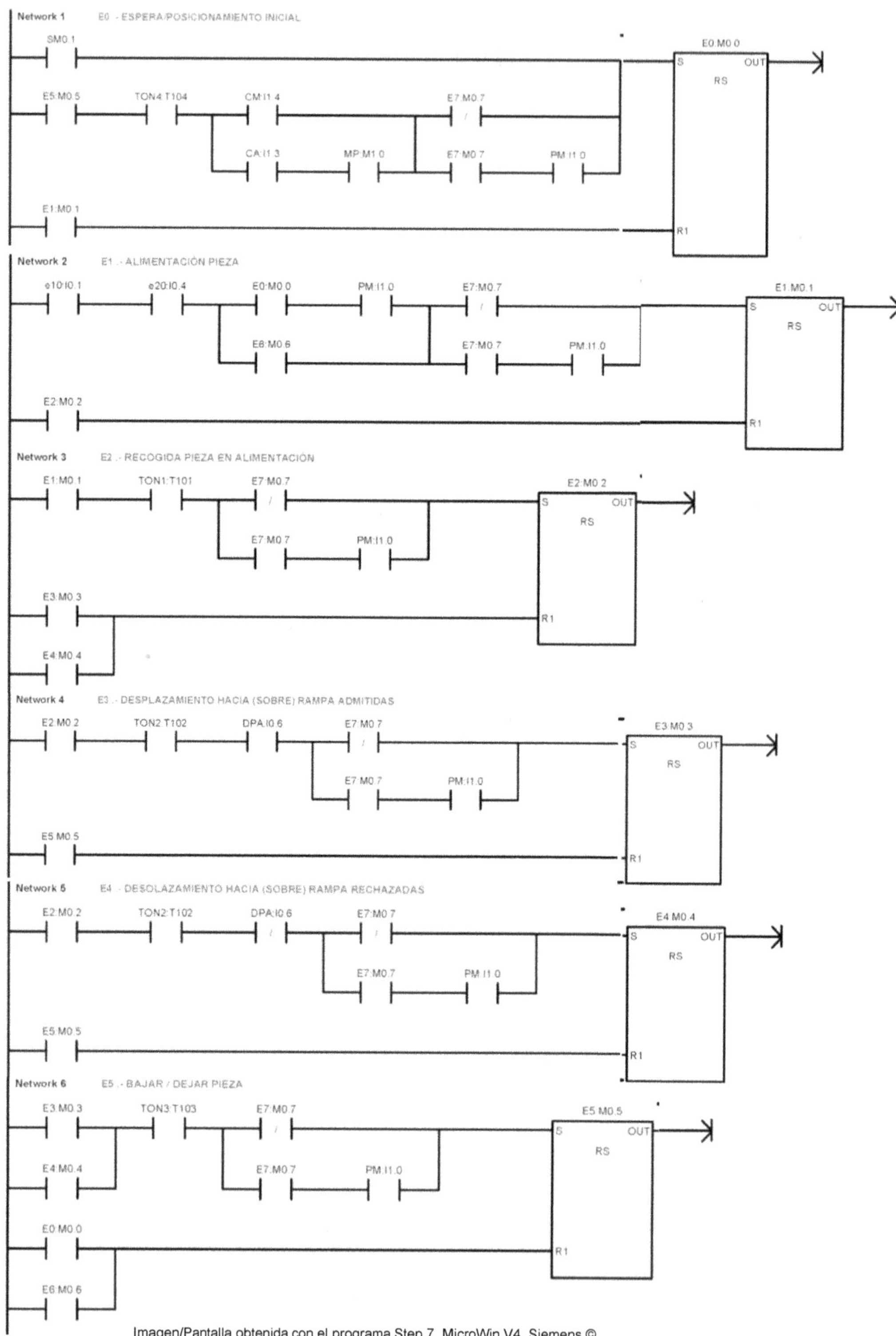

Imagen/Pantalla obtenida con el programa Step 7. MicroWin V4. Siemens ©

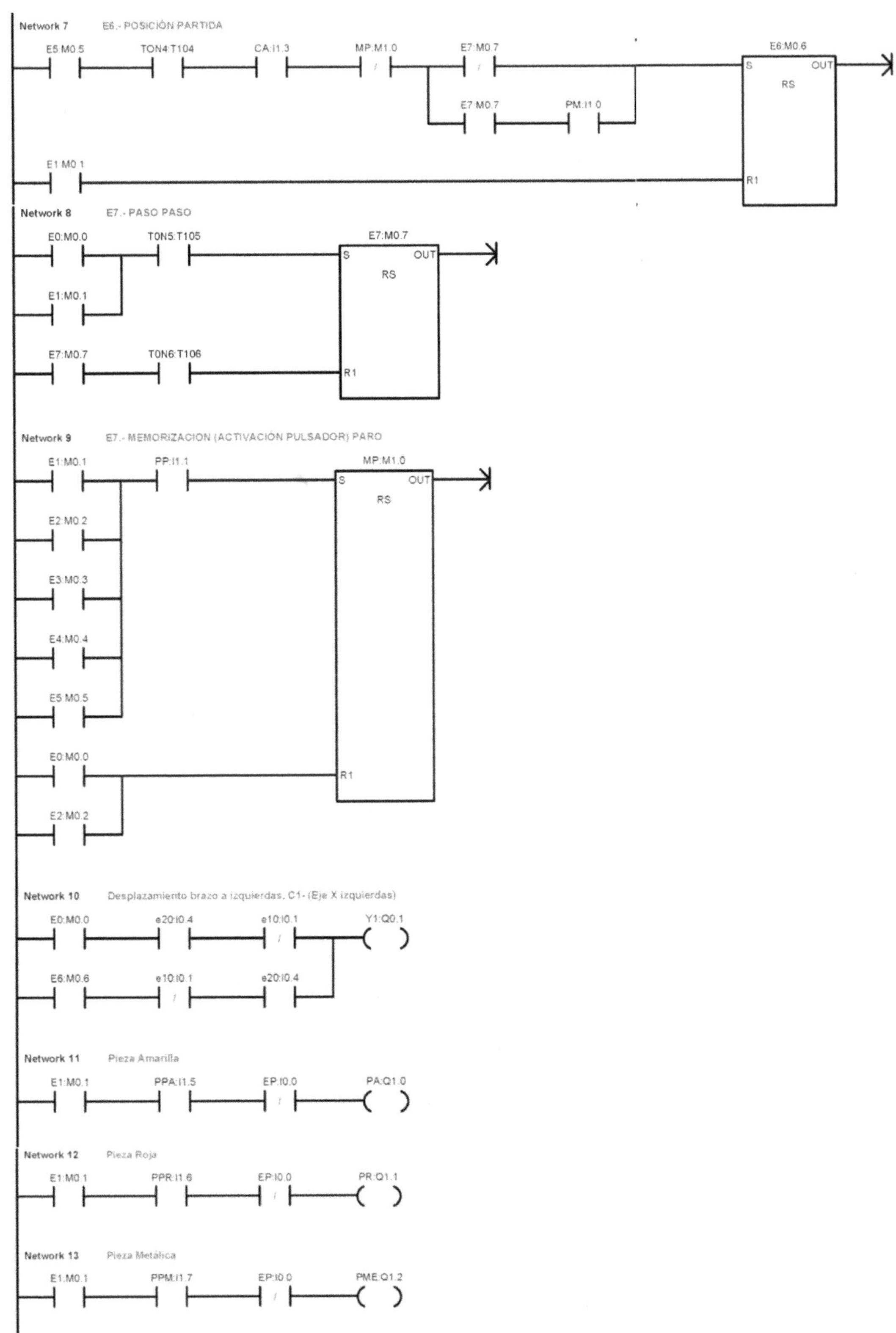

Imagen/Pantalla obtenida con el programa Step 7. MicroWin V4. Siemens ©

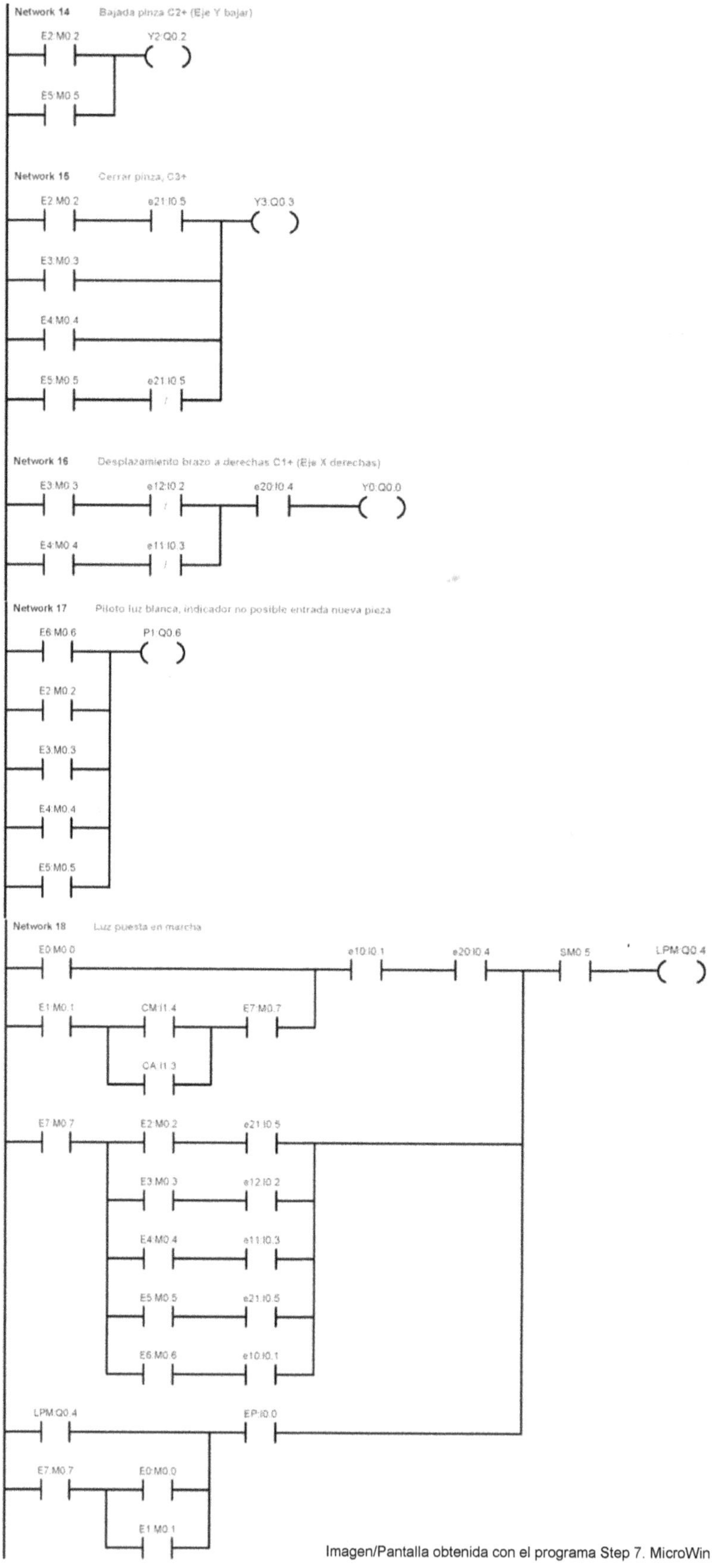

Network 14 Bajada pinza C2+ (Eje Y bajar)

E2:M0.2 — Y2:Q0.2

E5:M0.5

Network 15 Cerrar pinza, C3+

E2:M0.2 — e21:I0.5 — Y3:Q0.3

E3:M0.3

E4:M0.4

E5:M0.5 — e21:I0.5 (/)

Network 16 Desplazamiento brazo a derechas C1+ (Eje X derechas)

E3:M0.3 — e12:I0.2 (/) — e20:I0.4 — Y0:Q0.0

E4:M0.4 — e11:I0.3 (/)

Network 17 Piloto luz blanca, indicador no posible entrada nueva pieza

E6:M0.6 — P1:Q0.6

E2:M0.2

E3:M0.3

E4:M0.4

E5:M0.5

Network 18 Luz puesta en marcha

E0:M0.0 — e10:I0.1 — e20:I0.4 — SM0.5 — LPM:Q0.4

E1:M0.1 — CM:I1.4 — E7:M0.7

CA:I1.3

E7:M0.7 — E2:M0.2 — e21:I0.5

E3:M0.3 — e12:I0.2

E4:M0.4 — e11:I0.3

E5:M0.5 — e21:I0.5

E6:M0.6 — e10:I0.1

LPM:Q0.4 — EP:I0.0

E7:M0.7 — E0:M0.0

E1:M0.1

Imagen/Pantalla obtenida con el programa Step 7. MicroWin V4. Siemens ©

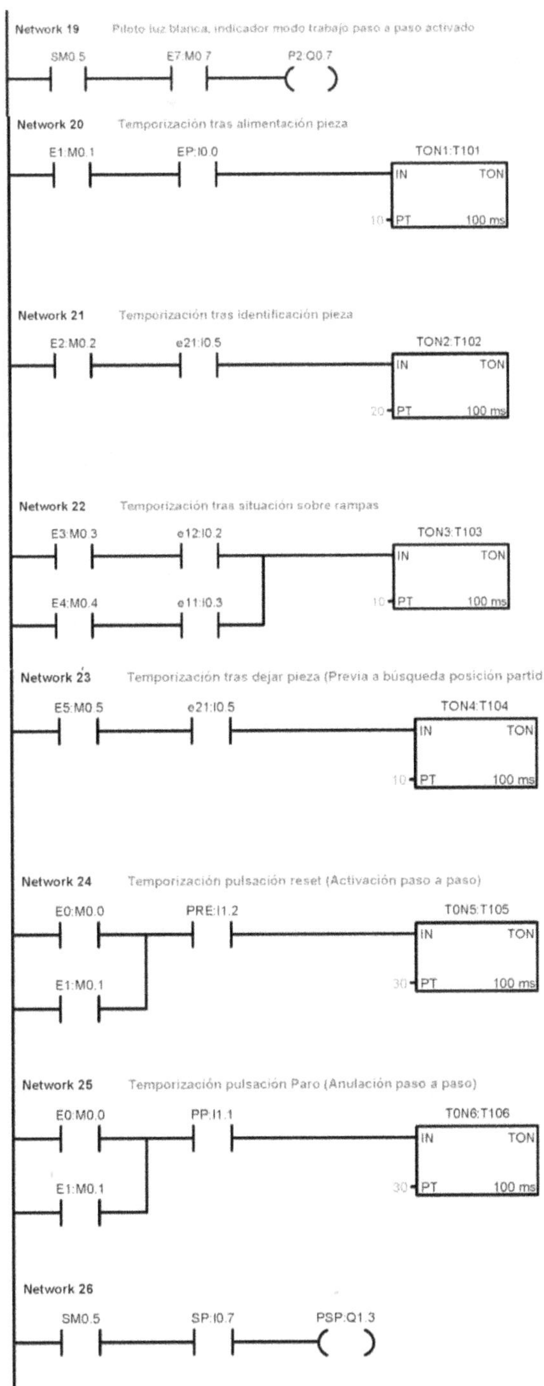
Network 19
Piloto luz blanca, indicador modo trabajo paso a paso activado
SM0.5
E7:M0.7
P2:Q0.7
Network 20
Temporización tras alimentación pieza
E1:M0.1
EP:I0.0
TON1:T101
IN
TON
10
PT
100 ms
Network 21
Temporización tras identificación pieza
E2:M0.2
e21:I0.5
TON2:T102
IN
TON
20
PT
100 ms
Network 22
Temporización tras situación sobre rampas
E3:M0.3
e12:I0.2
E4:M0.4
e11:I0.3
TON3:T103
IN
TON
10
PT
100 ms
Network 23
Temporización tras dejar pieza (Previa a búsqueda posición partid
E5:M0.5
e21:I0.5
TON4:T104
IN
TON
10
PT
100 ms
Network 24
Temporización pulsación reset (Activación paso a paso)
E0:M0.0
PRE:I1.2
E1:M0.1
TON5:T105
IN
TON
30
PT
100 ms
Network 25
Temporización pulsación Paro (Anulación paso a paso)
E0:M0.0
PP:I1.1
E1:M0.1
TON6:T106
IN
TON
30
PT
100 ms
Network 26
SM0.5
SP:I0.7
PSP:Q1.3

Imagen/Pantalla obtenida con el programa Step 7. MicroWin V4. Siemens ©

III.16.3.4.- Implementación del sistema y su control en un simulador escada

d) Implementación del sistema y su control en un simulador escada

En el link (www.lulu.com/spotlight/automatizacion_fundamentada) de la pagina de autor destacado editorial Lulu, donde se publican los libros I, II y III de Automatización Fundamentada se pueden encontrar, tanto individual como conjuntamente con los de otros proyectos, los siguientes archivos

: . Archivo "estacionmanipulacionAFIIIprotg.sim" para el escada PCsimu que recrea el sistema del proyecto

.- Archivo "estacionmanipulacionAFII.cfg" para el emulador del autómata virtual S7 200 (CPU 226)

.- Videos "estacionmanipuladoAFIIIvideo1.avi" del modo de trabajo automático, "estacionmanipuladoAFIIIvideo2.avi" del modo de trabajo manual y "estacionmanipuladoAFIIIvideo3.avi" del modo de trabajo paso-paso que recogen el funcionamiento del sistema, mediante la solución elaborada utilizando PCSimu

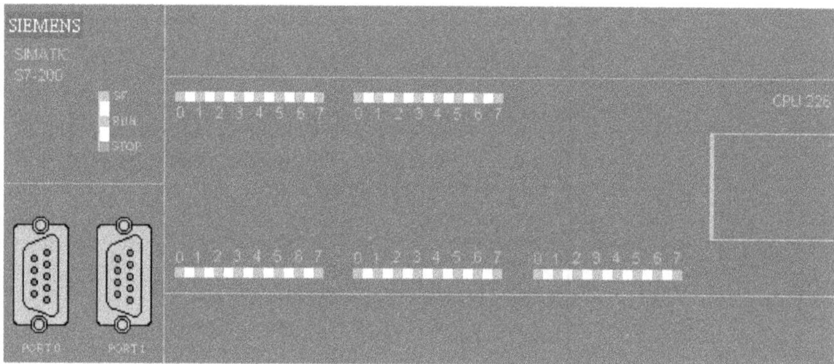

Imagen/Pantalla obtenida con el programa Emulador S7 200 © de Juan Luis Villanueva Montoto

Detalle de la CPU226.

Para facilitar la simulación, su seguimiento y en concreto la alimentación de piezas se dota a la simulación de leds (color magenta) que en modo intermitente irán activándose según el estado de funcionamiento en que se encuentre el sistema. También se incorpora otro led alargado(magenta) situado junto a la botonera para la generación de piezas, que funcionando en modo intermitente indicará la necesidad de pulsar uno de ellos para que aparezca una nueva pieza

Pantalla comienzo recogida pieza (Video "estacionmanipuladoAFIIIvideo1")

Imagen/Pantalla obtenida con el programa PCSimu © de Juan Luis Villanueva Montoto

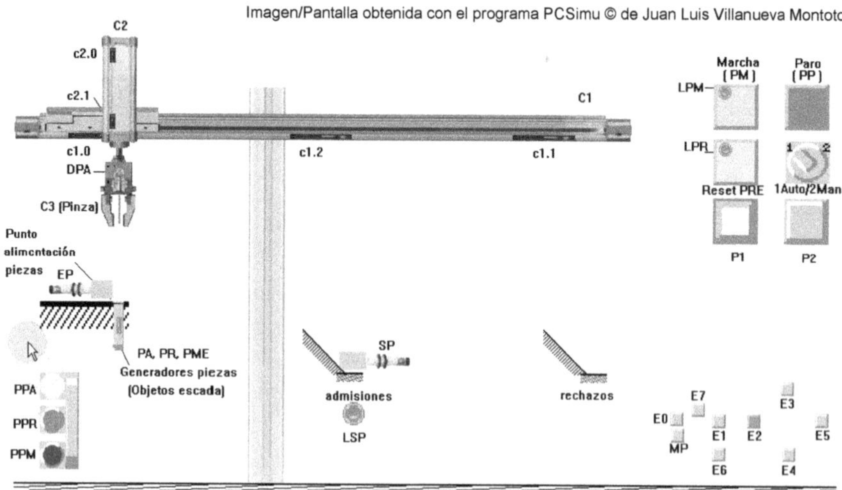

Pantalla pinza subiendo con pieza (Video "estacionmanipuladoAFIIIvideo1")

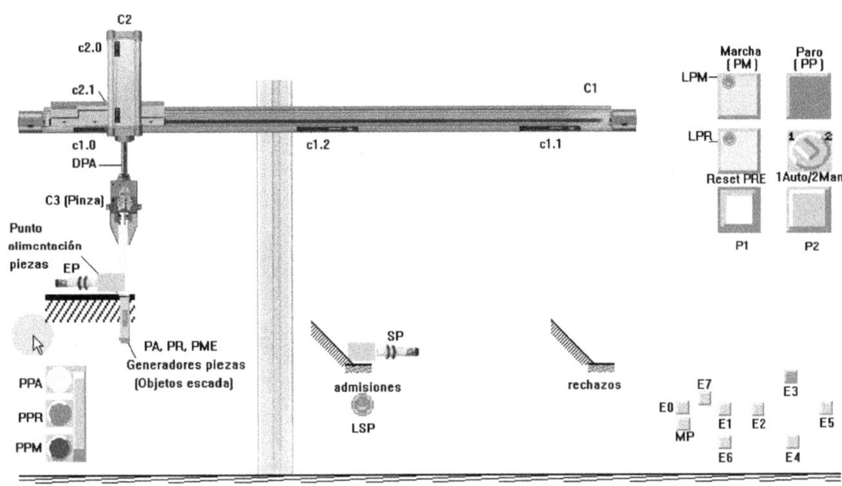

Pantalla brazo desplazamiento a admisiones (Video "estacionmanipuladoAFIIIvideo1")

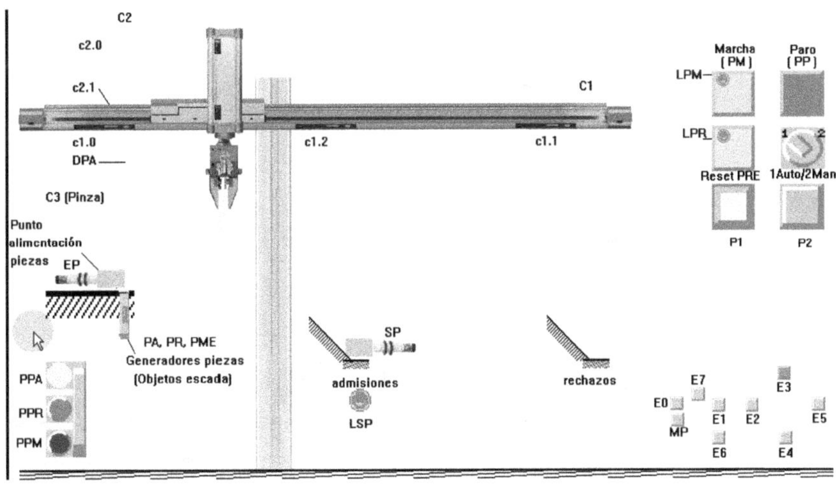

Imagenes/Pantallas obtenidas con el programa PCSimu © de Juan Luis Villanueva Montoto

Pantalla pinza dejando pieza en admisiones (Video "estacionmanipuladoAFIIIvideo1")

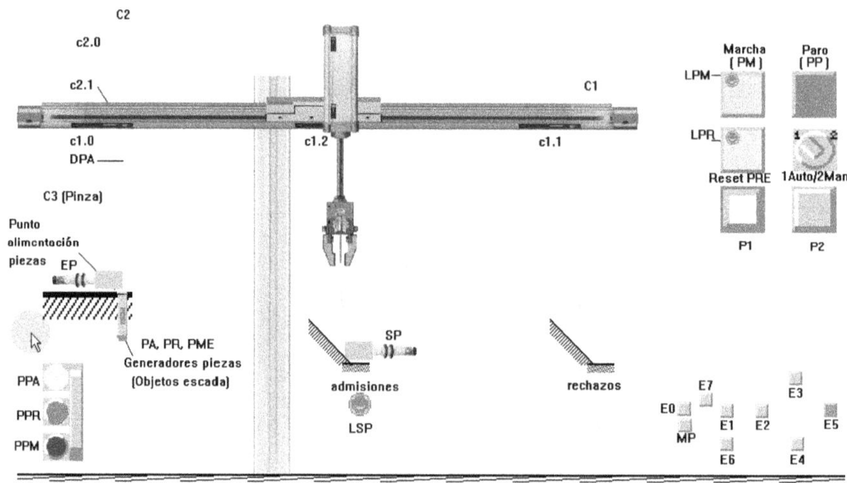

Pantalla brazo retornando a posición de partida (Video "estacionmanipuladoAFIIIvideo1")

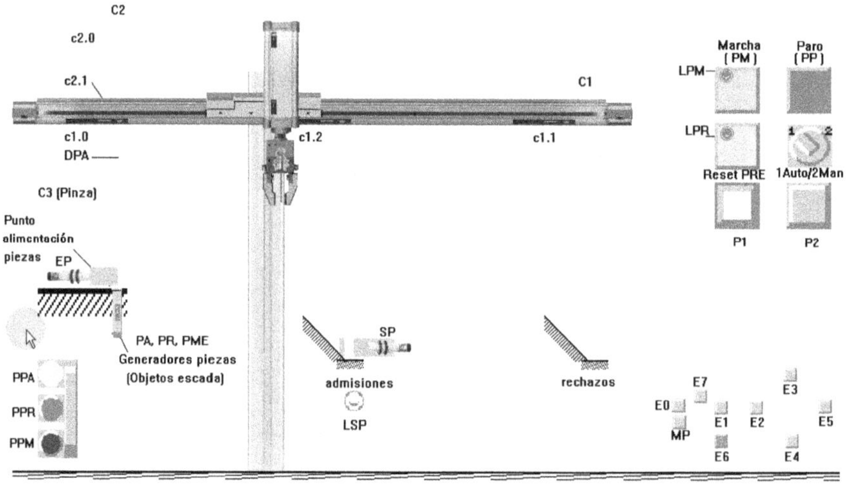

Imagenes/Pantallas obtenidas con el programa PCSimu © de Juan Luis Villanueva Montoto

Pantalla brazo desplazamiento a rechazos (Video "estacionmanipuladoAFIIIvideo1")

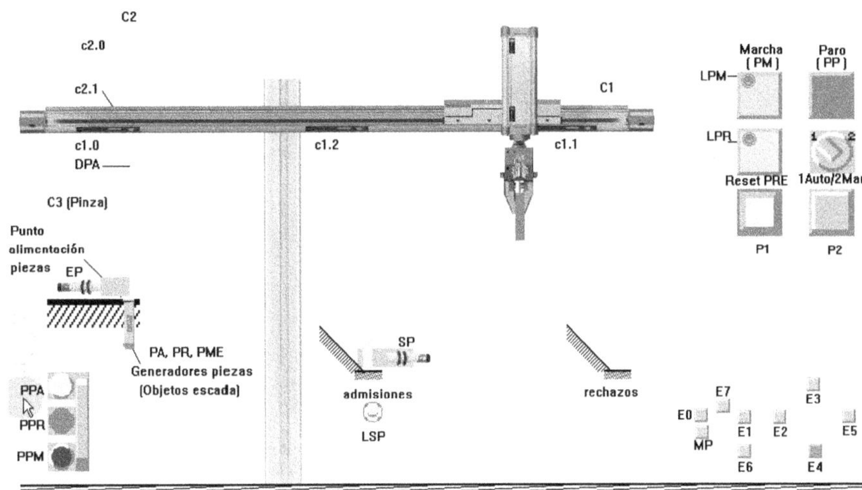

Pantalla activación paro estando en modo automático (Video "estacionmanipuladoAFIIIvideo1")

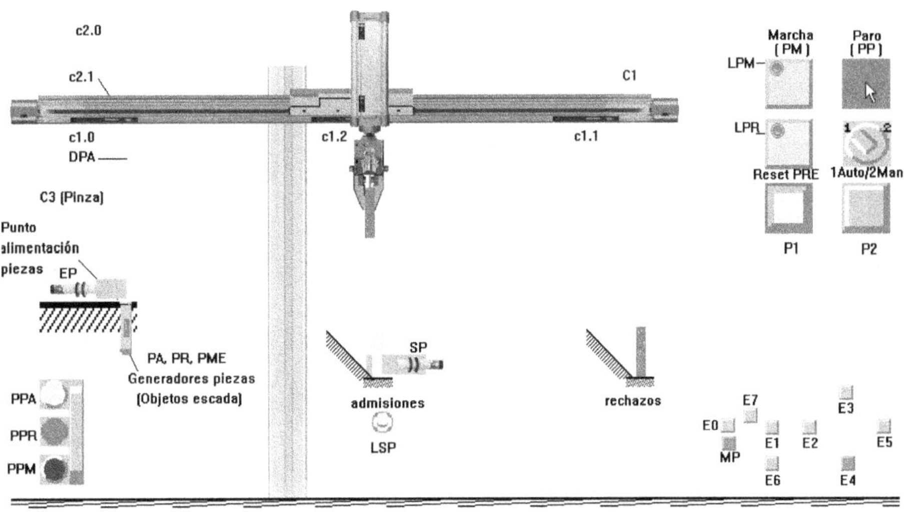

Imagenes/Pantallas obtenidas con el programa PCSimu © de Juan Luis Villanueva Montoto

Pantalla cambio modo automático a manual (Video "estacionmanipuladoAFIIIvideo2")

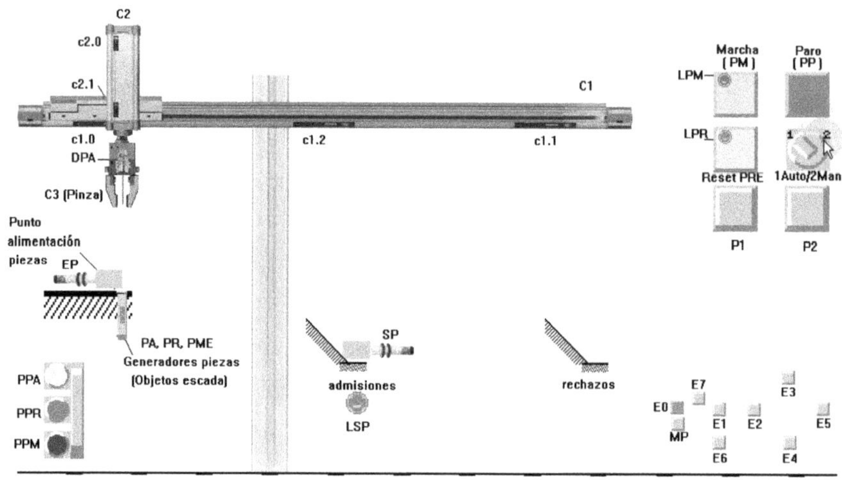

Pantalla cambio modo paso a paso (Video "estacionmanipuladoAFIIIvideo3")

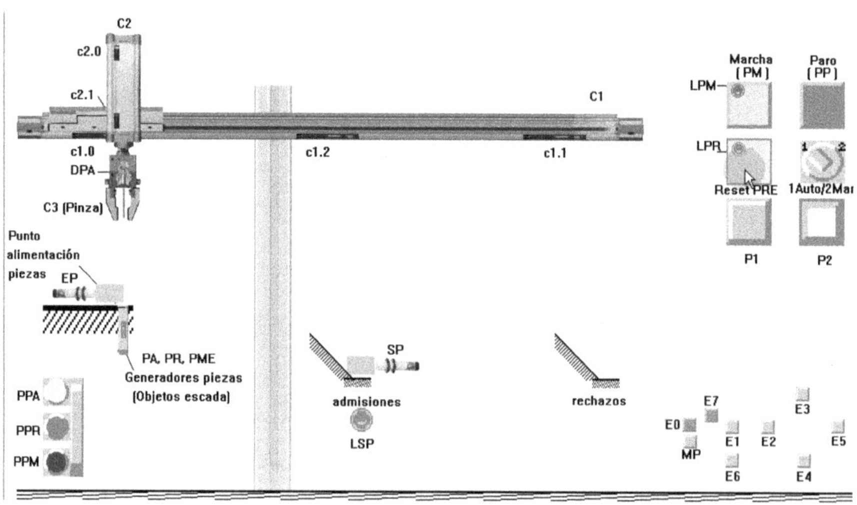

Imagenes/Pantallas obtenidas con el programa PCSimu © de Juan Luis Villanueva Montoto

III.17.- PROYECTO estacionconjuntalimentamanipulaAFIII

Diseñar para un proceso de alimentación y manipulado de piezas (Tres tipos) un sistema de control para la automatización del desplazamiento de las mismas mediante un brazo giratorio neumático con ventosa para las succión/sujeción de las pieza por vacio y seguidamente su clasificación-desplazamiento mediante un brazo manipulador de 3 grados de libertad.

Este proyecto es la combinación de las estaciones analizadas en los proyectos "estacionalimentacionAFIII" (Pag. 229) y "estacionmanipuladoAFIII" (pag. 249), conjuntando las funcionalidades de ambas

III.17.1.- Anteproyecto

III.17.1.1.- Descripción física

El sistema de alimentación se identifica con la denominación estaciónconjuntalimentamanipulaAFIII, cuyo sinóptico se refleja en la siguiente figura que tiene las siguientes características

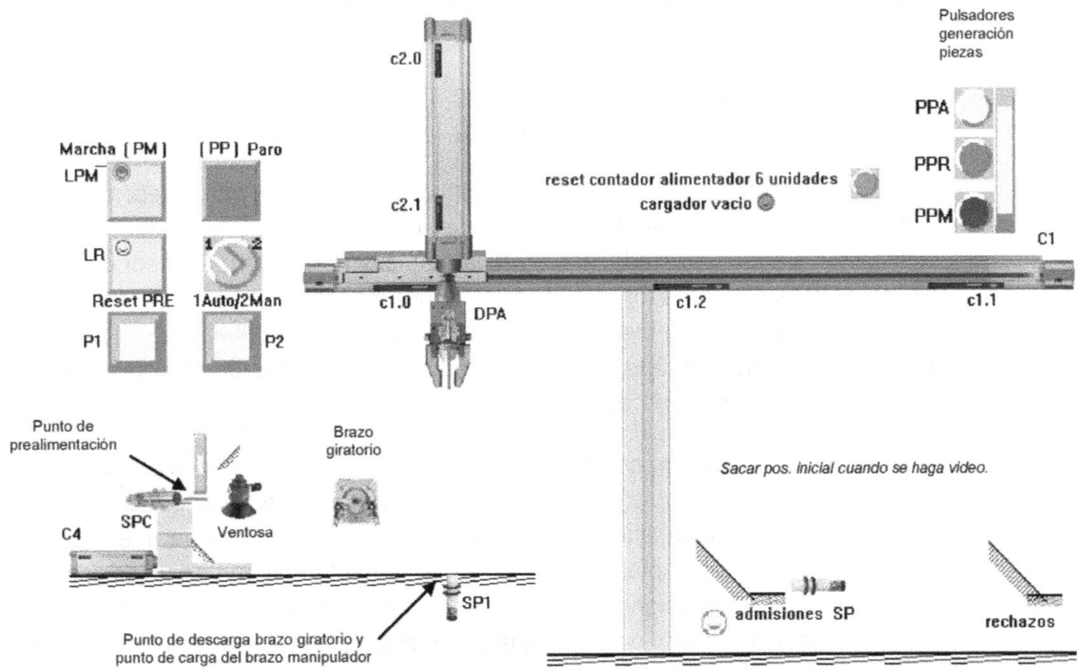

Imagen/Pantalla obtenida con el programa PCSimu © de Juan Luis Villanueva Montoto

Lógicamente, la disposición física mas adecuada de las piezas que se sujetan por vacio mediante la ventosa sería la horizontal, por limitación en el software de simulación del escada, se efectúa en la disposición vertical de las mismas

La planta de este proyecto se elabora con la versión PCsimu V2, por el correspondiente archivo .sim solo "correrá" en esa versión

III.17.1.2.- Previo

Efectos escada:

- Los objetos escada PA (Pieza amarilla), PR (Pieza roja) y PME (Pieza metálica), recrean las piezas a alimentar/clasificar-manipular, cuya operatividad se indica mas adelante

- Para lograr la aleatoriedad en la alimentación de los diferentes tipos de piezas, al escada que recrea el sistema se le dota de pulsadores (PPA, PPR y PPM) que harán posible la generación de la respectiva pieza amarilla, negra o metálica, cuya funcionalidad estará sometida a los requisitos de alimentación de piezas que se describen mas adelante

III.17.1.3.- Funcionalidad general

Se desea automatizar la alimentación de piezas para ser depositadas en un cierto punto mediante un brazo neumático giratorio dotado de ventosa de aspiración por vacio que las recogerá desde otro punto de suministro, para posteriormente, desde donde serán dejadas por el brazo giratorio realizar la clasificación-manipulado de los tres tipos de piezas, amarillas(PA), rojas (PR) y metálicas (PME) que deberán ser organizadas según sean amarillas (Admisiones) o "no amarillas" por tanto rojas y metálicas (Rechazos) y ser trasladadas por un brazo manipulador según ese criterio a dos puntos del sistema destinados al efecto.

La detección de pieza amarilla se logra mediante el sensor óptico cromático DPA que incorpora la pinza del brazo manipulador.

Para ejecutar la primera parte funcional (Alimentación) antes descrita, el sistema está dotado de un alimentador vertical por gravedad (Capacidad 6 unidades) con extractor deslizante, siendo detectada la presencia de pieza mediante un sensor de barrera SPC (Sensor Pieza en Cargador), tras lo cual, el brazo giratorio se situará en el punto de carga, la asirá (Por aspiración) mediante la ventosa y seguidamente el brazo girará en sentido contrario al anterior situándola en el punto de descarga, siendo detectada su presencia en este punto por un sensor capacitivo (SP1).

Para realizar la segunda parte funcional (Clasificación-desplazamiento) y tras ser detectada pieza en el punto de descarga citado anteriormente, la pinza del brazo manipulador que estará situada sobre dicho punto, descenderá para recogerla, ascender y posteriormente se desplazará horizontalmente hasta el punto de ubicación correspondiente (Admisiones = Amarillas, Rechazos = No amarillas) y tras descender al mismo depositar la pieza para seguidamente subir y retornar a la posición de partida sobre el punto para alimentación de piezas del brazo manipulador.

La alimentación de piezas se realiza una a una aleatoriamente

III.17.1.4.- Requisitos de funcionamiento

- La posición de inicio del sistema representada en la figura anterior, tras el arranque general del mismo, se obtiene mediante la operación de reseteo que se describe seguidamente, esto es, extractor del cargador bajo la vertical del alimentador de gravedad con pieza precargada desde el mismo y brazo giratorio a la izquierda sobre el punto de carga, con el piloto P1 encendido. Igualmente la posición inicial del brazo manipulador, que debe ser asegurada antes de que sea activado el pulsador de PM, es pinza abierta y elevada sobre el punto de descarga del brazo giratorio, a la espera de que sea activado el pulsador de puesta en marcha PM que dará inicio al ciclo de funcionamiento

- Las piezas se almacenan en el cargador vertical con capacidad para seis piezas(*) del cual son sacadas una a una mediante un sistema extractor accionado por cilindro neumático de doble efecto (C3) dotado de los oportunos finales de carrera (c3.1, atrás, extendido)/ (c3.1, adelante, retraído) o lo que es lo mismo, Pos. alimentador bajo vertical del cargador / Pos alimentación cargador bajo ventosa – pieza sacada

- Desde el punto de carga (succionado) hasta el punto de descarga, las piezas son trasladadas mediante el brazo giratorio neumático dotado de ventosa de aspiración que tiene controladas las posiciones extremas de su recorrido, en este caso 180º, mediante sendos finales de carrera (GG0 en la posición de carga y BG1 en la posición de descarga

(*) Por condicionantes de software del simulador, este alimentador se implementa mediante tres pulsadores (PPA, PPR, PPM) para generar 3 tipos de piezas diferentes (PA pieza amarilla, PR pieza roja, PME pieza metálica), de modo que mediante una función "contador" la efectividad de dichos pulsadores que anulada al llegar al número de unidades que posibilita la capacidad del cargador (6 piezas), para aproximarse al hecho de su límite de almacenamiento y progresivo vaciado

Reseteo de la estación

Realizada la activación general del sistema, la luz de reset (LR) se encenderá intermitentemente a la espera que ser activado el pulsador azul de reset (PRE), realizándose entonces la secuencia de posicionado inicial consistente en alimentación de pieza(**) , situado del brazo giratorio en la posición de carga (succión) siguiendo encendida la luz de reset (LR) para indicar que se está realizando la búsqueda de la posición inicial, activándose también el piloto P1 señalizando que no es posible la alimentación de nueva pieza Por tanto, alcanzada la posición inicial, de modo que el cilindro expulsor (C3) se encuentra en la posición de extendido, el brazo giratorio a la izquierda (BG0 activado) en la posición de carga/succión , existe pieza en el cargador detectada por el sensor SPC , la luz de reset se apagará de modo que el sistema queda a la espera de ser activado el pulsador de puesta en marcha PM, circunstancia esta que quedará indicada por el encendido intermitente de la luz de dicho pulsador (LPM) y el piloto P1 estará encendido (Si no se hubiera alcanzado el nivel máximo de descarga de piezas (6 u.) del alimentador de gravedad, esto es, no haya piezas en el cargador)

Durante esta operación de reseteo también se debe asegurar la posición de partida del brazo manipulador (Pinza sobre su punto de recogida de piezas)

(**) Por los condicionantes indicadas en la nota anterior (*) , en este momento se deberá activar uno de los tres pulsadores generadores de pieza PPA/PPR/PPM de modo que exista pieza en el cargador, siempre y cuando no se hubiera alcanzado el límite de alimentación máximo del cargador (6 piezas servidas = Cargador vacio), indicándose en el simulador la necesidad de realizar esta acción mediante el encendido intermitente de una luz magenta alargada situada junto a los mismos

Ciclo de funcionamiento básico

Tras haber sido alcanzada la posición inicial después del reseteo de la estación y una vez activado el pulsador de puesta en marcha PM (Siempre y cuando se detecte presencia de pieza en el cargador por el sensor SPC), introducidas al sistema mediante los oportunos pulsadores PPA,PPR y PPM, se encenderá el piloto P1, indicando que no es posible la alimentación de otra pieza hasta que el brazo manipulador retorne a su posición de partida tras haber trasladado la pieza que estaba en proceso y habiendo transcurrido al menos 2 segundos tras la alimentación (Carga de pieza), el sistema realiza el ciclo básico de funcionamiento de la siguiente forma:

- Activación de la ventosa (Vacio) para efectuar la succión de la pieza

- Tras ser detectada la correcta succión de la pieza por la señal VOK del vacuostato y trascurridos 2 segundos desde la carga de pieza, el brazo girará para situarse en la posición de descarga (BG1 Activado) a la derecha de la planta

- A los 2 segundos de haber alcanzado el brazo giratorio la posición de descarga se activará la señal de desactivación del vacio VOF, liberándose la pieza que quedará depositada en el punto de descarga

- Transcurridos dos segundos tras haber sido detectada pieza en el punto de descarga del brazo giratorio, la pinza bajará accionada por la salida del cilindro C2 (Eje Z) y su sensor óptico DPA detectará si la pieza es o no amarilla.

- A los tres segundos de haber llegado la pinza a su posición inferior(Tiempo de espera para asegurar la detección cromática) , el cilindro C2 se retraerá y según la característica cromática de la pieza asida (Amarilla/No amarilla), el cilindro C1 (Eje X) se desplazará hacia la derecha situando la pinza/pieza sobre el punto de admitidas (Amarillas) o rechazadas (Rojas/Metálicas)

- A los dos segundos de haber alcanzado la oportuna posición horizontal, el cilindro C2 saldrá de nuevo y al llegar a su posición de extendido la pinza abrirá para dejar la pieza. Trascurridos de nuevo otros 2 segundos desde que la pinza llegó a su posición inferior la pinza ascenderá y a partir de ese momento se producirá el retorno del sistema a la posición de partida sobre el punto de alimentación de piezas a la espera de que sea detectada nueva pieza en el punto de descarga del brazo giratorio

- Giro del brazo en sentido inverso (izquierdas) para situarse en el punto de carga (BG0 activado), encendiéndose en modo intermitente la luz LPM del pulsador de puesta en marcha, reproduciéndose por tanto la posición de partida a la espera de que sea activado de nuevo dicho pulsador que daría inicio a un nuevo ciclo de funcionamiento

- Posicionado del cilindro extractor C4 en la situación de extendido, tras ser activado PM , posibilitando la bajada de nueva pieza si la hubiera en el alimentador de gravedad (** Ver en página anterior)

- Al terminar el ciclo básico de funcionamiento se apagará el piloto P1, indicando que es posible la alimentación de nueva pieza, tras lo cual se activará en modo intermitente la luz LPM del pulsador de puesta en marcha indicando que debe ser activado para continuar el proceso

- Cuando exista pieza en la salida (Admisiones), detectándose esta circunstancia por el sensor SP, se encenderá en modo intermitente un piloto amarillo (PSP) que indicará tal hecho

III.17.2.- Descripción genérica del sistema

Elementos de control y señalización

La estación de alimentación-clasificación-manipulado dispone de un único panel de control como el reflejado en la figura

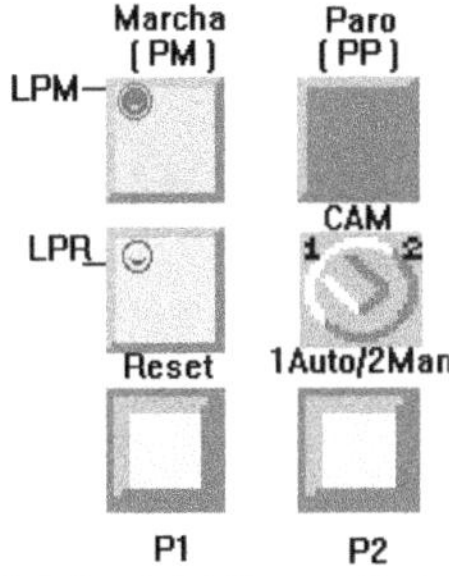

Imagen/Pantalla obtenida con el programa PCSimu © de Juan Luis Villanueva Montoto

- Pulsador (Verde) de puesta en marcha PM. Su activación Posibilita el funcionamiento del sistema tras el arranque general y reseteo del mismo . También su activación, cuando el sistema esté en modo paso/paso (Ver modos de trabajo), posibilitará avanzar por las diferentes fases de funcionamiento, a cada pulsación sobre el mismo

- Luz verde (LPM) que incorpora el pulsador de puesta en marcha. Permanecerá encendida en modo intermitente cuando el sistema está a la espera de ser activado el pulsador de puesta en marcha PM y haya entrado pieza (Sistema inactivo). Se apagará para indicar que el sistema está activo en cuanto haya sido activado este pulsador

- Pulsador de paro (PP). Su activación detendrá el sistema cuando este se encuentre funcionando en modo ciclo continuo (Automático). También sirve para anular el modo de trabajo paso/paso si es activado durante 3 segundos (Ver modos de trabajo)

- Pulsador de reset PRE, azul, Su activación tras el arranque general del sistema proporciona el reseteo del mismo, según se describió anteriormente y si su activación se mantiene durante 3 segundos, tras haberse realizado el reseto del sistema, posibilita el modo de trabajo paso/paso (Ver modos de trabajo)

- Conmutador automático/manual (CAM). Posibilita los modos de trabajo automático (Ciclo continuo) en su posición 1 Auto (CA) , o bien, el modo manual (Ciclo único) en su posición 2 Man (CM) (Ver modos de trabajo)

- Piloto P1, blanco. Se encenderá indicando que no está permitida la entrada de nueva pieza, por encontrarse el sistema procesando una pieza anterior. Por el contrario, si dicha lámpara se encontrara apagada, indicaría que si está permitida la entrada de nueva pieza.

- Piloto P2, también blanco. Se encenderá de forma intermitente para indicar que está seleccionado el modo de trabajo paso a paso

Elementos de trabajo

La estación dispone de los siguientes elementos de trabajo:

- Brazo giratorio neumático, en este caso regulado para 180º de giro, que proporciona el traslado de las piezas. Está gobernado por una electroválvula biestable que controla su giro a izquierdas BGI para ir a la posición de carga y derechas BGD para situarse en la de descarga. Está dotado de los oportunos finales de carrera que gobiernan esas posiciones.

  Este brazo se dota con una ventosa para sujeción de las piezas por aspiración/ vacio, de modo que su activación es gobernada por la señal VON y su desactivación por la señal VOF. El control de la correcta aspiración (sujeción) por vacio de la pieza es detectada por la emisión de la señal VOK de su vacuostato.

- Cilindro cargador (extractor) C4, que situado en su posición de extendido bajo la vertical del cargador de gravedad posibilita la precarga de pieza. Está controlado por una electroválvula monoestable C4+ , teniendo las posiciones extremas de su recorrido controladas por los f.c. c3.0 (cilindro retraido=posición cargador atrás) bajo la vertical del cargador y c3.1 (cilindro extendido=posición cargador adelante) pieza sacada

- Cilindro sin vástago C1, de doble efecto, que proporciona el movimiento horizontal (Eje X) del brazo manipulador. Está gobernado por dos electroválvulas monoestables 3/2 NC, C1+ que genera el movimiento hacia la derecha y C1+ que proporciona el movimiento hacia la izquierda para lograr el posicionamiento del mismo en tres lugares, detectados mediante los oportunos captadores de posición, en la izquierda c1.0 sobre el punto de alimentación de piezas (Punto de descarga del brazo giratorio), punto intermedio c1.2 sobre la posición de admitidas y en la derecha c1.1 sobre la posición de rechazos

- Cilindro de simple efecto C2, que proporciona el movimiento vertical (Eje Z) descendente C2+ de la pinza, estando gobernado por electroválvula monoestable 3/2 NC, teniendo las posiciones extremas de su recorrido, retraída/extendida, controladas por el respectivo captador de posición c2.0 pinza arriba y c2.1 pinza abajo

- Pinza neumática, cuyo movimiento de cierre se efectúa mediante cilindro de simple efecto C3, gobernado por electroválvula monoestable C3+. La pinza está dotada de detector óptico cromático DPA, calibrado para que detecte las piezas amarillas

Modos de trabajo

El sistema tendrá la posibilidad de funcionar según los siguientes modo de trabajo:

- *Ciclo continuo (Automático)*
- *Ciclo único (Manual)*
- *Paso a paso*

Estos modos de trabajo son seleccionables en el panel de control, descrito anteriormente, mediante la siguiente operativa:

Ciclo continuo (Auto). En este modo de trabajo el sistema estará funcionando ininterrumpidamente , deteniéndose únicamente si se activa el pulsador de paro PP. Para su establecimiento se procederá de la siguiente forma:

. Sistema en la posición de reposo/partida (El led verde LPM del pulsador de puesta en marcha PM se enciende y también se encenderá el piloto P1 indicando que no es posible la alimentación de nueva pieza)

. Conmutador CAM en la posición 1 Auto (CA)

. Activación del pulsador de puesta en marcha PM (El piloto P1 estará encendido señalizando que no es posible la alimentación/entrada de nueva pieza)

. Desarrollo del ciclo de funcionamiento descrito anteriormente, el piloto led LPM del pulsador de puesta en marcha se apagará para indicar que el proceso está en curso , manteniéndose encendido el piloto P1 indicando que no es posible la alimentación de nueva pieza

Ciclo único (Manual). En este modo de trabajo el sistema realizará un único ciclo de funcionamiento , quedando en la situación de espera al terminar el mismo. Para su establecimiento se procederá de la siguiente forma:

. Sistema en la posición de reposo/partida El led verde LPM del pulsador de puesta en marcha PM se enciende en modo intermitente

. Conmutador CAM en la posición 2 Man (CM)

. Activación del el pulsador de puesta en marcha PM. El piloto P1 estará encendido, señalizando que no es posible la alimentación de nueva pieza

. Desarrollo del ciclo de funcionamiento básico descrito anteriormente, el piloto led LPM del pulsador de puesta de puesta en marcha PM se apaga para indicar que el proceso está en curso y se enciende el piloto P1 indicando que no es posible la alimentación de pieza nueva

Al terminar el clico de funcionamiento se enciende el led LPM del pulsador de puesta en marcha PM, quedando el sistema en la situación de espera a que sea activado de nuevo ese pulsador, dando inicio otro nuevo ciclo o bien para que se efectué otra actuación en el panel de control, por ejemplo cambio del modo de trabajo

Paso a paso. En este modo de trabajo el sistema realizará una sola fase (estado) del proceso cada vez que se activa el pulsador de puesta en marcha PM, mediante la siguiente operatoria:

. Conmutador en posición 1 Auto (CA) o bien en 2 Man (CM)

. Tras la oportuna alimentación de pieza, activación del pulsador de reset PRE durante 3 segundos, encendiéndose en modo intermitente el piloto P2 para indicar que está activo el modo de trabajo Paso a Paso

. Activar el pulsador de marcha PM para ir avanzando paso a paso en la realización de las diferentes fases/estados del proceso de trabajo

La anulación del modo de trabajo paso/paso se logra cuando se activa durante 3 segundos el pulsador de paro PP. Se apagará el piloto P2 indicando que el modo de trabajo paso a paso no está activo y se encenderá el piloto/led del pulsador de puesta en marcha PM señalizando que el sistema está listo para operar bien en modo automático (ciclo continuo) o en modo manual (ciclo único) según esté situado el conmutador Auto/Man CAM (CA ò CM) tras la alimentación de pieza

III.17.3 .- Items a obtener

Se pretende obtener:

a) Análisis de funcionamiento (Gráfico de estados/Señales de cambio/Elementos a controlar)

b) Tabla de estados de funcionamiento del sistema, con sus correspondientes señales activadoras (S) y anuladoras (R) y los elementos a gobernar en cada uno de ellos Ecuaciones de mando

c) Programa (Diagrama de contactos) para autómata programable PLC que controle el sistema, según el direccionamiento indicado en la tabla de correspondencias (Ver hojas siguientes)

d) Implementación del sistema y su control en un simulador escada

TABLA DE CORRESPONDENCIAS. *Ver continuación en hoja siguiente*				
	DENOMINACIÓN	*IDENTIFI*	*Dir. S7 200*	*OBSERVACIONES*
	RECOGIDA PIEZA EN ALIMENTACIÓN	E2	M0.2	*Estado de la fase manipulación*
	DESPLAZAMIENTO A RAMPA ADMITIDAS	E3	M0.3	"
	DESPLAZAMIENT A RAMPA RECHAZADAS	E4	M0.4	"
	BAJAR/DEJAR PIEZA	E5	M0.5	"
	POSICIÓN PARTIDA	E6	M0.6	"
	ESPERA GENERAL	E20	M2.0	*Estado de la fase alimentación*
	RESETEO POSICIÓN INICIAL	E21	M2.1	"
	ESPERA ACTIVACION PM EN POS. INICIAL	E22	M2.2	"
	ENTRADA Y SUCCIÓN PIEZA	E23	M2.3	"
	ROTACIÓN B. GIRATORIO A DESCARGA	E24	M2.4	*Sensor reed. Brazo manipulador*
	SOLTADO Y RECARGA PIEZA	E25	M2.5	*Estado de la fase alimentación*
	ROTACIÓN BRAZO GIRATORIO A CARGA	E26	M2.6	*Estado de la fase alimentación*
	MEMORIZACIÓN PARO	MP1	M1.1.	*Estado auxiliar*
	PASO A PASO. Modo de trabajo	E71	M7.1	*Estado auxiliar*

TABLA DE CORRESPONDENCIAS. *Continuación*

DENOMINACIÓN	IDENTIFI	Dir. S7 200	OBSERVACIONES
DetectorEje X, pos izquierda.Pos. partida	c10	I0.1	*Sensor reed. Brazo manipulador*
Detector Eje X, pos intermedia Pos. admitida	c12	I0.2	*Sensor reed. Brazo manipulador*
Detector Eje X, pos derecha. Pos. rechazada	c11	I0.3	*Sensor reed. Brazo manipulador*
Detector Eje Z, pos superior. Pos. partida	c20	I0.4	*Sensor reed. Brazo manipulador*
Detector Eje Z, pos inferior	c21	I0.5	*Sensor reed. Brazo manipulador*
Detector piezas amarillas	DPA	I0.6	*Sensor óptico cromático . Braz. Manip.*
Detección pieza	SP	I0.7	*Sensor capacitivo*
Captador pos. cargador atrás (Extendido)	c30	I3.0	*Pos. bajo alimentación cargador*
Captador pos. cargador adelante (Contraído)	c31	I3.1	*Pos. pieza sacada*
Señal vacuostato activo	VOK	I3.2	
F.c. brazo giratorio pos. carga	BG0	I3.3	
F.c. brazo giratorio pos. descarga	BG1	I3.4	
Sensor salida pieza	SP1	I3.5	*Sensor capacitivo*
Sensor pieza en cargador	SPC	I3.6	*Sensor barrera*
Pulsador puesta en marcha	PM	I4.0	
Pulsador paro	PP	I4.1	
Pulsador reset	PRE	I4.2	
Conmutador automático-manual. Pos. 1	CA	I4.3	Automático (Auto)
Conmutador automático-manual. Pos 2	CM	I4.4	Manual (Man)
Pulsador Pieza Amarilla	PPA	I4.5	
Pulsador Pieza Roja	PPR	I4.6	
Pulsador Pieza Metálica	PPM	I4.7	
Pulsador reset contador	PRC	I5.0	*Necesidad simulación*
C1+. Eje X, derechas	Y0	Q0.0	*Desplazamiento brazo manip. a derechas*
C1-. Eje X,izquierdas	Y1	Q0.1	*Desplazamiento brazo manip. a izquierdas*
C2+ Eje Y, bajar	Y2	Q0.2	*Bajada pinza*
C3+ Cerrar pinza	Y3	Q0.3	
Piloto indicador pieza en salida (Admisiones)	PSP	Q1.3	
Giro brazo a posición de carga	BGI	Q3.2	
Giro brazo a posición de descarga	BGD	Q3.3	
C4+ Cilindro cargador	Y4	Q3.4	Sacar pieza de alimentador
Ventosa vacio ON. Activación	VON	Q3.5	
Ventosa vacio OF. Desactivación	VOF	Q3.6	
Luz puesta en marcha	LPM	Q4.0	*Led verde*
Luz Reset	LRE	Q4.1	*Led azul*
Indicador no permitida entrada de nueva pieza	P1	Q4.2	*Piloto luz blanca*
Indicador modo de trabajo paso paso activado	P2	Q4.3	*Piloto luz blanca*
Pieza amarilla	PA	Q4.4	*Objeto escada*
Pieza roja	PR	Q4.5	*Objeto escada*
Pieza metálica	PME	Q4.6	*Objeto escada*
Aviso alimentación pieza (Luz magenta)	APP	Q4.7	*Necesidad limitación sofw.*
Aviso cargador vacio	CV	Q5.0	*Necesidad simulación*
Temporización tras alimentación pieza	TON1	T101	*TON (2 s.). Transición E25/E2*
Temporizac. tras identificación/recogida pieza	TON2	T102	*TON (3s.) Transición E2/E2-E4*
Temporización tras situación sobre rampas	TON3	T103	*TON (2 s.) Transición E3-E4/E5*
Temporización. tras dejar pieza (*) *TON (2s)*	TON4	T104	*(*) Previa búsqueda pos. de partida E5/E6*
Temporiz. tras alimentación pieza	TON7	T107	*TON (2s.) Transición E22/E23*
Temporiz. tras carga pieza	TON8	T108	*TON (2s.) Transición E23/E24*
Temporiz. tras situación brazo g. en descarga	TON9	T109	*TON (2s.) Transición E24/E25*
Temporiz. pulsación reset activa. Paso paso	TON51	T151	*TON (3s)*
Temporiz. pulsación paro anula. Paso paso	TON61	T161	*TON (3s)*
Contador decremental nº piezas cargador	CPC	C1	*6 Eventos. Necesidad simulación*

III.17.3.1.- Análisis de funcionamiento

a) Análisis de funcionamiento (Gráfico de estados/Señales de cambio/Elementos a controlar)

Incorporando las peculiaridades completas del sistema y sus diferentes modos de trabajo, el gráfico completo de estados sería (Ver pag. siguiente):

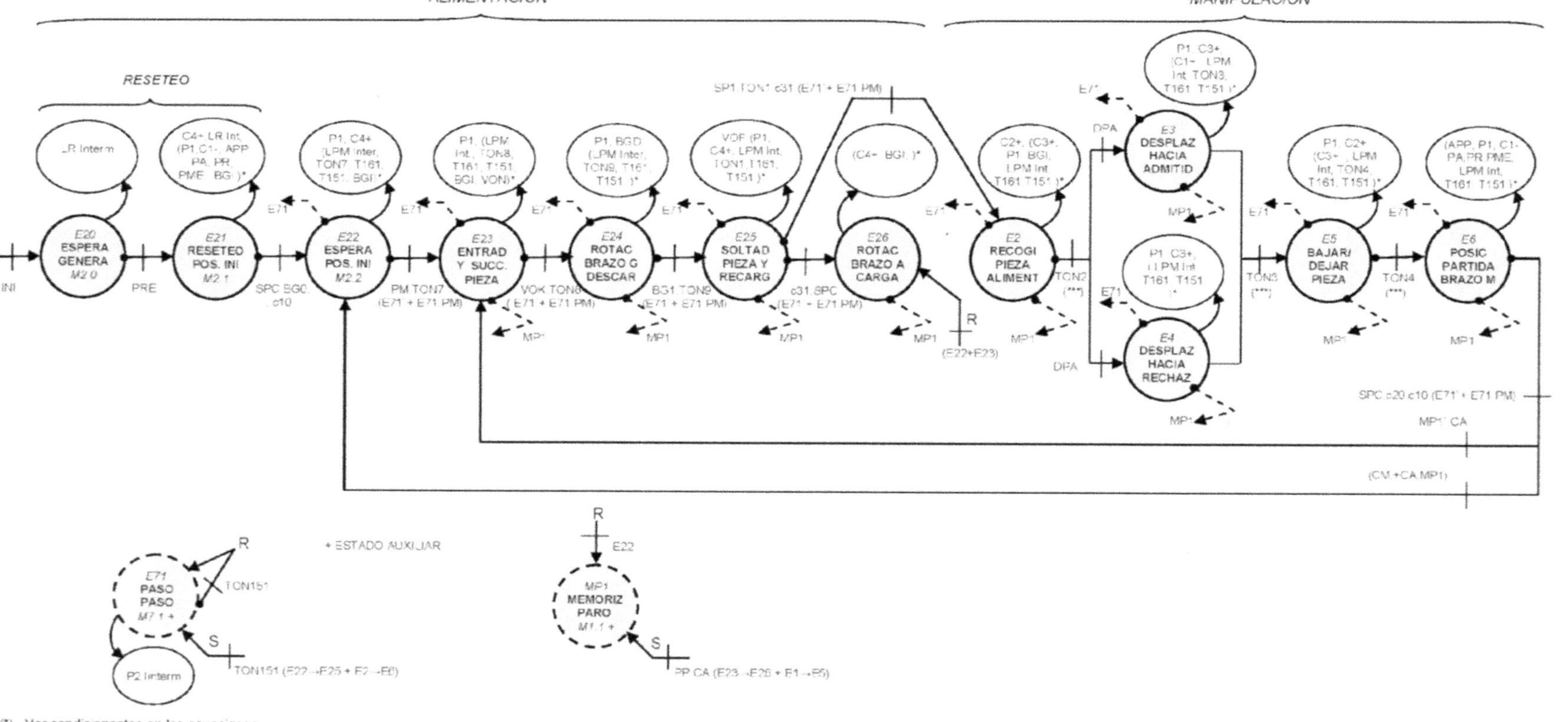

(*) Ver condicionantes en las ecuaciones

(**) Los estados auxiliares MP1 y E71, establecido el primero para la memorización de la activación de la señal de paro y el segundo para el establecimiento del modo de trabajo paso a paso, se configuran para que no sigan la regla general de anular al estado anterior, pues su existencia no sigue la dinámica secuencial genérica establecida para los estados funcionales normales, siendo cada uno de ellos un biestable con su correspondiente señal activadora y anuladora sin mas dependencias, con los únicos efectos de memorización de la señal correspondiente (Paro y Paso-Paso)

(***) E71' + E71.PM

III. 17.3.2.- Tabla de estados. Señales activadoras, anuladoras y elementos a gobernar. Ecuaciones de estado

b) Tabla de estados . Señales activadoras (S) y anuladoras (R), elementos a gobernar y ecuaciones de mando

Ver tabla en pag. siguiente

Estado	Descripción	Biestable	Señal activadora (S)	Señal anuladora (R)	Receptor a activar
E20	Espera general	M2.0	S_{NI}	E21	LR Intermitente
E21	Reseteo posición inicial	M2.1	E20.PRE	E22	LR Intermitente C4+ APP si SPC'.CPC'.(PA'+PR'+PME') PA si PPA.c31CPC' = 1 PR si PPR.c31.CPC' = 1 PME si PME.c31.CPC' = 1 P1 si SPC = 1 BGI si SPC = 1 C1+ si c10.c20 = 1
E22	Espera en posición inicial	M2.2	(E21.BG0 + E6.(CM + CA.MP1).(E71'+E71.PM)). c10.c20.SPC	E23	P1 C4+ BGI si BG1 = 1 TON7 si SPC = 1 TON161(3s) si PP=1 TON151(3s) si PRE = 1 LPM
E23	Entrada y succión de pieza	M2.3	(E22.PM.TON7 + E6.c10.c20.SPC.MP1'.CA).(E71'+ E71.PM)	E24	P1 BGI si BG1 = 1 VON si c31 = 1 TON8 (ON 2s) si c31=1 TON161(3s) si PP=1 TON151(3s) si PRE = 1 LPM Inter si E71.TON8=1.
E24	Rotación brazo giratorio hacia descarga	M2.4	E23.VOK.TON8.(E71'+ E7.PM)	E25	P1 BGD TON9 (ON 2s) si BGD=1 TON161(3s) si PP=1 TON151(3s) si PRE = 1 LPM Inter si E71.BGD=1
E25	Soltado y recarga de pieza	M2.5	E24.BG1.TON9.(E71'+ E71.PM)	E2	C4+ VOF LPM si E71.SP1=1 Intermi. TON161(3s) si PP=1 TON151(3s) si PRE = 1 P1 TON1 (2 s) si SP1 = 1
E26	Rotación brazo giratorio hacia carga	M2.6	E25.c31. (E71' + E71.PM)	E22+E23	C4+ BGI si SPC = 1
E2	Recogida pieza en alimentación	M0.2	E25.SP1.c31.TON1.(E71'+ E71.PM)	E3+E4	P1 C3+ C2+ LPM si E71.c21=1 Intermi. TON161(3s) si PP=1 TON151(3s) si PRE = 1
E3	Desplazamiento hacia rampa admitidas	M0.3	E2.DPA.TON2.(E71'+ E71.PM)	E5	P1 C3+ C1+ si c12.c20 = 1 LPM si E71.c12=1 Intermi. TON161(3s) si PP=1 TON151(3s) si PRE = 1 TON3 (2s) si c12 = 1
E4	Desplazamiento hacia rampa admitidas	M0.4	E2.DPA'.TON3.(E71'+ E71.PM)	E5	P1 C3+ si c21 = 1 LPM si E71.c12 =1 Intermi. TON161(3s) si PP=1 TON151(3s) si PRE = 1
E5	Bajar / Dejar pieza	M0.5	(E3 + E4).TON2.(E71'+ E71.PM)	E6	P1 C3+(Y4) BGI Si SPC = 1 LPM si E71.BG0=1 Intermi. TON161(3s) si PP=1 TON151(3s) si PRE = 1 TON4 (2s) si c21 = 1
E6	Posición partida	M0.6	E5.TON4.(E71'+ E71.PM)	E22 + E23	P1 si c10 = 1 C1- si c10'.c20 = 1 LPM si E71.c10 =1 Intermi. TON161(3s) si PP=1 TON151(3s) si PRE = 1 APP si c10.SPC'.CPC'.(PA'+PR'+PME') PA si PPA.c31CPC' = 1 PR si PPR.c31.CPC' = 1 PME si PME.c31.CPC' = 1
E71	Paso-Paso *Estado auxiliar*	M7.1	(E22→E25 + E2→E6).TON51	E71.TON61	P2 intermitente
MP1	Memorización paro *Estado auxiliar*	M1.1	(E23→E26 + E2→E5) PP	E22	-----------

Pudiéndose establecer las siguientes ecuaciones de mando de los estados (*):

El bit de inicialización (S_{INI}) se implementa mediante el bit específico SM0.1 (Siemens) que se activa únicamente en el primer ciclo de escan, S_{INI} = SM0.1

E20 → M2.0 = (M2.0 + S_{INI}).E21`

E21 → M2.1 = (M2.1 + E20.PRE).E22`

E22 → M2.2 = (M2.2 +E21.BG0 + E6.c10.c20.SPC.(CM+CA.MP1.(E71`+E71.PM)) E23`

E23 → M2.3 = (M2.3 + E22.PM.TON7+ .E6.CA.MP1`.SPC.c10.c20.(E71`+ E71.PM)). E24`

E24 → M2.4 = (M2.4 + E23.VOK.TON8.(E71`+ E71.PM)).E25`

E25 → M2.5 = (M2.5 + E24.BG1.TON9.(E71`+E71.PM)).E2`

E26 → M2.6 = (M2.6 + E25.c31.(E71`+E71.PM)).(E22 + E23)`

E2 → M0.2 = (M0.2 + E25.SP1.c31.TON1.(E71`+ E71.PM)).(E3 + E4)`

E3 → M0.3 = (M0.3 + E2.DPP.TON2.(E71`+ E71.PM)).E5`

E4 → M0.4 = (M0.4 + E2.DPA´.TON2.(E71`+ E71.PM)). E5`

E5 → M0.5 = (M0.5 +(E3 + E4).TON3.(E71`+ E71.PM)).E6`

E6 → M0.6 = (M0.6 + E5.TON4.(E71`+ E71.PM)).(E22 + E23)`

E71 → M7.1 = (M7.1 + (E22→E25 + E2→E6).TON51)).(E71.TON61)` (Estado auxiliar)

MP1 →M1.1 = (M1.1 + PP.(E23→E26 + E2→E5)).E22` (Estado auxiliar)

Las ecuaciones de mando de los receptores a activar serían:

- LR = (E20 + E21).SM0.5
- PA = (E21+ E6.c20.c10).PPA.c31.CPC` (Objeto escada)
- PR = (E21+ E6.c20.c10.).PPR.c31.CPC` (Objeto escada)
- PME = (E21+ E6.c20.c10).PPM.c31.CPC` (Objeto escada)
- P1 = E21.SPC + E22→E25 + E2→E5 + E6.c10
- C4+ = E21 + E22 + E25 + E26`
- BGI = (E21+E26).SPC + (E22+E23).BG1
- P2 = SM0.5.E71
- VON = E23.c31
- BGD = E24
- VOF = E25
- C1- = E2.c10. c20 + E6.c10`.c20

- TON1 (2 s) = E25.SP1
- TON2 (2 s) = E2.c21
- TON3 (2 s) = E3.c12 + E4.c11
- TON4 (2 s) = E5.c21
- TON7 (2 s) = E22.SPC
- TON8 (2 s) = E23.c30
- TON9 (2 s) = E24.BGD
- TON51 (3 s) = (E22→ E25+E2→E6).PRE
- TON61 (3 s) = (E22 → E25+E2→E6).PP

- C2+ = E2 + E5

- C3+ = E2.c21 + E3 + E4+ E5.c21`

- C1+ = E3.c12. c20 + E4.c11

- LPM = ((E22 + E71.(E22.c31+E23.TON8+E24.BGD+E25.SP1+E2.c21+E3.c12+E4.c11+E5.c21+E6.c10)).SM0.5

III.17.3.3.- Programa (Diagrama de contactos) para PLC

c) Diagrama de contactos

Mediante el análisis grafico y las ecuaciones de mando obtenidas, podemos elaborar el programa de control (Diagrama de contactos) del sistema para ser gobernado por PLC, para lo cual se establece la siguiente tabla de símbolos (Ver páginas siguientes):

Símbolo	Dirección	Comentario
e10	I0.1	Detector reed (Eje X, pos. izquierda). Pos. partida
e12	I0.2	Detector reed (Eje X, pos. iintermedia) Pos. admitidas
e11	I0.3	Detector reed (Eje X, pos. iderecha) Pos. rechazadas
e20	I0.4	Detector reed (Eje Z pos. superor). Pos. partida
e21	I0.5	Detector reed (Eje Z pos. inferior)
DPA	I0.6	Detector óptico-crómatico amarillo (Detección piezas amarillas)
SP	I0.7	Detección pieza. Detector capacitivo
e30	I3.0	Captador pos. cargador atras (Extendido). Pos. bajo alimentación cargador
e31	I3.1	Captador pos. cargador adelante (Contraido). Pos. pieza sacada
VOK	I3.2	Señal vacuestato activo
BG0	I3.3	F.C. brazo giratorio pos. carga
BG1	I3.4	F.C. brazo giratorio pos. descarga
SP1	I3.5	Sensor salida pieza (Capacitivo)
SPC	I3.6	Sensor pieza en cargador (Barrera)
PM	I4.0	Pulsador puesta en marcha
PP	I4.1	Pulsador paro
PRE	I4.2	Pulsador reset
CA	I4.3	Conmutador automatico-manual . Pos 1. Auto.
CM	I4.4	Conmutador aurtomatico-manual. Pos 2. Man.
PPA	I4.5	Pulsador pieza amarilla
PPR	I4.6	Pulsador pieza roja
PPM	I4.7	Pulsador pieza metalica
PRC	I5.0	Pulsdador reset contador. Necesidad simulación
Y0	Q0.0	Desplazamiento brazo a derechas C1+ (Eje X derechas)
Y1	Q0.1	Desplazamiento brazo a izquierdas C1- (Eje X izquierdas)
Y2	Q0.2	Bajada pinza C2+ (Eje Y, bajar)
Y3	Q0.3	Cerrar pinza C3+
PSP	Q1.3	Piloto indicador pieza en salida (Admisiones)
BGI	Q3.2	Giro brazo a posición carga
BGD	Q3.3	Giro brazo a posición descarga
Y4	Q3.4	Cilindro cargador C4 (Sacar pieza del alimentador)
VON	Q3.5	Ventosa vacio ON, activación
VOF	Q3.6	Ventosa vacio OF, desactivación
LPM	Q4.0	Luz puesta en marcha (Verde)
LR	Q4.1	Luz reset (Azul)
P1	Q4.2	Piloto luz blanca indicador no permitida entrada de nueva pieza
P2	Q4.3	Piloto luz blanca indicador modo de trabajo paso paso activado
PA	Q4.4	Pieza amarilla
PR	Q4.5	Pieza roja
PME	Q4.6	Pieza metálica
APP	Q4.7	Aviso alimentación pieza (Luz magenta alargada). Necesidad limitacion sofw
CV	Q5.0	Aviso cargador vacio
E2	M0.2	RECOGIDA PIEZA EN ALIMENTACIÓN
E3	M0.3	DESPLAZAMIENTO HACIA (SOBRE) RAMPA ADMITIDAS
E4	M0.4	DESPLAZAMIENTO HACIA (SOBRE) RAMPA RECHAZADAS
E5	M0.5	BAJAR/DEJAR PIEZA
E6	M0.6	POSICIÓN PARTIDA
E20	M2.0	ESPERA GENERAL
E21	M2.1	RESETEO POSICIÒN INICIAL
E22	M2.2	ESPERA A PM EN POSICIÓN INICIAL
E23	M2.3	ENTRADA Y SUCCIÓN PIEZA
E24	M2.4	ROTACIÓN BRAZO GIRATORIO A CARGA
E25	M2.5	SOLTADO Y RECARGA DE PIEZA
E26	M2.6	ROTACIÓN BRAZO GIRATORIO A CARGA
E71	M7.1	PASO PASO,modo de trabajoi (Estado auxiliar)
MP1	M1.1	MEMORIZACIÓN PARO (Estado auxiliar)
TON1	T101	Temporización transición E25/E2, tras alimentación pieza (2 s)
TON2	T102	Temporización transición E2/E3-E4, tras identificación/recogida pieza (3 s)
TON3	T103	Temporización transición E3-E4/E5, tras situacion sobre rampas (2s)
TON4	T104	Temp tras dejar pieza previa a búsqueda posición partida (2s). Trans. E5/E6
TON7	T107	Temporización transición E22/E23 tras prealimentación pieza (2 s.)
TON8	T108	Temporización transición E23/E24 tras carga pieza (2 s.)
TON9	T109	Temporización transición E24/E25 tras situacion brazo g. en descarga (2 s.)
TON51	T151	Temporización pulsación Reset, activación Paso-Paso (3 s.)
TON61	T161	Temporización pulsación Paro, anulación Paso-Paso (3 s.)
CPC	C1	Contador decremental (6 eventos) nº piezas cargador. Necesidad simulacion

Imagen/Pantalla obtenida con el programa Step 7. MicroWin V4. Siemens

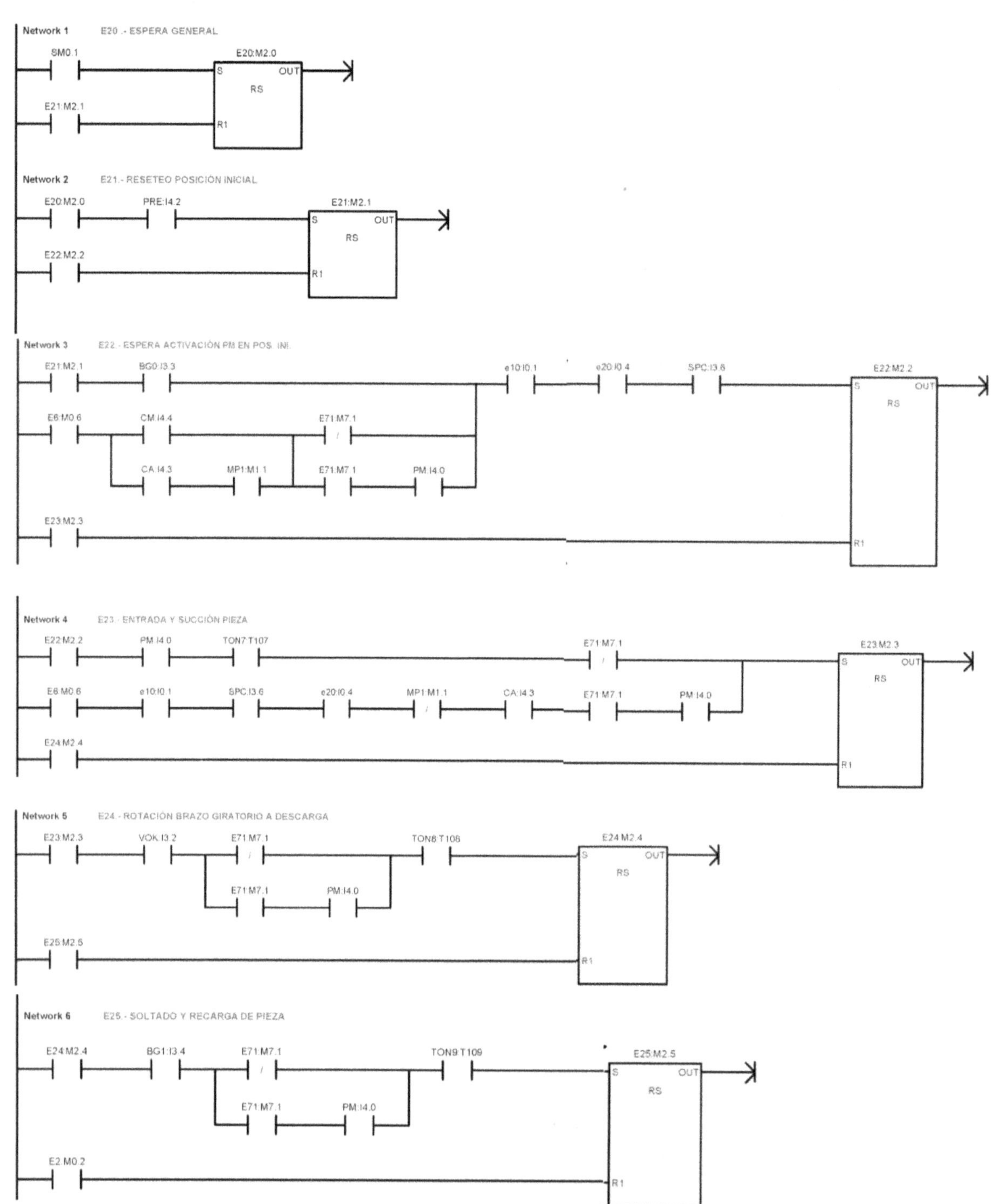

Imagen/Pantalla obtenida con el programa Step 7. MicroWin V4. Siemens ©

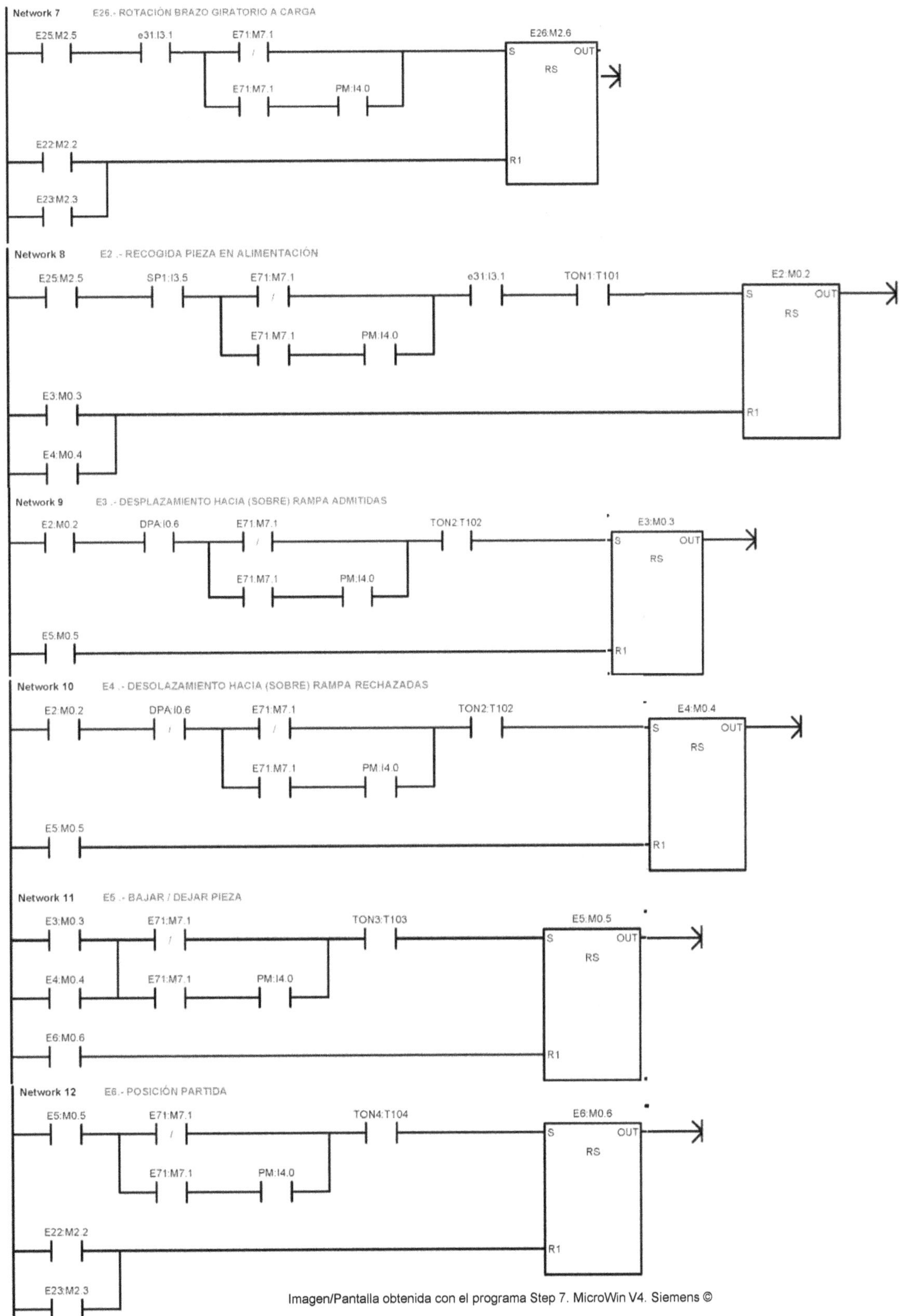

Imagen/Pantalla obtenida con el programa Step 7. MicroWin V4. Siemens ©

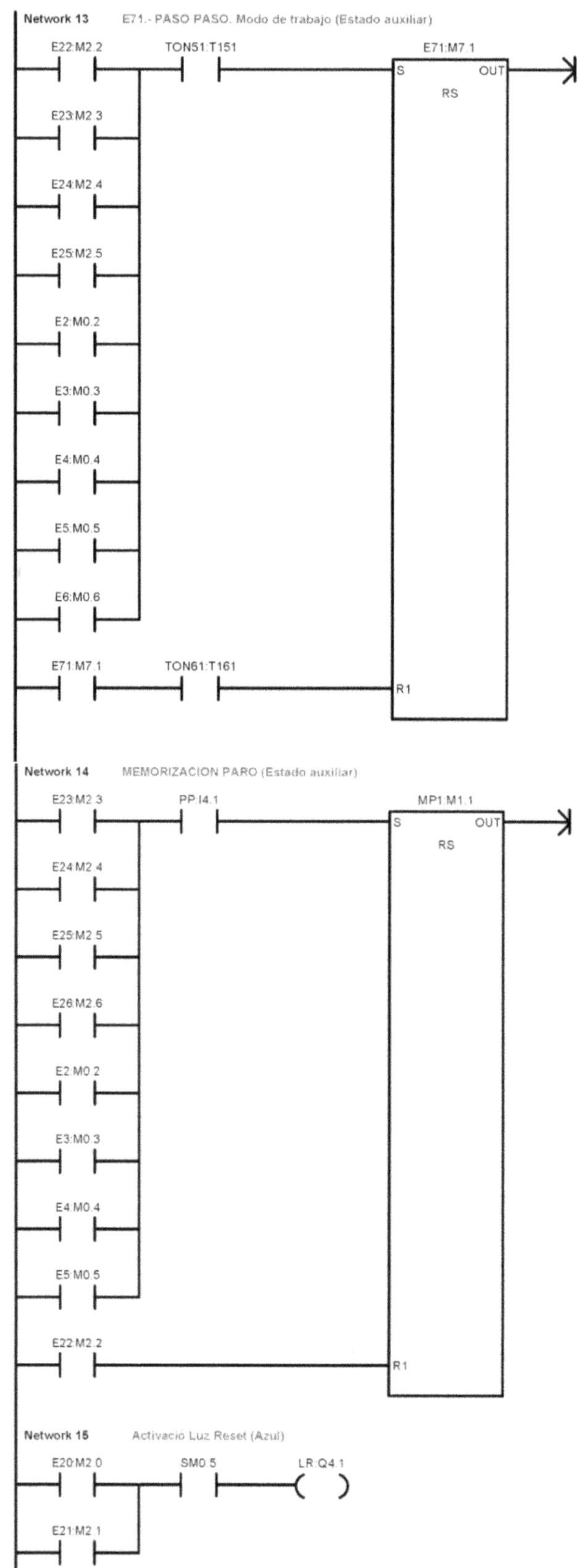

Imagen/Pantalla obtenida con el programa Step 7. MicroWin V4. Siemens ©

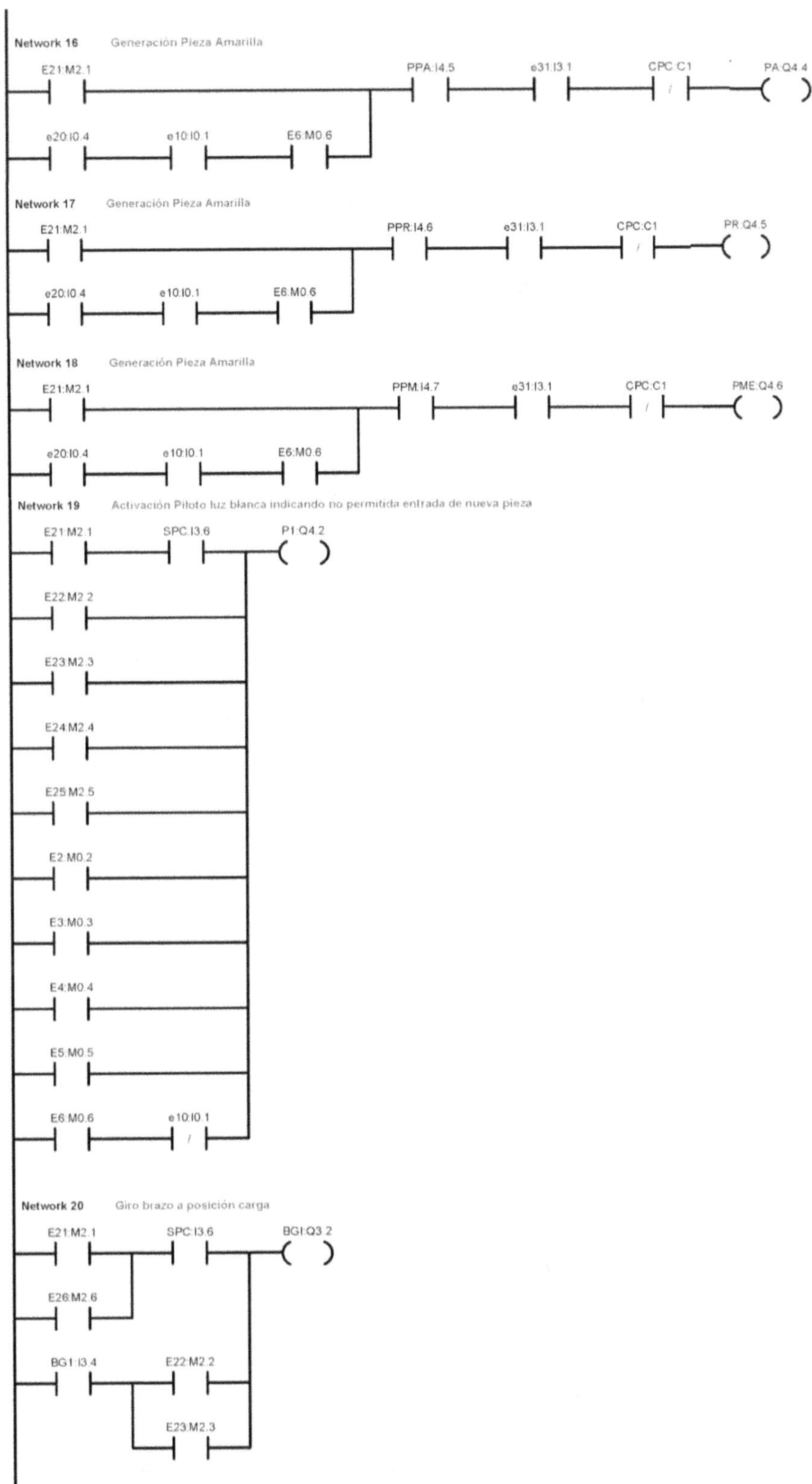

Imagen/Pantalla obtenida con el programa Step 7. MicroWin V4. Siemens ©

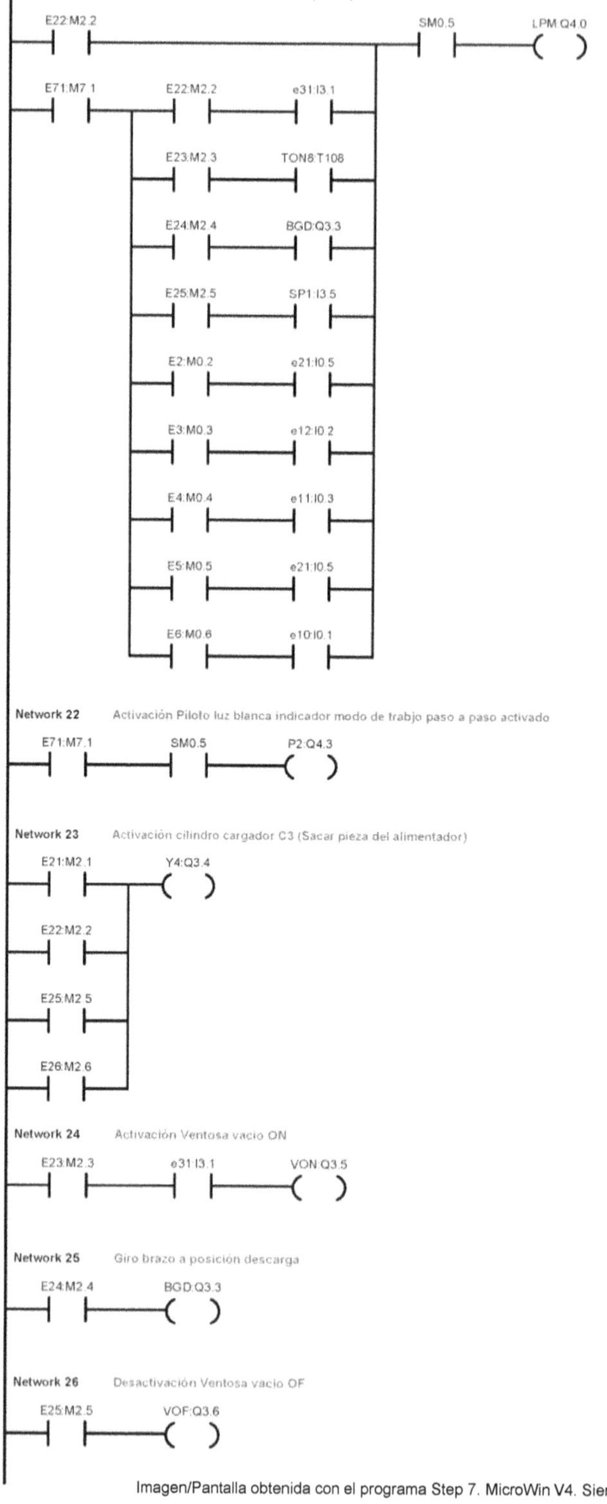

Network 21 Activación Luz Puesta en Marcha (Verde)

E22:M2.2 SM0.5 LPM:Q4.0
E71:M7.1 E22:M2.2 e31:I3.1
E23:M2.3 TON6:T108
E24:M2.4 BGD:Q3.3
E25:M2.5 SP1:I3.5
E2:M0.2 e21:I0.5
E3:M0.3 e12:I0.2
E4:M0.4 e11:I0.3
E5:M0.5 e21:I0.5
E6:M0.6 e10:I0.1

Network 22 Activación Piloto luz blanca indicador modo de trabjo paso a paso activado

E71:M7.1 SM0.5 P2:Q4.3

Network 23 Activación cilindro cargador C3 (Sacar pieza del alimentador)

E21:M2.1 Y4:Q3.4
E22:M2.2
E25:M2.5
E26:M2.6

Network 24 Activación Ventosa vacio ON

E23:M2.3 e31:I3.1 VON:Q3.5

Network 25 Giro brazo a posición descarga

E24:M2.4 BGD:Q3.3

Network 26 Desactivación Ventosa vacio OF

E25:M2.5 VOF:Q3.6

Imagen/Pantalla obtenida con el programa Step 7. MicroWin V4. Siemens ©

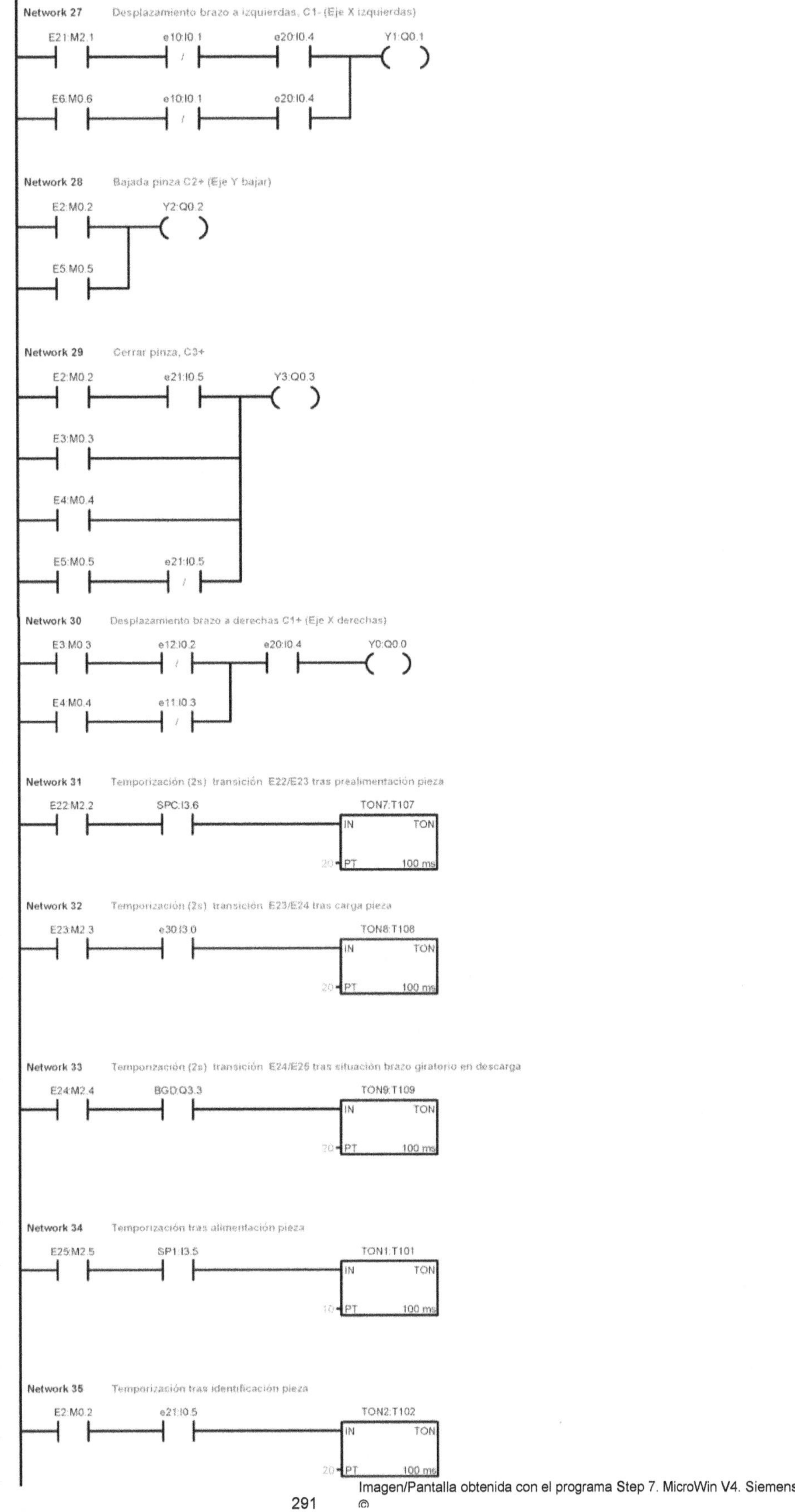
Network 27
Desplazamiento brazo a izquierdas, C1- (Eje X izquierdas)
E21:M2.1
e10:I0.1
e20:I0.4
Y1:Q0.1
E6:M0.6
e10:I0.1
e20:I0.4
Network 28
Bajada pinza C2+ (Eje Y bajar)
E2:M0.2
Y2:Q0.2
E5:M0.5
Network 29
Cerrar pinza, C3+
E2:M0.2
e21:I0.5
Y3:Q0.3
E3:M0.3
E4:M0.4
E5:M0.5
e21:I0.5
Network 30
Desplazamiento brazo a derechas C1+ (Eje X derechas)
E3:M0.3
e12:I0.2
e20:I0.4
Y0:Q0.0
E4:M0.4
e11:I0.3
Network 31
Temporización (2s) transición E22/E23 tras prealimentación pieza
E22:M2.2
SPC:I3.6
TON7:T107
IN
TON
20
PT
100 ms
Network 32
Temporización (2s) transición E23/E24 tras carga pieza
E23:M2.3
e30:I3.0
TON8:T108
IN
TON
20
PT
100 ms
Network 33
Temporización (2s) transición E24/E25 tras situación brazo giratorio en descarga
E24:M2.4
BGD:Q3.3
TON9:T109
IN
TON
20
PT
100 ms
Network 34
Temporización tras alimentación pieza
E25:M2.5
SP1:I3.5
TON1:T101
IN
TON
10
PT
100 ms
Network 35
Temporización tras identificación pieza
E2:M0.2
e21:I0.5
TON2:T102
IN
TON
20
PT
100 ms

Imagen/Pantalla obtenida con el programa Step 7. MicroWin V4. Siemens ©

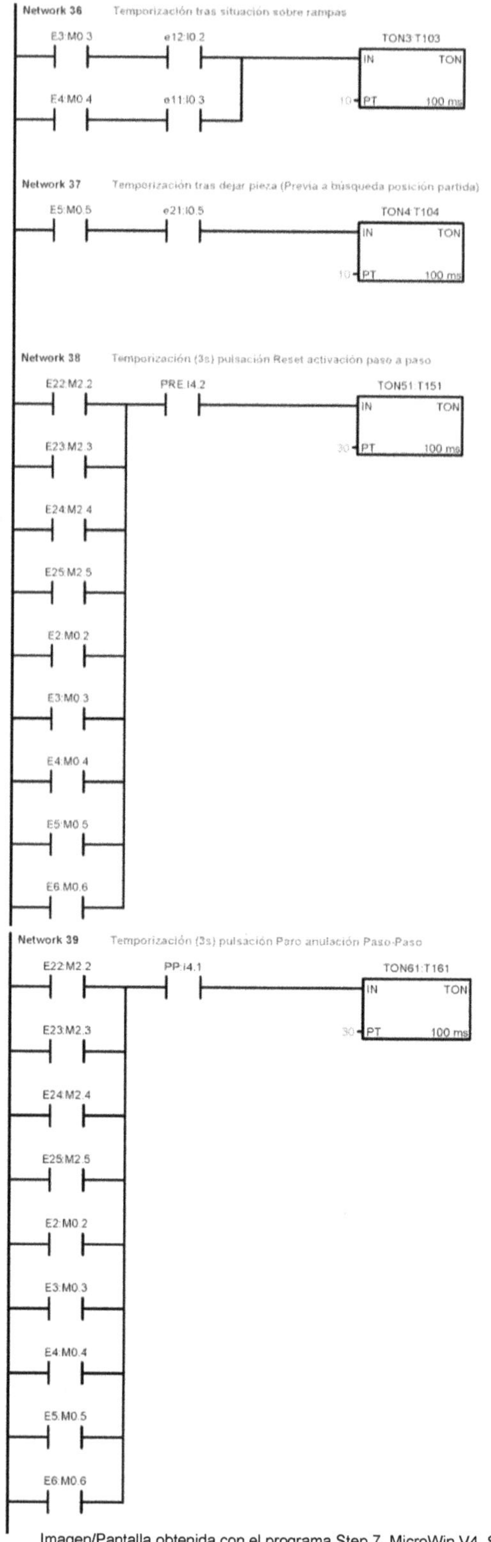

Imagen/Pantalla obtenida con el programa Step 7. MicroWin V4. Siemens ©

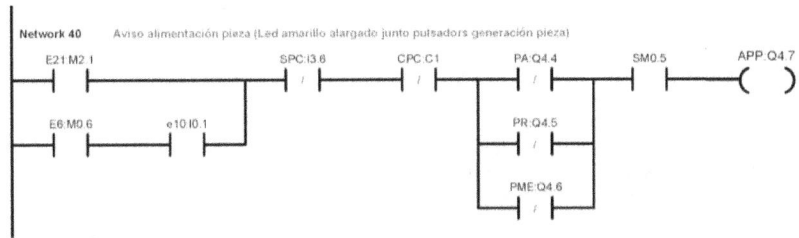

Imagen/Pantalla obtenida con el programa Step 7. MicroWin V4. Siemens ©

III.17.3.4.- Implementación del sistema y su control en un simulador escada

a) Implementación del sistema y su control en un simulador escada

En el link (www.lulu.com/spotlight/automatizacion_fundamentada) de la pagina de autor destacado editorial Lulu, donde se publican los libros I, II y III de Automatización Fundamentada se pueden encontrar, tanto individual como conjuntamente con los de otros proyectos, los siguientes archivos

.Archivo "estacionconjuntalimentamanipulaAFIIIprotg.sim"para el escada PCsimu que recrea el sistema del proyecto

.- Archivo "estaconjuntaAFIII".cfg para el emulador del autómata virtual S7 200 (CPU 226 + EM 222)"

.-Videos "estacionconjuntalimentamanipulaAFIIIvideo1.avi" del modo de trabajo automático, "estacionconjuntalimentamanipulaAFIIIvideo2.avi" del modo de trabajo manual y "estacionconjuntalimentamanipulaAFIIIvideo3.avi" del modo de trabajo paso-paso que recoge el funcionamiento del sistema mediante la solución elaborada utilizando PCSimu

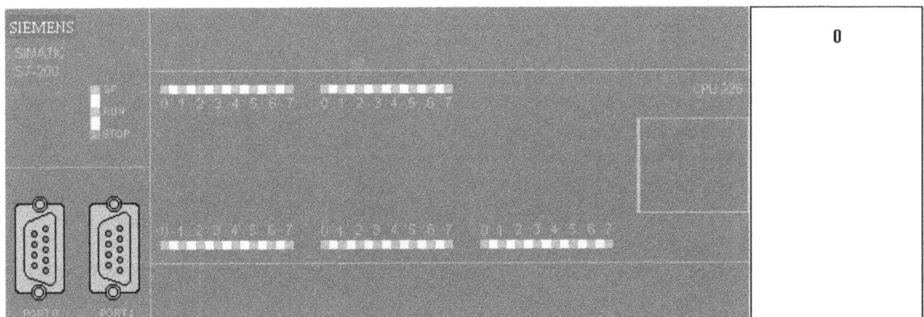

Imagen/Pantalla obtenida con el programa Emulador S7 200 © de Juan Luis Villanueva Montoto

Detalle de la CPU 226 que con el módulo de expansión EM222, proporcionaría 24E/24 S (Sería preciso redireccionar las entradas/salidas recogidas en la tabla de direcciones/equivalencias).

Para facilitar la simulación, su seguimiento y en concreto la alimentación de piezas se dota a la simulación de leds (Magentas) que en modo intermitente irán activándose según el estado de funcionamiento en que se encuentre el sistema. También se incorpora otro led alargado (Magenta) situado junto a la botonera para la generación de piezas, que funcionando en modo intermitente indicará la necesidad de pulsar uno de ellos para que aparezca una nueva pieza

Pantalla posición de partida (Video "estacionalimentamanipulaAFIII video 1 AUTO")

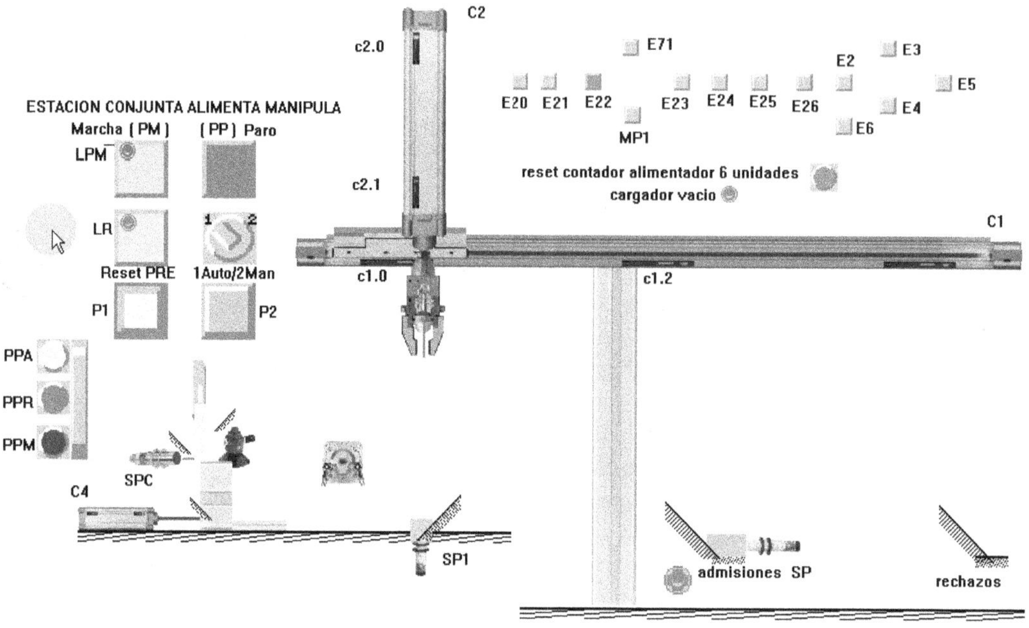

Pantalla alimentación descarga (Video "estacionalimentamanipulaAFIII video 1 AUTO")

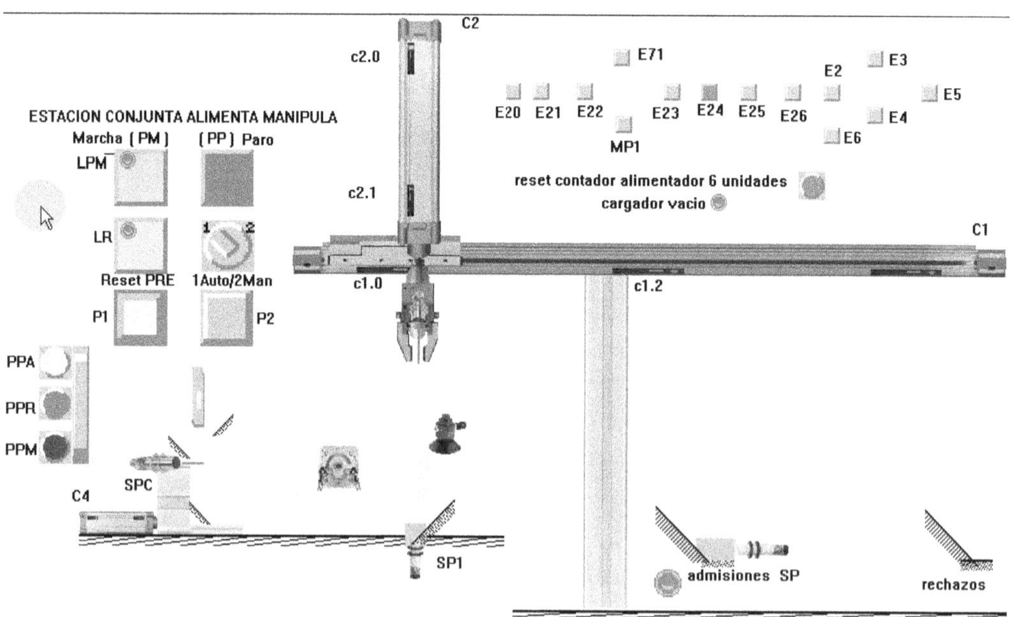

Imagenes/Pantallas obtenidas con el programa PCSimu © de Juan Luis Villanueva Montoto

Pantalla recogida pieza en alimentación (Video "estacionalimentamanipulaAFIII video 1 AUTO ")

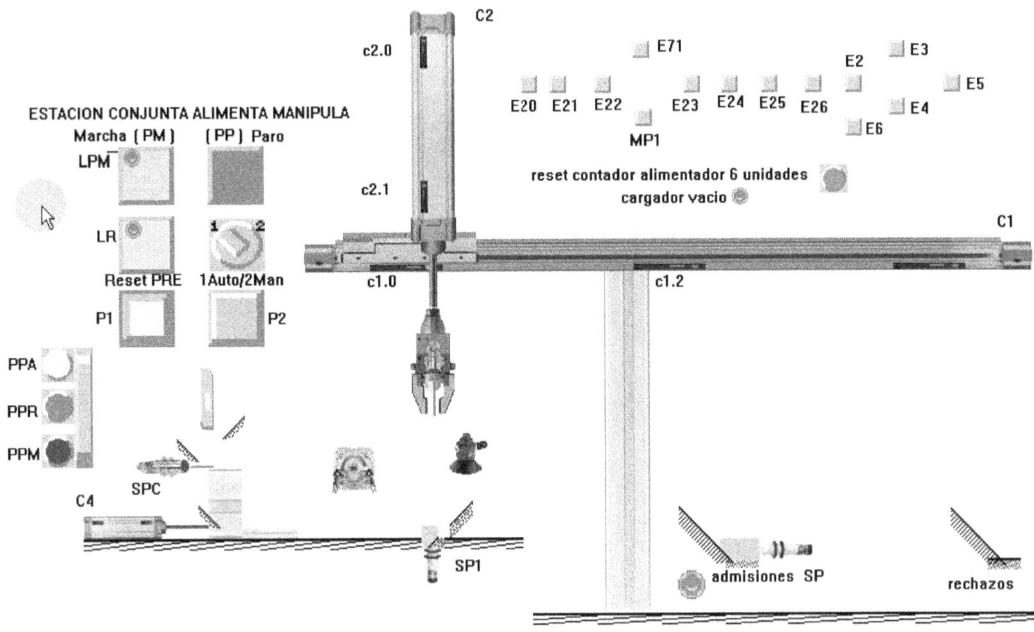

Pantalla desplazamiento hacia admisiones (Video "estacionalimentamanipulaAFIII video 1 AUTO")

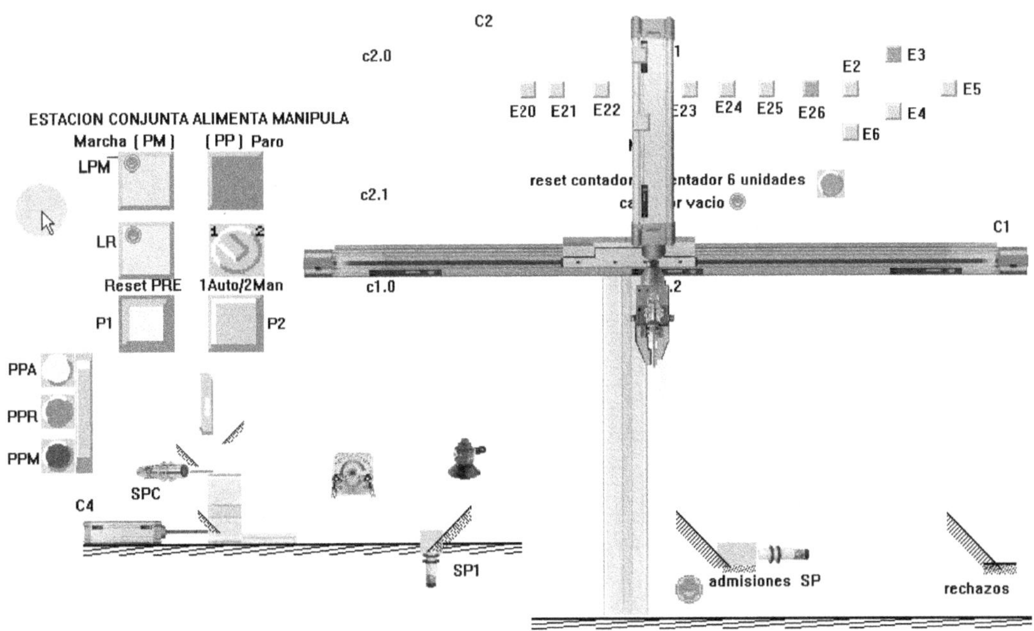

Imagenes/Pantallas obtenidas con el programa PCSimu © de Juan Luis Villanueva Montoto

Pantalla dejando pieza (Video "estacionalimentamanipulaAFIII video 1 AUTO")

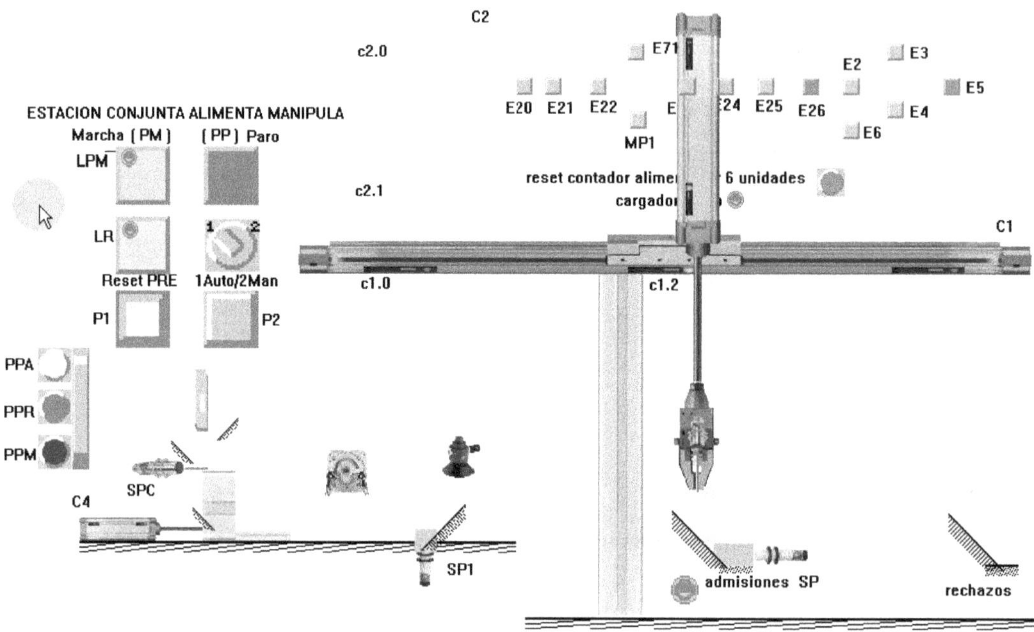

Pantalla desplazamiento hacia rechazos (Video "estacionalimentamanipulaAFIII video 1 AUTO")

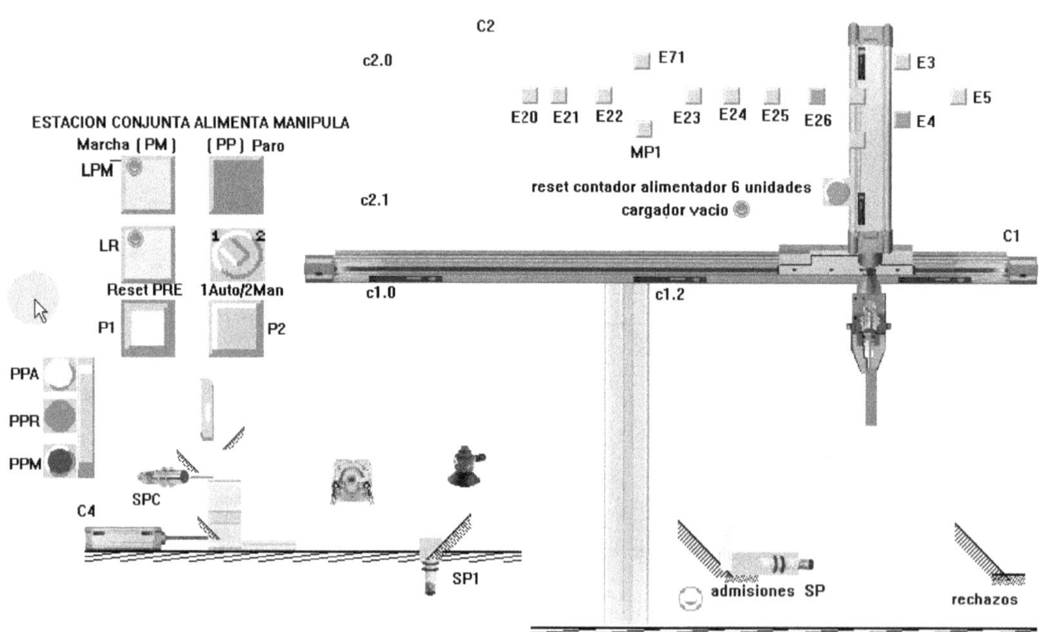

Imagenes/Pantallas obtenidas con el programa PCSimu © de Juan Luis Villanueva Montoto

APENDICE I

Indice memoria (Básico).

Se incluye seguidamente (pag. siguiente) un posible índice básico para la elaboración documental de un proyecto de automatización que tendría que ser completado en algunos otros aspectos tales como: Presupuesto, planificación.....

1.- ÍNDICE	*Con indicación del nº de página donde esté el apartado correspondiente*
2.- MEMORIA	
2.1.- Objeto	*Enunciado del proyecto propuesto*
2.2.- Normas y referencias	*Normalización elementos y otras referencias*
2.2.1.- Normativa aplicable	
2.2.2.- Programas de simulación/aplicación	*Indicación del software utilizado (Se incluirán en el proyecto los archivos generados)*
2.3.- Requisitos de diseño	*Requisitos de funcionamiento demandados*
2.3.1.- Funciones del dispositivo a diseñar	*Descripción/imágenes del dispositivo. Tabla de correspondencia sensores/receptores-PLC*
2.3.2.- Parámetros generales de diseño	
2.4.- Análisis de la solución	
2.4.1.- Esquema de estados	*Análisis de estados (Grafcet-Red Pertri- Diagrama de flujo)*
2.4.2.- Ecuaciones de mando	*Ecuaciones de estados y activación receptores*
3.- ESQUEMAS	
3.1.- Descripción general de funcionamiento	*Descripción detallada de la funcionalidad del sistema*
3.2.- Descripción de elementos	*Numeración/Identificación componentes e información específica de cada uno de ellos*
3.1.- Esquema electroneumático	
3.2.1.- Sistema neumático	*Representación del sistema y sus elementos*
3.2.2.- Esquema de mando	*Esquema eléctrico de la etapa de mando*
3.2.3.- Esquema de potencia	*Esquema eléctrico de la etapa de potencia*
3.2.4.- Guía de simulación	*Indicaciones y detalles sobre la simulación de la instalación e imágenes de la misma y videos generados*
3.2.- Lógica programable	
3.3.1.- Esquema de contactos	*Esquema de contactos para autómata programable*
3.3.2.- Conexionado entradas/salidas al PLC	*Imagen con el conexionado de entradas/salidas*
4.- PROPUESTAS DE MEJORA/MODIFICACION	
4.1.- Identificación y justificación	
4.2.- Análisis de las mejoras/modificaciones	
4.3.- Esquemas de las mejoras/modificaciones	
4.3.1.- Descripción de funcionamiento	
4.3.2.- Descripción de elementos	
4.3.2.- Esquema electroneumático	
4.3.3.- Lógica programable	

APENDICE II

Soluccciones a los ejercicios propuestos en AFII

Pag. 31 (AF II)

Ejercicio propuesto: Un dispositivo de prensado accionado por un cilindro de simple efecto, es utilizado para conformar piezas. El inicio de bajada de la prensa (Salida del cilindro) se origina tras una breve activación de un pulsador S1 siempre y cuando esté bajada una pantalla de seguridad que activa un detector S2 en esa posición , debiendo el cilindro permanecer extendido presionando la pieza hasta que sea activado un segundo pulsador S3 que proporcionará la subida de la prensa (Entrada del cilindro)

En el supuesto de que sean activados simultáneamente los elementos S1, S2 (Pantalla protectora bajada) y S3, deberá tener prioridad la señal de subida de la prensa.

El cilindro de simple efecto es comandado por una válvula monoestable 3/2 NC (Presión/muelle) y los pulsadores se implementan también mediante v. monoestables 3/2 NC (Pulsador/muelle)

Diseñar:

a) Los correspondientes esquemas de mando tanto en tecnología neumática como electroneumática
b) El esquema/diagrama de contactos oportuno si el control fuera efectuado mediante:
    b1) Tecnología electrónica (Puertas lógicas)
    b2) Autómatas programables

Cilindro de simple efecto = Elemento monoestable

a) Esquemas neumático y electroneumático

Señal activadora (S), bajada prensa (Salida del cilindro) = S1 . S2

Señal anuladora (R), subida prensa (Entrada del cilindro) = S3

Señal prioritaria = S3, lo que implica un mando con prioridad al paro

Ecuación de mando : A+ = (A+ + S1 . S2) . S3`

Se implementa la ecuación de mando en dos posibles formas (Con y sin válvula de simultaneidad Y) en tecnología neumática pura

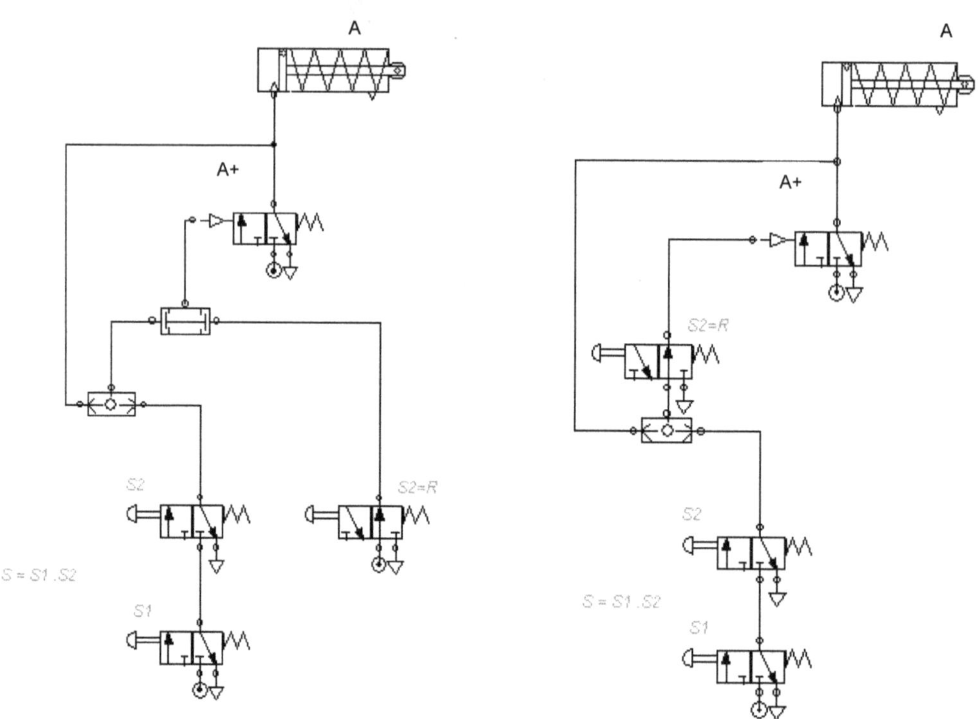

El esquema equivalente en tecnología electroneumática adaptando la ecuación ya establecida para poder replicar (memorizar) el estado de la electroválvula de A+ = Y1 mediante relé, sería:

A+ = (A+ + S1 . S2) S3`   A+ = Y1 = K1

K1 = (K1 + S1 . S2) . S3`

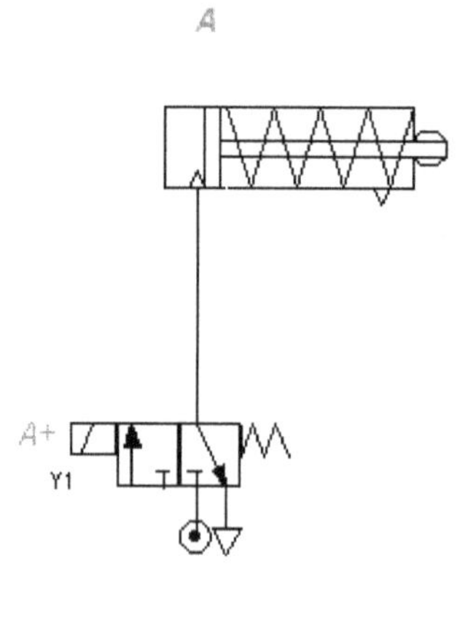

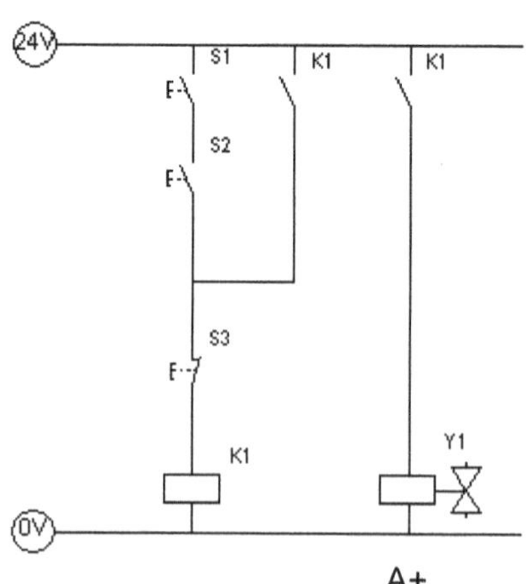

b1) El circuito de mando implementado con puertas lógicas electrónicas, partiendo de la ecuación antes obtenida, sería:

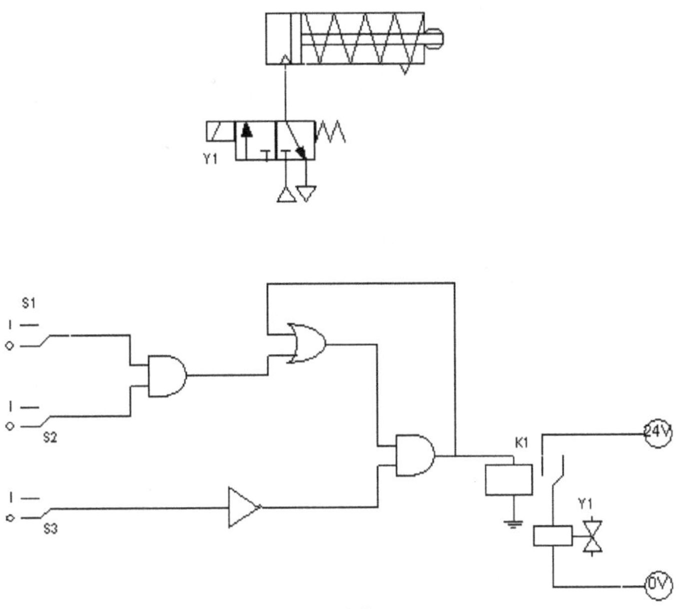

b2) El circuito de mando implementado mediante diagrama de contactos para control por PLC , establecido un mando directo , se obtendría también de la ecuación antes indicada

A+ = (A+ + S1 . S2) . S3`

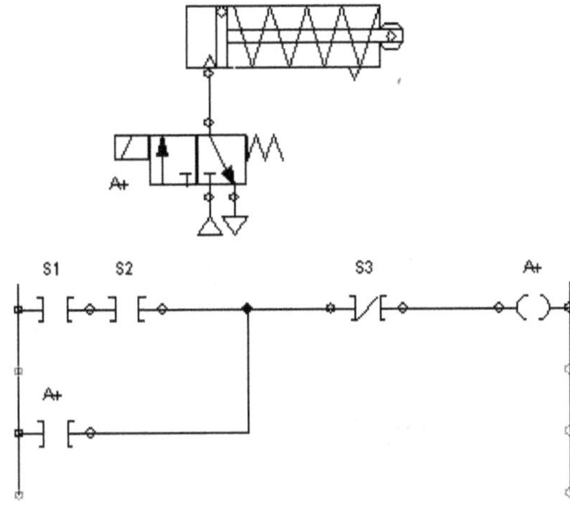

Pag. 62 (AF II)

Ejercicio propuesto: El cabezal de una prensa es accionado por un cilindro neumático de doble efecto que está gobernado por una válvula neumática monoestable 5/2.

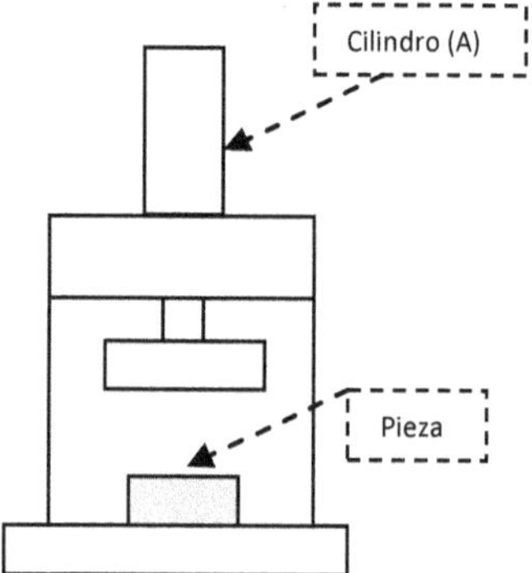

La bajada del mismo se inicia pasados 5 segundos tras la activación mantenida de un pulsador P de una v. monoestable 3/2 NC, permaneciendo en el punto inferior de su recorrido hasta que el citado pulsador deje de ser activado, momento en el cual el cabezal regresará a su punto de partida.

Diseñar el circuito neumático correspondiente

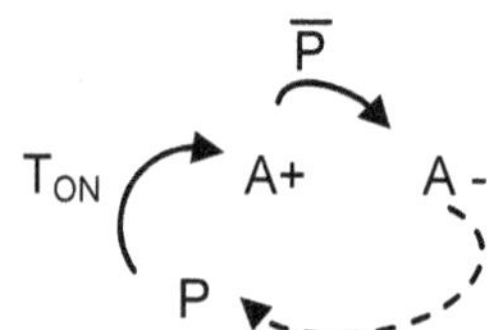

$$A+ = P \cdot T_{ON}$$

Al ser la v. 5/2 monoestable, solo es necesario esta ecuación, aunque podríamos escribir:

$$A- = \overline{P} \; (\text{/\!\!\backslash\!\!/\!\!\backslash})$$

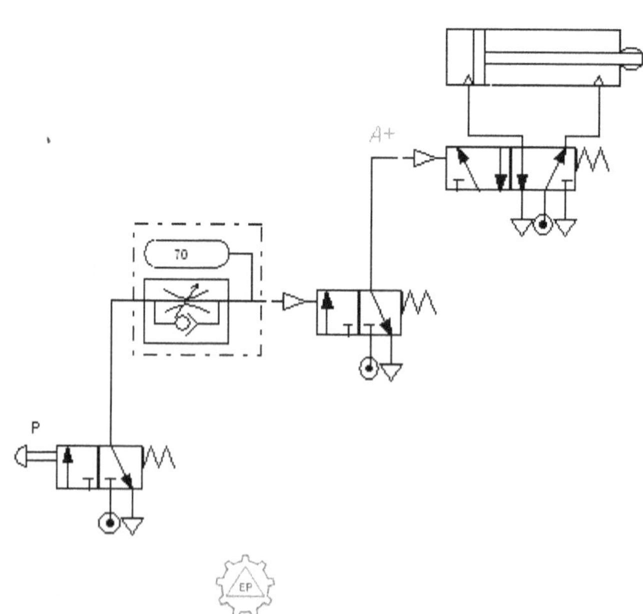

Pag. 66 (AF II)

Ejercicio propuesto: Una envasadora está compuesta por un cilindro de doble efecto A, gobernado por una v. biestáble 4/2, teniendo controladas sus posiciones de retraído/extendido por sendos finales de carreara (a0 / a1). Su salida se efectúa al activar un pulsador P1 de una v. 3/2 monoestable NC, de esta forma se desplaza un determinado producto hacia una cinta trasportadora, su retorno se realiza automáticamente al llegar al final de su recorrido.

Al objeto de implantar una etiqueta sobre el producto procesado, se completa el sistema neumático de la envasadora con otro cilindro de simple efecto B gobernado por una v. monoestable 3/2 NC, cuya salida se efectuará siempre y cuando sea activado un pulsador P2 de una v. monoestalbe 3/2 NC antes que hayan trascurrido 3 segundos desde la llegada del cilindro expulsor (A) a su posición de retraído

a1

A+ A -

a0

P1

$\overline{T_{ON}}$. P2

B+

$A+ = P1 \cdot a0$

$A- = a1$

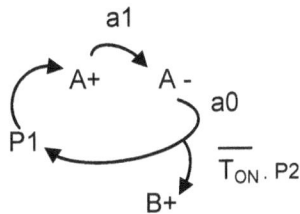

$B+ = P2 \cdot a0 \cdot \overline{T_{ON}}$

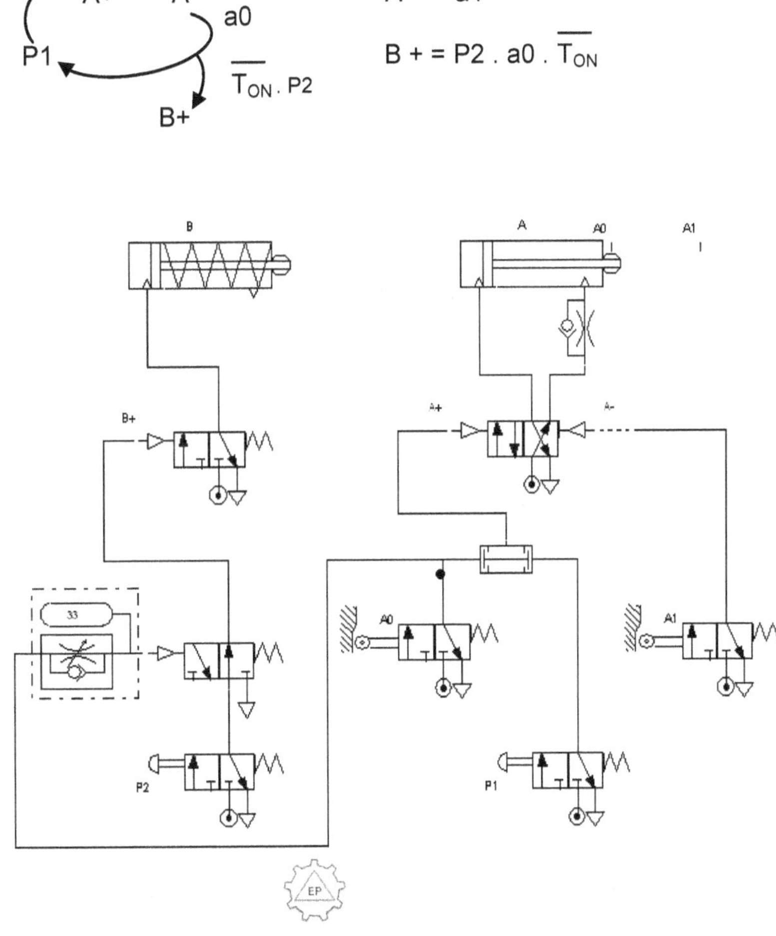

Pag. 70 (AF II)

Ejercicio propuesto: El sistema de sujeción de piezas de una máquina es accionado por un cilindro neumático de doble efecto y está comandado por una v. neumática 5/2 monoestable. El cierre de la mordaza (Salida del cilindro) se efectúa tras una breve activación del pulsador P de una válvula monoestable 3/2 NC , debiendo permanecer en esa posición de cierre durante 5 segundos tras dejar de ser pulsado P.

Diseñar el cierto neumático correspondiente

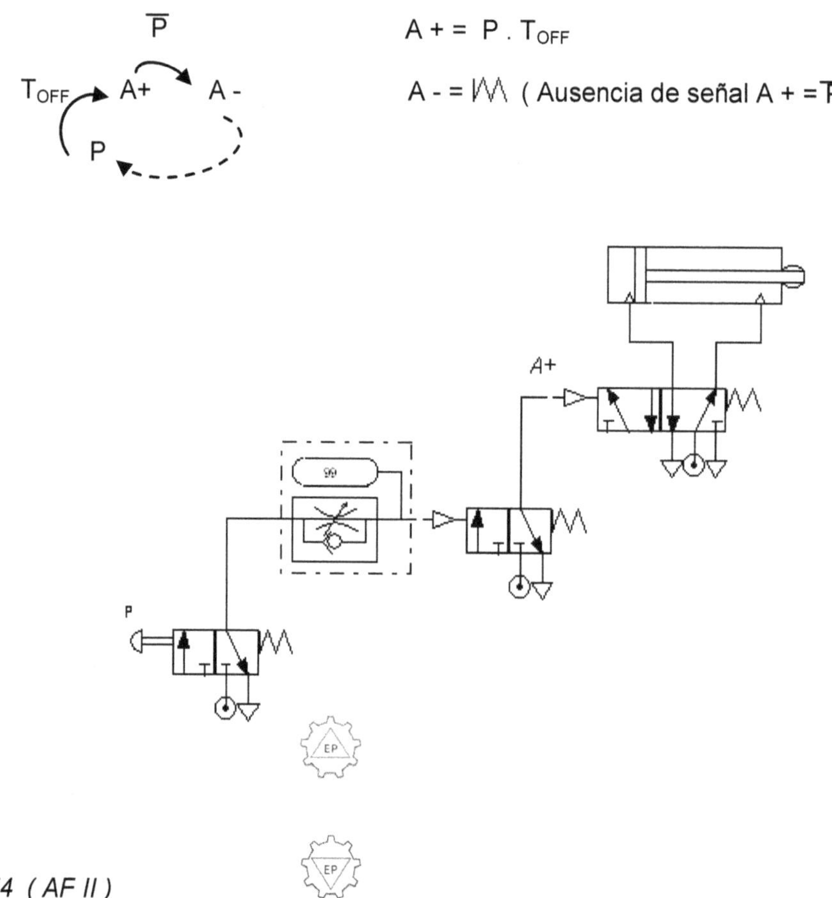

Pag. 74 (AF II)

Ejercicio propuesto: Un cilindro de doble efecto comandado por una v. biestable 4/2 que dispone de un final de carrera a1 (V. monoestable 3/2 NC) para controlar su posición de extendido, ejecuta su salida tras una breve activación del pulsador P de una v. monoestable 3/2 NC, efectuando su retorno automáticamente al llegar al final de su recorrido.

Por motivos de seguridad no debe ser posible una nueva salida del cilindro hasta que hayan trascurridos 15 segundos desde que se dejo de activar el pulsador P

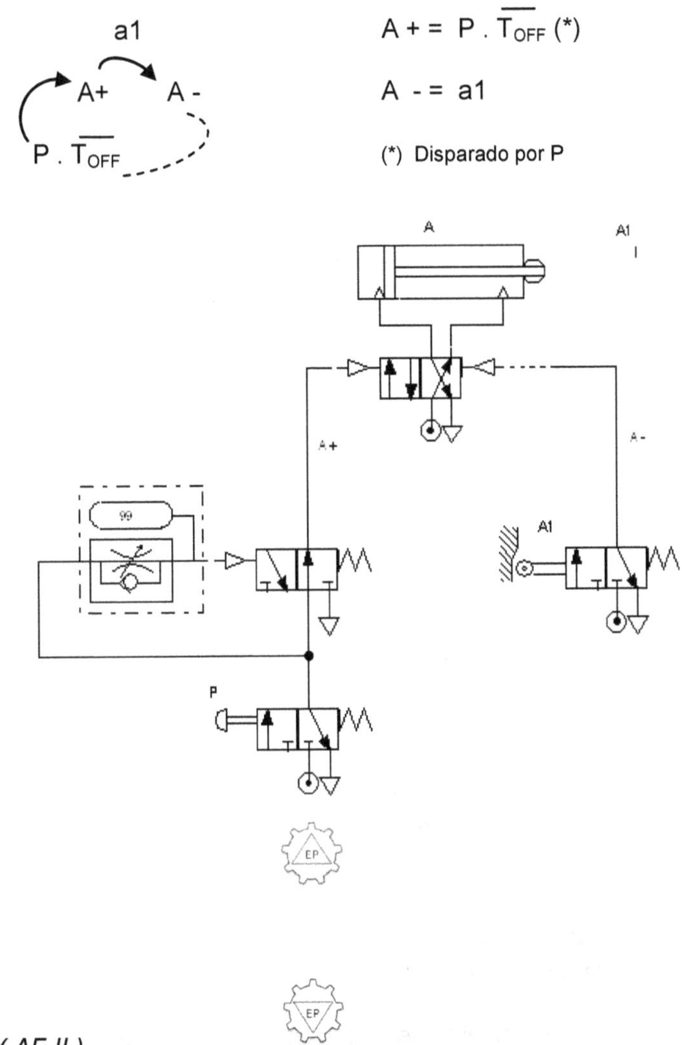

Pag. 79 (AF II)

Ejercicio propuesto: En una guillotina accionada por un cilindro neumático de doble efecto que está gobernado por una v. monoestable 5/2, por razones de seguridad, la bajada de la cuchilla se inicia trascurridos 3 segundos tras la activación mantenida de un pulsador PM (V. monoestable 3/2 NC) debiendo permanecer en la posición inferior de su recorrido hasta que hayan trascurrido 5 segundos tras la desactivación del pulsador PM

Diseñar el circuito neumático correspondiente

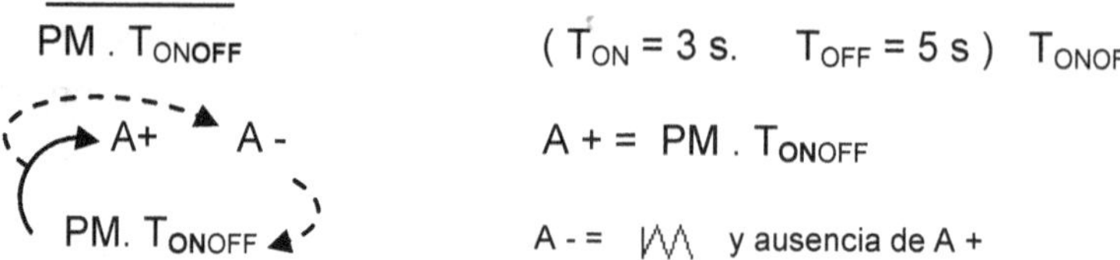

$\overline{PM \,.\, T_{ONOFF}}$
(T_{ON} = 3 s. T_{OFF} = 5 s) T_{ONOFF}
A+
A -
A + = PM . T_{ONOFF}
PM. T_{ONOFF}
A - = y ausencia de A +

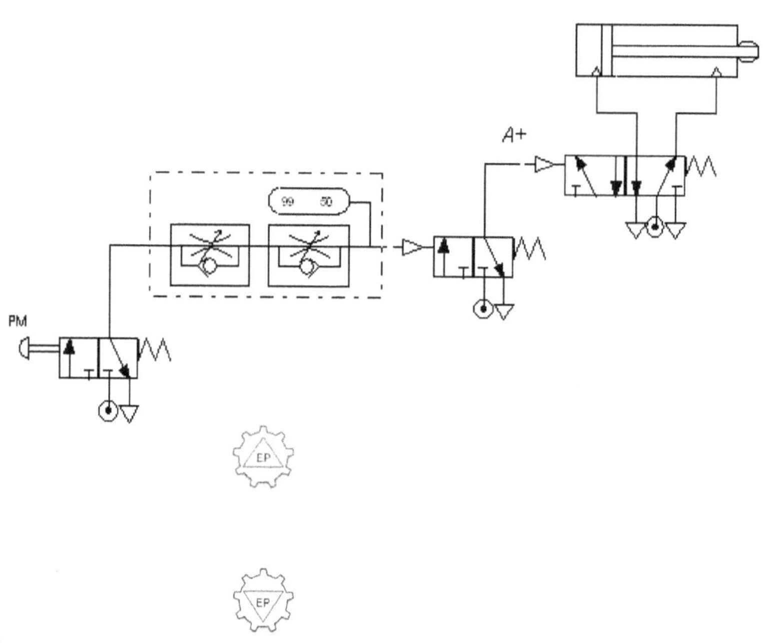

Pag. 82 (AF II)

Ejercicio propuesto: Un cilindro de doble efecto comandado por una v. biestable 4/2 que dispone de un final de carrera a1 (V. monoestable 3/2 NC), para controlar su posición de extendido, ejecuta su salida tras una breve activación del pulsador P de una v. monoestable 3/2 NC, efectuando su retorno automáticamente al llegar a su posición de extendido pudiendo efectuarse una nueva salida del cilindro sin ninguna restricción temporal.

En el supuesto de que la activación del pulsador P se mantuviera, el cilindro deberá retornar también automáticamente al cabo de 5 segundos de su activación y no podrá efectuarse una nueva salida del cilindro hasta que hayan transcurrido al menos 10 segundos desde que deje de ser activado el pulsador P

$(T_{ON} = 5 \text{ s.} \quad T_{OFF} = 10 \text{ s.}) \quad T_{ONOFF}$

$A + = P \cdot \overline{T_{ONOFF}} \quad (*)$

A - = a1

(*) Temporizador disparado por P $T_{ONOFF} = P$

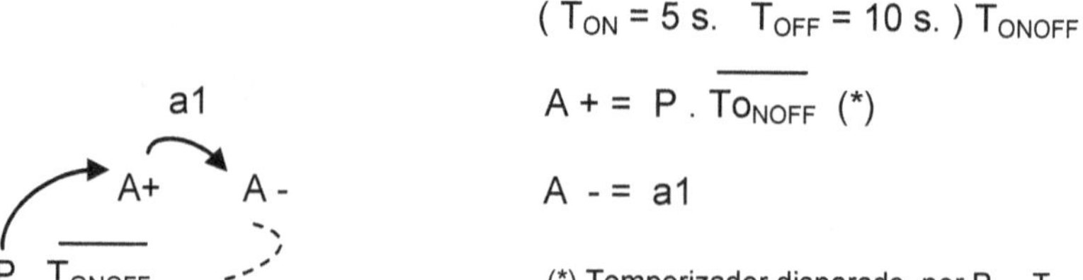

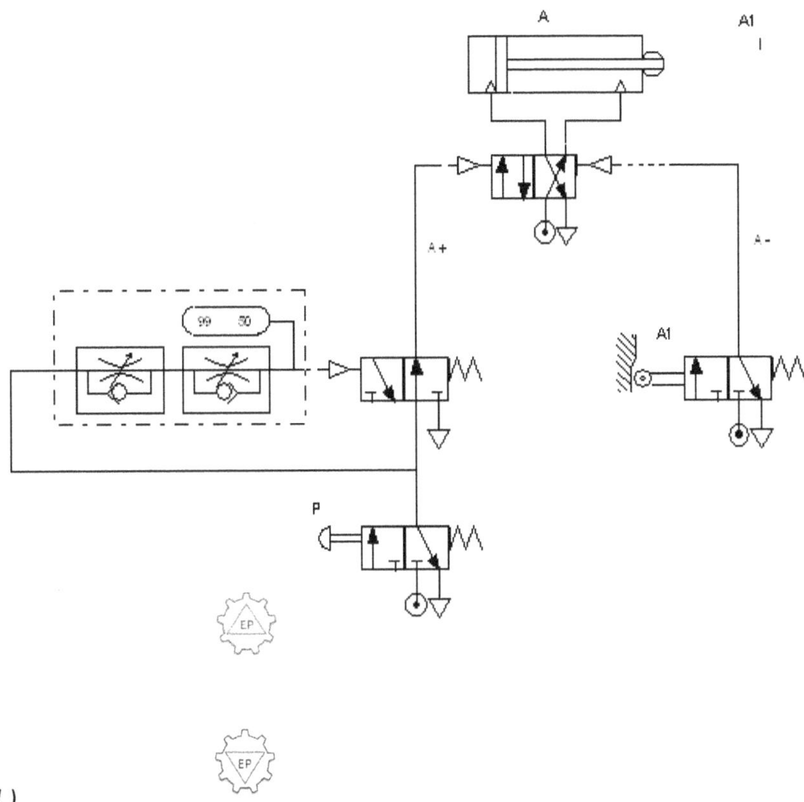

Pag. 90 (AF II)

Ejercicio propuesto: El cabezal de una prensa es accionado por un cilindro neumático de doble efecto que está gobernado por una v.electroneumática monoestable 5/2.

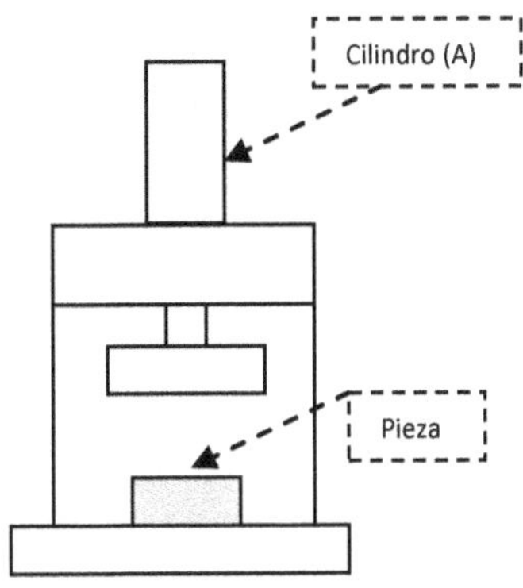

La bajada del mismo se inicia trascurridos 5 segundos tras la activación mantenida de un pulsador P (NA), permaneciendo en el punto inferior de su recorrido hasta que el citado pulsador deje de ser activado, momento en el cual el cabezal regresará a su punto de partida.

Diseñar el circuito electroneumático

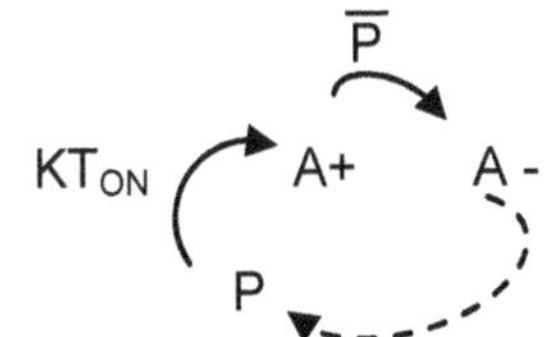

$A+ = Y1 = KT_{ON}$

$KT_{ON} = P$

A - = /\/\/\ y ausencia de señal A +

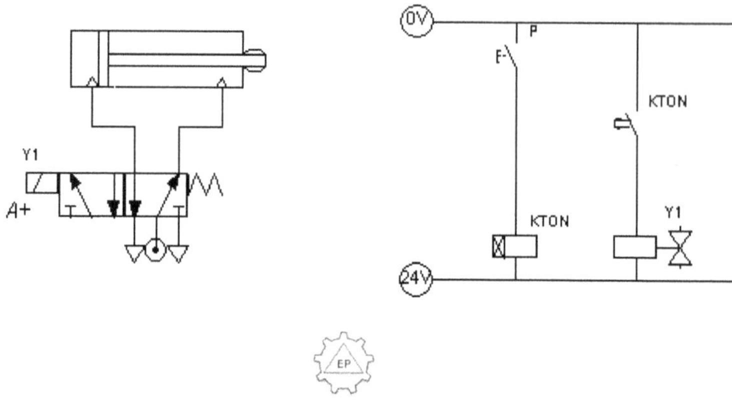

Pag. 94 (AF II)

Ejercicio propuesto : Una envasadora está compuesta por un cilindro de doble efecto A, gobernado por una electroválvula biestable 4/2, teniendo controladas sus posiciones de retraído/extendido por sendos finales de carrera (a0 / a1). Su salida se efectúa al activar un pulsador P1, de esta forma se desplaza un determinado producto hacia una cinta trasportadora, su retorno se realiza automáticamente al llegar al final de su recorrido.

Al objeto de implantar una etiqueta sobre el producto procesado, se completa el sistema electroneumático de la envasadora con otro cilindro de simple efecto B, gobernado por una electroválvula monoestable 3/2 NC, cuya salida se efectuará siempre y cuando sea activado un pulsador P2 antes que hayan trascurrido 3 segundos desde la llegada del cilindro expulsor (A) a su posición de retraìdo

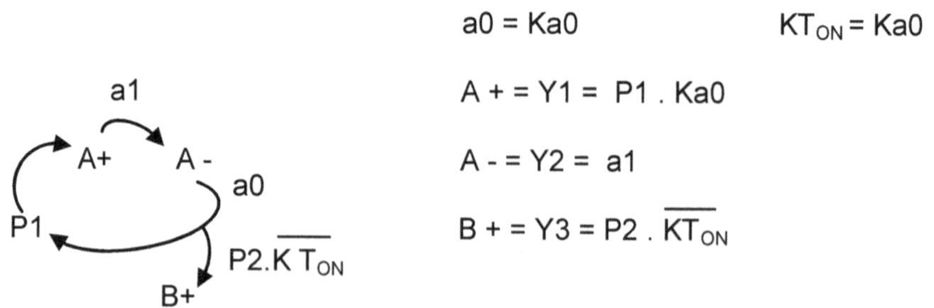

$a0 = Ka0$ $\qquad$ $KT_{ON} = Ka0$

$A+ = Y1 = P1 \, . \, Ka0$

$A- = Y2 = a1$

$B+ = Y3 = P2 \, . \, \overline{KT_{ON}}$

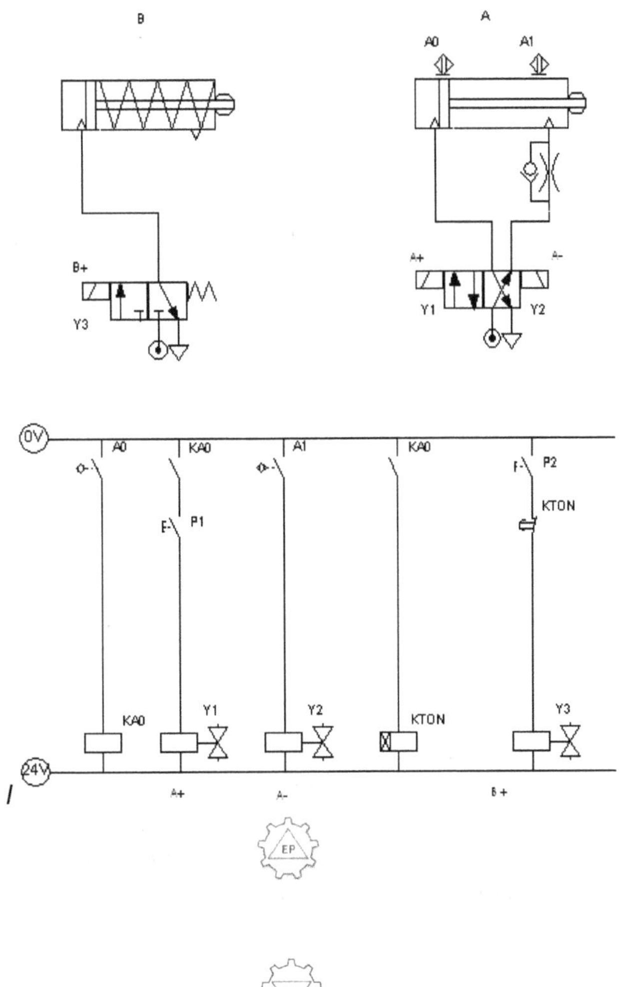

Pag. 99 (AF II)

Ejercicio propuesto: El sistema de sujeción de piezas de una máquina es accionado por un cilindro neumático de doble efecto y está comandado por una v. electroneumática 5/2 monoestable. El cierre de la mordaza (Salida del cilindro) se efectúa tras una breve activación del pulsador P, debiendo permanecer en esa posición de cierre durante 5 segundos tras dejar de ser pulsado P.

Diseñar el cierto electroneumático correspondiente

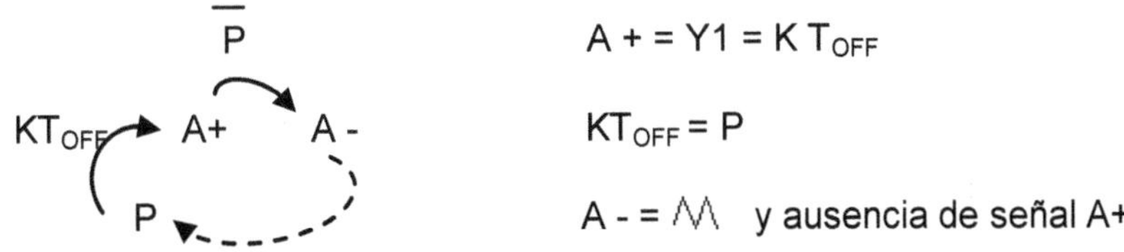

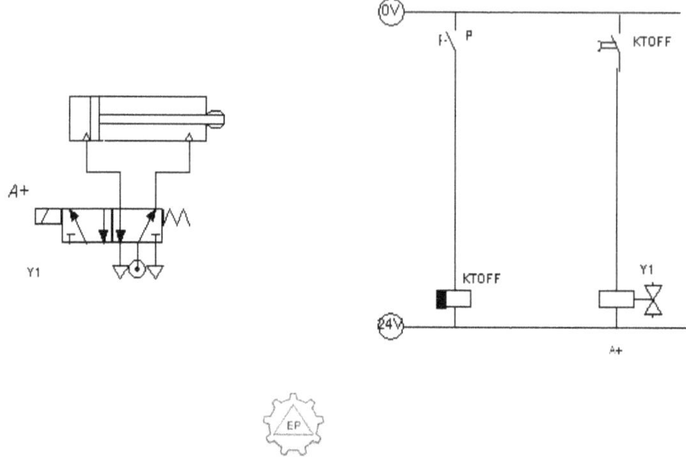

Pag. 102 (AF II)

Ejercicio propuesto : Un cilindro de doble efecto comandado por una electroválvula biestable 4/2 dispone de un final de carrera a1 para controlar su posición de extendido, ejecuta su salida tras una breve activación del pulsador P efectuando su retorno automáticamente al llegar al final de su recorrido.

Por motivos de seguridad no debe ser posible una nueva salida del cilindro hasta que hayan trascurridos 15 segundos desde que se dejo de activar el pulsador P

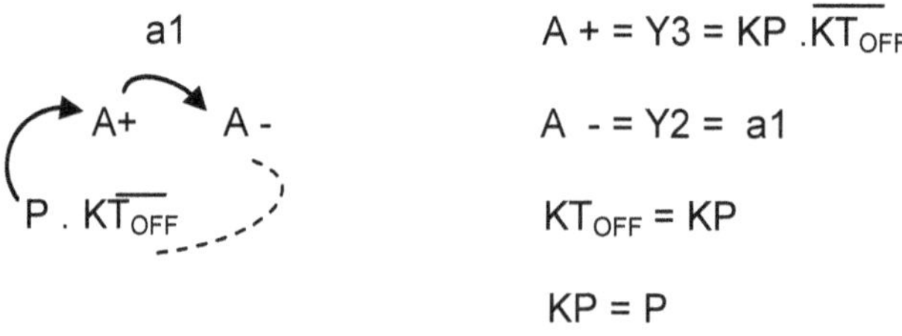

$$A+ = Y3 = KP \cdot \overline{KT_{OFF}}$$

$$A- = Y2 = a1$$

$$KT_{OFF} = KP$$

$$KP = P$$

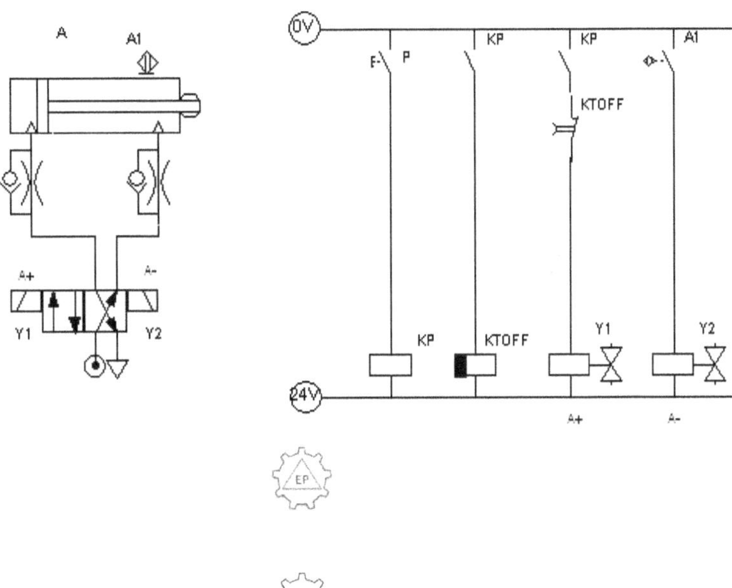

Pag. 108 (AF II)

Ejercicio propuesto: Una guillotina accionada por un cilindro neumático de doble efecto que está gobernado por una electroválvula monoestable 5/2, por razones de seguridad, la bajada de la cuchilla se inicia trascurridos 3 segundos tras la activación mantenida de un pulsador PM, debiendo permanecer en la posición inferior de su recorrido hasta que hayan trascurrido 5 segundos después de la desactivación del pulsador PM

Diseñar el circuito electroneumático correspondiente

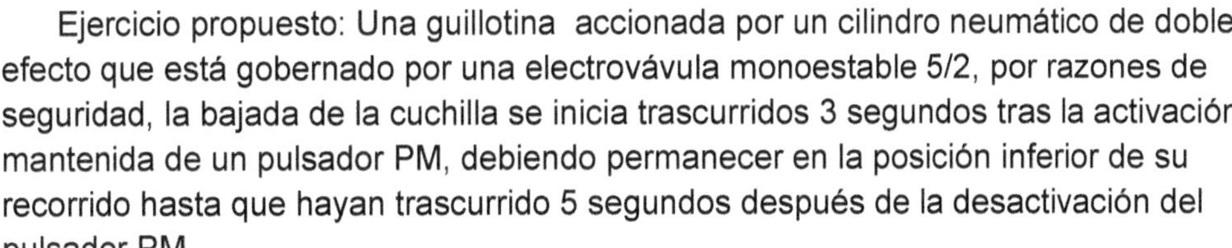

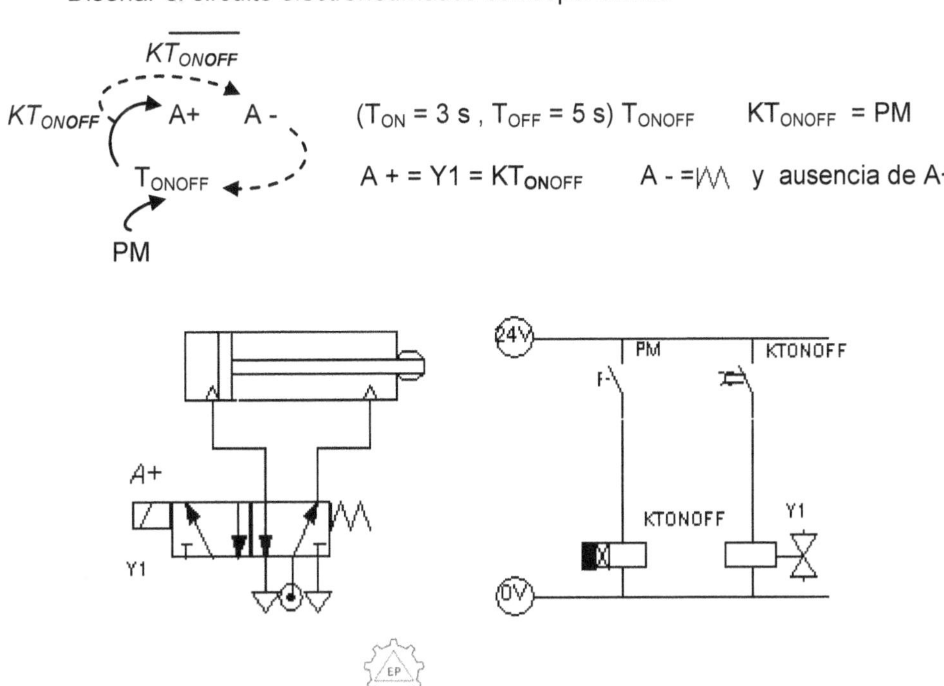

Pag. 111 (AF II)

Ejercicio propuesto : Un cilindro de doble efecto comandado por una electroválvula biestable 4/2 dispone de un final de carrera a1 que controla su posición de extendido, ejecuta su salida tras una breve activación del pulsador P, efectuando su retorno automáticamente al llegar a su posición de extendido pudiendo efectuarse una nueva salida del cilindro sin ninguna restricción temporal.

En el supuesto de que la activación del pulsador P se mantuviera, el cilindro deberá retornar también automáticamente al cabo de 5 segundos de su activación y no podrá efectuarse una nueva salida del cilindro hasta que hayan transcurrido al menos 10 segundos desde que deje de ser activado

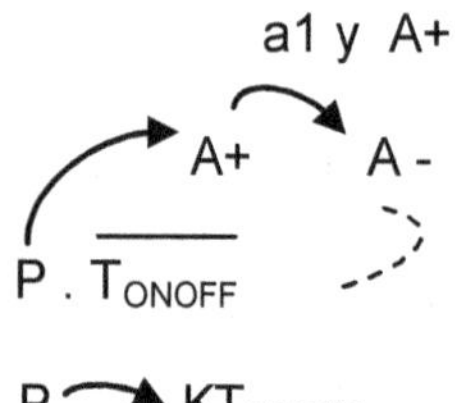

(T_{ON} = 5 s T_{OFF} = 10 s) KT_{ONOFF}

P = KT_{ONOFF}

A + = Y1 = P . $\overline{KT_{ONFF}}$

A - = Y2 = a1 y ausencia de A+

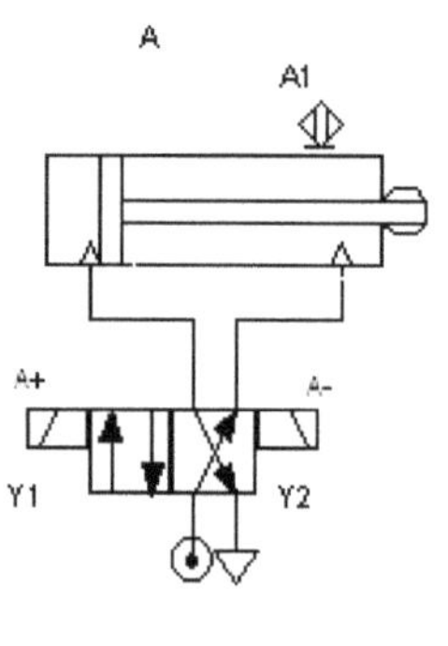

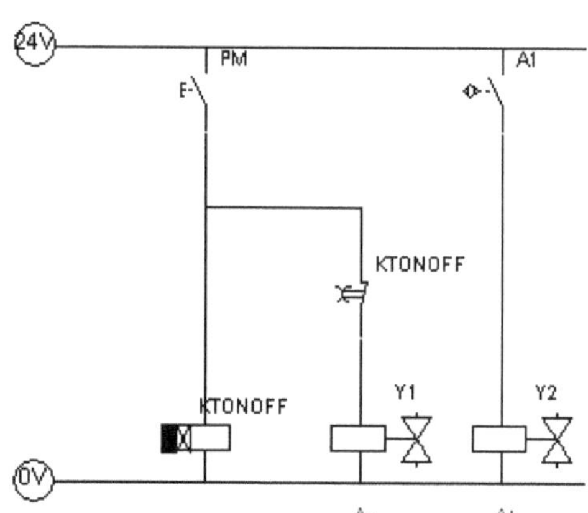

Pag. 115 (AF II)

Ejercicio propuesto *(Idem electroneuático pag 94 AFII)* : Una envasadora está compuesta por un cilindro de doble efecto A, gobernado por una electroválvula biestable 4/2, teniendo controladas sus posiciones de retraído/extendido por sendos finales de carrera (a0 / a1). Su salida se efectúa al activar un pulsador P1, de esta forma se desplaza un determinado producto hacia una cinta trasportadora, su retorno se realiza automáticamente al llegar al final de su recorrido.

Al objeto de implantar una etiqueta sobre el producto procesado, se completa el sistema electroneumático de la envasadora con otro cilindro de simple efecto B, gobernado por una electroválvula monoestable 3/2 NC, cuya salida se efectuará siempre y cuando sea activado un pulsador P2 antes que hayan trascurrido 3 segundos desde la llegada del cilindro expulsor (A) a su posición de retraìdo

Obtener el diagrama de contactos para el gobierno mediante PLC

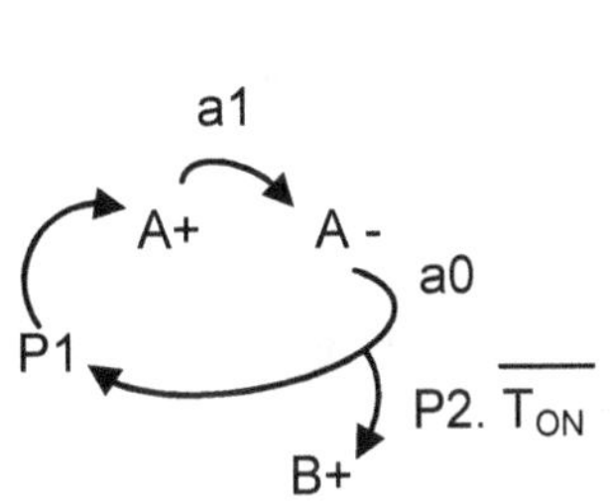

$T_{ON} = a0$

$A+ = Y1 = P1 \cdot a0$

$A- = Y2 = a1$

$B+ = Y3 = P2 \cdot \overline{T_{ON}}$

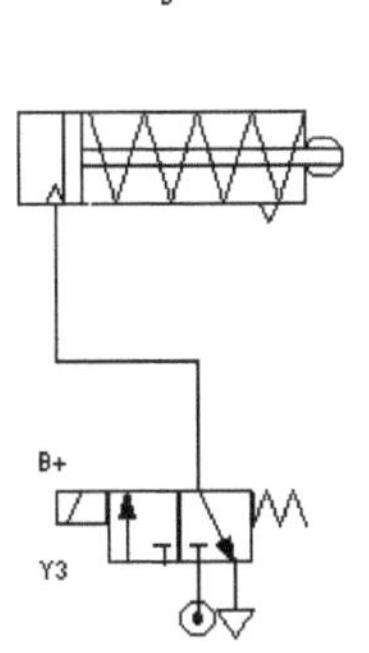

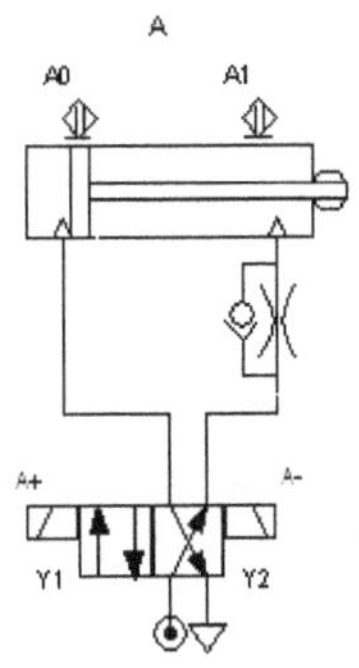

P1	I0.1
P2	I0.2
a0	I0.3
a1	I0.4
Y1	Q0.1
Y2	Q0.2
Y3	Q0.3
TON1	T101

Siendo las ecuaciones de mando y el diagrama de contactos los siguientes:

$T_{ON} = T101 = a0$

$A+ = Y1 = Q0.1 = P1 \cdot a0 = I0.1 \cdot I0.3$

$A- = Y2 = Q0.2 = a1 = I0.4$

$B+ = Y3 = Q0.3 = P2 \cdot \overline{T_{ON}} = I0.2 \cdot \overline{T101}$

Network 1
P1:I0.1 — a0:I0.3 — Y1:Q0.1

Network 2
a1:I0.4 — Y2:Q0.2

Network 3
P2:I0.2 — TON1:T101 (/) — Y3:Q0.3

Network 4
a0:I0.3 — TON1:T101 (IN, TON; 300 - PT, 100 ms)

Imagen/Pantalla obtenida con el programa Step 7. MicroWin V4. Siemens

Pag. 129 (AF II)

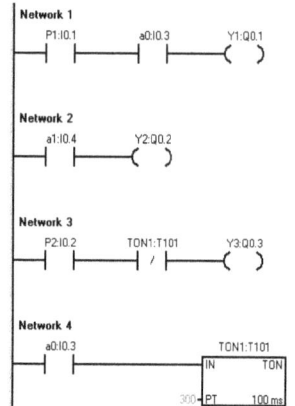

Ejercicio propuesto 1 : A través de una rampa de alimentación llegan piezas (I) que deben ser elevadas (II) mediante la salida de un cilindro A de forma que un segundo cilindro B en su salida las desplaza hacia una rampa de evacuación. Seguidamente, el cilindro A retorna a su posición de retraído y al finalizar este movimiento el cilindro B efectuará su retorno.

La puesta en marcha del sistema se realiza por la activación de un pulsador (PM) implementado en una v. monoestable 3/2 NC.

Ambos cilindros son de doble efecto y están gobernados cada uno de ellos por su respectivo distribuidor biestáble 5/2 y tienen controladas sus posiciones extremas de recorrido por los oportunos finales de carrera a0-a1/b0-b1 (Distrib. Monoestab. 3/2 NC)

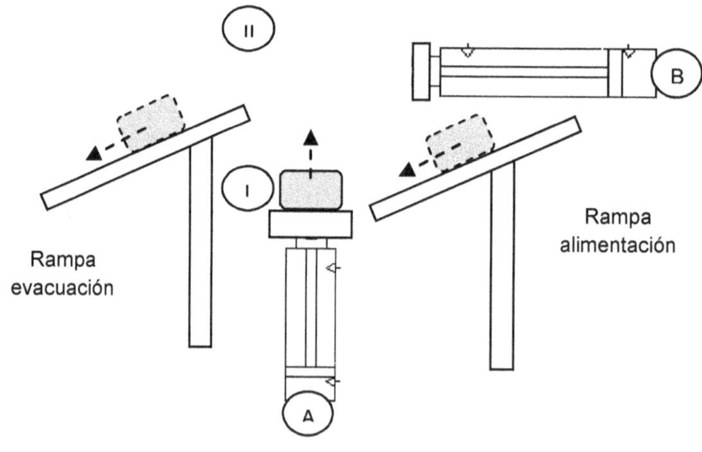

Determinar si la secuencia es del tipo de inversión exacta o inexacta, obtener el diagrama de movimientos/señales coordinados, estableciendo las señales permanentes se las hubiere y diseñar el esquema y las oportunas ecuaciones de mando para el control de este sistema automático, si es realizado en:

a) Tecnología neumática (Exclusivamente)
b) Tecnología electroneumática
c) Control mediante PLC

A tenor de la descripción del sistema, podemos decir que la secuencia de funcionamiento es :

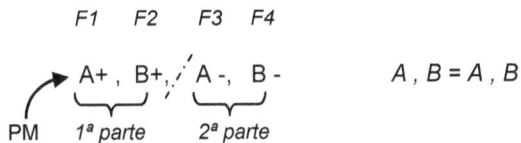

F1 F2 F3 F4

PM → A+ , B+, / A -, B - *A , B = A , B*

1ª parte *2ª parte*

Observamos que la secuencia es del tipo "inversión exacta", por tanto sin señales permanentes, puesto que en ambas partes se desarrollan las fases en el mismo orden, cuyo gobierno se indica en el grafo y ecuaciones de mando no siendo necesario ninguna metodología para eliminación. de s.p.

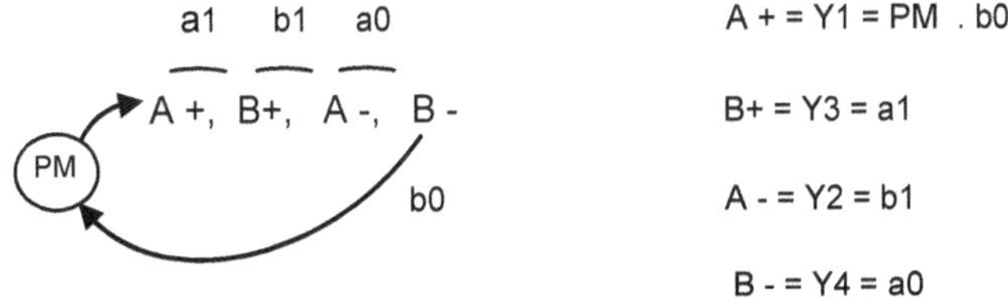

El gráfico de movimientos- señales coordinado sería (Ver pag. siguiente):

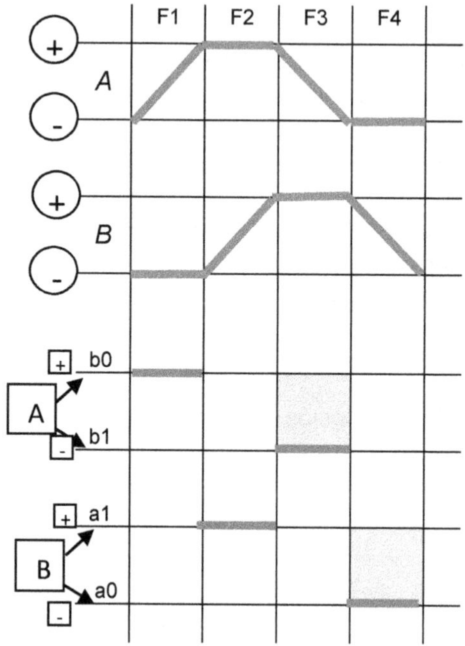

a) Esquema de mando en tecnología neumática (Exclusivamente)

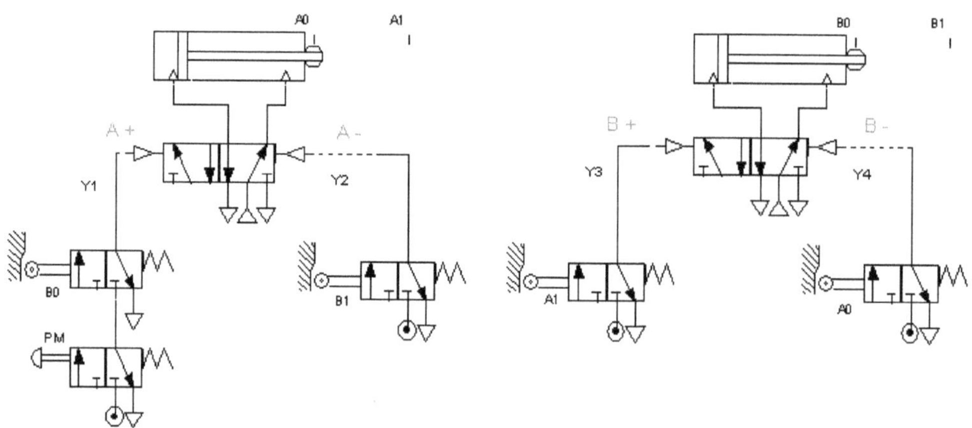

b) Esquema de mando para tecnología electroneumática

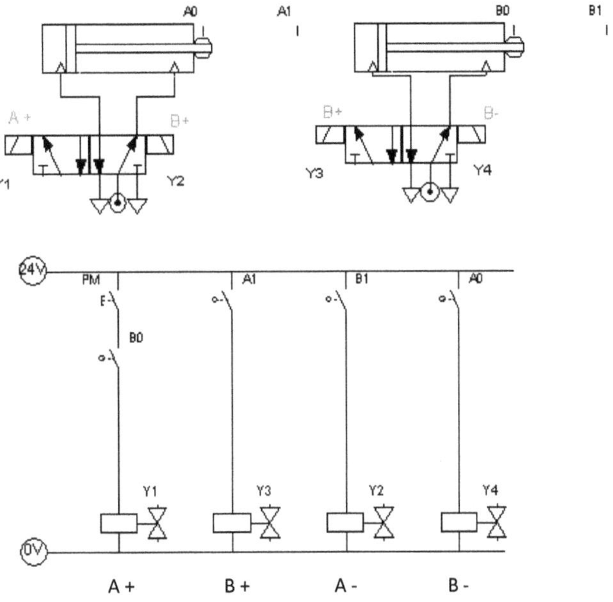

c) Control mediante PLC

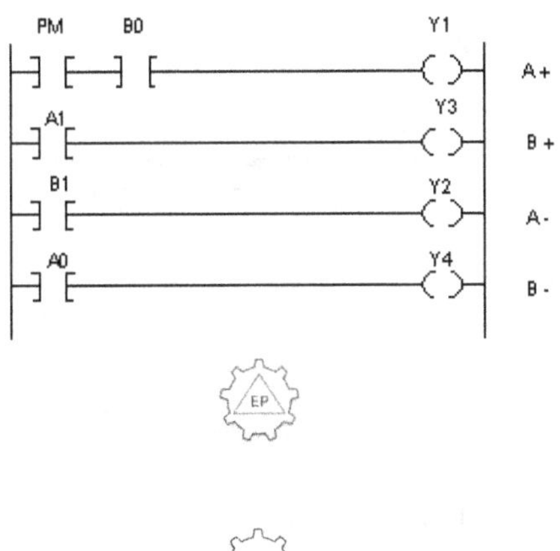

Pag. 130 (AF II)

Ejercicio propuesto 2 : Ratifíquese si en la secuencia que se indica seguidamente existen señales permanentes, elabórese el grafo de señales correspondiente y las ecuaciones de mando que procedan

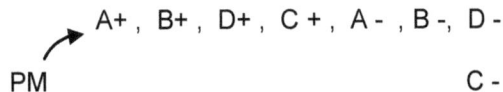

A+ , B+ , D+ , C + , A - , B -, D -

PM C -

Establecidas las dos partes de la secuencia, se observa que en la 2ª de ellas, ninguna fase (movimiento) se anticipa al desarrollo de la primera, en consecuencia se ratifica la no existencia de señales permanentes

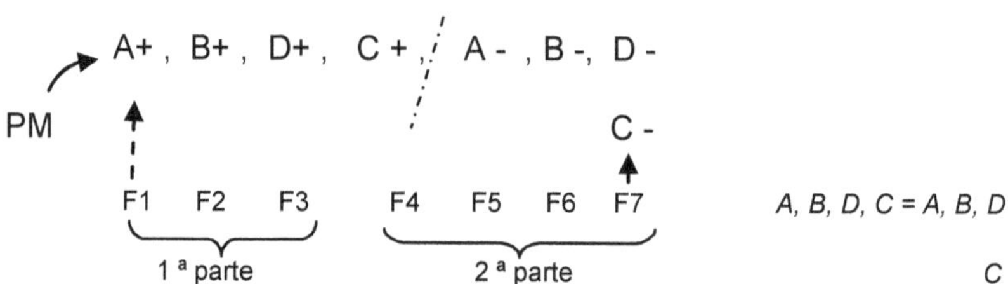

Sin embargo, aparece una s. p. transitoria, que por unos instantes retrasará el retorno del cilindro C, hasta que no deje de estar activo el f.c. d1 , causante de la interferencia, una vez ya iniciado el retorno del cilindro D que lo presionaba. Esa señal (d1) es sobre la que habría que actuar si se quisiera que el comienzo del retorno de ambos cilindros se efectuara en el mismo instante (Veáse el diagrama de movimientos-señales coordinados al final de la resolución del ejercicio)

El grafo de señales sería:

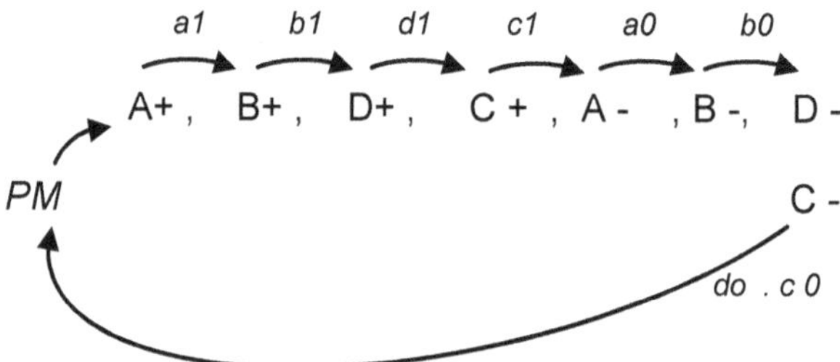

y las ecuaciones de mando que rigen el sistema son:

A + = PM . d0 . c0	A - = c1
B+ = a1	B - = a0
D+ = b1	D - = C - = b0
C + = d1	

F1 F2 F3 F4 F5 F6 F7

+ A -

+ B -

+ C -

+ D -

d0

c0

+ d0.c0

A

c1

-

+ a1

B

a0

-

+ d1

C

b0

-

+ b1

D

b0

-

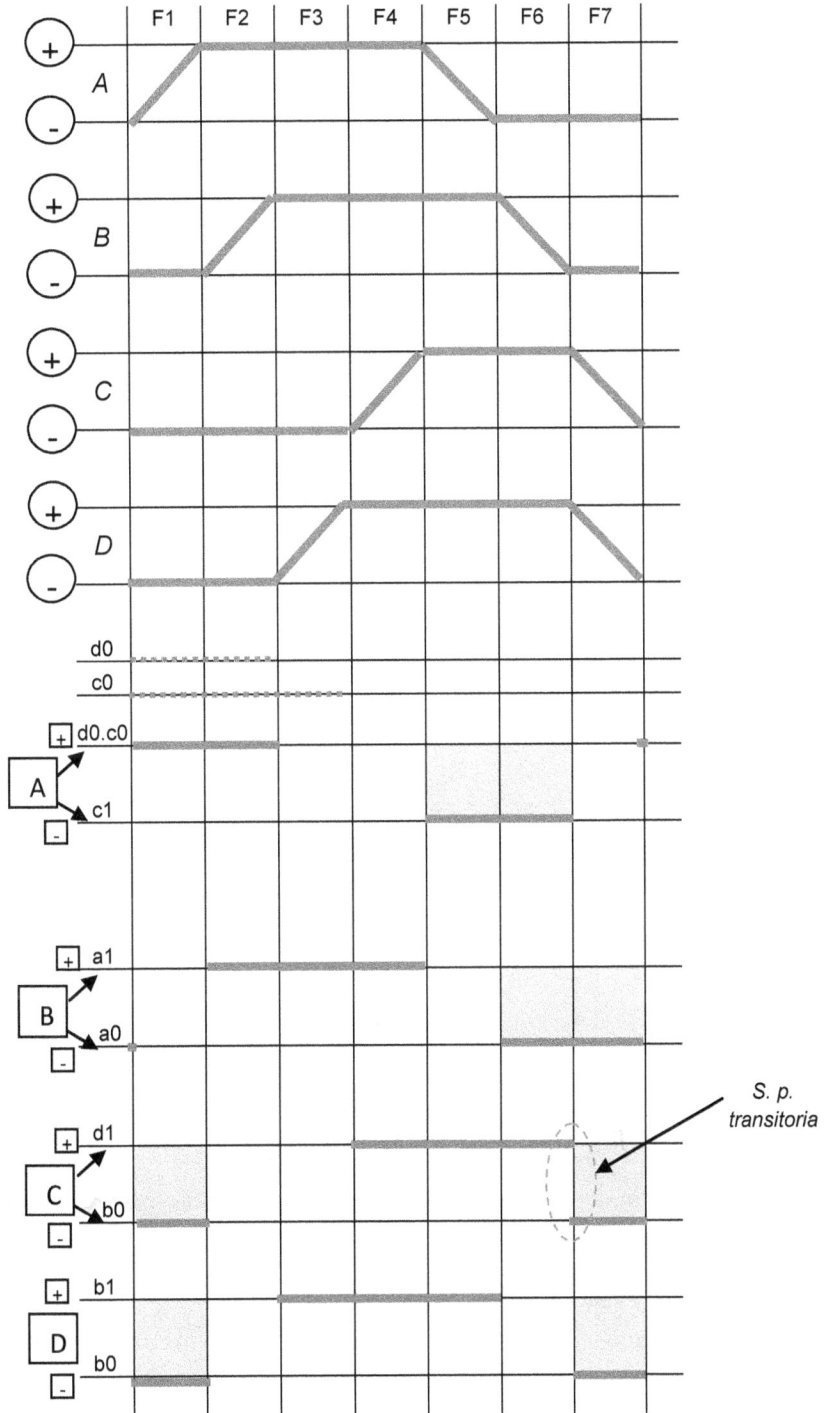

S. p. transitoria

Pag. 140 (AF II)

Ejercicio propuesto : Para la secuencia que se indica seguidamente:

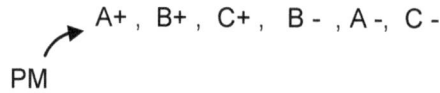

A+ , B+ , C+ , B - , A -, C -

PM

a) Determinar si existen señales permanentes

b) Elaborar el diagrama de movimientos/señales coordinado

c) Si fuera el caso, indíquese que señal/es genera/n señal permanente y como quedaría/n una vez acortada su vigencia

a) Existen señales permanentes, puesto que en la segunda parte de la secuencia la fase 4ª , B - , se adelanta respecto al orden de realización de la primera.

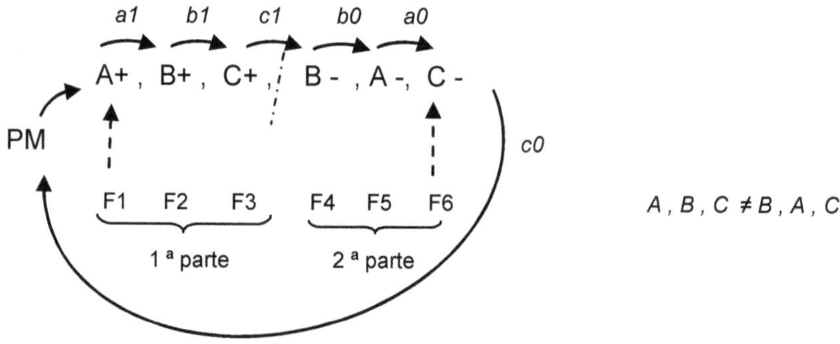

b) Diagrama de movimientos/señales coordinado . Ver hoja siguiente

c) Las señales que generan señal permanente a la vista del diagrama son bo y a1 en consecuencia es sobre estas señales sobre las que abría que actuar para eliminarlas, para que queden acortadas como se indica en el diagrama (▨)

Si se acortara c0 en vez de b0, la s.p. seguiría existiendo, por tanto no resolveríamos la interferencia. Igual circunstancia ocurre con c1 respecto a a1

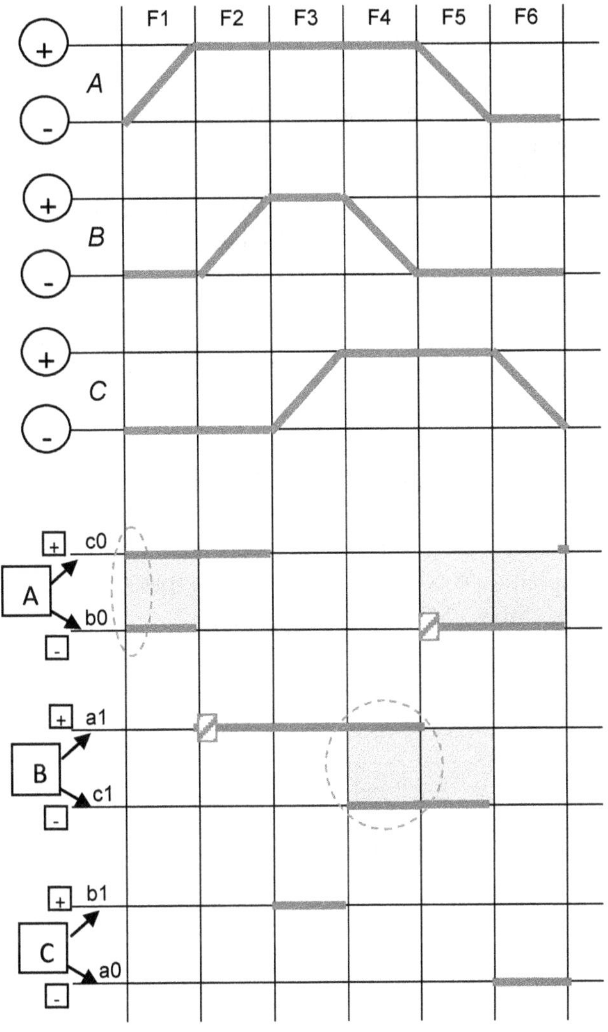
F1
F2
F3
F4
F5
F6
+
A
-
+
B
-
+
C
-
c0
A
b0
a1
B
c1
b1
C
a0

Pag. 161 (AF II)

Ejercicio propuesto: Un dispositivo remachador está compuesto por tres cilindros de doble efecto A, B, C, gobernados por v. biestables 4/2 y dotados cada uno de ellos de los oportunos f.c. que detectan las posiciones extremas de sus recorridos (a0/a1, b0/b1, c0/c1) implementados en v. monoestables 3/2 NC rodillo-muelle, que funciona de la siguiente forma :

Salida del cilindro A para sujetar las piezas, después los cilindros B y C entran y salen (B+/B-) (C+/C-) para dar dos golpes de remachadoy por último el cilindro A retrocede, liberando las piezas unidas

El sistema se pone en marcha al ser activado un pulsador de puesta en marcha PM configurado mediante una v. monoestable 3/2 pulsador/muelle

1) Diseñar el sistema neumático de mando oportuno utilizando, si fueran preciso, finales de carrera con rodillo escamoteable

2) Rediseñar el sistema suponiendo que el cilindro A destinado a sujetar las piezas se implemente como un cilindro de simple efecto y esté gobernado por una v. monoestable 3/2 presión/muelle

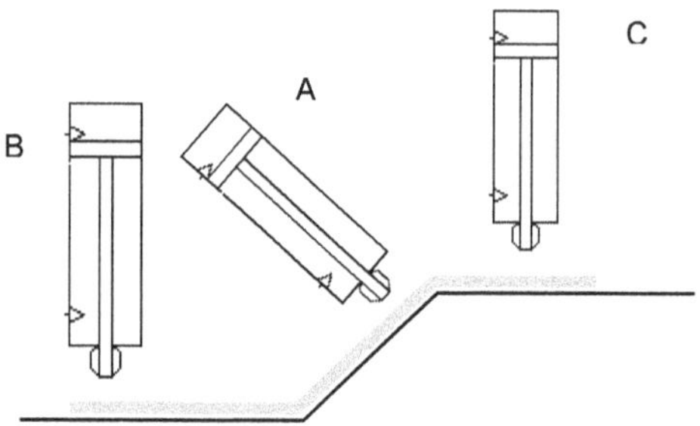

1a) Constatación existencia señales permanentes

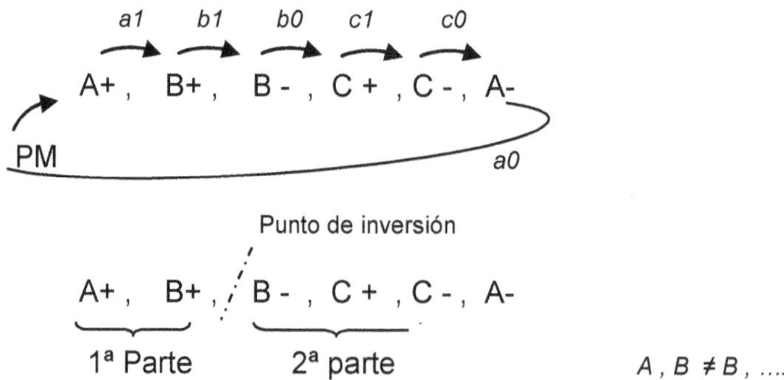

Constatamos que el orden de la 2º parte de la secuencia no concuerda con el de la 1ª, en consecuencia decimos que existen señales permanentes (También porque existen movimientos antagónicos seguidos)

Ecuaciones de mando iniciales

A + = PM . a0	B + = a1	C + = b0
A - = c0	B - = b1	C - = c1

1b) Determinación-concreción de las señales permanentes

Mediante el gráfico coordinado de movimientos-señales establecemos que a1, b0 y c0 generan s.p y será a estos finales de carrera a los que se les dotará de rodillo escamoteable (El criterio de asignación resulta porque las señales antagónicas son ya puntuales).

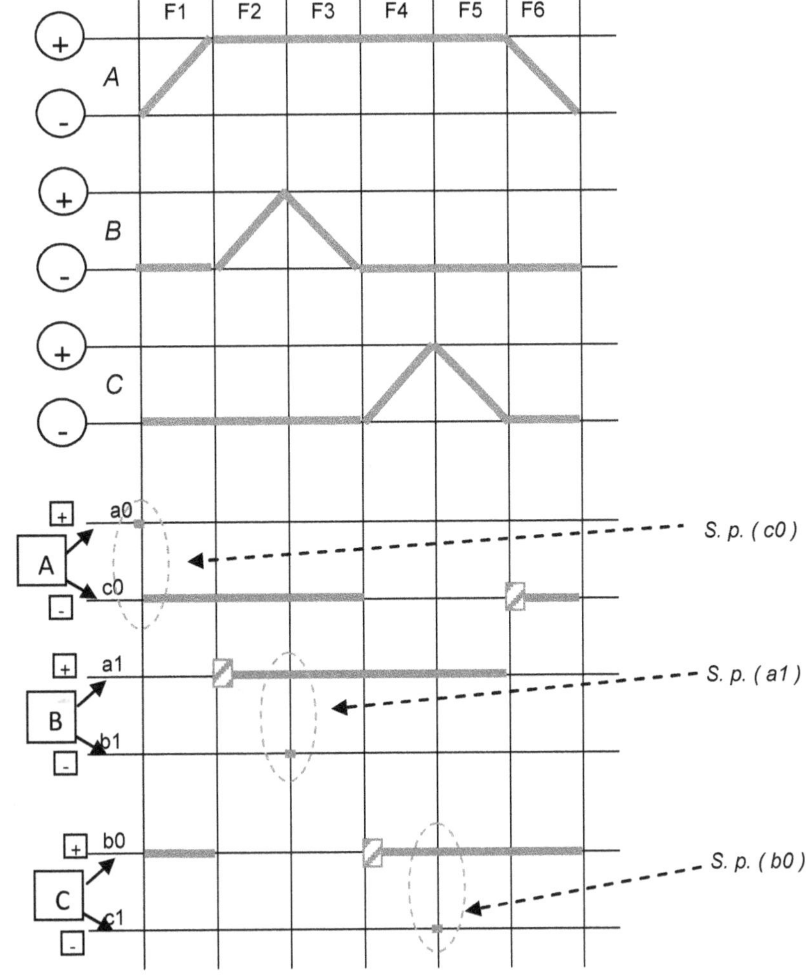

1c) Elaboración del esquema de mando

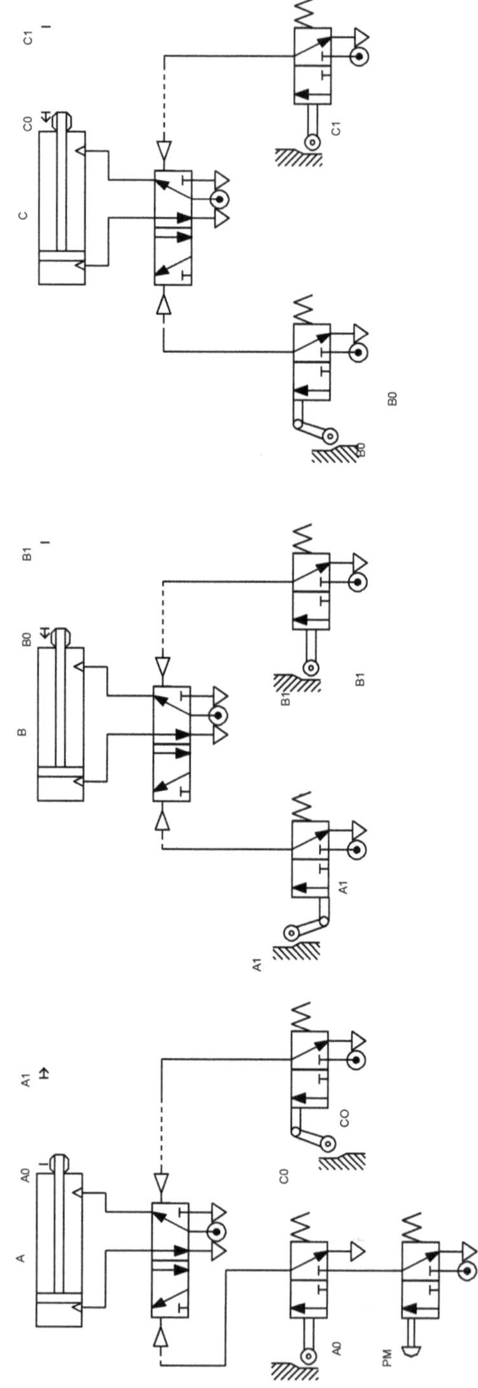

Para la propuesta de cambio del cilindro A como cilindro de simple efecto controlado por válvula monoestable 3/2 NC, tendremos:

2a) Constatación existencia señales permanentes

Son válidas las mismas consideraciones que el supuesto inicial (1a) y también las mismas ecuaciones de mando, salvo las referidas al c.s.e. A que por su carácter monoestable debemos retener la señal para A+, no existiendo como tal señal A-

. Señal de mando - activación (A+) ----- PM . a0 (S) , salida del cilindro

. Anulación señal de mando ---- c0 (R), entrada del cilindro

Cuya ecuación de mando, con prioridad al paro R, sería:

$$A+ = (A+ + PM . a0) . c0'$$

(La entrada del cilindro A es A = ⋀⋀ resencia de señal c0 o ausencia señal A+)

2a) Determinación-concreción de las señales permanentes

Lógicamente también tenemos el mismo gráfico que en el supuesto inicial y por tanto seguirán siendo los finales de carrera a1, b0 y c0 a los que debemos dotar de rodillo escamoteable

2c) Elaboración del esquema de mando

Ver pag. siguiente

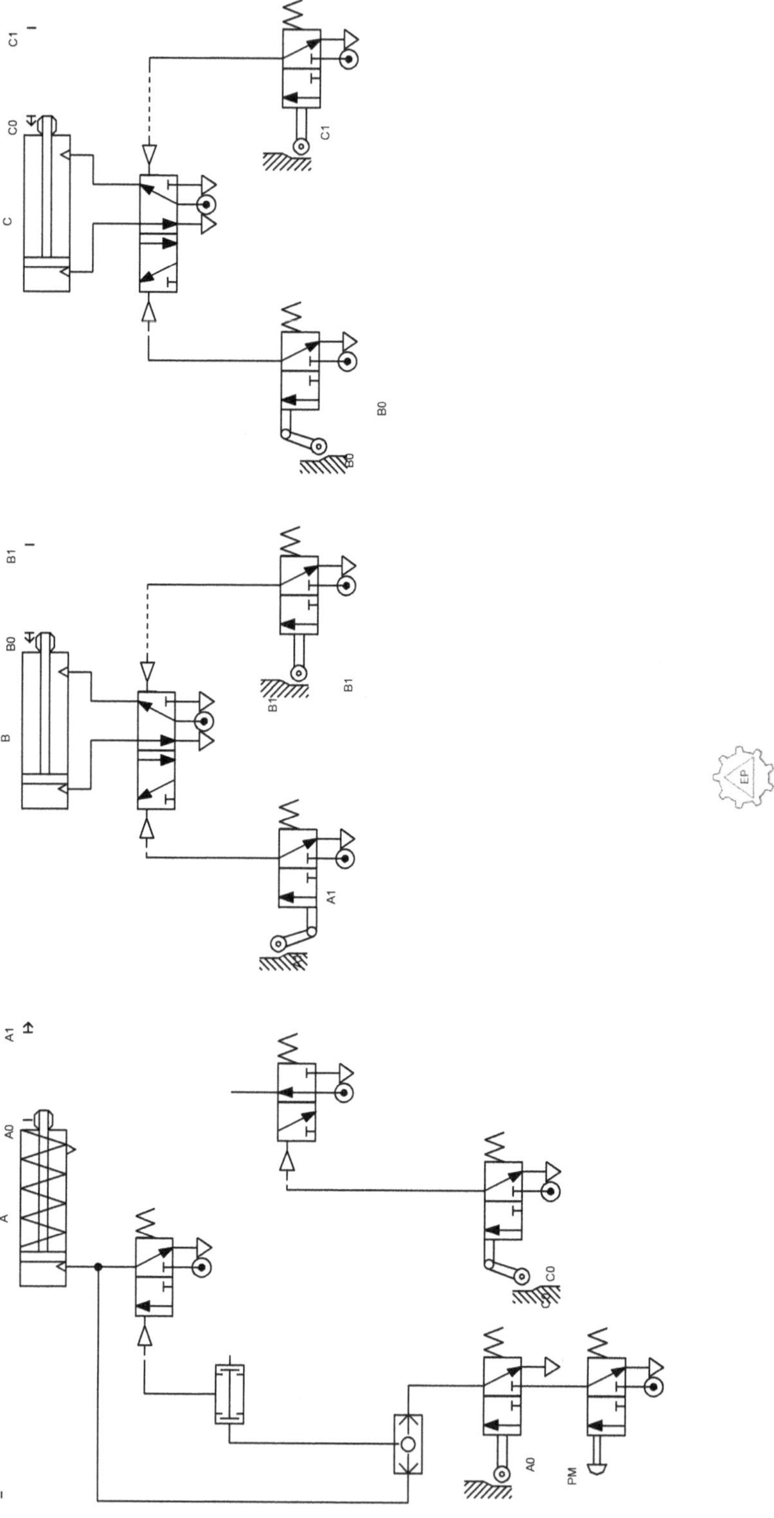
C1
C0
C
B1
B0
B
A1
A0
A
PM

Pag. 180 (AF II)

Ejercicio propuesto: Consideremos de nuevo el ejercicio del dispositivo remachador ya propuesto en el apartado de rodillos escamoteables (pag 161 de AF II) y para el mismo

Diseñar el sistema de mando oportuno, utilizando para la eliminación de señales permanentes el método de memorias, obteniendo los oportunos esquemas en tecnología neumática, eléctrica y para PLC

El análisis para constatación y concreción de la existencia de señales permanentes, serán iguales que en el supuesto de rodillos escamoteables

Las ecuaciones de mando también son las mismas aunque debemos añadir las correspondientes al gobierno de las memorias que controlaran las s.p. (a_1, b_0 y c_0) , constatando así mismo en el diagrama de movimientos-señales coordinados que esas señales de gobierno de las memorias no se interfieren entre sí

A + = PM . a0	B + = a1	C + = b0
A - = c0	B - = b1	C - = c1

Para la señal permanente a1

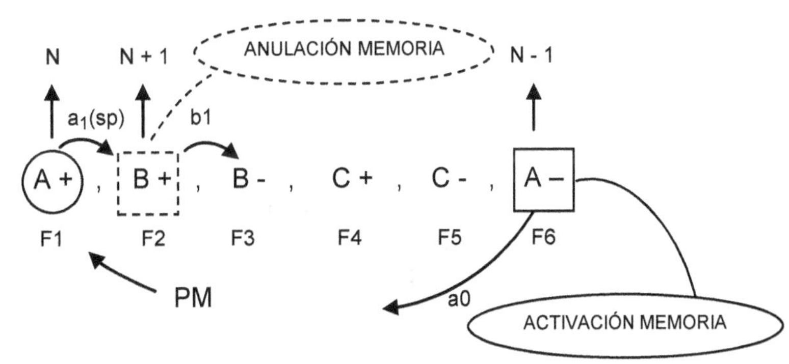

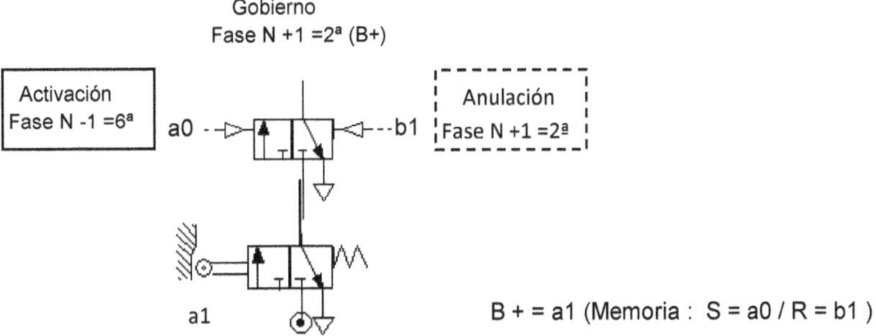

Fase N = 1ª , señal permanente, a1

La memoria que gobierna la s.p. a1 (N) F1ª, será activada por la señal generada en una fase anterior (N-1) = 6ª, esto es, b0 y anulada por las señal generada en una fase siguiente (N+1) =2ª, esto es, b1

Para la señal permanente b0

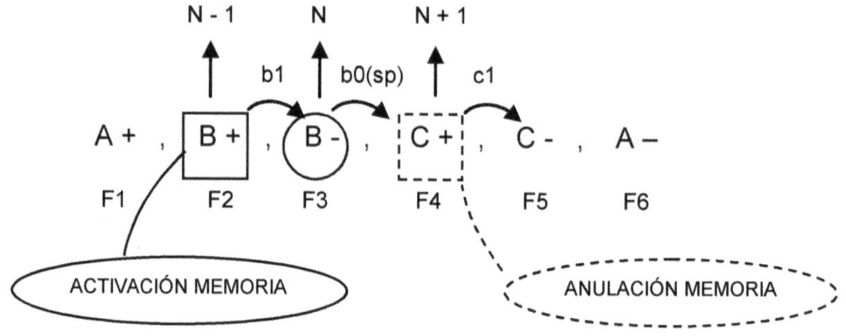

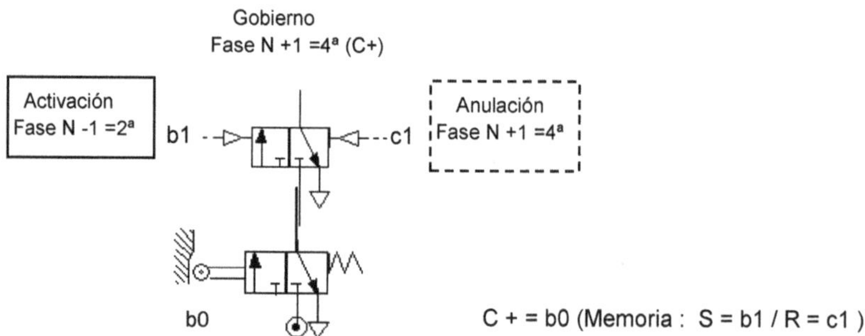

Fase N = 3ª , señal permanente, b0

La memoria que gobierna la s.p. b0 (N) F 3ª, será activada por la señal generada en una fase anterior (N-1) = 2ª, esto es b1 y anulada por la señal generada en una fase siguiente (N+1) = 4ª, ,esto es c1

Para la señal permanente c0

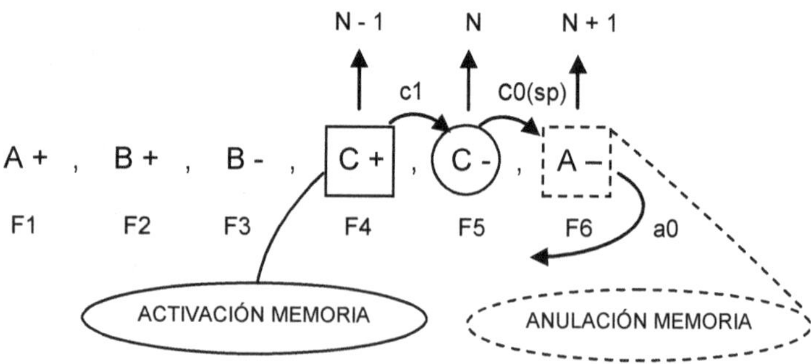

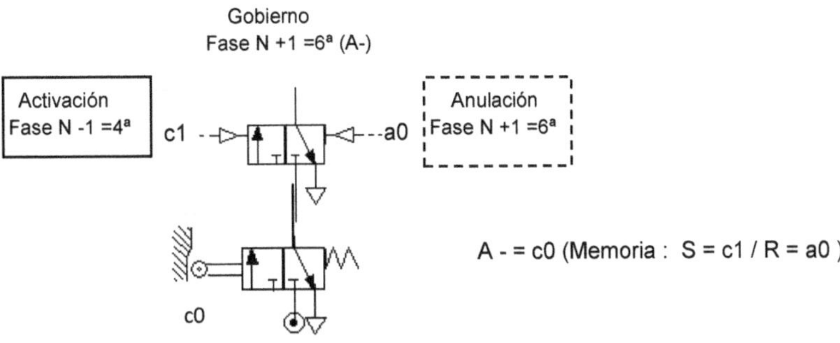

La memoria que gobierna la s.p. c0 (N) F5ª, será activada por la señal generada en una fase anterior (N-1) = 4ª, esto es c1 y anulada por la señal generada en una fase siguiente (N+1) = 6ª, ,esto es a0

Mediante la observación del diagrama de movimientos señales coordinados, se comprueba que no existe interferencia temporal entre cada par de señales propuestos para cada memoria de control de las s.p. y basándonos en estas consideraciones elaboramos el esquema neumático siguiente (Ver pag. siguiente):

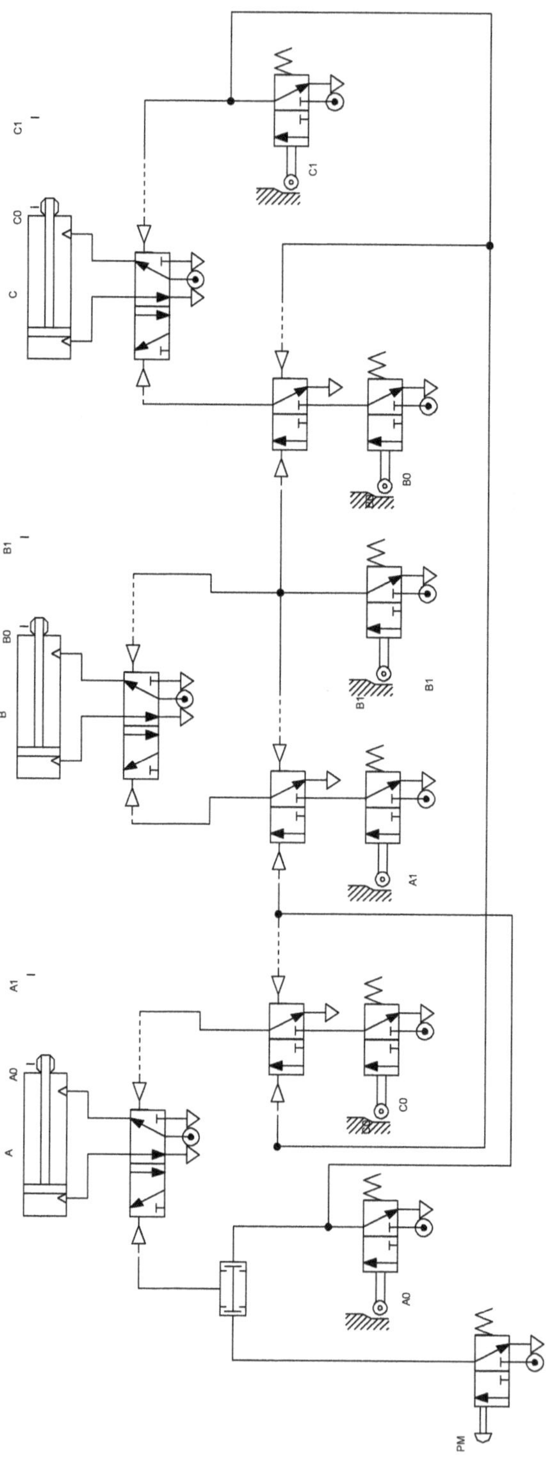
A
A0
A1
B
B0
B1
C
C0
C1
PM

En las ecuaciones resultantes, adaptadas a la terminología eléctrica, dada la intervención en varias de ellas de las señales a0, c1 y b1, nos obliga a pasarlas por relé

$$a0 = Ka0 \qquad b1 = Kb1 \qquad c1 = Kc1$$

Cada una de las memorias para la eliminación de las s.p. se desarrolla por medio de un biestable RS (Prioridad al paro, R), lógicamente con las mismas señales de control consideradas para tecnología neumática son:

$$KNa1 = (KNa1 + Ka0)\ Kb1`$$

$$KNb0 = (KNb0 + Kb1)\ Kc1`$$

$$KNc0 = (KNc0 + Kc1)\ Ka0`$$

El resto de ecuaciones que interviene, con las consiguientes adaptaciones a la terminología eléctrica, también son iguales

$$A+ = PM \,.\, Ka0 \qquad B+ = a1 \,.\, KNa1 \qquad C+ = b0 \,.\, KNb0$$

$$A- = c0 \,.\, KNc0 \qquad B- = Kb1 \qquad C- = Kc1$$

mediante las cuales obtenemos el consiguiente esquema de mando electroneumático y el diagrama de contactos para PLC que siguen, (Ver pag siguiente):

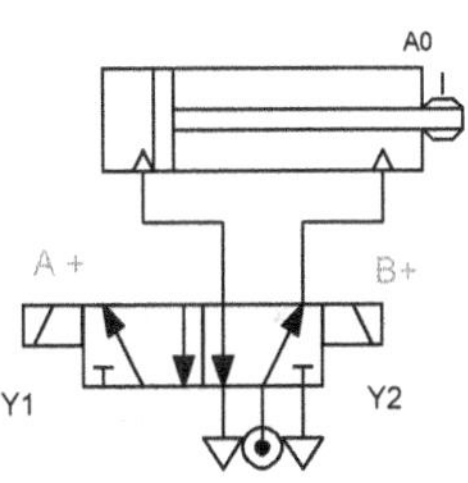

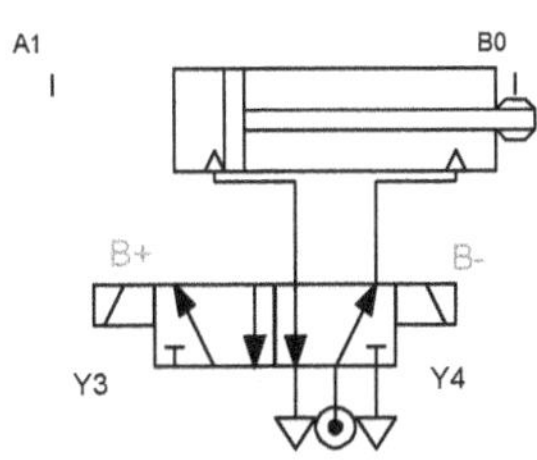

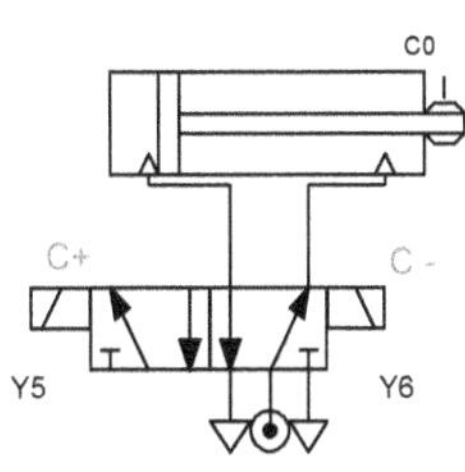

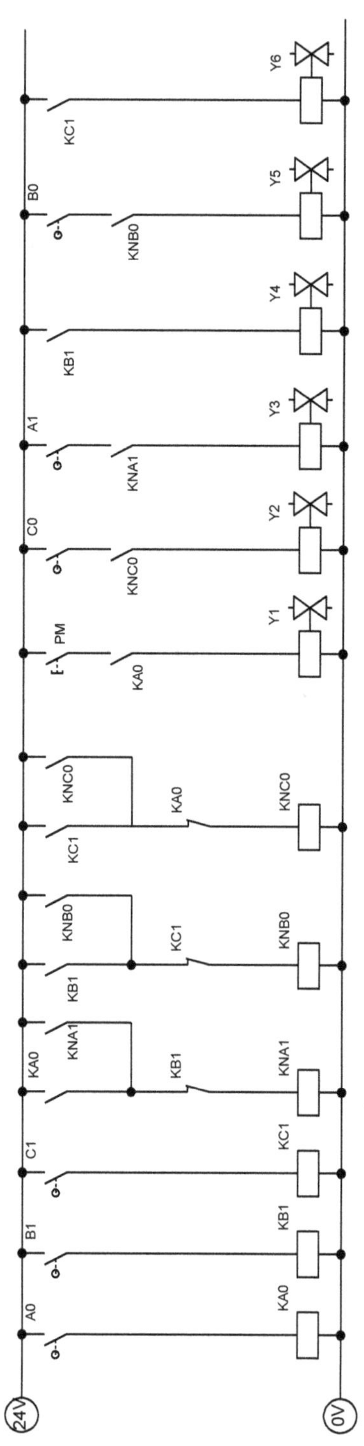

Na1 = (Na1 + a0).b1`

Nd0 = (Nb0 + b1).c1`

Nc0 = (Nc0 + c1).a0`

A+ = PM.a0

A- = c0.Nc0

B + = a1.Na1

B-= b1

C + = b0-Nb0

C-= c1

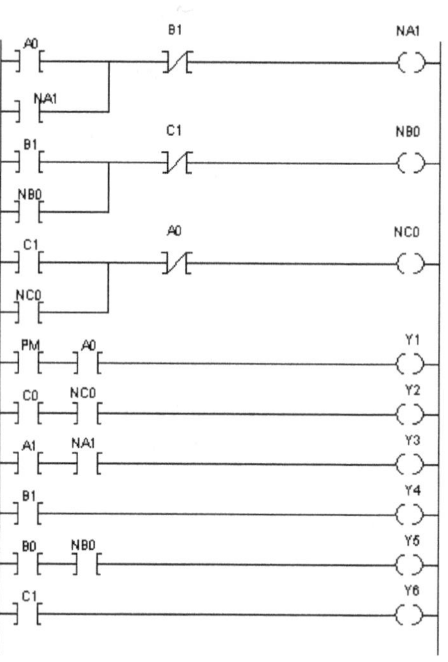

Pag. 200 (AF II)

Ejercicio propuesto: Un dispositivo marcador de piezas está compuesto por un cilindro A que en su salida sitúa piezas, provenientes de un alimentador de gravedad, en un punto de marcaje sujetándolas contra un tope. Durante el proceso operativo, baja un cilindro B que en su salida estampará una marca sobre las pieza de manera que tras ejecutar su retroceso, el cilindro A retrocerá a su posición de partida liberando la pieza y seguidamente un cilindro C efectuará su salida/entrada para hacer posible la evacuación de la pieza ya marcada

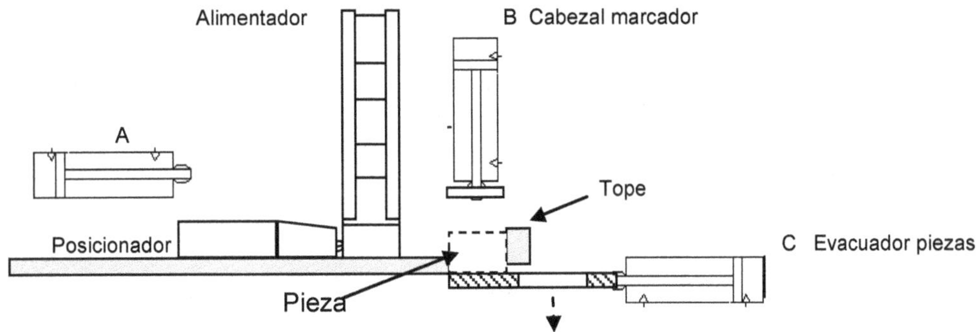

Todos los cilindros son de doble efecto, están gobernados por v. biestables y tienen controladas la posiciones extremas de sus recorridos por f.c. implementados en v. distribuidoras 3/2 NC rodillo-muelle. El sistema se pondrá en marcha al ser activado un pulsador PM que gobierna una v. monoestable 3/2 NC pulsador-muelle

Diseñar el esquema de mando en tecnología neumática, electroneumática y por PLC , utilizando temporización para la eliminación de señales permanentes

Realícese también el diseño considerando al cilindro C de simple efecto siendo gobernado por v. distribuidora 3/2 monoestable NC presión-muelle, permaneciendo igual el resto de componentes de la instalación

De la descripción de funcionamiento del sistema se desprende que la secuencia de funcionamiento es la siguiente:

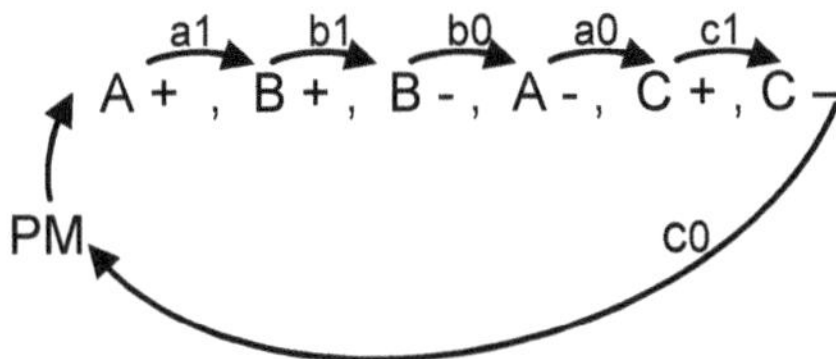

a) Determinación de la existencia de señales permanentes

De la observación de la secuencia de funcionamiento, se detecta la presencia de s.p. por existir movimientos contrarios seguidos en los cilindros B y C, no obstante, también podemos llegar a la misma conclusión sobre la existencia de las s.p. al observar que la secuencia es de inversión inexacta, donde se aprecia que la fase B se adelanta en la 2ª parte

$$\underbrace{A+\ ,\ B+}_{1^a\ Parte}\ \vdots\ \underbrace{B-\ ,\ A-\ ,\ C+}_{2^a\ Pare}\ \vdots\ \underbrace{C-}_{1^a\ Parte} \qquad C,\ A,\ B \neq B,\ A,\ C$$

Para ratificar esa conclusión y determinar que señales son las permanentes, se realiza el diagrama de movimientos señales coordinados (Ver hoja siguiente), detectándose que las mismas son a1, a0, b0 y c0, a las cuales se aplicará temporización para limitar su existencia

Inicialmente las ecuaciones de mando (Sin incluir temporización de las s.p.) son:

A + = Y1 = PM . c0	B + = Y3 = a1	C+ = Y5 = a0
A - = Y2 = b0	B - = Y4 = b1	C - = Y6 = c1

Dada la existencia de s.p. tendremos que temporizar aquellas ecuaciones de mando donde intervengan, permaneciendo igual el resto de ecuaciones. Así para el esquema de mando mediante tecnología neumática con temporizadores neumáticos a la conexión NA o recortadores de señal, tendremos:

$$A+ = Y1 = PM\ .\ c0\ (\ TONc0 + \overline{TONco})$$

$$A- = Y2 = b0\ (\ TONb0 + \overline{TONbo}\ )$$

$$B+ = Y3 = a1\ (\ TONa1 + \overline{TONa1}\ )$$

$$C+ = Y5 = a0\ (\ TONa0 + \overline{TONao}\ )$$

Siendo el esquema neumático de mando el siguiente (Ver hoja siguiente)

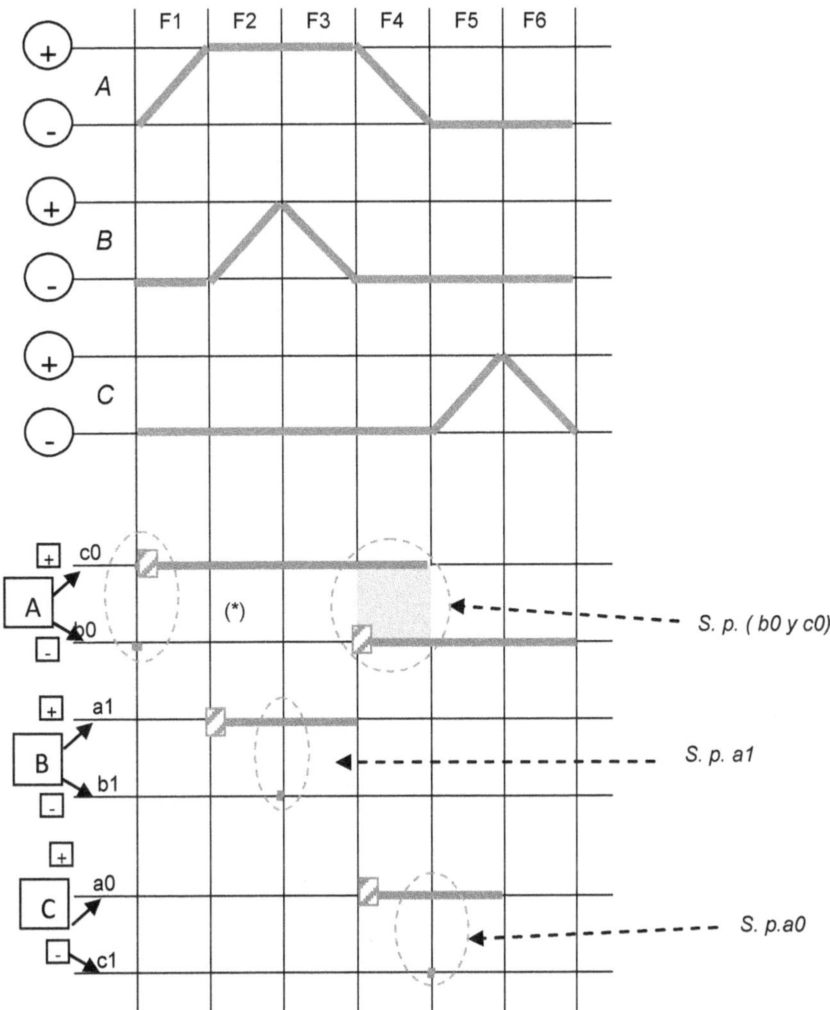

(*) Respecto a las señales que gobiernan los movimientos del cilindro A (b0/c0)b es preciso temporizar ambas señales, dado que si solo si hiciera en una de ellas seguiría existiendo s.p.

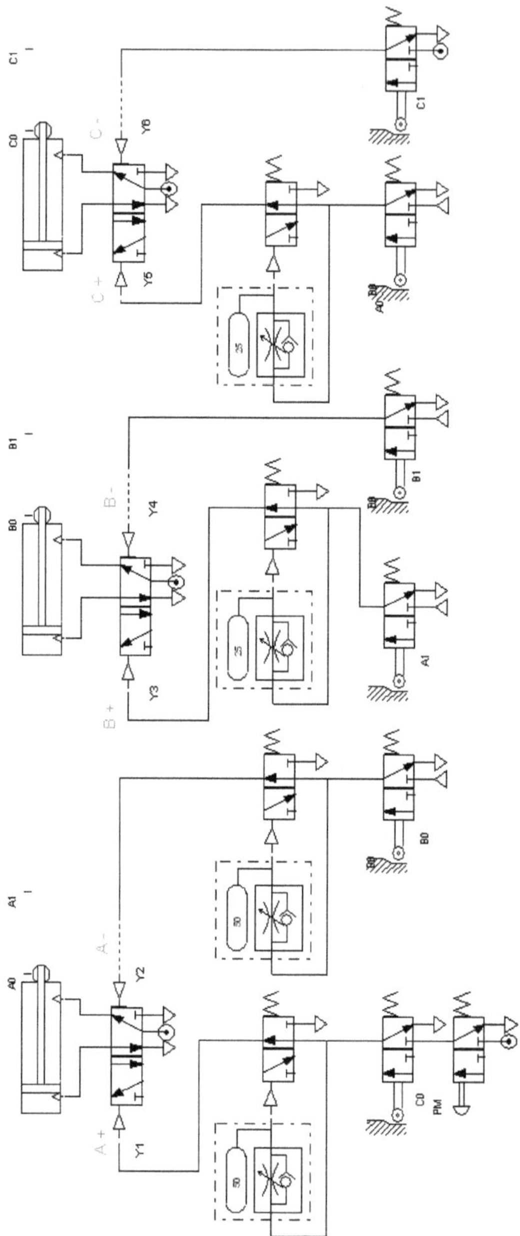

Para la implementación del esquema de mando en tecnología electroneumática, adaptamos a la terminología eléctrica las ecuaciones establecidas, dotándolas de temporización mediante relé temporizador a la conexión con contacto NC

$$A+ = Y1 = PM \cdot c0\ (KTONc0 + \overline{KTONco})$$

$$A- = Y2 = b0\ (KTONb0 + \overline{KTONbo})$$

$$B+ = Y3 = a1\ (KTONa1 + \overline{K\ TONa1})$$

$$C+ = Y5 = a0\ (KTONa0 + \overline{KTONao})$$

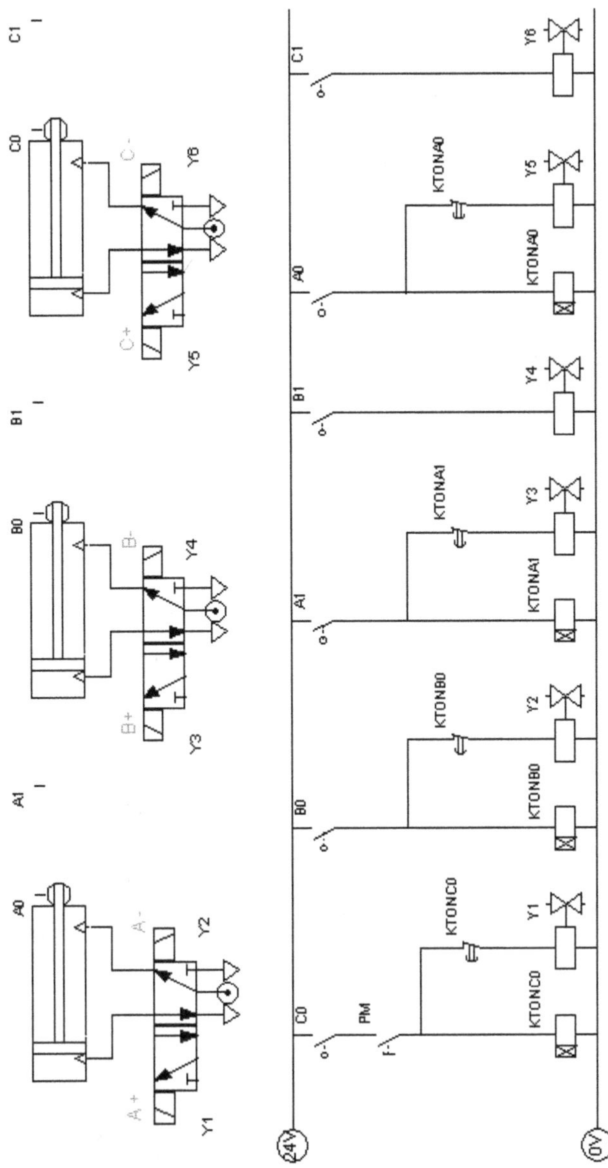

siendo las ecuaciones y diagrama de contactos para PLC (Ver hoja siguiente):

$A+ = Y1 = Q0.1 = PM\ .\ c0\ (TONc0 + \overline{TONc0}\ ) = I0.0\ .I0.5\ (T104 + \overline{T104})$

$A- = Y2 = Q0.2 = b0\ (TONb0 + \overline{TONb0}\ ) = I0.3\ (T103 + \overline{T103})$

$B+ = Y3 = Q0.3 = a1\ (TONa1 + \overline{TONa1}) = I0.2\ (T102 + \overline{T102})$

$B- = Y4 = Q0.4 = b1 = I0.4$

$C+ = Y5 = Q0.5 = a0\ (TONa0 + \overline{TONa0}\ ) =.I0.1\ (T101 + \overline{T101})$

$C- = Y6 = Q0.6 = c1 = I0.6$

Símbolo	Dirección
PM	I0.0
a0	I0.1
a1	I0.2
b0	I0.3
b1	I0.4
e0	I0.5
e1	I0.6
Y1	Q0.1
Y2	Q0.2
Y3	Q0.3
Y4	Q0.4
Y5	Q0.5
Y6	Q0.6
TONa0	T101
TONa1	T102
TONb0	T103
TONe0	T104

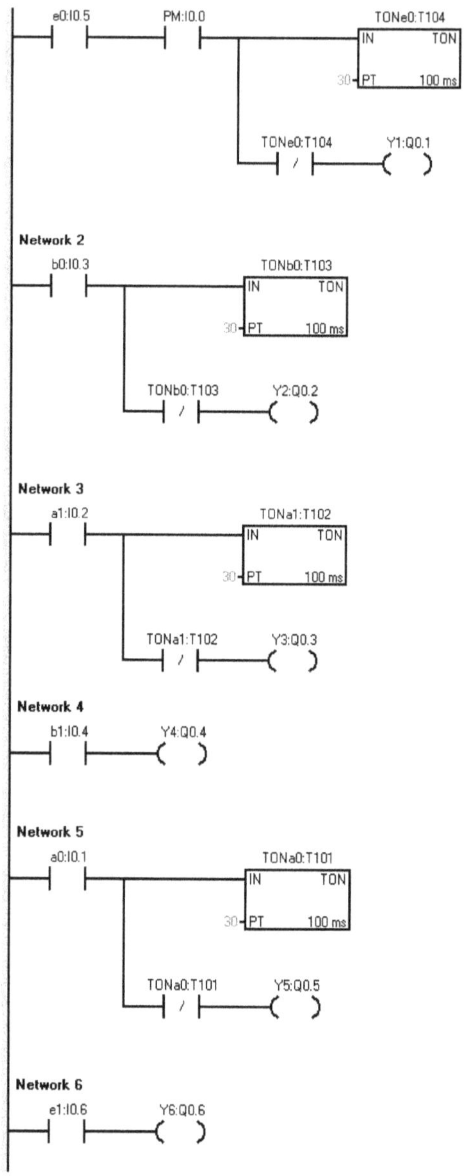

Imagen/Pantalla obtenida con el programa Step 7. MicroWin V4. Siemens ©

En el supuesto de que el cilindro C fuese de simple efecto, todo el análisis realizado anteriormente es válido, con la única incidencia de considerar la retención de la señal de salida de ese cilindro, permaneciendo igual el resto de ecuaciones

$$C+ = Y5 = (C+ \ + \ a0 \ (TONa0 + \overline{TONao})). \ c1`$$

C - = M y presencia señal c1

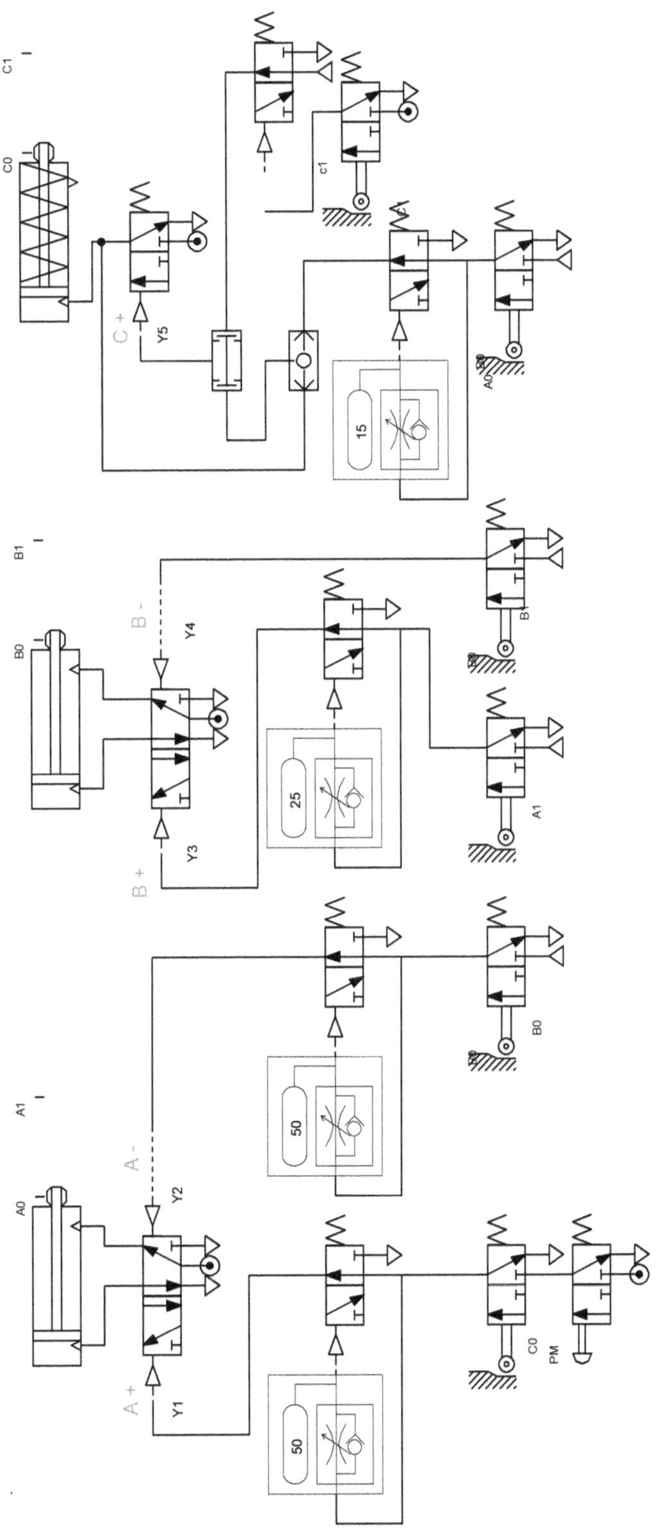
A0
A1
B0
B1
C0
C1
A +
A -
B +
B -
C +
Y1
Y2
Y3
Y4
Y5
50
50
25
15
PM
c1

Para la realización del esquema electroneumatico utilizamos las misma ecuaciones usadas en la implementación neumática, con las lógicas adaptaciones terminológicas

$C+ = Y5 = KC+ = (KC+ \ + \ Ka0_{TEMP}) \ . \ c1`$ $\qquad Ka0_{TEMP} = a0 \ (KTONa0 + \overline{KTONa0})$

C - = W y presencia señal c1

$A+ = Y1 = PM \ . \ c0 \ (KTONc0 + \overline{KTONco} \ )$

$A- = Y2 = b0 \ (KTONb0 + \overline{KTONbo} \ )$

$B+ = Y3 = a1 \ (KTONa1 + \overline{K \ TONa1})$

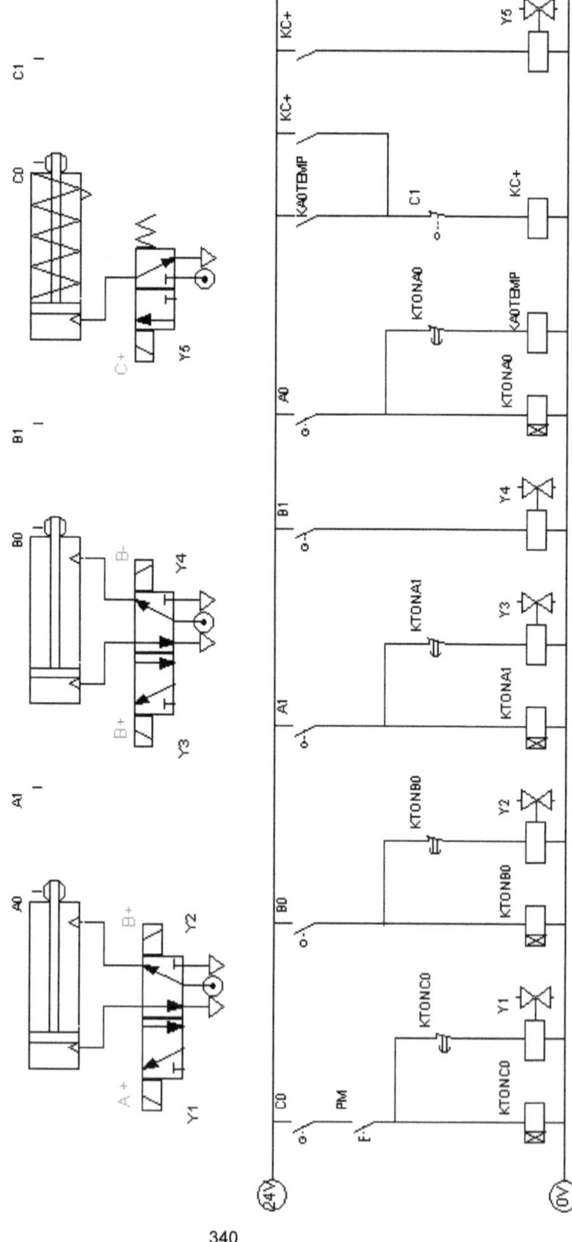

Ecuaciones para mando por PLC sin bloque RS

Símbolo	Dirección	
PM	I0.0	
a0	I0.1	
a1	I0.2	
b0	I0.3	
b1	I0.4	
e0	I0.5	
e1	I0.6	
Y1	Q0.1	
Y2	Q0.2	
Y3	Q0.3	
Y4	Q0.4	
Y5	Q0.5	
KCplus	Q0.6	KC+
Ka0Temp	Q0.7	
TONa0	T101	
TONa1	T102	
TONb0	T103	
TONe0	T104	

Imagen/Pantalla obtenida con el programa Step 7. MicroWin V4. Siemens ©

A+ = Y1 = Q0.1 = PM . c0 (TONc0 + TONc0) = I0.0 .I0.5 (T104 + T104)

A - = Y2 = Q0.2 = b0 (TONb0 + $\overline{\text{TONb0}}$) = I0.3 (T103 + $\overline{\text{T103}}$)

B+ = Y3 = Q0.3 = PM . a1 (TONa1 + $\overline{\text{TONa1}}$) = I0.2 (T102 + $\overline{\text{T102}}$)

B - = Y4 = Q0.4 = b1 = I0.4

$Ka0_{Temp}$ = Q0.7 = a0 (TONa0 $\overline{\text{TONa0}}$) = I0.1 (T101 + $\overline{\text{T101}}$)

C + = Y5 = Q0.5 = (C + + $Ka0_{Temp}$) . c1\` = (Q0.5 + Q0.6). I0.6´

Las ecuaciones de mando utilizando bloques RS son iguales excepto la siguiente:

C + = Y5 = Q0.5 (RS) (S = $Ka0_{Temp}$ = Q0.6 R = c1 = I0.6)

Siendo los esquemas de contacto los representados en la siguiente página:

e0:I0.5 PM:I0.0 TONe0:T104
IN TON
30 PT 100 ms
TONe0:T104 / Y1:Q0.1

Network 2

b0:I0.3 TONb0:T103
IN TON
30 PT 100 ms
TONb0:T103 / Y2:Q0.2

Network 3

a1:I0.2 TONa1:T102
IN TON
30 PT 100 ms
TONa1:T102 / Y3:Q0.3

Network 4

b1:I0.4 Y4:Q0.4

Network 5

a0:I0.1 TONa0:T101
IN TON
30 PT 100 ms
TONa0:T101 / Ka0Temp:Q0.6

Network 6

Ka0Temp:Q0.6 e1:I0.6 / Y5:Q0.5
Y5:Q0.5

e0:I0.5 PM:I0.0 TONe0:T104
IN TON
30 PT 100 ms
TONe0:T104 / Y1:Q0.1

Network 2

b0:I0.3 TONb0:T103
IN TON
30 PT 100 ms
TONb0:T103 / Y2:Q0.2

Network 3

a1:I0.2 TONa1:T102
IN TON
30 PT 100 ms
TONa1:T102 / Y3:Q0.3

Network 4

b1:I0.4 Y4:Q0.4

Network 5

a0:I0.1 TONa0:T101
IN TON
30 PT 100 ms
TONa0:T101 / Ka0Temp:Q0.6

Network 6

Ka0Temp:Q0.6 Y5:Q0.5
S OUT
RS
e1:I0.6
R1

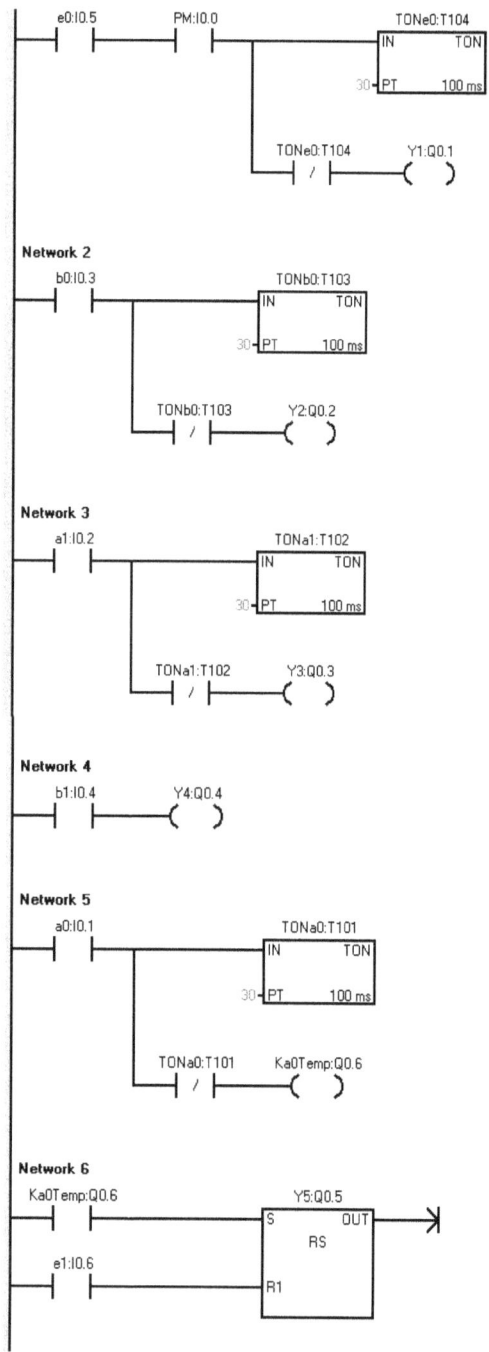

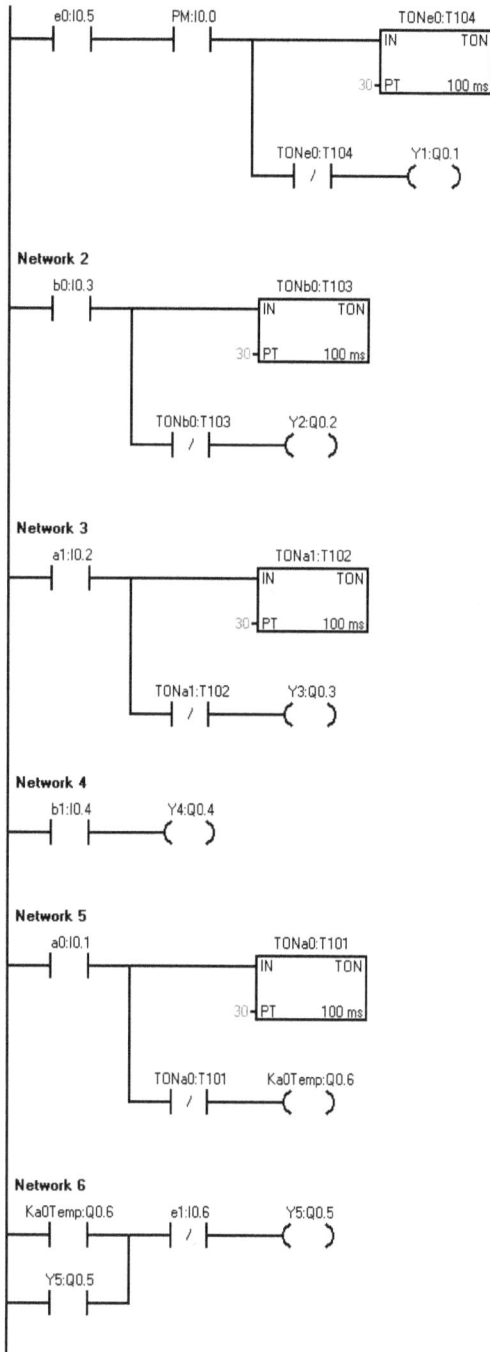

Imagenes/Pantallas obtenidsa con el programa Step 7. MicroWin V4. Siemens ©

Pag. 208 (AF II)

Ejercicio propuesto: Establecer el grafo de secuencia con las señales y ecuaciones de mando para el control de la siguiente secuencia al objeto de realizar la eliminación de s. permanentes por el método paso a paso

A + , B + , C + ; A - ; C - , C + , B -

C -

Partiendo del grafo de secuencia que se plasma seguidamente, elaboramos la tabla con las ecuaciones de mando para el control de la secuencia

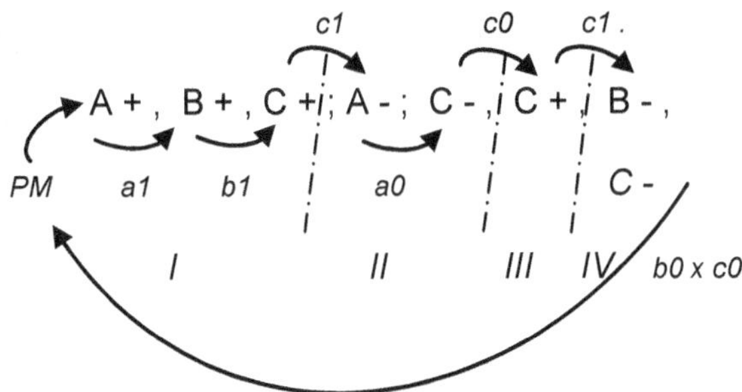

CONTROL DE GRUPOS			CONTROL DE FASES	
GRUPO	ACTIVADO POR (S) *Grupo anterior x Señal de cambio*	ANULADO POR (R) *Grupo siguiente*	FASE	Ecuaciones de mando
I	IV x PM x b0 x c0	II	A +	I
			B +	I . a1
			C+	I . b1
II	I x c1	III	A -	II
			C -	II . a0
III	II x c0	IV	C +	III
IV	III x c1 + S_{INI}	I	B - / C -	IV

C+ = I . b1 + III

C - = II. a0 + IV

Pag. 210 (AF II)

Ejercicio propuesto: Establecer el grafo de secuencia con las señales y ecuaciones de mando para el control de la siguiente secuencia en la eliminación de s. permanentes por el método paso a paso máximo

A + , B + , C + ; A - ; C - , C + , B -

C -

Partiendo del grafo de secuencia que se plasma seguidamente, elaboramos la tabla con las ecuaciones de mando para el control de la secuencia

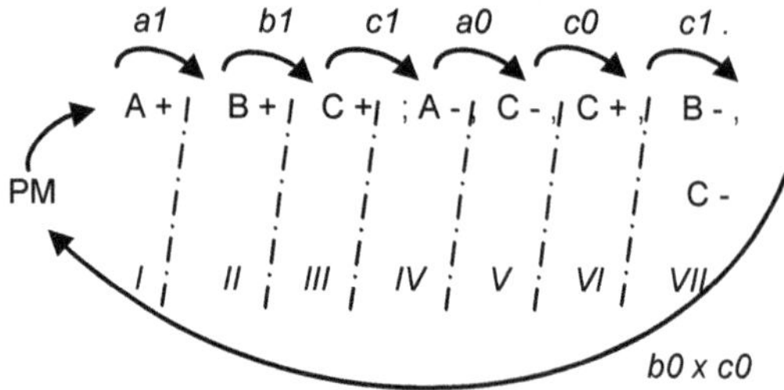

CONTROL DE GRUPOS			CONTROL DE FASES	
GRUPO	ACTIVADO POR (S) *Grupo anterior x Señal de cambio*	ANULADO POR (R) *Grupo siguiente*	FASE	Ecuaciones de mando
I	VII x PM x b0 x c0	II	A +	I
II	I . a1	III	B +	II
III	II . b1	IV	C+	III
IV	III . c1	V	A -	IV
V	IV . a0	VI	C -	V
VI	V . c0	VII	C +	VI
VII	VI . c1 + S_{INI}	I	B - / C -	VII

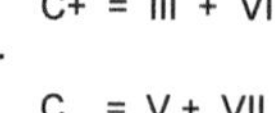

Pag. 215 (AF II)

Ejercicio propuesto: Establecer el grafo de secuencia con las señales y ecuaciones de mando para el control de la siguiente secuencia mediante eliminación de s. permanentes por el método paso a paso mínimo. Realícese una agrupación de fases lo mas optimizada posible

A + , A - ; B - ; C + , C - , B +

D + D -

A priori se puede considerar el siguiente agrupamiento:

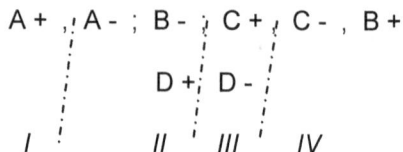

A + , A - ; B - ; C + , C - , B +

D + D -

I II III IV

pero observando la misma apreciamos que existe cola de secuencia puesto que el grupo IV es reunible con el grupo I, pasando la secuencia a tener solo tres grupos

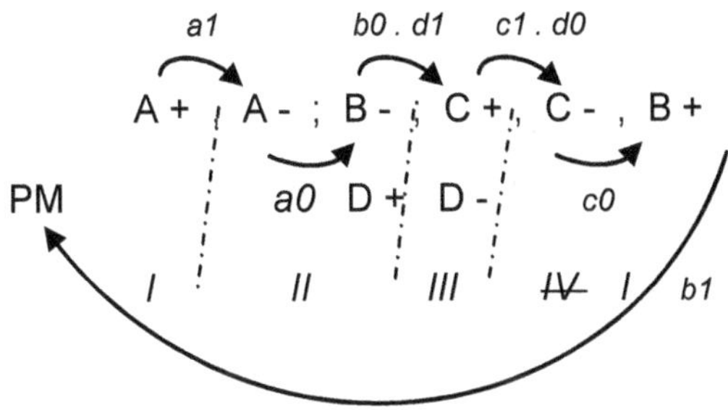

CONTROL DE GRUPOS			CONTROL DE FASES	
GRUPO	ACTIVADO POR (S) *Grupo anterior x Señal de cambio*	ANULADO POR (R) *Grupo siguiente*	FASE	Ecuación de mando
I	III . c1 . d0	II	C -	I
			B +	I . c0
			A +	I.PM.b1
II	I .a1	III	A -	II
			B - / D +	II . a0
III	II . bo . d1 + S INI	I	C + / D -	III

Pag. 217 (AF II)

Ejercicio propuesto : Establecer alternativas para un agrupamiento de fases optimizado en el control de la secuencia siguiente, resolviendo la eliminación de s. permanentes por el método paso-paso obteniendo el grafo de secuencia con señales y las ecuaciones de mando oportunas

A + , B + , B - , A -
C + C -

Al establecer un agrupamiento optimizado, tendríamos únicamente dos grupos

A + , B + / B - , A -
C+ C -
I II

pero si subdividimos (Alternativa "a") uno de ellos, obtendríamos tres o bien podemos incluir un tercer grupo (Alternativa "b")

Alternativa "a":

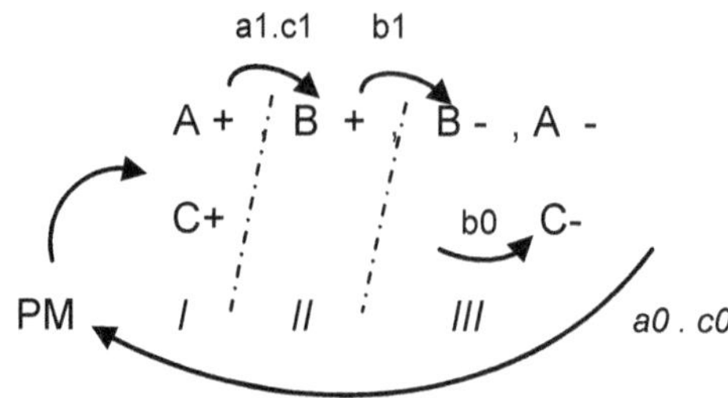

CONTROL DE GRUPOS			CONTROL DE FASES	
GRUPO	ACTIVADO POR (S) *Grupo anterior x Señal de cambio*	ANULADO POR (R) *Grupo siguiente*	FASE	Ecuación de mando
I	III . PM . a0. c0	II	A + / C +	I
II	I.a1. c1	III	B +	II
III	II .b1 + S $_{INI}$	I	B -	III
			A - / C -	III . b0

Alternativa "b":

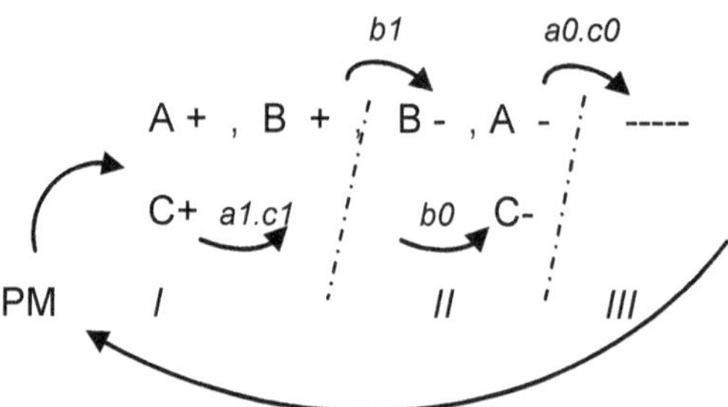

CONTROL DE GRUPOS			CONTROL DE FASES	
GRUPO	ACTIVA POR (S) *Grupo anterior x Señal de cambio*	ANULADO POR(R) *Grupo siguiente*	FASE	Ecuación de mando
I	III . PM .	II	A +-/ C +	I
			B +	I . a1.c1
II	I.b1	III	B -	II .
			A - / C -	II . b0
III	II . a0 .c0 + S $_{INI}$	I	----	________

Pag. 237 (AF II)

Ejercicio propuesto : Una rectificadora tangencial dispone de un cilindro A de simple efecto, gobernado por una v. distribuidora 3/2 NC monoestable para que en su salida realice la sujeción de la pieza a rectificar (Acabado de una canal en dos pasadas), de modo que desde la posición de partida representada en la figura, la mesa de la misma efectúa un movimiento de avance longitudinal hacia la derecha impulsada por la salida de un cilindro de doble efecto B, que al finalizar su carrera de desplazamiento inmediatamente realiza su retorno ejecutando el movimiento de avance longitudinal hacia la izquierda, concluido el cual, otro cilindro C de doble efecto efectuará su salida proporcionando el movimiento trasversal de la mesa, desplazando la pieza en ese sentido quedando dispuesta para la realización de una segunda pasada mediante el movimiento longitudinal de la mesa por una nueva salida/entrada del cilindro B, a cuya conclusión el cilindro C retorna a su posición de partida y simultáneamente la pieza es liberada como consecuencia de la entrada del cilindro A.

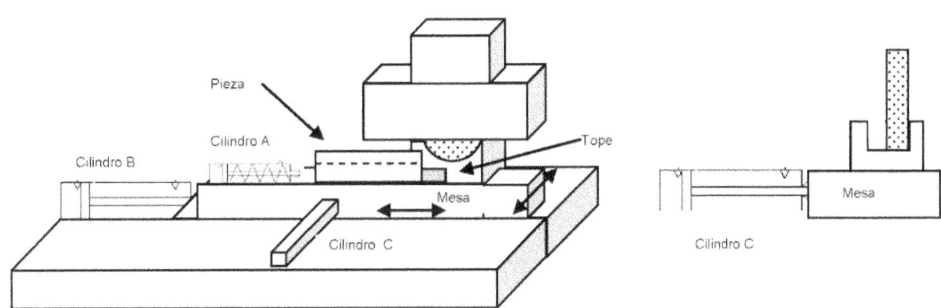

Los cilindros de doble efecto están gobernados por v. distribuidoras biestables 5/2 excepto el cilindro A que lo está por una v. d. 5/2 monoestable y todos disponen de los oportunos finales de carrera que detectan las posiciones extremas de sus respectivos recorridos, configurados mediante v. monoestables 3/2 N

El sistema se pone en funcionamiento al ser activado un pulsador de puesta en marcha PM, implementado mediante v. d. 3/2 NC monoestable.

Diseñar el esquema neumático para el control del sistema (Paso paso máximo) mediante:

1) Pulsador de excitación Pex
2) Memoria 3/2 NA
3) Circuito optimizado respetando el carácter paso paso máximo

De la descripción funcional de la rectificadora se desprende la siguiente secuencia de funcionamiento del sistema

A + , B + , B - , C + , B + , B – , A -

C –

a) Existen señales permanentes dada la presencia de movimientos contrarios seguidos y/o porque también se aprecia que la secuencia es de inversión inexacta (A , B ≠ B , C ...)

b y c) Establecimiento de grupos para paso paso máximo y señales de gobierno , recogido en el siguiente grafo

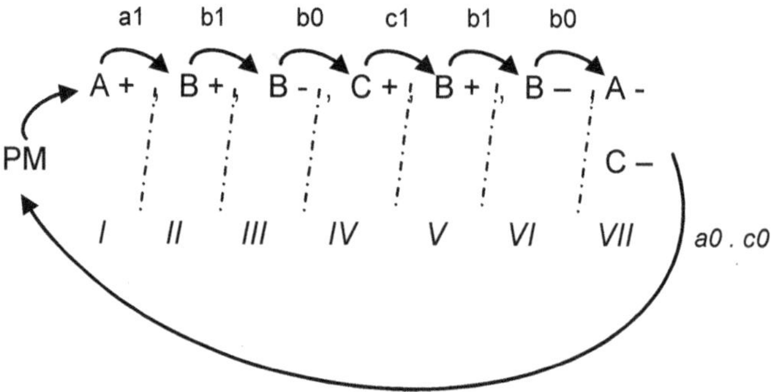

d) Determinación de las ecuaciones de mando para el gobierno de los grupos/fases

GRUPOS		FASES
Activación (S)	Anulación (R)	
I = VII . PM .a0 . c0	I ´= II	A + = (A+ + I) VII`
II = I . a1	II `= III	B +- = II
III = II . b1	III `= IV	B - = III
IV = III . b0	IV ´= V	C + = IV.
V = IV . c1	V `= VI	B + = V
VI = V . b1	VI ´= VII	B - = VI
VII = VI . b0 + S_{INI}	VII¨= I	A - = Presencia g. VII y muelle C - = VII

B + = II + V
B - = III + VI

e) Esquema neumático de mando (Ver pag. siguientes)

1) Utilizando un pulsador de excitación Pex

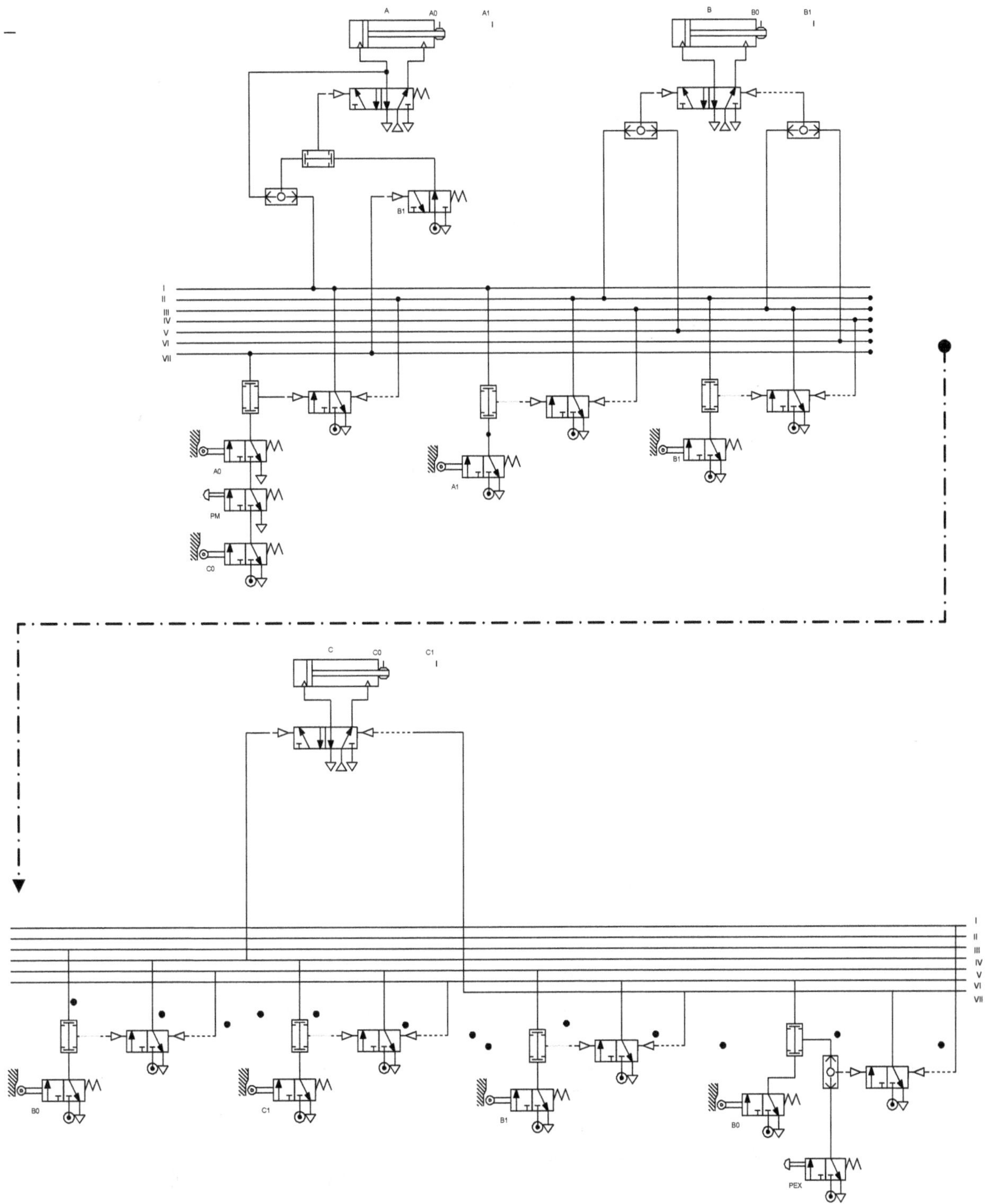
A
A0
A1
B
B0
B1
B1
I
II
III
IV
V
VI
VII
A0
PM
C0
A1
B1
C
C0
C1
B0
C1
B1
B0
PEX

2) Memoria 3/2 NA

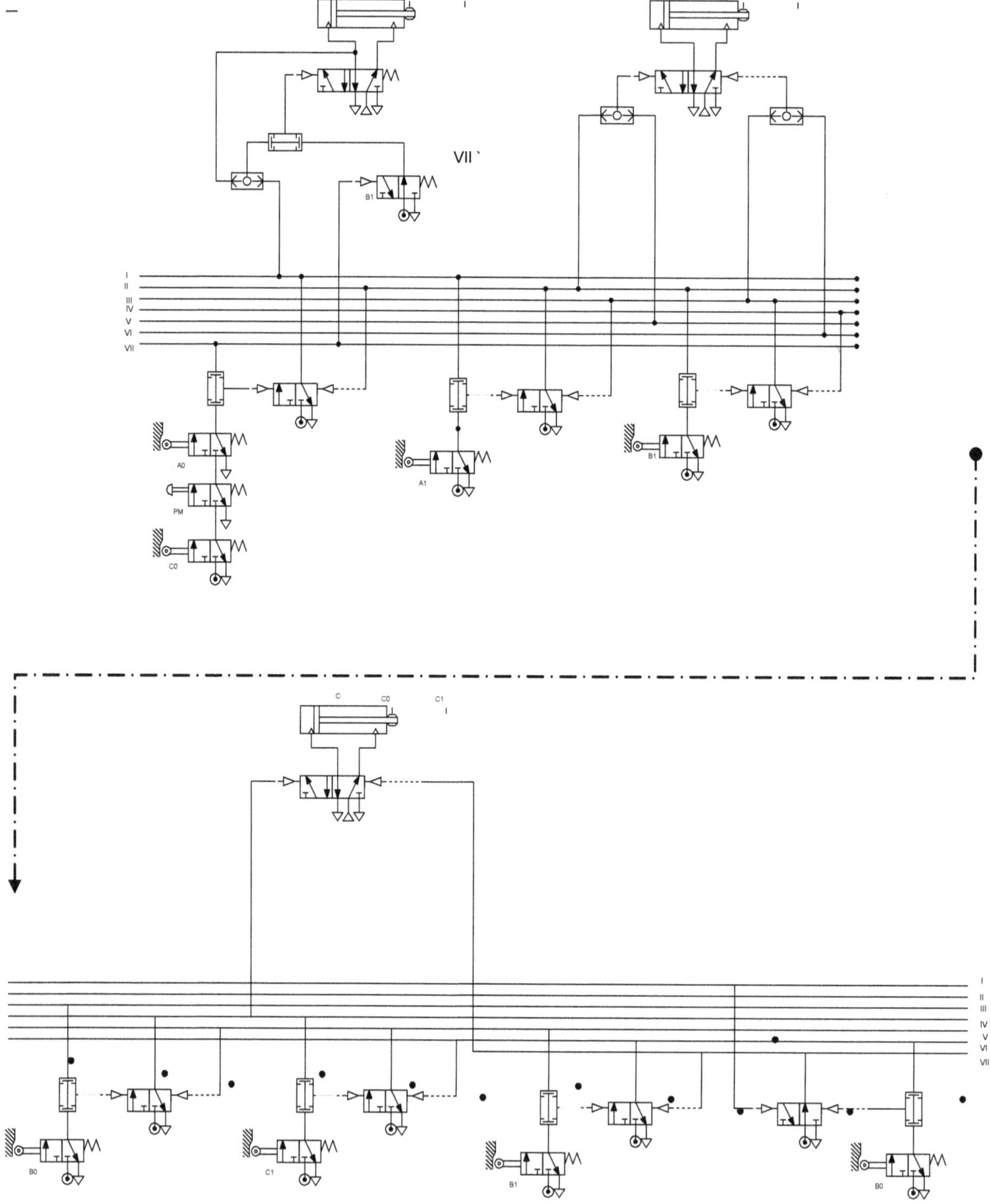

3) Circuito optimizado respetando el carácter paaso paso máximo

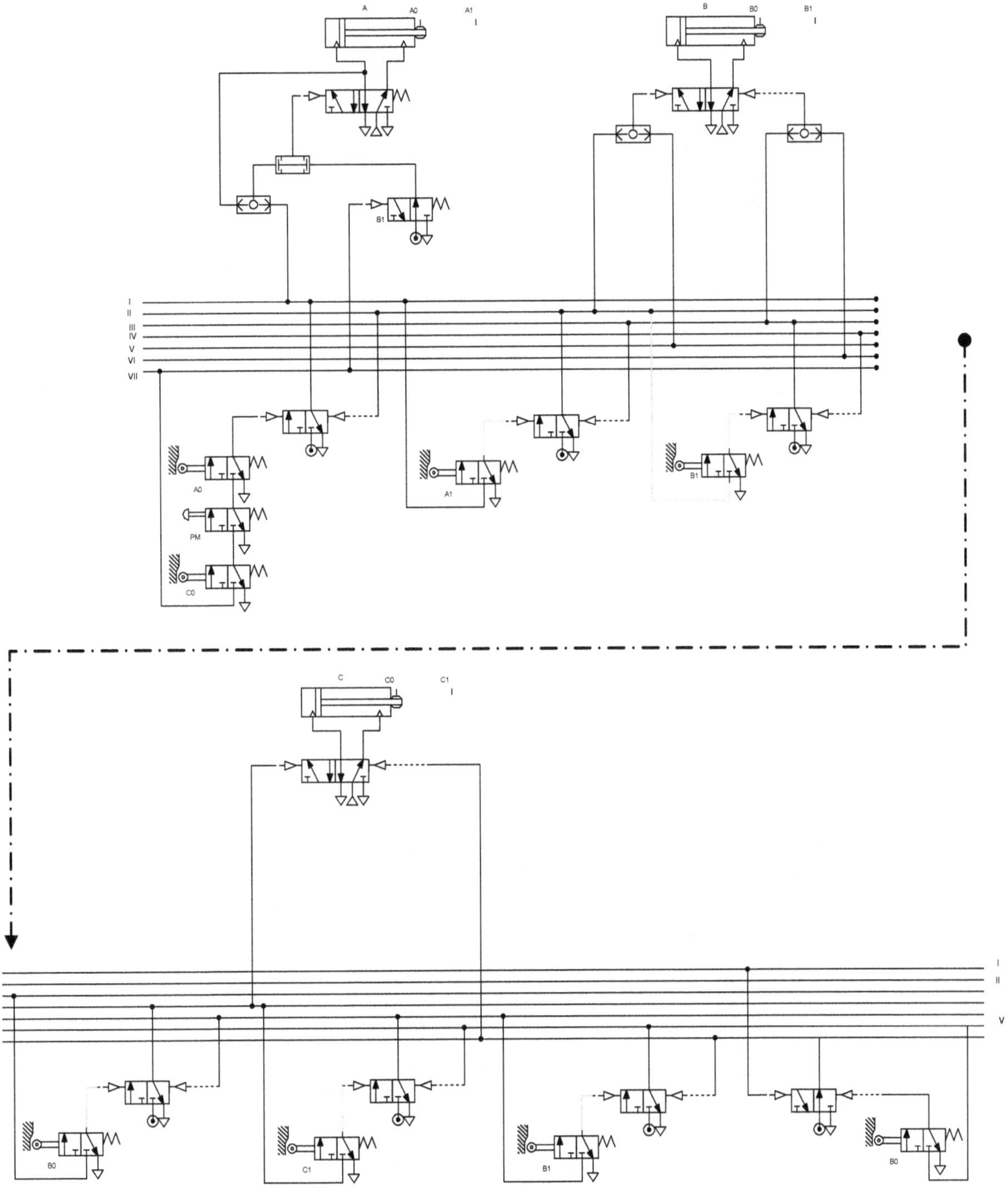

Pag. 255 (AF II)

Ejercicio propuesto : Una rectificadora tangencial dispone de un cilindro A de simple efecto, gobernado por una v. distribuidora 3/2 NC monoestable para que en su salida realice la sujeción de la pieza a rectificar (Acabado de una canal), de modo que desde la posición de partida representada en la figura, la mesa de la misma efectúa un movimiento de avance longitudinal hacia la derecha impulsada por la salida de un cilindro de doble efecto B, que al finalizar su carrera de desplazamiento, inmediatamente realiza su retorno ejecutando el movimiento de avance longitudinal hacia la izquierda, concluido el cual, otro cilindro C de doble efecto efectuará su salida proporcionando el movimiento trasversal de la mesa, desplazando la pieza en ese sentido, quedando dispuesta para la realización de una segunda pasada mediante el movimiento longitudinal de la mesa por una nueva salida/entrada del cilindro B, a cuya conclusión el cilindro C retorna a su posición de partida y simultáneamente la pieza es liberada como consecuencia de la entrada del cilindro A.

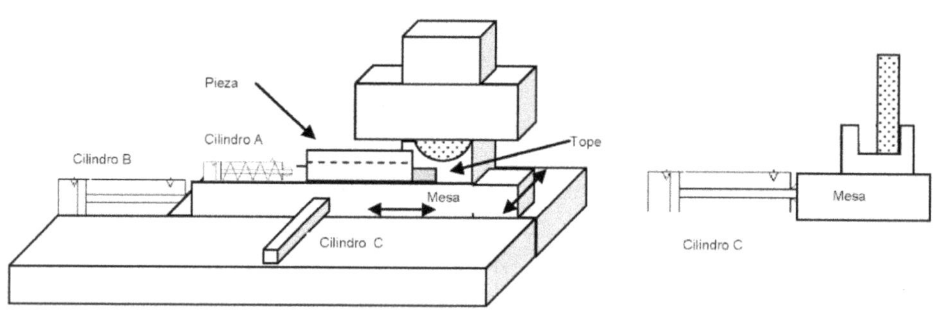

Los cilindros de doble efecto están gobernados por electroválvulas biestables 5/2 excepto el cilindro A que lo está por una electroválvula 5/2 monoestable y todos disponen de los oportunos finales de carrera que detectan las posiciones extremas de sus respectivos recorridos configurados mediante v. monoestables 3/2 NC

El sistema se pone en funcionamiento al ser activado un pulsador de puesta en marcha PM, implementado mediante electroválvula 3/2 NC monoestable.

Diseñar el esquema electroneumático para el control del sistema mediante paso paso máximo :

1) Pulsador de excitación Pex
2) Por la inexistencia de grupo alguno activo
3) a) Por configuración de flanco ascendente con la puesta en marcha
   b) Por contacto con flanco ascendente activado por la puesta en marcha

De la descripción funcional de la rectificadora recordando el grafo de secuencia/ establecimiento de grupos y las ecuaciones de mando fijadas en la resolución de este mismo supuesto en tecnología neumática (Pag. 334), con la oportuna adaptación terminológica, tendremos:

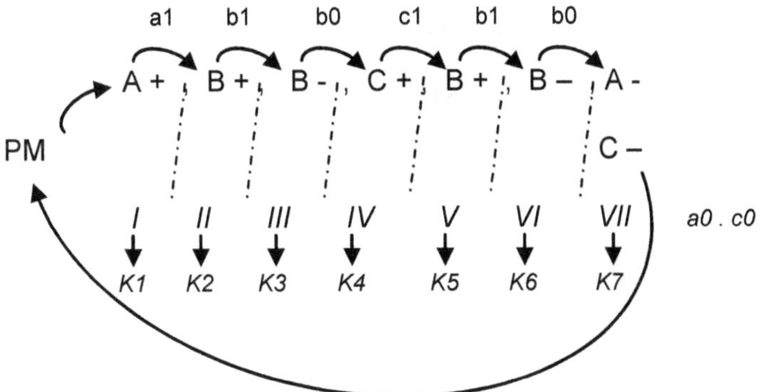

Las señales b0 = Kc0 y b1 = Kb1 se pasan por relé por ser requeridas en mas de una ecuación de mando

ASIGNACIÓN DE RELES	CONTROL DE GRUPOS		CONTROL DE FASES
	Activación(S)	Anulación(R)	
Grupo I =K1 K8 = Y1 *K1 = (K1 + K7 . PM . a0 .c0) .K2`*	K1 = K7 . PM .a0 .c0	K1 ´= K2	A + = Y1 = K8 = (K8 + K1) K7` (*)
Grupo II = K2 *K2 = (K2 + K1. a1) .K3`*	K2 = K1 . a1	K2 `= K3	B +- = Y2 = K2 ,
Grupo III = K3 *K3 = (K3 + K2..Kb1) .K4`*	K3 = K2 .Kb1	K3 `= K4	B- = Y3 = K3
Grupo IV =K4 *K4 = (K4 + K3.Kb0) .K5`*	K4 = K3 .Kb0	K4 ´= K5	C + = Y4 = K4. } B + = Y2 = K2 + K5; B - = Y3 = K3 + K6
Grupo V = K5 *K5 = (K5 + K4. c1) .K6`*	K5 = K4 .c1	K5 `= K6	B + = Y2 = K5
Grupo VI = K6 *K6 = (K6 + K5.Kb1) .K7`*	K6 = K5 .Kb1	K6´= K7	B - = Y3 = K6
Grupo VII = K7 *K 7= (K7 + K6.Kb0 + S $_{INI}$).K1`*	K7 = K6 .Kb0 + S $_{INI}$	K7´ = K1	A - = Presen K7 y muelle electrov. C - = Y5 = K7

(*) Al estar el cilindro A gobernado por una electroválvula monoestable la señal que genera su salida (K1) deberá ser retenida hasta que se establezca la señal que permite su retorno (K7)

1) Pulsador de excitación Pex (Ver esquema pag siguiente)

S $_{INI}$ = Pex

2) Por la inexistencia de grupo alguno activo (Ver esquema pag siguiente)

S $_{INI}$ = K2`. K3`. K4`. K5`. K6`

3) a) Por configuración de flanco ascendente con la puesta en marcha

Ver esquema en paginas siguientes

PM = KPM S_{INI} = K7 = K9 . K9`   ( K9 = KPM )     K7 = ( K7 + K6 . b0 + K9 . K9`) K1`

b)Por contacto con flanco ascendente activado por la puesta en marcha

Ver esquema en páginas siguientes

PM = KPM   S INI = KPM_{FAS} K7 = (K7 + K6 . b0 + KPM_{FAS}) K1`

1)Pulsador de excitación Pex

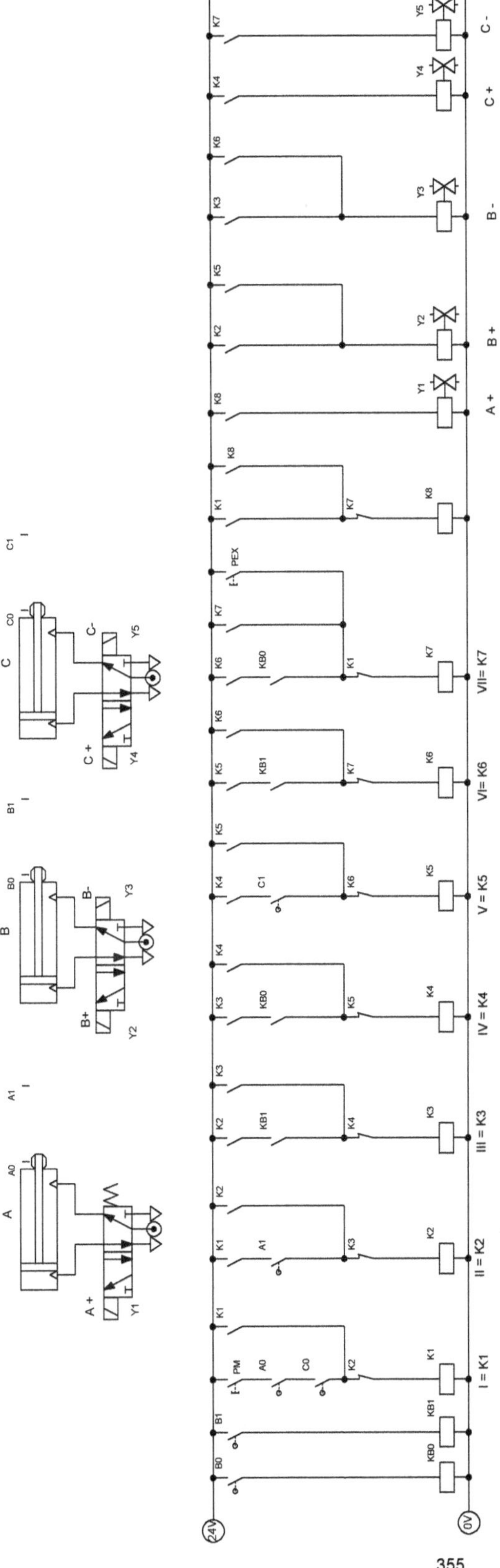

2) Por la inexistencia de grupo alguno activo

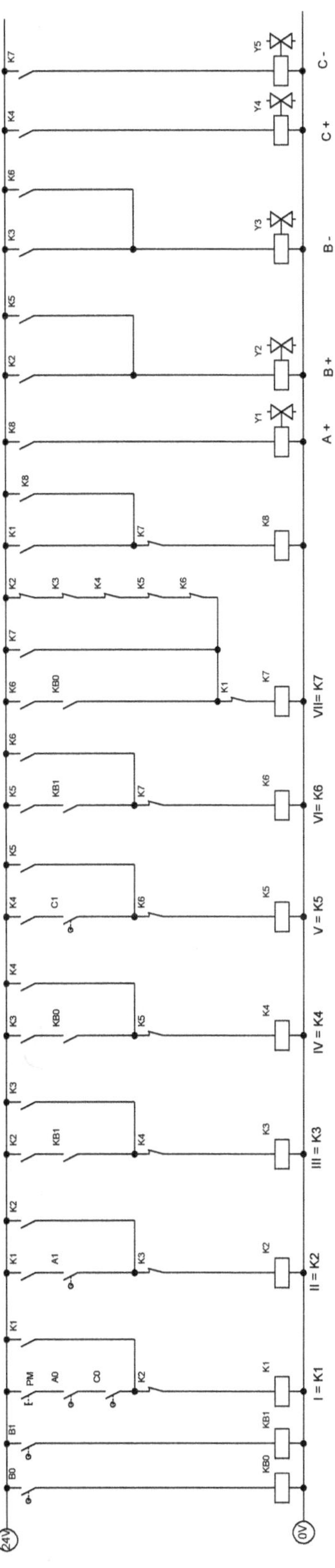

3a) Por configuración flanco ascendente con PM

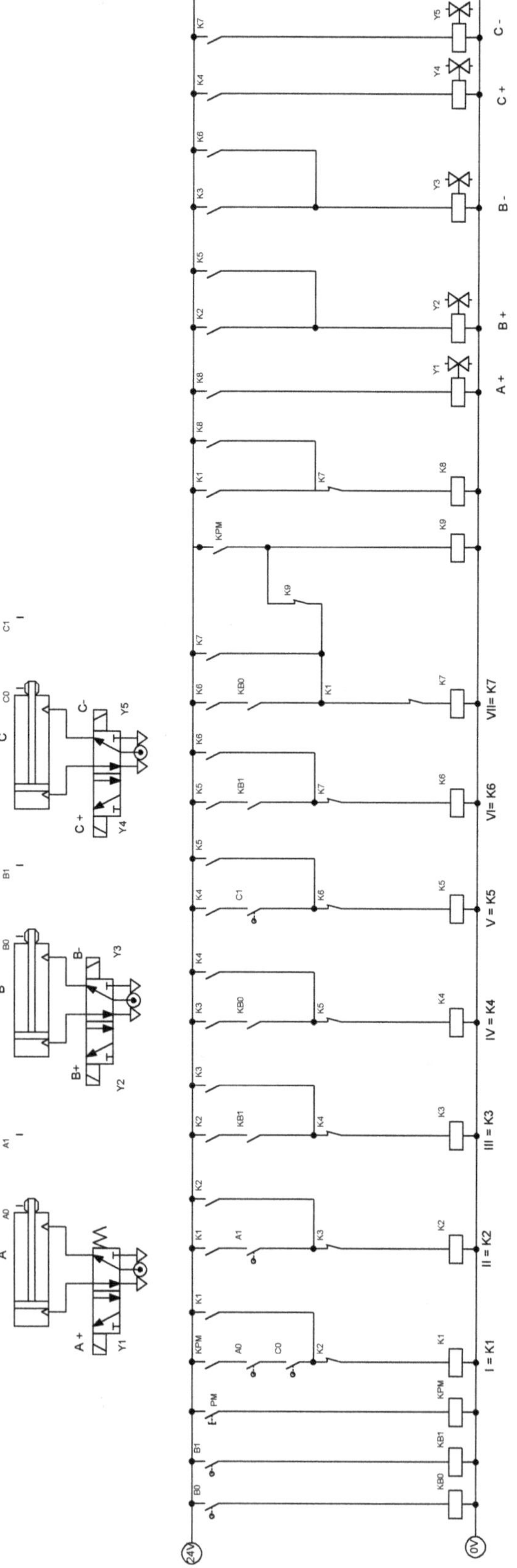

3b) Por contacto flanco ascendente con PM

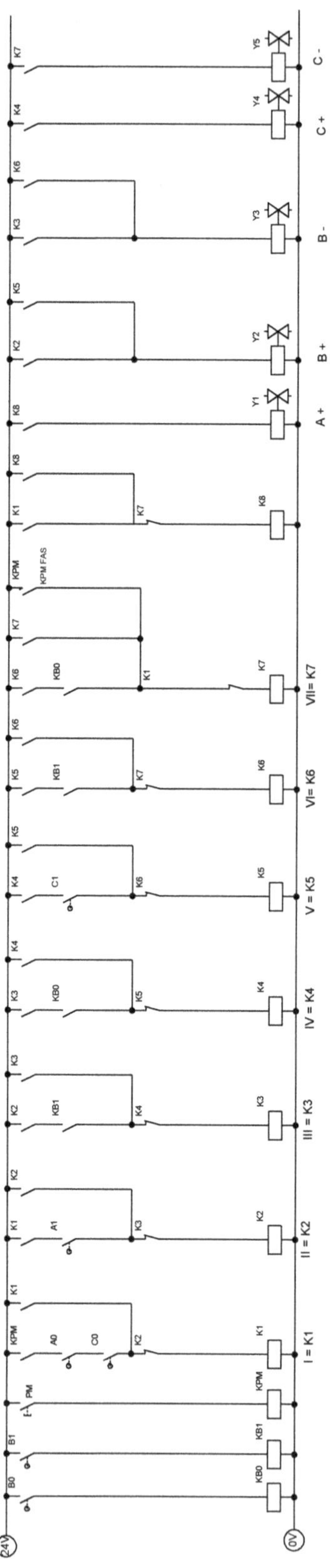

Pag. 271 (AF II)

Ejercicio propuesto : Una rectificadora tangencial dispone de un cilindro A de simple efecto, gobernado por una electrov. distribuidora monoestable 3/2 NC para que en su salida realice la sujeción de la pieza a rectificar (Acabado de una canal), de modo que desde la posición de partida representada en la figura, la mesa de la misma efectúa un movimiento de avance longitudinal hacia la derecha impulsada por la salida de un cilindro de doble efecto B, que al finalizar su carrera de desplazamiento, inmediatamente realiza su retorno ejecutando el movimiento de avance longitudinal hacia la izquierda, concluido el cual, otro cilindro C de doble efecto efectuará su salida proporcionando el movimiento trasversal de la mesa, desplazando la pieza en ese sentido, quedando dispuesta para la realización de una segunda pasada mediante el movimiento longitudinal de la mesa por una nueva salida/entrada del cilindro B, a cuya conclusión el cilindro C retorna a su posición de partida y simultáneamente la pieza es liberada como consecuencia de la entrada del cilindro A.

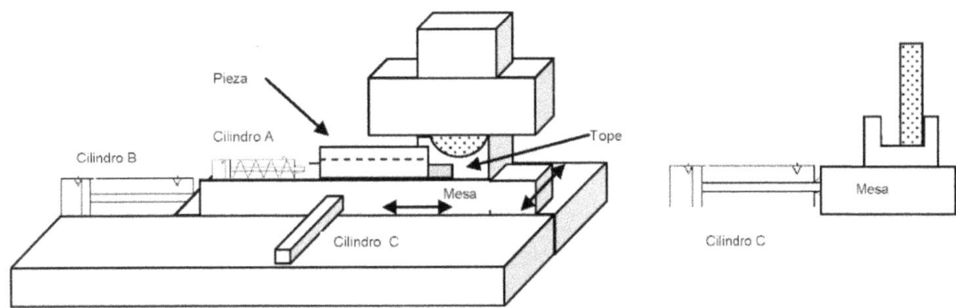

Los cilindros de doble efecto están gobernados por electroválvulas biestables 5/2 excepto el cilindro A que lo está por una electroválvula 5/2 monoestable y todos disponen de los oportunos finales de carrera que detectan las posiciones extremas de sus respectivos recorridos configurados mediante v. monoestables 3/2 NC

El sistema se pone en funcionamiento al ser activado un pulsador de puesta en marcha PM, implementado mediante electroválvula 3/2 NC monoestable.

Elaborar el diagrama de contactos para gobierno del sistema mediante PLC

1) Mediante bit de inicialización
2) Por la inexistencia de grupo alguno activo

En la resolución de este mismo supuesto por las tecnologías neumática y electroneumática ya se establecieron el grafo de secuencia y la tabla recopilatoria de ecuaciones que siguen

:

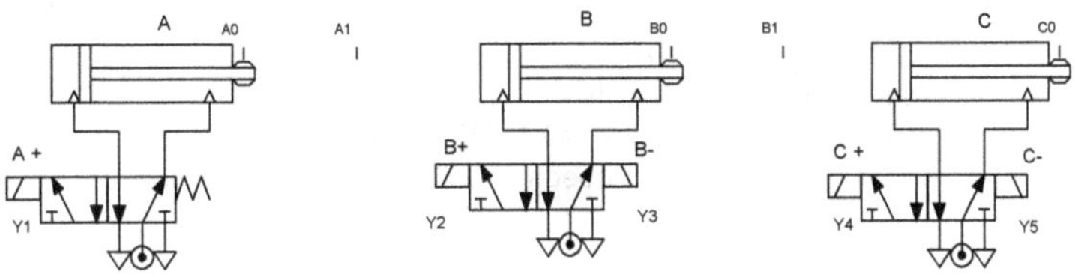

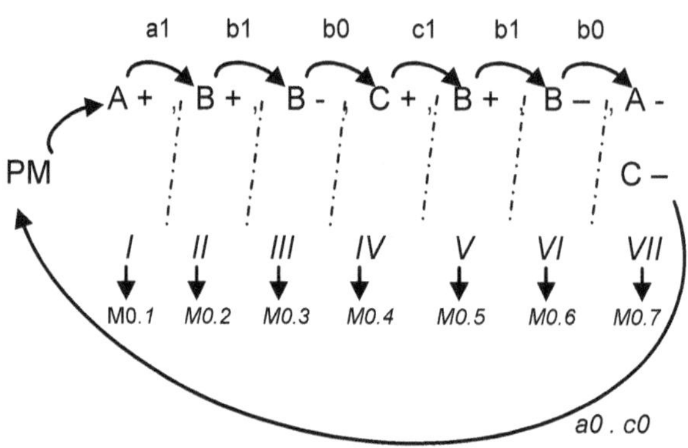

Símbolo	Dirección	
PM	I0.0	
a0	I0.1	
a1	I0.2	
b0	I0.3	
b1	I0.4	
e0	I0.5	
e1	I0.6	
Y1	Q0.1	A+
Y2	Q0.2	B+
Y3	Q0.3	B-
Y4	Q0.4	C+
Y5	Q0.5	C-
G_I	M0.1	
G_II	M0.2	
G_III	M0.3	
G_IV	M0.4	
G_V	M0.5	
G_VI	M0.6	
G_VII	M0.7	

Imagenes/Pantallas obtenidas con el programa Step 7. MicroWin V4.

ASIGNACIÓN DE BIESTABLES	CONTROL DE GRUPOS		CONTROL DE FASES
	Activación(S)	Anulación(R)	
Grupo I =M0.1 *M0.1 = (M0.1 + M0.7 . PM . a0 .c0) .M0.2`*	M01 = M0.7 . PM .a0 .c0	M0.1 ´= M0.2	A + = Y1 = Q0.1 = (Q0.1 + M0.1) M0.7` (*)
Grupo II = M0.2 *M0.2 = (M0.2 + M0.1. a1) M0.3`*	M0.2 = M0.1 . a1	M0.2 `= M0.3	B +- = Y2 = Q0.2 = M0.2
Grupo III =M0.3 *M0.3 = (M0.3 + M0.2..b1) .M0.4`*	M0.3 = M0.2 .b1	M0.3 `= M0.4	B- = Y3 = Q0.3 = M0.3
Grupo IV =M0.4 *M0.4 = (M0.4 + M0.3.b0) .M0.5`*	M0.4 = M0.3 .b0	M0.4 ´= M0.5	C + = Y4 = Q0.4.= M0.4 B + = Y2 = Q0.2 = M0.2 + M0.5 B - = Y3 = Q0.3 = M0.3 + M0.6
Grupo V = M0.5 *M0.5 = (M0.5 + M0.4. c1) .M0.6`*	M0.5 = M0.4 .c1	M0.5 `= M0.6	B + = Y2 = Q0.2 =M0.5
Grupo VI = M0.6 *M0.6 = (M0.6 + M0.5.b1) .M0.7`*	M0.6 = M0.5 .b1	M0.6´= M0.7	B - = Y3 = Q0.3 = M0.6
Grupo VII = M0.7 *M0.7= (M0.7 + M0.6.b0 + S $_{INI}$).M0.1`*	M0.7 = M0.6 .b0 + S $_{INI}$	M0.7´ = M0.1	A - = Presencia M0.7 y muelle electroválvula C - = Y5 = Q0.5 = M0.7

(*) Al estar el cilindro A gobernado por una electroválvula monoestable la señal que genera su salida (M0.1) deberá ser retenida hasta que se establezca la señal que permite su retorno (M0.7)

1) Mediante bit de inicialización

S_{INI} = SM0.1 Ver esquema en pag. siguiente

2) Considerando la no presencia de grupo alguno activo

S_{INI} = M0.2`. M0.3´.M0.4´ . M0.5`. M0.6´ Ver esquema en pag. siguiente

(En realidad es SINI = M0.1`.M0.2`...M0.6` que al ser incorporado a la ecuación de la memoria M0.7, el término M0.1`queda absorvido)

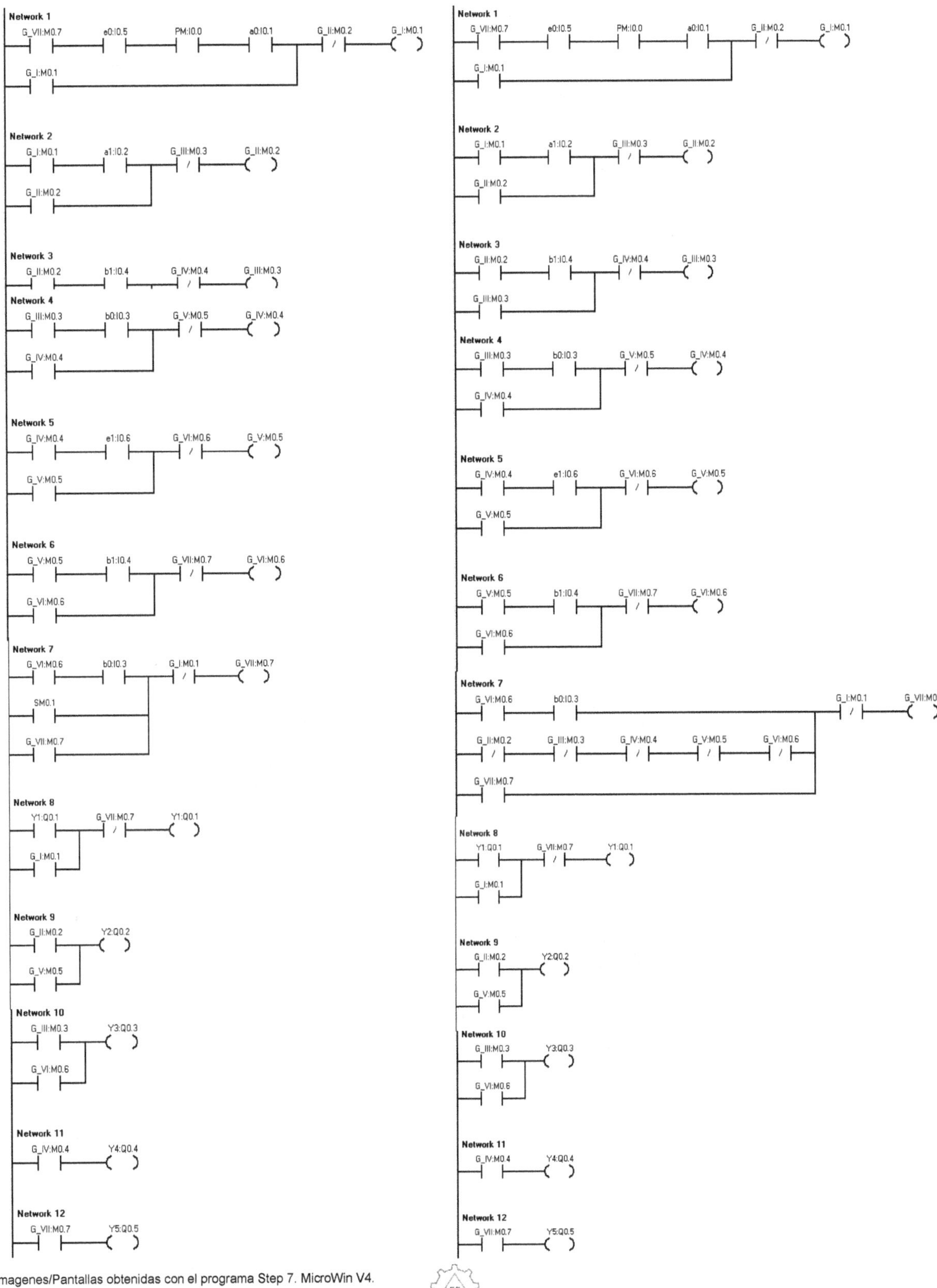

Imagenes/Pantallas obtenidas con el programa Step 7. MicroWin V4.

Pag. 281 (AF II)

Ejercicio propuesto : Un dispositivo de prensado para conformado de una pieza partiendo de discos metálicos tiene la siguiente funcionalidad y elementos:

Un cilindro A saldrá para trasladar los discos de partida desde un alimentador de gravedad hasta la matriz de prensado, retirándose a continuación. Seguidamente el cabezal prensador descenderá movido por la salida de un cilindro (B) , el cual al final de su recorrido se retraerá subiendo dicho cabezal a su posición de partida. En ese momento un cilindro C saldrá eyectando la pieza de su asiento, posteriormente otro cilindro D saldrá expulsándola de la zona de prensado, momento en el cual estos dos últimos cilindros retornan simultáneamente a sus posiciones retraídas

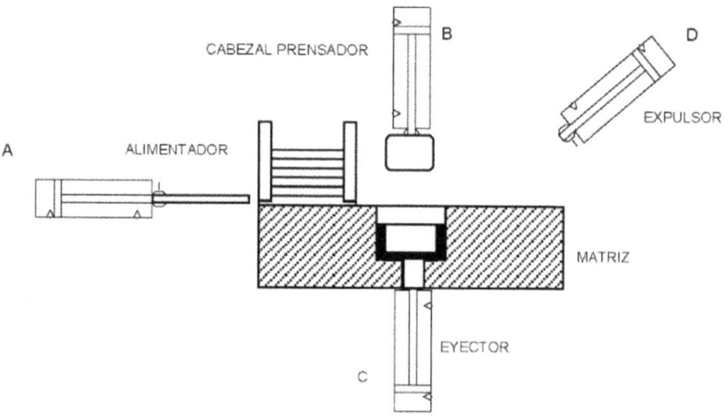

Los cilindros A y B son de doble efecto y están gobernados por v. distribuidoras biestables 5/2 y los cilindros C y D son de simple efecto y lo están por v. d. monoestables 3/2 NC. Todos ellos tiene las posiciones extremas de sus recorridos controladas por finales de carrera implementados en v. d. monoestables 3/2 NC.

El sistema se pondrá en marcha al activar un pulsador PM, configurado mediante v. monoestable 3/2 NC.

Diseñar el esquema neumático para control del sistema mediante el método paso paso mínimo en las siguientes opciones:

1) Pulsador de excitación Pex
2) Memoria 3/2 NA
3) Circuito optimizado respetando el carácter paso paso mnimo

De la descripción funcional de la rectificadora se desprende la siguiente secuencia de funcionamiento del sistema

A + , A -, B + , B - , C + , D + , C -

D –

Existen señales permanentes dada la presencia de movimientos contrarios seguidos

Establecimiento de grupos para paso paso mínimo y señales de gobierno , recogido en el siguiente grafo

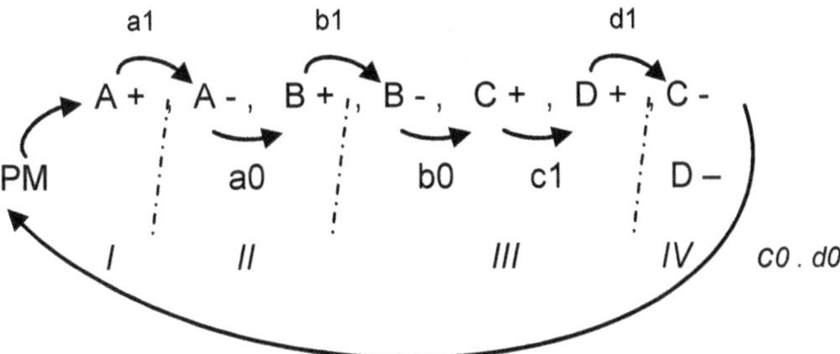

d) Determinación de las ecuaciones de mando para el gobierno de los grupos/fases

GRUPOS		*FASES*
Activación (S)	Anulación (R)	
I = IV . PM .c0 . d0	I ´= II	A + = Y1 = I
II = I . a1	II `= III	A - = Y2 = II B + = Y3 = II. a0
III = II . b1	III `= IV	B - = Y4 = III C + = Y5 = (C+ + III. b0) IV` (*). D + = Y6 = ( D+ + c1 ) IV` n(**)
IV = III . d1 + S_{INI}	IV ´= I	C - = D - = Presencia IV y muelles de las v.d.

(*) Al ser el cilindro C de simple efecto , la señal que origina su salida (III.b0) debe ser retenida hasta que aparezca la señal que estable su retorno (IV). Es preciso añadir la variable grupo III para discernir con esa misma señal (b0) que se dá en la situación de partida por estar el cilindro B dentro

(**) Idem cilindro D. Retener la señal que genera su salida (cl) hasta que se de la señal que permite su retorno (IV)

Cuyos esquemas neumáticos para las variantes planteadas son (Ver páginas siguientes):

1) Pulsador de excitación Pex = S_{INI}

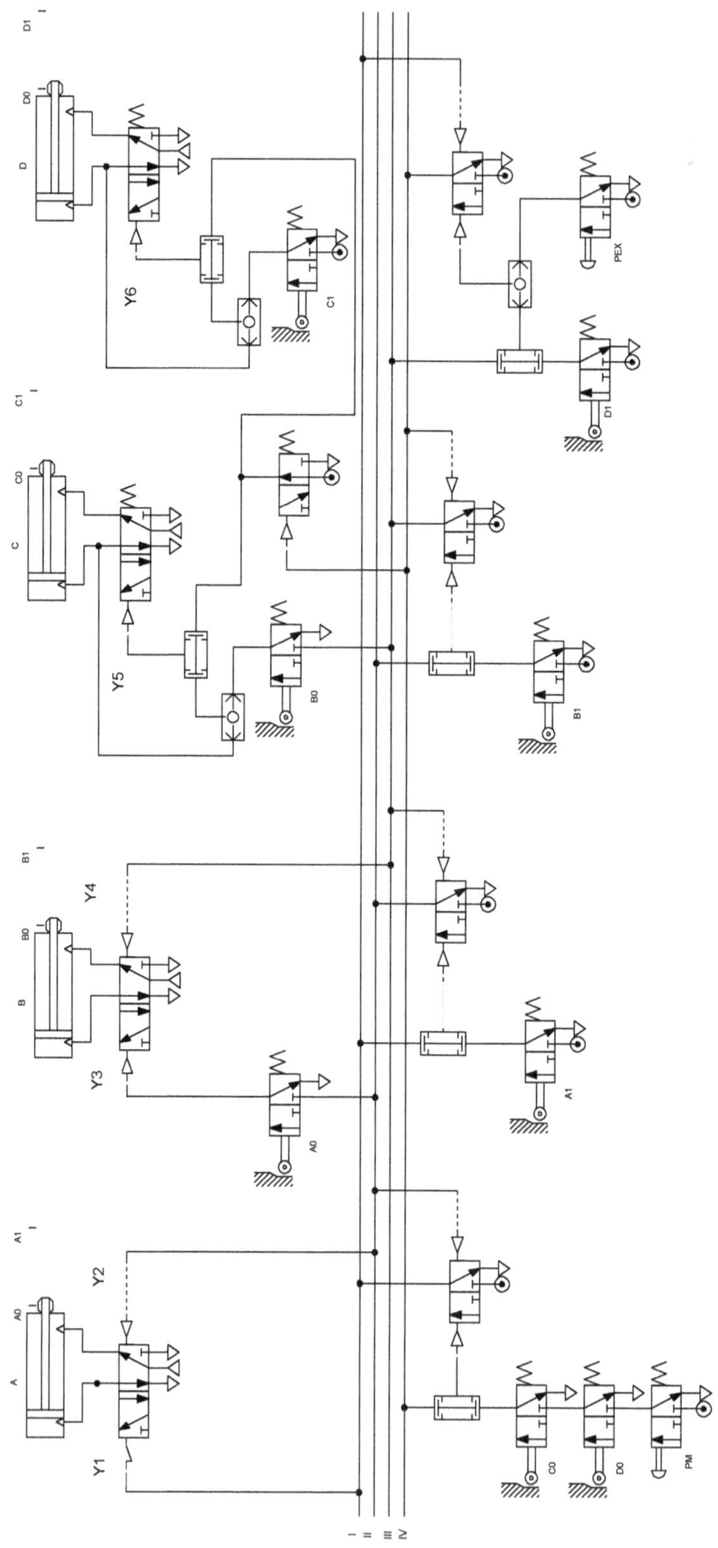

2) Memoria 3/2 NA (S_{INI})

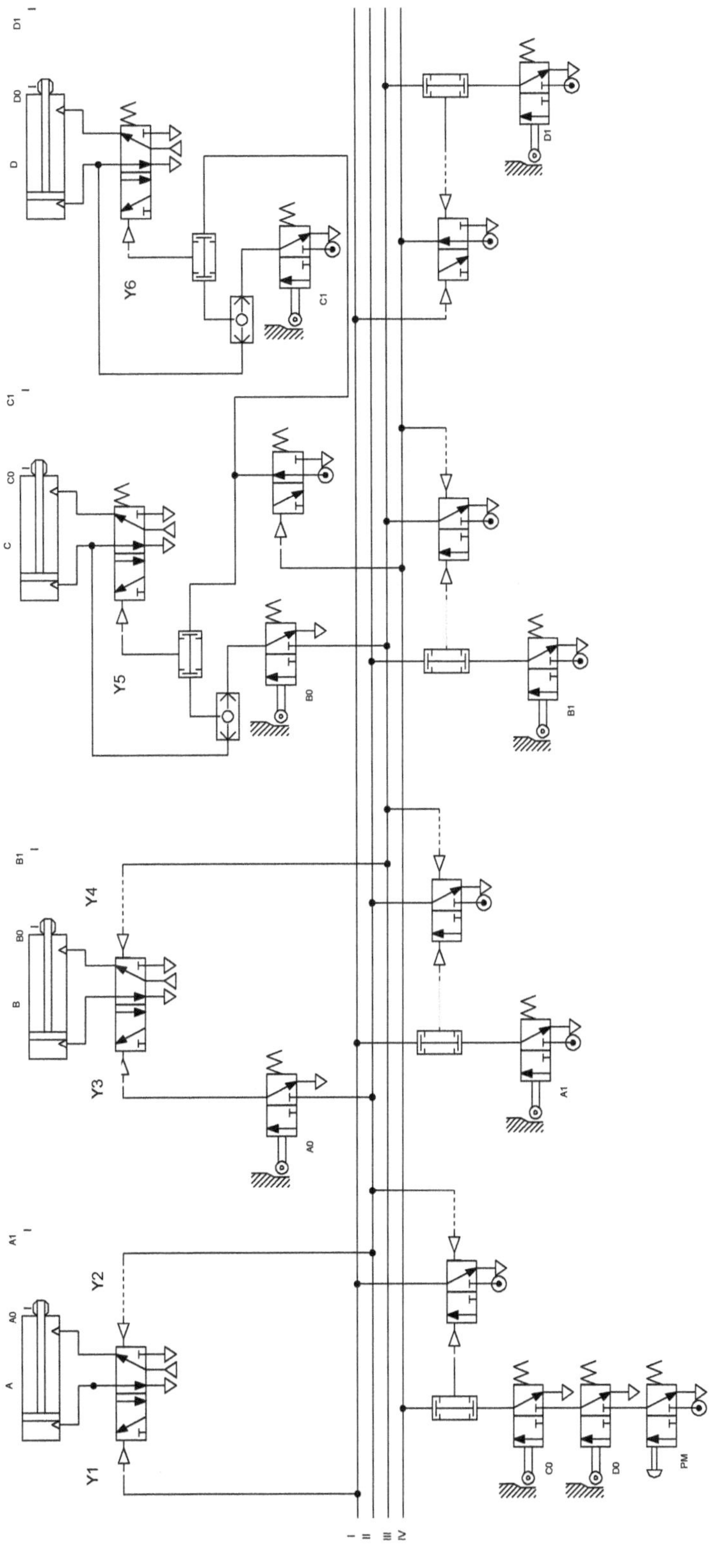

3) Circuito optimizado respetando el carácter paso paso máximo

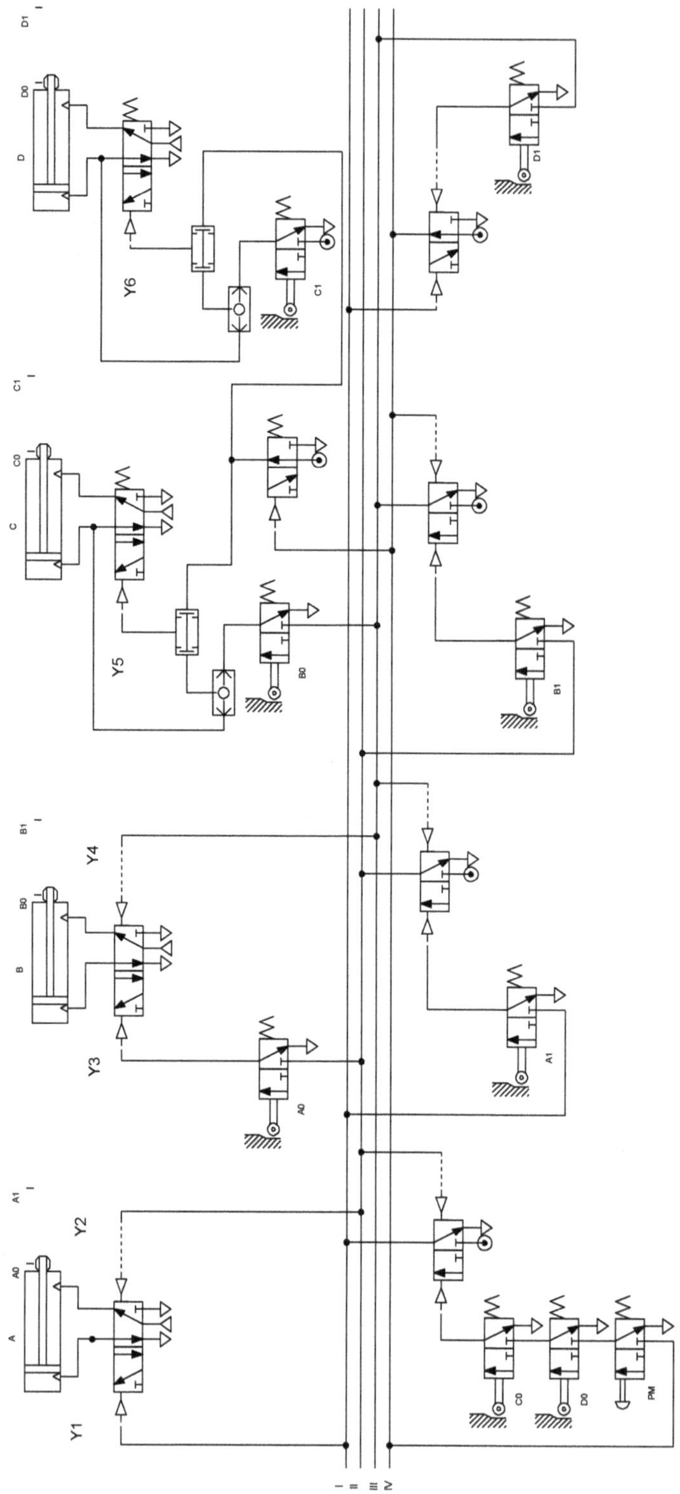

Pag. 289 (AF II) 

Ejercicio propuesto : Un dispositivo de prensado para conformado de una pieza partiendo de discos metálicos tiene la siguiente funcionalidad y elementos:

Un cilindro A saldrá para trasladar los discos de partida desde un alimentador de gravedad hasta la matriz de prensado, retirándose a continuación. Seguidamente el cabezal prensador descenderá movido por la salida de un cilindro (B), el cual al final de su recorrido se retraerá subiendo dicho cabezal a su posición de partida. En ese momento un cilindro C saldrá eyectando la pieza de su asiento, posteriormente otro cilindro D saldrá expulsándola de la zona de prensado, momento en el cual estos dos últimos cilindros retornan simultáneamente a sus posiciones retraídas

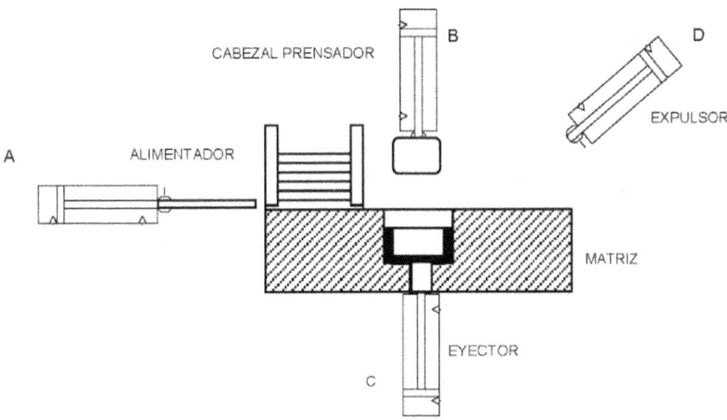

Los cilindros A y B son de doble efecto y están gobernados por electroválvulas biestables 5/2 y los cilindros C y D son de simple efecto y están gobernados por electroválvulas monoestables 3/2 NC. Todos ellos tiene sus posiciones extremas de sus recorridos controladas por finales de carrera implementados en electroválvulas monoestables 3/2 NC.

El sistema se pondrá en marcha al activar un pulsador de PM, configurado mediante interruptor NA

Diseñar el esquema electroneumático para control del sistema mediante el método paso paso mínimo en las siguientes opciones:

1) Pulsador de excitación Pex
2) Por ausencia de grupo alguno activo

El grafo de secuencia y ecuaciones de mando adaptadas a terminología eléctrica quedarían de la siguiente forma

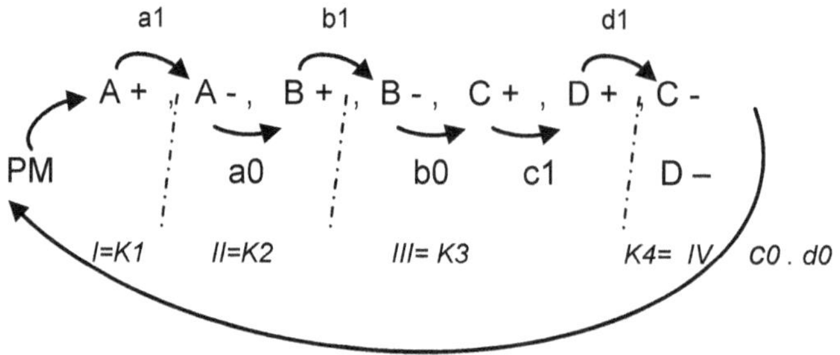

ASIGNACIÓN DE RELES	CONTROL DE GRUPOS		CONTROL DE FASES
	Activación(S)	Anulación(R)	
Grupo I =K1 *K1 = (K1 + K4 . PM . c0 . d0) .K2`*	I = K1 = K4 . PM .c0 . d0	K1 ´ = K2	A + = Y1 = K1
Grupo II = K2 *K2 = (K2 + K1. a1) .K3`*	II = K2 = K1 . a1	K2 ` = K3	A - = Y2 = K2 B + = Y3 = K2 . a0
Grupo III = K3 Y5 = K5 Y6 = K6 *K3 = (K3 + K2..b1) .K4`*	III = K3 = K2 .b1	K3 ` = K4	B - = Y4 = K3 C + = Y5 = K5 = = (K5 + K3.b0) . K4` (*) D + = Y6 = K6 = = ( K6 + .c1) . K4` (**)
Grupo IV = K4 *K4 = (K4 + K3..d1 + S_{INI}) .K1`*	IV = K4 = K3 .d1 + S_{INI}	K4´ = K1	C - = D - = Presencia de K4 y. muelle de la v. d

(*) Al ser el cilindro C de simple efecto y la válvula que lo gobierna monoestable la señal que genera su salida (K3.b0) deberá ser retenida hasta que se establezca la señal que permite su retorno (K4). Es preciso añadir la variable grupo K3 para discenir con esa misma señal (b0) que se dá en la situación de partida por estar el cilindro B dentro

(**) Idem cilindro D. Retener la señal que genera su salida (K3.c1) hasta que se de la señal que permite su retorno (K4)

Ver esquemas de mando a continuación en las páginas siguientes

1) Pulsador de excitación Pex = S_{INI}

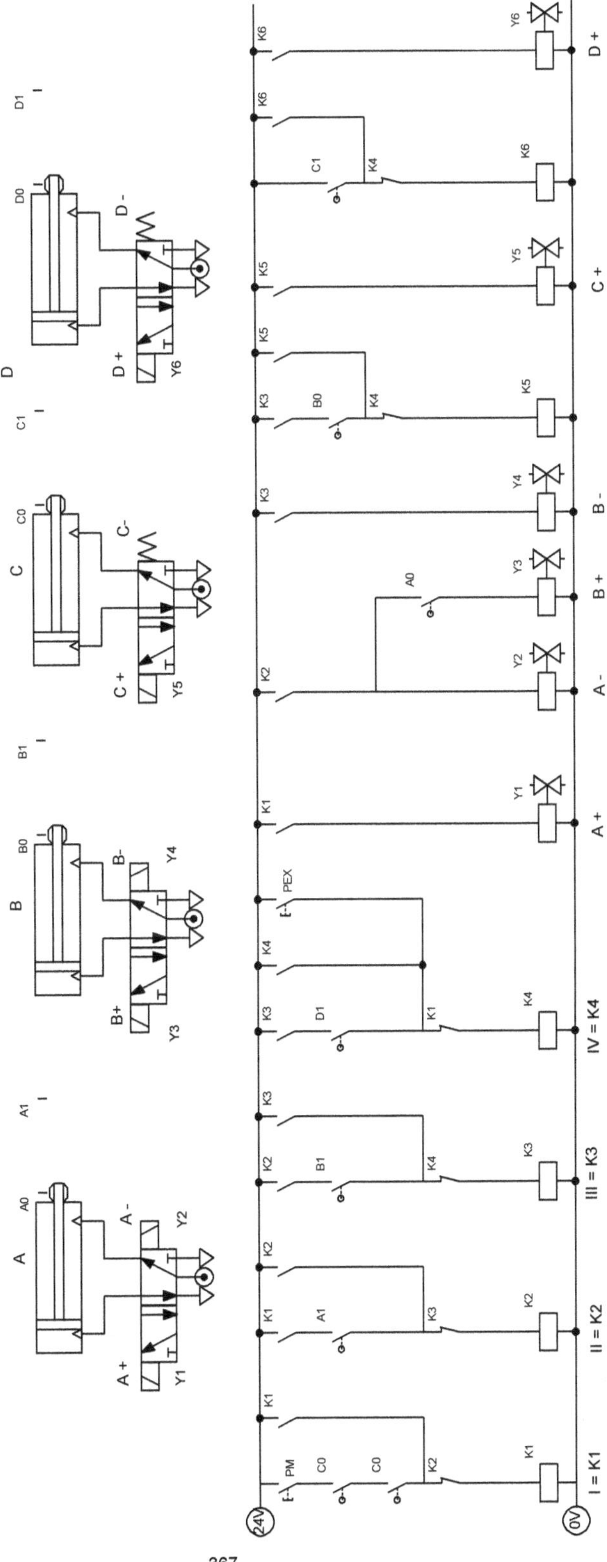

2) Por ausencia de grupo alguno activo S_{INI} = K2\`. K3\`

(En realidad SINI=K1\`.K2\`.K3´, que al ser incorporada a la ecuación del relé K4, el término K1\`queda absorbido)

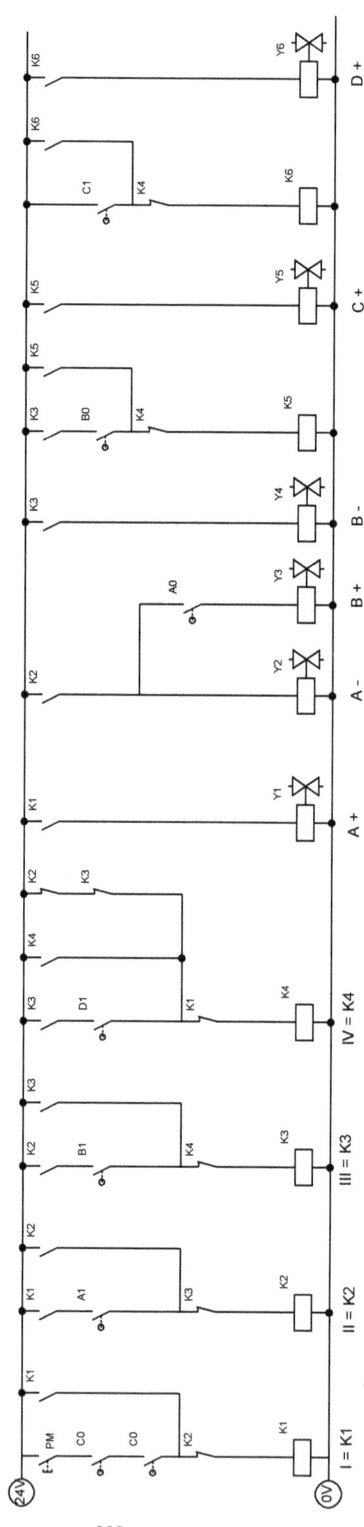

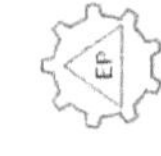

Pag. 301 (AF II)

Ejercicio propuesto : Un dispositivo de prensado para conformado de una pieza partiendo de discos metálicos tiene la siguiente funcionalidad y elementos:

Un cilindro A saldrá para trasladar los discos de partida desde un alimentador de gravedad hasta la matriz de prensado, retirándose a continuación. Seguidamente el cabezal prensador descenderá movido por la salida de un cilindro (B), el cual al final de su recorrido se retraerá subiendo dicho cabezal a su posición de partida. En ese momento un cilindro C saldrá eyectando la pieza de su asiento, posteriormente otro cilindro D saldrá expulsándola de la zona de prensado, momento en el cual estos dos últimos cilindros retornan simultáneamente a sus posiciones retraídas

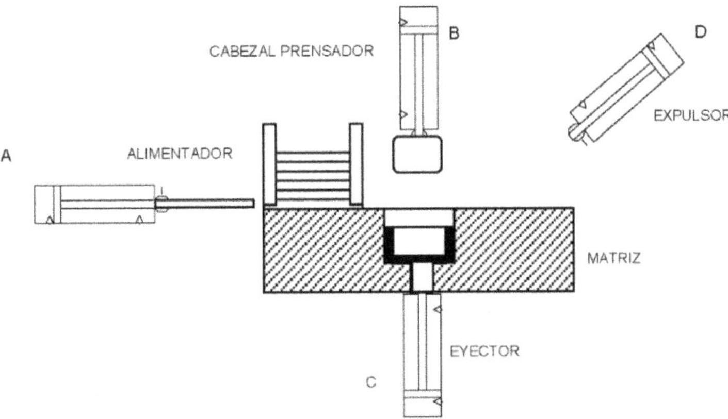

Los cilindros A y B son de doble efecto y están gobernados por electroválvulas biestables 5/2 y los cilindros C y D son de simple efecto y están gobernados por electroválvulas monoestables 3/2 NC. Todos ellos tiene sus posiciones extremas de sus recorridos controladas por finales de carrera implementados en electroválvulas monoestables 3/2 NC.

El sistema se pondrá en marcha al activar un pulsador de PM, configurado mediante interruptor NA

Elaborar el diagrama de contactos para control por PLC para las opciones que se indican seguidamente efectuándose solo con biestables RS:

1) Inicialización mediante Bit inicializador
2) Inicializacion por ausencia de grupo alguno activo

El grafo de secuencia y ecuaciones de mando adaptados a terminología de diagrama de contactos y la tabla de correspondencias son:

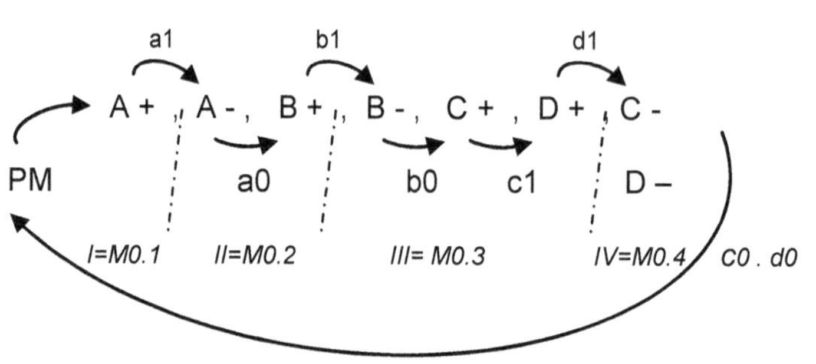

Símbolo	Dirección	
PM	I0.0	
a0	I0.1	
a1	I0.2	
b0	I0.3	
b1	I0.4	
e0	I0.5	
e1	I0.6	
d0	I0.7	
d1	I1.0	
Y1	Q0.1	A+
Y2	Q0.2	A+
Y3	Q0.3	B+
Y4	Q0.4	B-
Y5	Q0.5	C+
Y6	Q0.6	D+
G_I	M0.1	
G_II	M0.2	
G_III	M0.3	
G_IV	M0.4	

Imagen/Pantalla obtenida con el programa Step 7. MicroWin V4. Siemens ©

ASIGNACIÓN DE BIESTABLES	CONTROL DE GRUPOS		CONTROL DE FASES
	Activación(S)	Anulación(R)	
Grupo I =M0.1 *M0.1 = (M0.1 + M0.4 . PM . c0 . d0).M0.2`*	I = M0.1 = M0.4 . PM .c0 . d0	M0.1 ´ = M0.2	A + = Y1 = Q0.1 = M0.1
Grupo II = M0.2 *M0.2 = (M0.2 + M0.1. a1) .M0.3`*	II = M0.2 = M0.1 . a1	M0.2 ` = M0.3	A - = Y2 = Q0.2 = M0.2 B + = Y3 = Q0.3 = M0.2 . a0
Grupo III = M0.3 *M0.3 = (M0.3 + M0.2..b1) .M0.4`*	III = M0.3 = M0.2 .b1	M0.3 ` = M0.4	B - = Y4 = Q0.4 = M0.3 C + = Y5 = Q0.5 = = (QO.5 + M0.3.b0) . M0.4` (*) D + = Y6 = Q0.6 = = (Q0.6 + c1) . M0.4` (**)
Grupo IV = M0.4 M0.4 = *(M0.4 + M0.3..d1 +* S_{INI} *) .M0.1`*	IV = M0.4 = M0.3 .d1 + S_{INI}	M0.4´ = M0.1	C - = D - = Presencia de M0.4 y. muelles v. d

(*) Al ser el cilindro C de simple efecto y la válvula que lo gobierna monoestable la señal que genera su salida (M0.3.b0) deberá ser retenida hasta que se establezca la señal que permite su retorno (M0.4). Es preciso añadir la variable grupo M0.3 para discenir con esa misma señal (b0) que se dá en la situación de partida por estar el cilindro B dentro

(**) Idem cilindro D. Retener la señal que genera su salida (M0.3.c1) hasta que se de la señal que permite su retorno (M0.4)

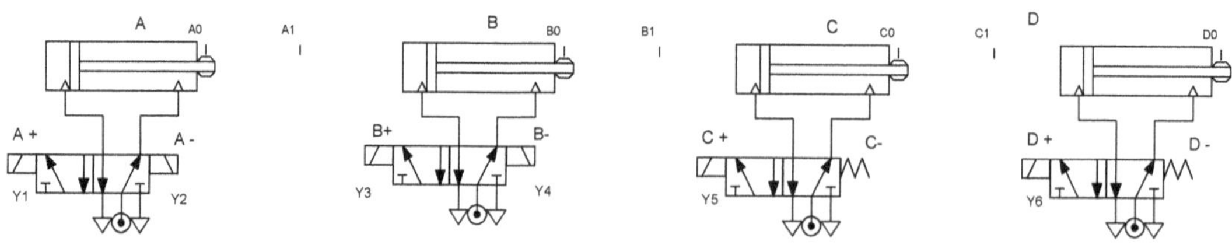

Ver diagramas de contactos en las páginas siguientes

1) Pulsador de excitación S_{INI} = SM0.1

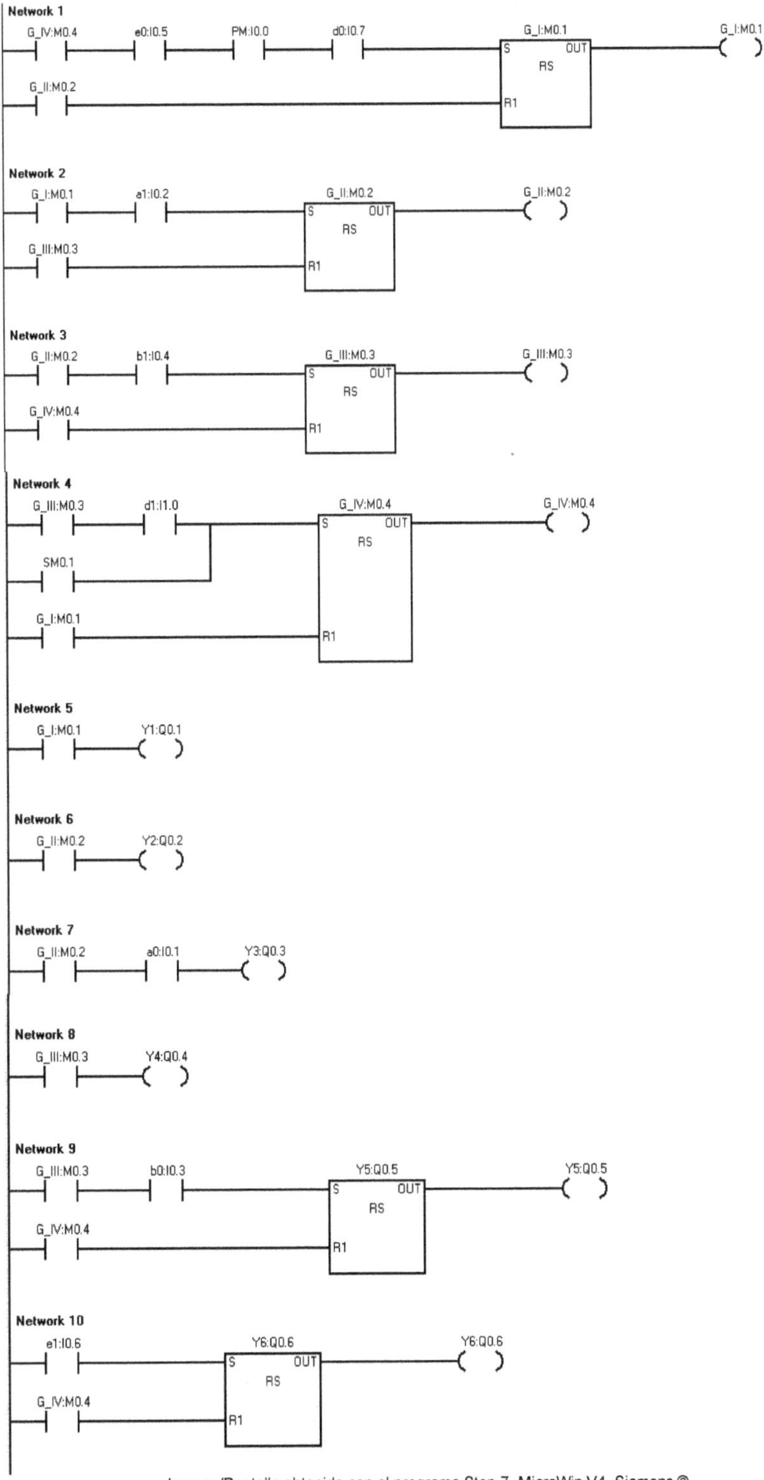

Imagen/Pantalla obtenida con el programa Step 7. MicroWin V4. Siemens ©

2) Por ausencia de grupo alguno activo S_{INI} = M0.2`. M0.3`

(En realidad S_{INI} = M0.1`.M0.2´.M0.3`, que al ser incorporada a la ecuación de la memoria M0.4, el término M0.1´que absorbido)

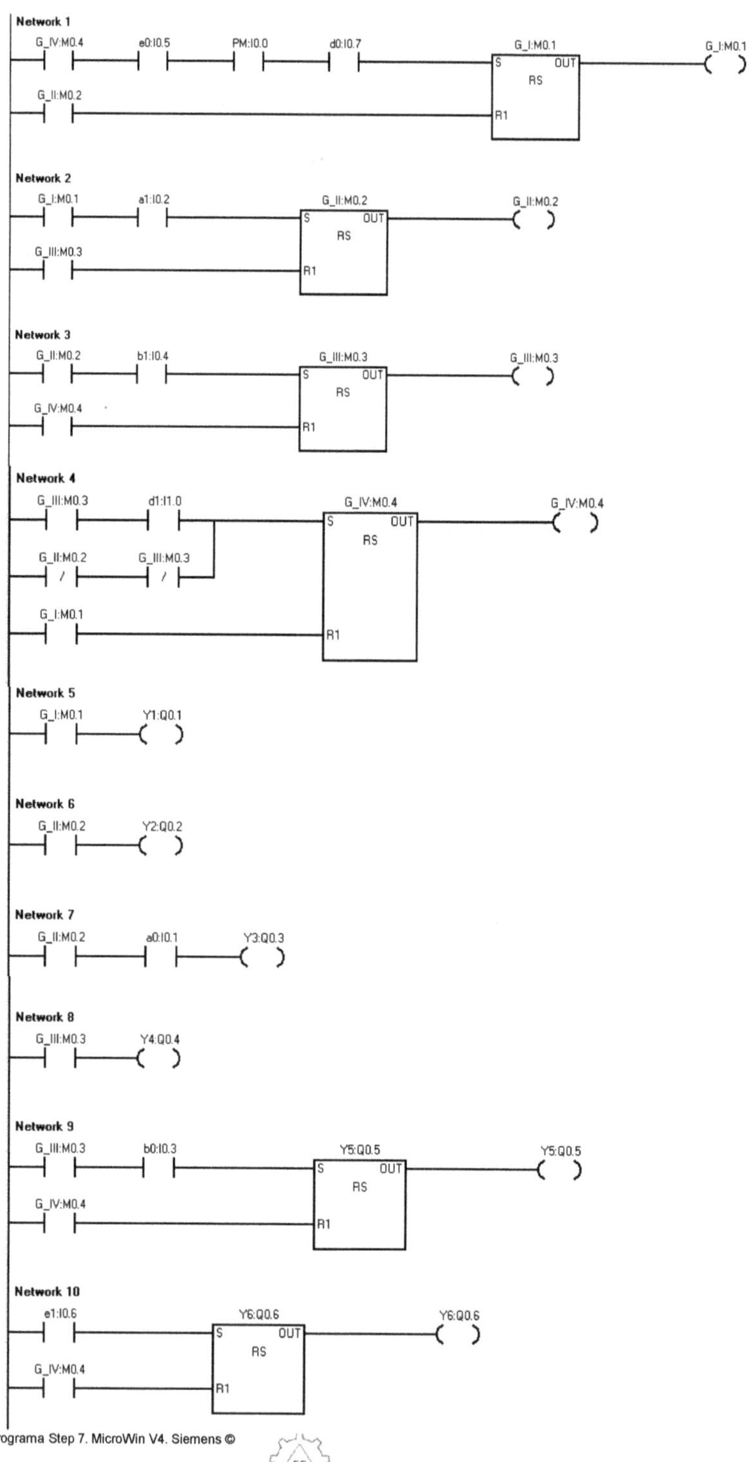

Imagen/Pantalla obtenida con el programa Step 7. MicroWin V4. Siemens ©

Pag. 317 (AF II)

Ejercicio propuesto: Un pequeño torno tiene sus movimientos longitudinal, transversal y de cierre de la pinza para sujeción de la barra a mecanizar impulsados neumáticamente de modo que tras la activación de un pulsador de puesta en marcha PM (V.d. monoestable 3/2 NC, con pulsador) un cilindro A de simple efecto gobernado por una v. d. monoestable 3/2 NC saldrá para efectuar el cierre de la pinza de sujeción de la barra donde se mecanizará una pieza. Seguidamente otro cilindro B de doble efecto, gobernado por una v. d. biestable 5/2, saldrá proporcionando el movimiento longitudinal realizando el cilindrado del extremo de la barra, a continuación y simultáneamente al retroceso del cilindro B un tercer cilindro C, también de doble efecto e igualmente gobernado que el B, saldrá proporcionando el movimiento trasversal a una torreta independiente que ejecutará el tronzado de la pieza, retornando a su posición de partida, tras lo cual la pinza efectuará su apertura al volver el cilindro A a su posición retraída

Todos los cilindros tiene las posiciones extremas de sus recorridos controladas por finales de carrea (V.d. monoestable 3/2 NC)

Diseñar el circuito de mando neumático para el control del sistema, mediante el método cascada optimizado

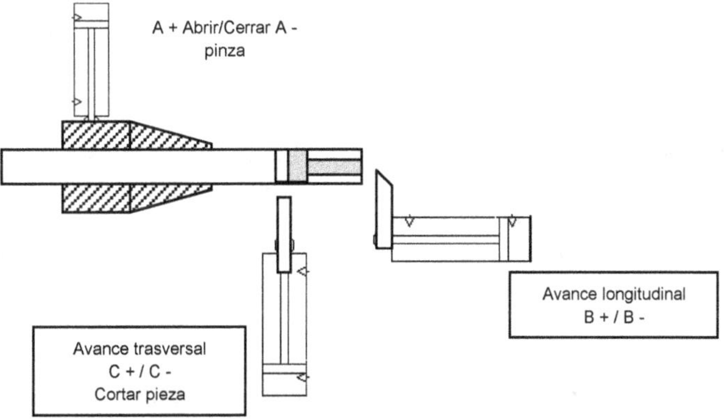

Tras la lectura de la funcionalidad de la máquina, se desprende que la secuencia de funcionamiento es:

A+ , B+ , B- , C- , A–
C+

Aparecen señales permanentes por existir movimientos antagónicos seguidos (También porque se aprecia que es una secuencia de inversión inexacta A, B ≠ C , C...)

La división en grupos y las señales de mando quedan reflejadas en el grafo de secuencia siguiente:

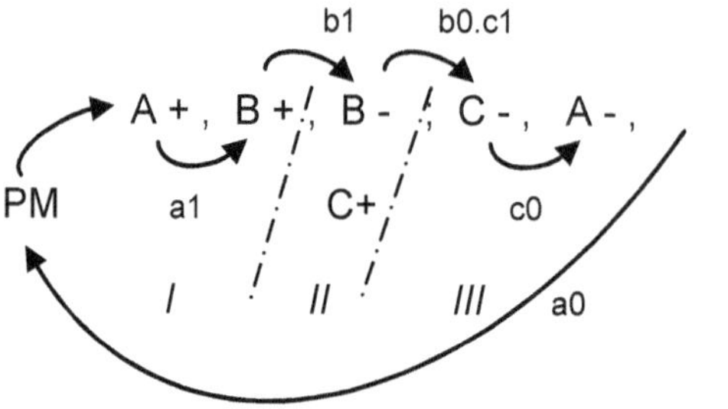

Las ecuaciones de mando son

GRUPOS		FASES
Activación	Anulación	
I = III . PM . a0	I ´= II	A + = Y1 = (A + I) . (c0 . III)` B + = Y2 = I . a1
II = I . b1	II `= III	B - = Y3 = C + = Y4 = II
III = II . b0 . c1	III `= I	C - = Y5 = III A - = Ausencia señal A+ y muelle v. d.

(*) Al ser el cilindro A de simple efecto y la válvula que lo gobierna monoestable la señal que genera su salida (I) deberá ser retenida hasta que se establezca la señal que permite su retorno (c0 . III) Respecto a esta señal anuladora, es preciso añadir la variable grupo III, para discernir de esa misma señal (c0) que se dá en la situación de partida, por estar también el cilindro C metido. La señal c0.III debe ser pasada por inversor para obtener su negada

El esquema neumático sería (Ver pagina siguiente):

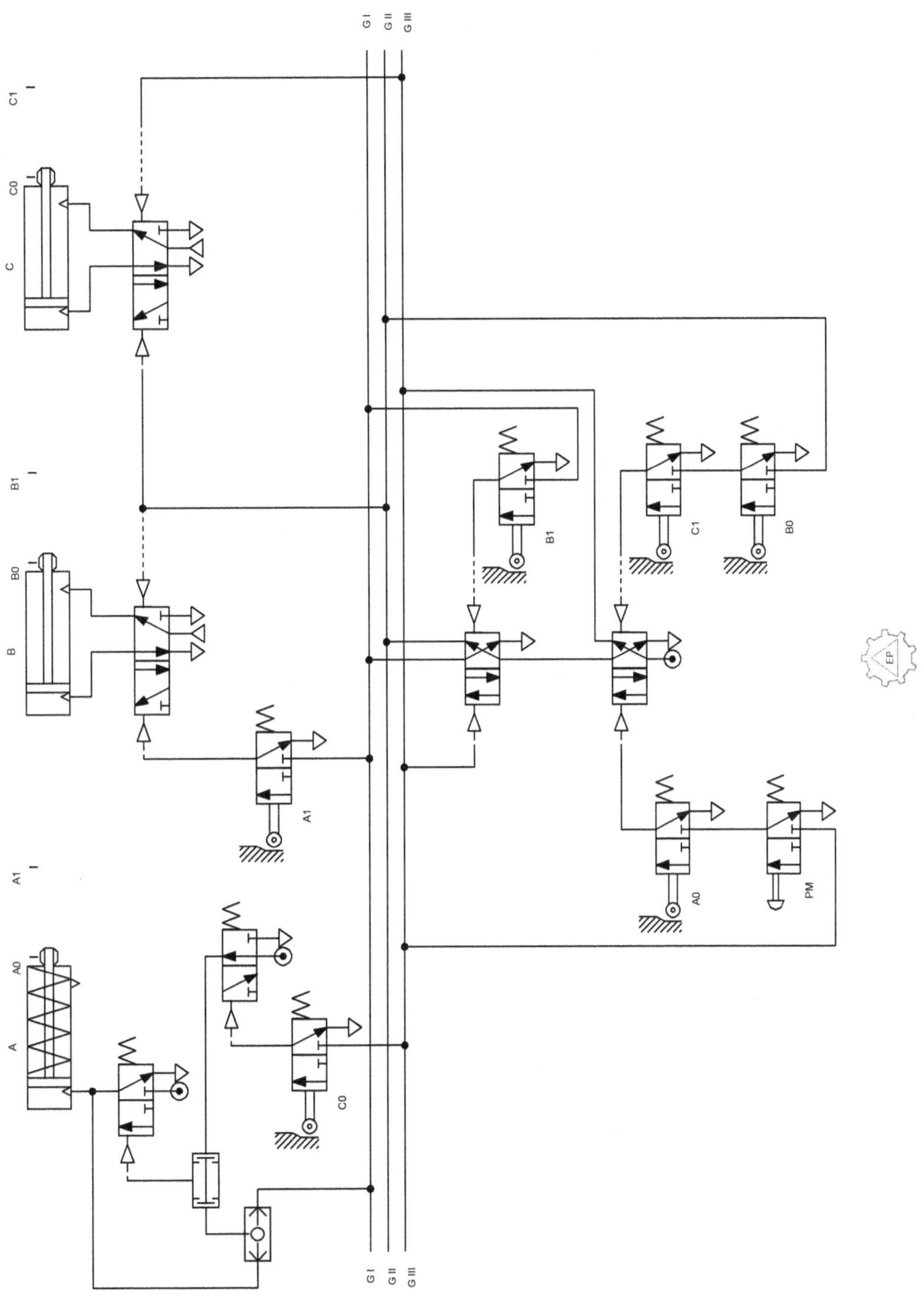
G I
G II
G III
A
A0
A1
B
B0
B1
C
C0
C1
PM

Pag. 337 (AF II)

Ejercicio propuesto: Un pequeño torno tiene sus movimientos longitudinal, transversal y de cierre de la pinza para sujeción de la barra a mecanizar impulsados neumáticamente de modo que tras la activación de un pulsador de puesta en marcha PM (Electrov. monoestable 3/2 NC, con pulsador) un cilindro A de simple efecto gobernado por una electrov. monoestable 3/2 NC saldrá para efectuar el cierre de la pinza de sujeción de la barra donde se mecanizará una pieza. Seguidamente otro cilindro B de doble efecto, gobernado por una electrov. biestable 5/2, saldrá proporcionando el movimiento longitudinal realizando el cilindrado del extremo de la barra, a continuación y simultáneamente al retroceso del cilindro B un tercer cilindro C, también de doble efecto e igualmente gobernado que el B, saldrá proporcionando el movimiento trasversal a una torreta independiente que ejecutará el tronzado de la pieza, retornando a su posición de partida, tras lo cual la pinza efectuará su apertura al volver el cilindro A a su posición retraída

Todos los cilindros tiene las posiciones extremas de sus recorridos controladas por finales de carrea (Electrov. monoestable 3/2 NC)

Diseñar el esquema de mando electroneumático para el control del sistema, mediante el método " cascada eléctrico"

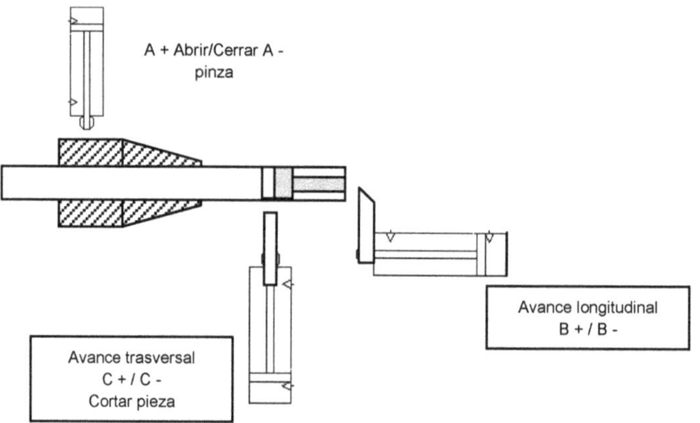

El grafo de secuencia con señales, así como las ecuaciones de mando, que ya se analizaron en la resolución de este supuesto por el método cascada neumático, adaptadas a tecnología eléctrica serían:

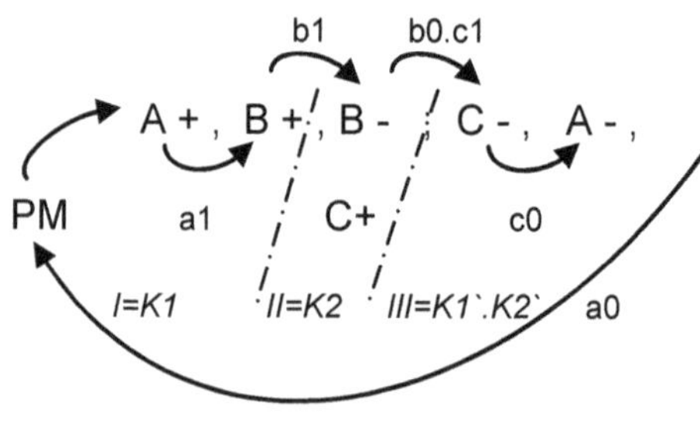

(*) KA+ = (KA+ + K1) (Kc0.K1`.K2`)`= (KA+ + K1 ) (Kc0`+ K1`` + K2``) = (KA+ + K1) (Kc0`+ K1 + K2)
Es preciso añadir la variable grupo (III=K1´.K2´) para discernir de esa misma señal (c0) que se da en la situación de partida por estar el cilindro C retraído

(**) K2 = (K2 + K1.b1) (Kb0.Kc1)`= (K2 + K1.b1) (Kb0`+ Kc1`)
Las variables b0(Kbo), c0(Kco) y c1(Kc1) se pasan por relé para poderlas incorporar al mando como negadas

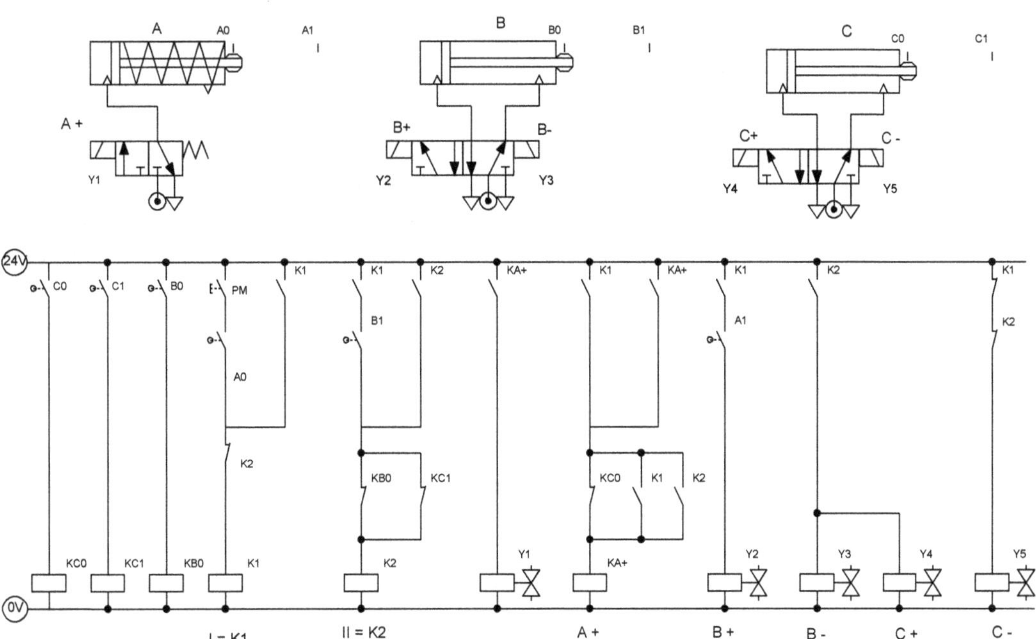

ASIGNACIÓN DE RELES	CONTROL DE GRUPOS		CONTROL DE FASES
	Activación(S)	Anulación(R)	
Grupo I =K1 KA+ = A+ *K1 = (K1 + . PM . a0) .K2`* Kc0 = c0	PM .a0	K1`= K2	A + = Y1 = KA+ = = (KA+ + K1) (Kc0`+ K1 + K2) (*) B+ = Y2 = K1 . a1
Grupo II = K2 Kb0 = b0 *K2 = (K2 + K1.b1) (Kb0`+ Kc1`)* (**) Kc1 = c1	K1 . b1	K2 `= Kb0.Kc1	B - = Y3 = C+ = Y4 = K2.
Grupo III = K1´. K2`			C - = Y5 = K1`. K2´ A - = Ausencia señal A+ y muelle electrov

Pag. 347 (AF II)

Ejercicio propuesto: Un pequeño torno tiene sus movimientos longitudinal, transversal y de cierre de la pinza para sujeción de la barra a mecanizar, impulsados neumáticamente de modo que tras la activación de un pulsador de puesta en marcha PM (Electrov. monoestable 3/2 NC, con pulsador) un cilindro A de simple efecto gobernado por una electroválvula monoestable 3/2 NC saldrá para efectuar el cierre de la pinza de sujeción de la barra donde se mecanizará una pieza. Seguidamente otro cilindro B de doble efecto, gobernado por una electrov. biestable 5/2, saldrá proporcionando el movimiento longitudinal realizando el cilindrado del extremo de la barra, a continuación y simultáneamente al retroceso del cilindro B un tercer cilindro C, también de doble efecto e igualmente gobernado que el B, saldrá proporcionando el movimiento trasversal a una torreta independiente que ejecutará el tronzado de la pieza, retornando a su posición de partida, tras lo cual la pinza efectuará su apertura al volver el cilindro A a su posición retraída

Todos los cilindros tiene las posiciones extremas de sus recorridos controladas por finales de carrea (Electrov. monoestable 3/2 NC)

Obtener el programa de control (Diagrama de contactos) para control del sistema por PLC, con las opciones de configuración del biestable y mediante bloque compacto RS

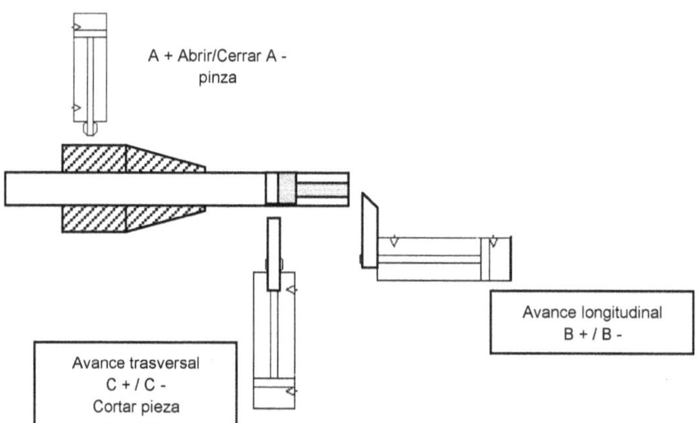

El grafo de secuencia con señales, así como las ecuaciones de mando, con las adaptaciones terminológicas oportunas, como ya se vio son:

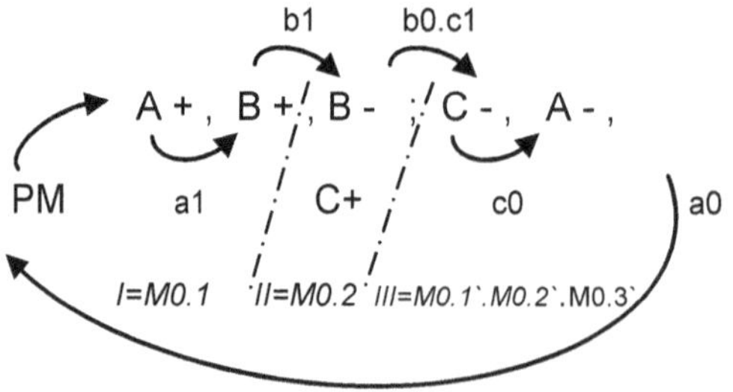

Símbolo	Dirección	
PM	I0.0	
a0	I0.1	
a1	I0.2	
b0	I0.3	
b1	I0.4	
e0	I0.5	
e1	I0.6	
Y1	Q0.1	A+
Y2	Q0.2	B +
Y3	Q0.3	B -
Y4	Q0.4	C+
Y5	Q0.5	C -
G_I	M0.1	
G_II	M0.2	

Imagen/Pantalla obtenida con el programa Step 7. MicroWin V4. Siemens ©

ASIGNACIÓN DE BIESTABLES	CONTROL DE GRUPOS		CONTROL DE FASES
	Activación(S)	Anulación(R)	
I =M0.1 *M0.1 = (M0.1 + . PM . a0) M0.2`*	PM.a0	M0.1`= M0.2	A+ = Y1 = Q0.1 = (Q0.1 + M0.1) (co`+ M0.1 + M0.2) (*) B+ = Y2 = Q0.2 = M0.1 . a1
II = M0.2 *M0.2 = (M0.2 + M0.1b1).(b0´+ c1`) (**)*	M0.1.b1	M0.2`= b0.c1	B- = Y3 = Q0.3 = C+ = Y4 = Q0.4 = M0.2
III = M0.1´. M0.2`			C- = Y5 = Q0.5 = M0.1`. M0.2´ A- = Ausencia señal A+ y muelle electroválvula.

(*) A+ = Y1 = Q0.1 = (Q0.1 + M0.11) (c0.M0.1`.M0.2`)`= (Q0.1 + M0.1 ) (c0`+ M0.1`` + M0.2``) = (Q0.1 + M0.1) (c0`+ M0.1 + M0.2)

Es preciso añadir la variable grupo (III=M0.1´. M0.2´) para discernir de esa misma señal (c0) que se da en la situación de partida por estar el cilindro C retraído

(**) M0.2 = (M0.2 + M0.1.b1) (b0.c1)`= (M0.2 + M0.1.b1) (b0`+ c1`)

Ver diagramas de contactos en la página siguiente:

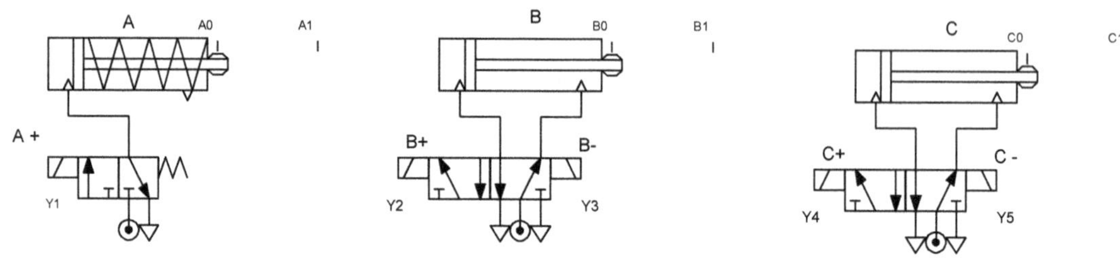

Network 1
a0:I0.1 PM:I0.0 G_II:M0.2 G_I:M0.1
G_I:M0.1

Network 2
G_I:M0.1 b1:I0.4 b0:I0.3 G_II:M0.2
G_II:M0.2 e1:I0.6

Network 3
Y1:Q0.1 e0:I0.5 Y1:Q0.1
G_I:M0.1 G_I:M0.1
G_II:M0.2

Network 4
G_I:M0.1 a1:I0.2 Y2:Q0.2

Network 5
G_II:M0.2 Y3:Q0.3
Y4:Q0.4

Network 6
G_I:M0.1 G_II:M0.2 Y5:Q0.5

Network 1
a0:I0.1 PM:I0.0 G_I:M0.1 G_I:M0.1
S OUT
RS
G_II:M0.2
R1

Network 2
G_I:M0.1 b1:I0.4 G_II:M0.2 G_II:M0.2
S OUT
RS
b0:I0.3 e1:I0.6
R1

Network 3
Y1:Q0.1 e0:I0.5 Y1:Q0.1
G_I:M0.1 G_I:M0.1
G_II:M0.2

Network 4
G_I:M0.1 a1:I0.2 Y2:Q0.2

Network 5
G_II:M0.2 Y3:Q0.3
Y4:Q0.4

Network 6
G_I:M0.1 G_II:M0.2 Y5:Q0.5

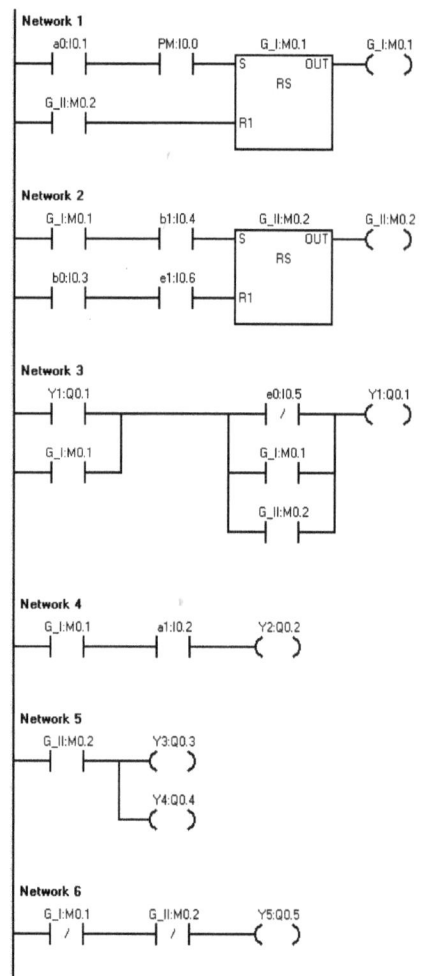

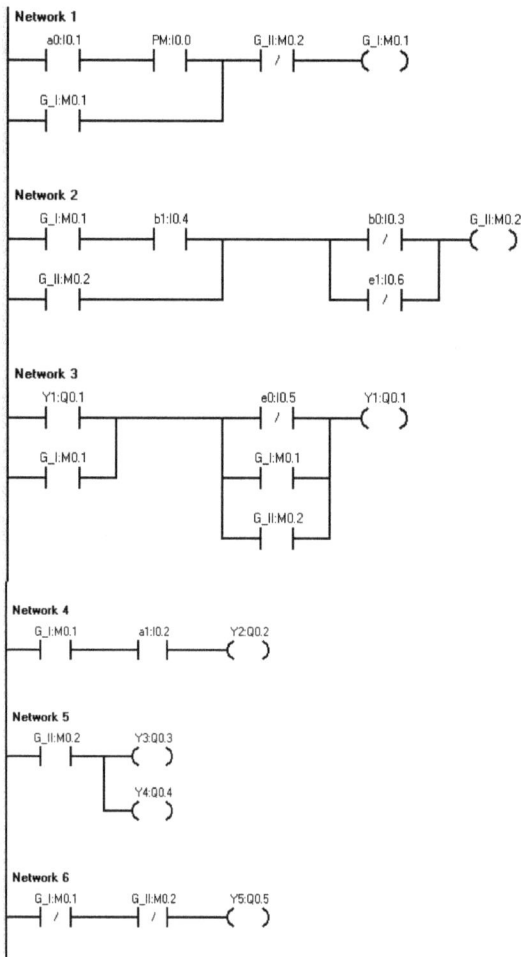

Imagenes/Pantallas obtenidas con el programa Step 7. MicroWin V4. Siemens ©

Pag. 365 (AF II)

Ejercicio propuesto: Consideremos un sistema de envasado de pelotas de tenis (3 unidades por envase) que son trasladadas una a una mediante la salida de un cilindro B desde un alimentador de gravedad hasta su envase, siendo estos situados en el punto de carga por la salida de otro cilindro A. Ambos cilindros que son de doble efecto tienen gobernados sus movimientos por su respectiva válvula biestable 4/2 y controladas las posiciones extremas de sus recorridos por los correspondientes finales de carrera (V. monoestable 3/2 NC).

El sistema se pondrá en marcha tras las activación de un pulsador PM (V. monoestable 3/2 NC), de modo que en su salida el cilindro A sitúa un envase en el punto de carga retornando a su posición de reposo, tras lo cual el cilindro B saldrá y entrará desplazando una a una las pelotas, concluyendo el proceso al finalizar el retroceso del cilindro B tras la carga de 3ª

Diseñar el esquema neumático de control del sistema

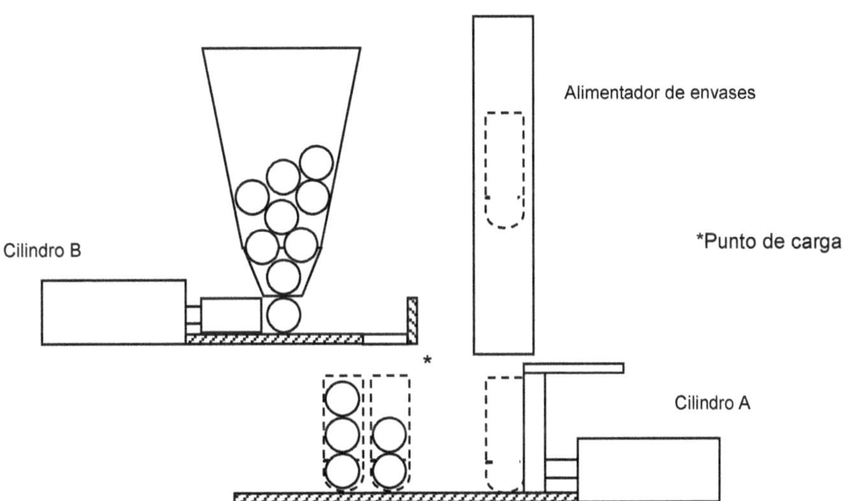

El grafo básico de la secuencia de funcionamiento es:

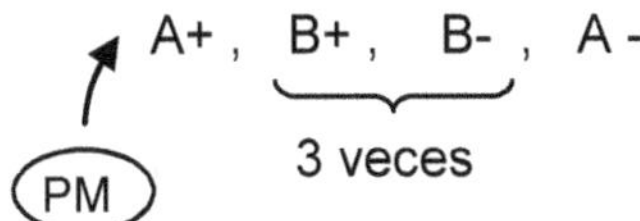

cuya resolución por el método paso a paso máximo, en el diseño preliminar del sistema sin considerar la repetición B+, B- , tiene el grafo de secuencia, ecuaciones y esquema de mando siguientes:

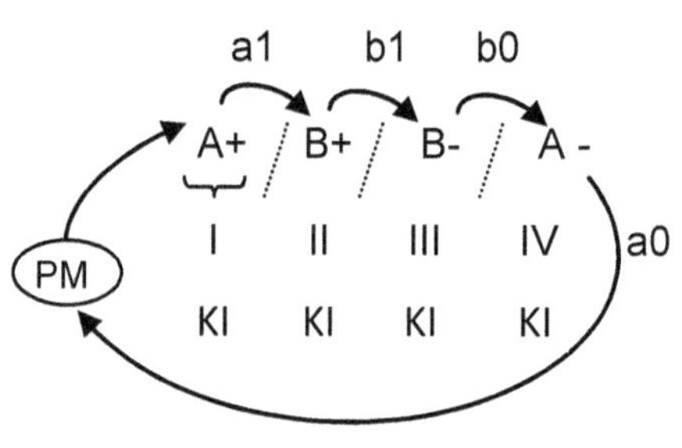

GRUPOS		FASES
Activación	Anulación	
I = IV . PM . a0	I ' = II	A+ = Y1 = I
II = I . a1	II ' = III	B+ = Y3 = II
III = II . b1	III ' = IV	B- = Y4 = III
IV = III . b0	IV ' = I	A- = Y2 = IV

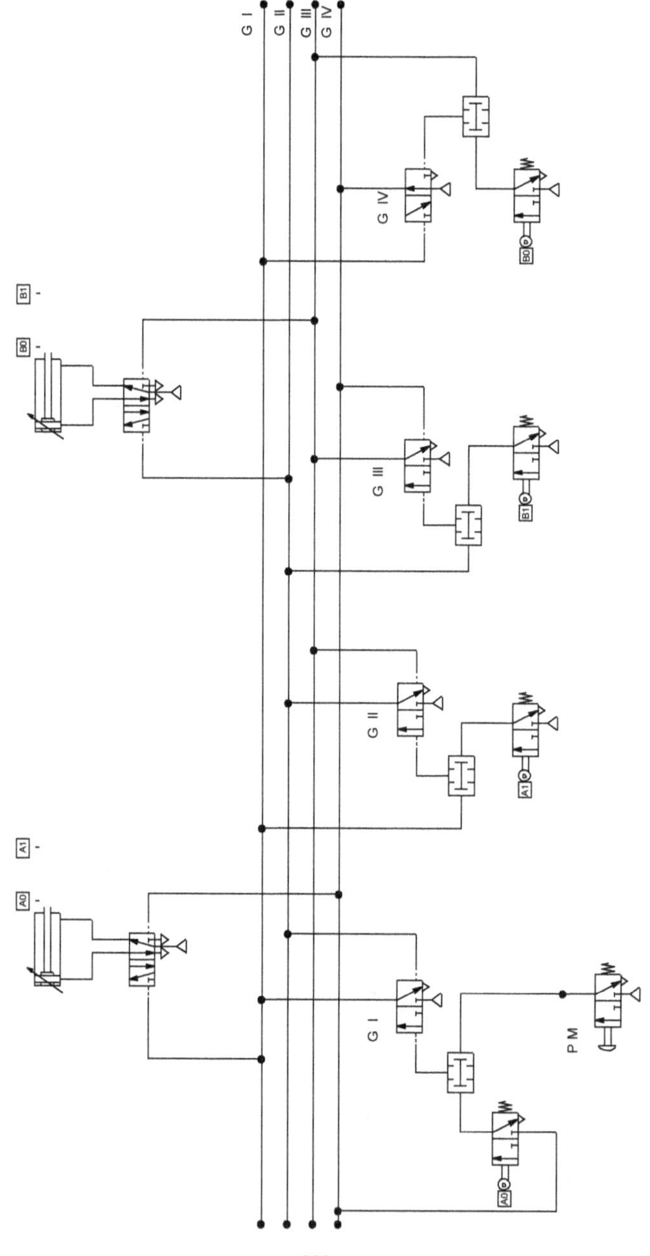

Para conseguir que el sistema repita el movimiento B+ B- tres veces, añadimos al esquema un contador neumático, estableciendo que:

a) Número de de eventos a contar = 3. (Repetición B+ , B-) .Señal determinante, salida del cilindro B (3 veces), por tanto, señal entrada al contador = b1

CON (C) → Señal (Pulso) = b1 (Set)
→ Reset = PM

b) Proceso a controlar : Lanzamiento del grupo II, en dos posibles situaciones:

b1) Viniendo el desarrollo de la secuencia desde el grupo/fase I, tras la activación de a1 (Arranque de la secuencia):

II = I . CC . a1

Biestable función circuito contador (CC) , CC(S) = PM CC`(R) = C

b2) Viniendo el desarrollo de la secuencia desde el grupo/fase III cuando se meta el cilindro, esto es, se pise b0, sin que se haya alcanzado el número de eventos (3ª salida del cilindro B):

II = III . b0 . CC

existiendo un inconveniente en esta configuración, porque al intervenir el grupo II y dado que el grupo III lo anula, no entrará de nuevo el grupo/fase II, por lo que debe ser sustituido por la activación de a1, que refleja la misma situación (Que podríamos concluir asi: *"Estando la secuencia en la fase III, debe retornar a la fase II si no se ha alcanzado la 3ª salida del cilindro B, estando el cilindro A extendido")*:

II = a1 . CC . b0

en consecuencia, la ecuación de mando del grupo II, quedaría de la siguiente forma:

II = I . CC . a1 . + a1 . CC . b0 . = a1 . CC (I + b0)

Se debe considerar también que la anulación del grupo III, se debe producir por dos situaciones (Estados):

1ª) Porque tenga que entrar el grupo/fase IV al haberse alcanzado las tres salidas del cilindro B, o bien,

2ª) Porque no habiéndose alcanzado las tres salidas y el cilindro B deba meterse de nuevo, esto es, b0 . CC, lo que supone:

$$III' = IV + b0 \, . \, CC$$

La ecuación de mando del grupo IV, que debe activarse cuando se haya alcanzado el número de eventos (3 Salidas del cilindro B), o lo que es lo mismo, activación del contador C, debe afectarse de tal circunstancia para evitar que el cilindro A vuelva a meterse, por tanto

$$IV = III \, . \, b0 \, . \, C$$

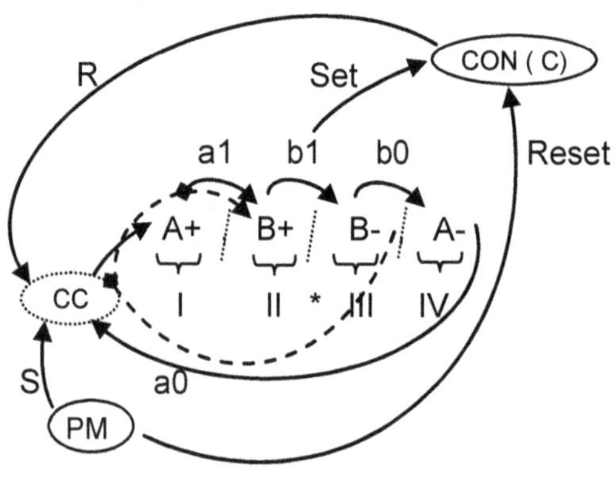

(*) B+ , B- , 3 veces

GRUPOS		FASES
Activación	Anulación	
I = IV . CC . a0	I ' = II	A+ = Y1 = I
II = CC. a1(I+b0)	II ' = III	B+ = Y3 = II
III = II . b1	III '= IV+b0.CC	B- = Y4 = III
IV = III . b0 . C	IV ' = I	A- = Y2 = IV

y el esquema neumático definitivo sería (Ver pag. siguiente):

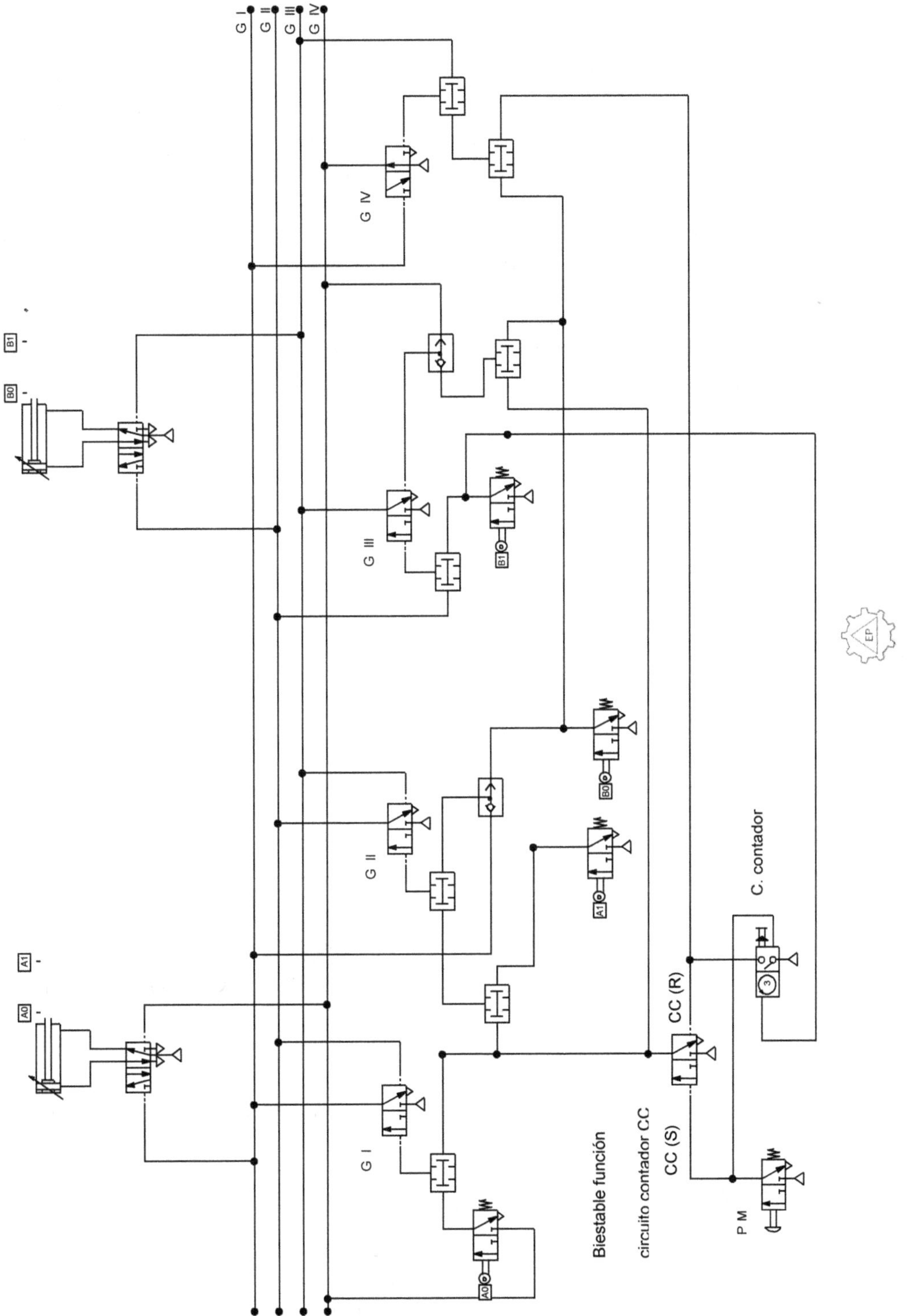
G I
G II
G III
G IV
B0
B1
A0
A1
C. contador
CC (R)
CC (S)
Biestable función
circuito contador CC
P M
3

Pag. 378 (AF II)

Ejercicio propuesto: Consideremos de nuevo el sistema de envasado de pelotas de tenis (3 unidades por envase) que son trasladadas una a una, mediante la salida de un cilindro B , desde un alimentador de gravedad hasta su envase, siendo estos situados en el punto de carga por la salida de otro cilindro A. Ambos cilindros que son de doble efecto tienen gobernados sus movimientos por su respectiva electroválvula biestable 4/2 y controladas las posiciones extremas de sus recorridos por los correspondientes finales de carrera (Electroválvula monoestable 3/2 NC).

El sistema se pondrá en marcha tras las activación de un pulsador PM (Electroválvula. monoestable 3/2 NC), de modo que en su salida el cilindro A sitúa un envase en el punto de carga retornando a su posición de reposo, tras lo cual el cilindro B saldrá y entrará desplazando una a una las pelotas, concluyendo el proceso al finalizar el retroceso del cilindro B

Diseñar el esquema electroneumático de control del sistema

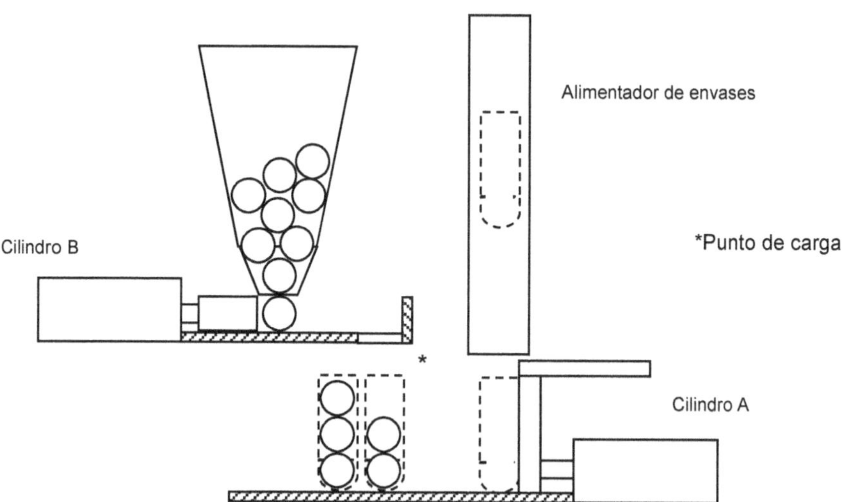

La resolución con las oportunas adaptaciones a la terminología eléctrica es la misma que la desarrollada en el planteamiento anterior efectuado en tecnología neumática

El grafo básico de la secuencia de funcionamiento es:

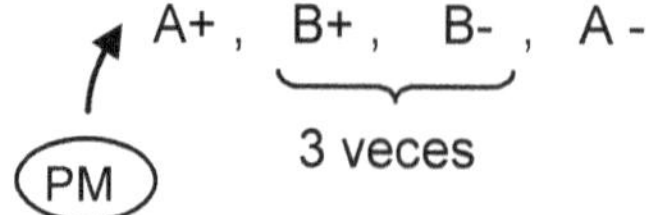

cuya resolución por el método paso a paso máximo eléctrico, en el diseño preliminar del sistema sin considerar la repetición B+, B- , tiene el grafo de y esquema de mando siguientes:

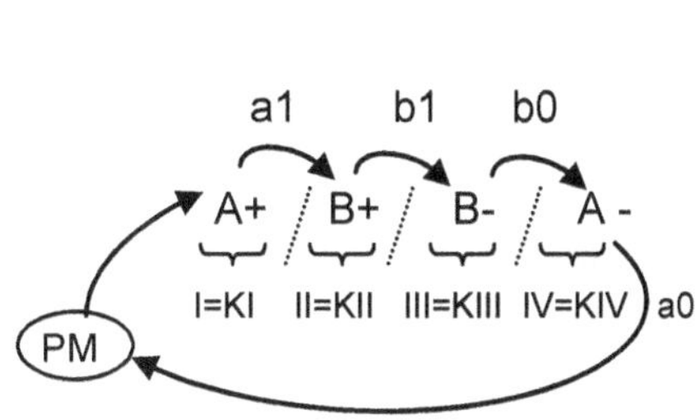

GRUPOS		FASES
Activación	Anulación	
I = KI= KIV . PM . a0	I ' = KII	A+ = Y1 = I = KI
KI = (KI+KIV.PM.a0).KII '		
II = KII = KI . a1	II ' =KIII	B+ = Y3 = II = KII
KII = (KII+KI.a1).KIII '		
III = KIII= K II . b1	III ' = KIV	B- = Y4 = III = KIII
KIII = (KIII+KII.b1).KIV '		
IV = KIV= KIII . b0	IV ' =KI	A- = Y2 = IV = KIV
KIV = (KIV+KIII.b0+KII'.KIII').KI'		

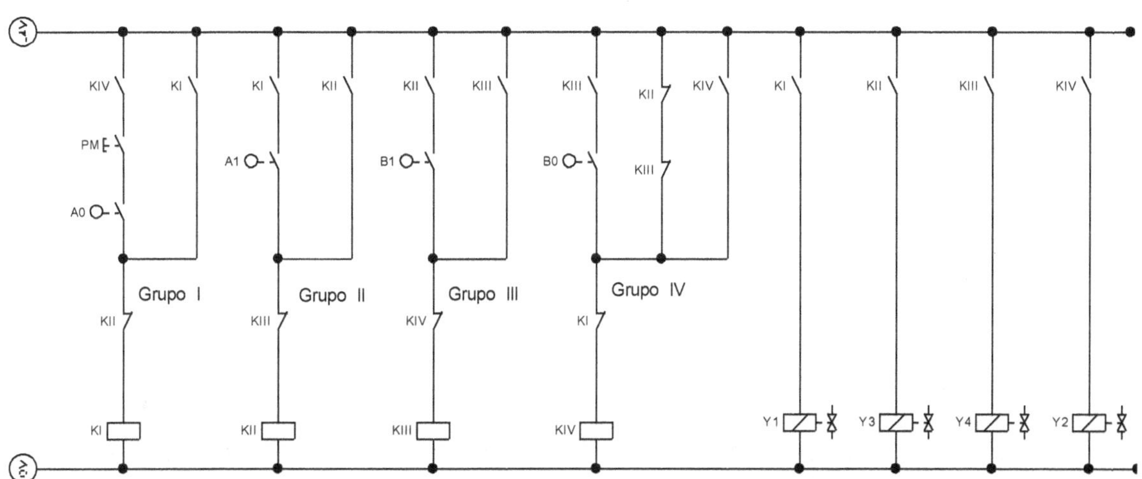

Siguiendo el desarrollo con los mismos razonamientos, para conseguir que el sistema repita el movimiento B+ B- tres veces, debemos añadir al esquema un contador eléctrico, estableciendo que:

a) Número de de eventos a contar = 3. (Repetición B+ , B-) .Señal determinante, salida del cilindro B (3 veces), por tanto, señal entrada al contador, b1

b1 = Kb1 PM = KPM

CON (KC) → Señal (Pulso) = Kb1 (Set)
→ Reset = KPM

b) Proceso a controlar : Lanzamiento del grupo II, en dos posibles situaciones:

b1) Viniendo el desarrollo la secuencia desde grupo/fase I, tras la activación de a1 (Arranque de la secuencia):

$$a1 = Ka1 \qquad b0 = Kb0$$

$$KII = KI \,.\, KCC \,.\, Ka1$$

Biestable función circuito contador (KCC) , CC(S) = KPM CC`(R) = KC

b2) Viniendo el desarrollo de la secuencia desde el grupo/fase III cuando se meta el cilindro, esto es, se pise b0, sin que se haya alcanzado el número de eventos (3ª salida del cilindro B):

$$KII = KIII \,.\, Kb0 \,.\, KCC$$

existiendo un inconveniente en esta configuración, porque al intervenir el grupo II y dado que el grupo III lo anula, no entrará de nuevo el grupo/fase II, por lo que debe ser sustituido por la activación de a1, que refleja la misma situación (Que podríamos concluir asi: *"Estando la secuencia en la fase III, debe retornar a la fase II si no se ha alcanzado la 3ª salida del cilindro B, cuando el cilindro A está extendido"):*

$$KII = Ka1 \,.KCC \,.Kb0$$

en consecuencia, la ecuación de mando del grupo II, quedaría de la siguiente forma:

$$KII = KI \,.\, KCC \,.\, a1 + Ka1 \,.\, KCC \,.\, Kb0 = Ka1 \,.\, KCC \;(KI + Kb0)$$

Se debe considerar también que la anulación del grupo III, se debe producir por dos situaciones (Estados):

1ª) Porque tenga que entrar el grupo/fase IV al haberse alcanzado las tres salidas del cilindro B, o bien,

2ª) Porque no habiéndose alcanzado las tres salidas el cilindro B deba salir de nuevo, esto es, Kb0 .KCC, lo que supone:

$$KIII' = KIV + Kb0 \,.KCC$$

La ecuación de mando del grupo IV, que debe activarse cuando se haya alcanzado el número de eventos (3 Salidas del cilindro B), o lo que es lo mismo, activación del contador C, debe afectarse de tal circunstancia para evitar que el cilindro A vuelva a meterse, por tanto

$$KIV = K\,III \,.Kb0 \,.\, KC$$

Igualmente, la condición de inicialización del sistema, grupo IV activo (KI'.KII'.KIII') , para que en estado de reposo/espera dicho grupo tenga presión/tensión, debe asegurarse que es únicamente para el arranque de la secuencia por lo que debe ser afectada de esa circunstancia, ,esto es, los dos cilindros retraídos (a0.b0), por tanto la inicialización sería:

a0 = Ka0 KI'.KII'.KIII'.Ka0.Kb0

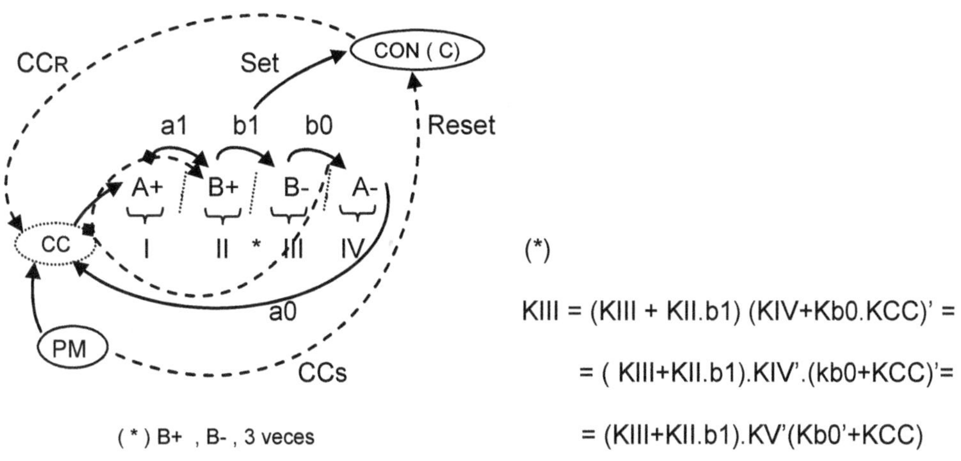

(*) B+ , B- , 3 veces

(*)

KIII = (KIII + KII.b1) (KIV+Kb0.KCC)' =

= (KIII+KII.b1).KIV'.(kb0+KCC)'=

= (KIII+KII.b1).KV'(Kb0'+KCC)

GRUPOS		FASES
Activación	Anulación	
I = KI= KIV . KCC . Ka0	I ' = KII	A+ = Y1 = I = KI
KI = (KI+KV.KCC.Ka0).KII '		
II = KII = Ka1.KCC (K1+Kb0)	II ' =KIII	B+ = Y3 = II = KII
KII = (KII+Ka1.KCC(K1+Kb0)KIII'		
III = KIII= K II . b1	KIII ' = KIV+Kb0.KCC	B- = Y4 = III = KIII
KIII = (KIII+KII.Kb1).KIV ' (Kb0`+ KCC') (*)		
IV = KIV= KIII .Kb0 .KC	IV ' =KI	A- = Y2 = IV = KIV
KIV = (KIV+KIII.Kb0.KC+KII'.KIII' .Ka0.Kb0).KI'		

y el esquema electroneumático definitivo sería:

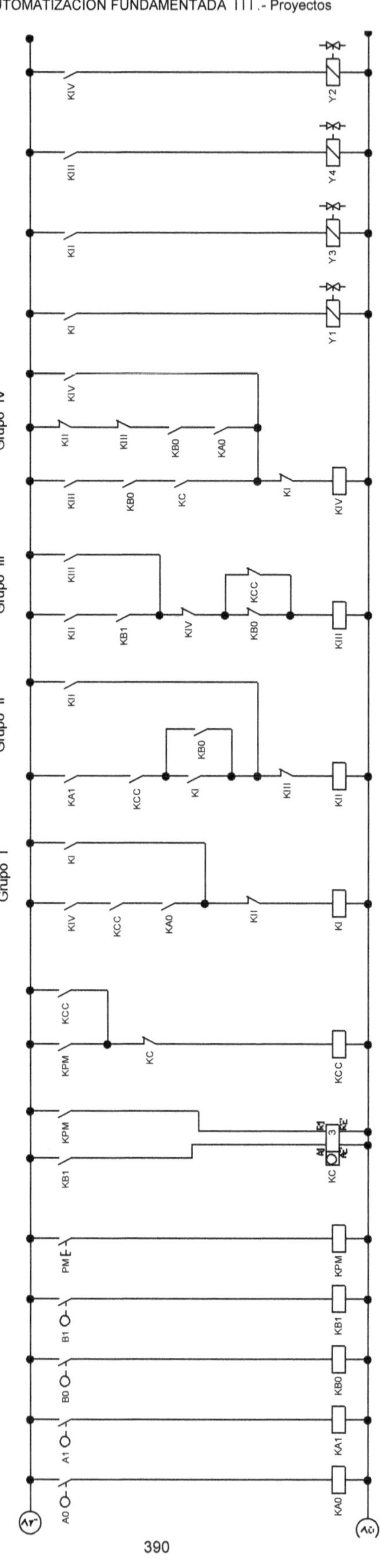
Grupo IV
Grupo III
Grupo II
Grupo I
KIV
Y2
KIII
Y4
KII
Y3
KI
Y1
KCC
KPM
KB1
KC
PM
B1
B0
A1
A0
KB0
KA1
KA0

BIBLIOGRAFÍA

- Automatización Fundamentada I. Introducción (1ª Edición, 2014)
  Carlos Castaño Vidriales

- Automatización Fundamentada II. Estrategias complementarias (1ª Edición, 2016)
  Carlos Castaño Vidriales

- Neumática Industrial (1ª Edic.)
  J. Pelaez y E. García Maté
  CIE Dossat 2000

- Automatismos Eléctricos, Neumáticos e Hidráulicos (5ª Edición, 2008)
  F.J. Cembranos
  Paraninfo

- Sistemas Automáticos Industriales de Eventos Discretos (2008)
  Saturnino Soria Tello
  Alfaomega

- Festo Didactic (2006)
  Célula de Fabricación Flexible
  Manual Usuario MPS

- Autómatas programables y sistemas de automatización (2009)
  Enrique Masndado, Jorge Marcos, Celso Fernandez y Jose I. Armesto
  Marcombo S.A.

Y como webgrafía cabe mencionar:

- Canalplc (http://canalplc.blogspot.com.es/p/blog-page_14.html)
  Programas PCsimu y Emulador S7 200

- Siemens (https://support.industry.siemens.com/cs/document/1109582/s7-200-manual-del-sistema?dti=0&lc=es-WW)
  Manual del sistema S7 200

- Manual PC Simu (2012) (http://es.slideshare.net/whdezchamps/manual-pc-simu)
  Dr. Rafael Villeta Varela, Ana Gabriel Zúniga Flores, Edgar Hernández Campos

www.ingramcontent.com/pod-product-compliance
Lightning Source LLC
Chambersburg PA
CBHW082129210326
41599CB00031B/5923